HELMUT STELTER

Der Kartoffelnematode
(Heterodera rostochiensis Wollenweber)

WISSENSCHAFTLICHE ABHANDLUNGEN

Nr. 59

DER KARTOFFELNEMATODE

(Heterodera rostochiensis Wollenweber)

Eine Monographie
an Hand der Literatur und eigener
experimenteller Arbeiten
von

HELMUT STELTER

Mit 45 Abbildungen und 18 Tabellen

DEUTSCHE DEMOKRATISCHE REPUBLIK
DEUTSCHE AKADEMIE
DER LANDWIRTSCHAFTSWISSENSCHAFTEN ZU BERLIN

AKADEMIE-VERLAG · BERLIN
1971

HELMUT STELTER
Institut für Pflanzenzüchtung Groß-Lüsewitz der Deutschen Akademie
der Landwirtschaftswissenschaften zu Berlin

1971
Herausgeber: Deutsche Demokratische Republik
Deutsche Akademie der Landwirtschaftswissenschaften zu Berlin
Erschienen im Akademie-Verlag GmbH, 108 Berlin, Leipziger Str. 3–4

Lizenznummer: 202 · 100/580/71
Kartengenehmigung: Nr. 273/70
Gesamtherstellung: VEB Druckhaus „Maxim Gorki", 74 Altenburg
Bestellnummer: 2068/59 · ES 17 F
EDV-Nummer: 761 404 2
50,–

VORWORT

Der Kartoffelnematode, *Heterodera rostochiensis* Wollenweber, ist seit nunmehr 50 Jahren bekannt. In diesem Zeitraum hat seine Verbreitung einen solchen Umfang angenommen, daß er zu den Kosmopoliten unter den Schädlingen gezählt werden kann.

Die wirtschaftliche Bedeutung dieses Parasiten wurde sehr bald nach seiner Entdekkung erkannt. Untersuchungen zur Erforschung der Biologie begannen in mehreren Ländern fast gleichzeitig. Schon frühzeitig wurde nach Wegen zur Bekämpfung gesucht. Außer dem Rübennematoden, *H. schachtii*, gibt es wohl kaum eine zweite Nematodenart, die eine so starke Beachtung fand wie der Kartoffelnematode.

Die Erfahrungen dieser jahrzehntelangen Arbeiten sind in mehr als 1000 Veröffentlichungen in zum Teil schwer zugänglichen Schriften niedergelegt. Es ist nicht nur für den mit der Materie Vertrauten oft recht schwierig, die Übersicht zu behalten, zumal auch in neuerer Zeit das Schrifttum erheblich an Umfang zunimmt. So reifte der Plan, die vorhandene Literatur zu ordnen und die wesentlichsten Aspekte der einzelnen Veröffentlichungen zusammenfassend und vergleichend wiederzugeben. Eine Auswahl wurde nicht getroffen. Weniger bedeutungsvoll erscheinende Arbeiten wurden genau so behandelt wie wichtig erscheinende, wobei die Feststellung, ob „bedeutsam" oder „weniger bedeutsam" immer in gewissem Umfange von den Vorstellungen des Betrachters und dem Stand der Kenntnisse abhängt. Heute als überholt angesehene Mitteilungen wurden ebenso berücksichtigt wie die neueren Titel. Kritische Stellungnahmen erfolgten nur dann, wenn ein klärendes Wort nicht zu umgehen war.

Notwendigerweise sind einzelne Arbeiten in mehreren Abschnitten behandelt worden, so daß, um eine möglichst geschlossene Darstellung der Abschnitte zu erreichen, Wiederholungen nicht immer zu vermeiden waren.

Abgesehen von einigen wenigen Titeln wurden die hier behandelten Publikationen vom Verfasser im Original durchgesehen. Dieser Arbeitsaufwand war erforderlich, nachdem sich herausgestellt hatte, daß nicht selten vor allem ältere Arbeiten in oft sinnentstellender Weise zitiert werden. Auch Referate neuerer Untersuchungen geben oftmals nicht in dem gewünschten Umfange Auskunft über den Inhalt der Originalarbeit.

Die Bekämpfung des Kartoffelnematoden mit Chemikalien (Nematiziden) wird nur gestreift. Eine Zusammenstellung der bisherigen Bekämpfungsversuche wäre zweifellos sehr interessant. Bis heute ist jedoch eine für die landwirtschaftliche Praxis zufriedenstellende Lösung noch nicht gefunden worden. Trotz der in neuerer Zeit beachtlichen Fortschritte sind die modernen Kontaktnematizide und deren Ausbringung noch zu kostspielig. Die Anwendung ist im wesentlichen auf besonders gelagerte Fälle oder auf Flächen in spezialisierten Intensivbetrieben beschränkt. Die zur Zeit noch geringe Bedeutung dieser Bekämpfungsverfahren sind mit der wesentlichste Grund, weswegen dieser Abschnitt nur kurz gehalten ist.

So ist eine Literaturübersicht entstanden, die jedem Interessenten einen Überblick über das ihn interessierende Teilgebiet vermitteln soll. Vielleicht wird mit dieser Zusammenstellung auch das oft so mühsame Literaturstudium und außerdem für die jüngeren Kollegen das Einarbeiten in die recht verzweigte Problematik erleichtert.

Die ersten Anregungen zu dieser Literaturzusammenstellung gingen von dem verstorbenen Direktor des Institutes für Pflanzenzüchtung in Groß-Lüsewitz, Herrn Professor Dr. R. Schick, aus. Er hat am Fortgang der Arbeit regen Anteil genommen und sie mit Ratschlägen und Hinweisen laufend gefördert. Herrn Professor Dr. Schick gilt zuallererst mein Dank für die vielseitige Unterstützung, die mir jederzeit zuteil wurde.

Gedankt sei ferner den Herren Dr. Meinl, Dr. Raeuber und Dr. Rothacker für die Hilfe und fachkundige Beratung sowie die Durchsicht des Manuskriptes. Herzlichst gedankt sei Herrn Dr. Sembdner, der neben vielen Ratschlägen die Negative für die Abbildungen 21 bis 25 zur Verfügung stellte.

Mein Dank gebührt ferner dem Verlag für die großzügige Ausgestaltung dieser Literaturzusammenstellung und besonders den Mitarbeitern des Verlages, Herrn Abel und Frau Treder, für die Bemühungen zur Drucklegung.

Lüsewitzer Krug im Januar 1970 Der Verfasser

INHALTSVERZEICHNIS

1. Die Gattung *Heterodera*

Die Gattung *Heterodera* wurde im Jahre 1871 von SCHMIDT aufgestellt; Gattungstypus ist der Rübennematode, *Heterodera schachtii* Schmidt. Die hier zusammengefaßten Arten sind durch einen ausgeprägten Geschlechtsdimorphismus ausgezeichnet. Während die Männchen nach der letzten Häutung wieder eine wurmförmige Gestalt annehmen, entwickeln sich die Weibchen zu mehr oder weniger runden oder zitronenförmigen Eikapseln. Parallel mit der Entwicklung der Larven gehen in den Weibchen komplizierte Veränderungen vor sich, die Larvenhaut bildet sich allmählich zur Zystenhülle um und übernimmt eine Schutzfunktion für die neue Generation.

Die wirtschaftliche Bedeutung der einzelnen Kulturpflanzenparasiten kann — abgesehen von Ausnahmen — nur für die seit Jahrzehnten bekannten Arten mit einiger Wahrscheinlichkeit abgeschätzt werden. Es ist sicher kein Zufall, daß einige der heute am meisten beachteten Parasiten zuerst in Europa die Aufmerksamkeit auf sich lenkten; in einem Gebiet, in dem schon frühzeitig ein intensiver Ackerbau betrieben wurde und somit für ein Massenauftreten bestimmter Arten günstige Voraussetzungen bestanden. Dies gilt sowohl für *H. schachtii* und *H. avenae* als auch für *H. göttingiana* und *H. rostochiensis*. Im ostasiatischen Raum sind für *H. glycines* ähnliche Zusammenhänge anzunehmen.

Bisher wurden 34 *Heterodera*-Arten beschrieben. In Tabelle 1 sind zusätzlich die Namen vermerkt, für die eine nach den Nomenklaturregeln gültige Beschreibung nicht vorliegt (Int. Regeln zool. Nomenklatur [Deutscher Text O. KRAUS] Herausg. Senckenbergische Naturforsch. Ges. Frankfurt/M., 1962).

Es gibt Anhaltspunkte dafür, daß weitere Arten existieren. So berichtet OSBORNE (1961) von einem zystenbildenden Nematoden an Tabak, der mit *H. tabacum* nicht identisch ist. STOJANOV (1967) fand in Bulgarien an Weizen eine *Heterodera*-Art, die sich morphologisch von *H. avenae* unterscheidet. Aus den USA berichten SPEARS (1956) und PEPPER (1963) von noch nicht beschriebenen *Heterodera*-Arten aus der *cacti*-Gruppe. Aus Fruchtfolgeversuchen in Holland berichtet HIJINK (1967) von einer bisher nicht bekannten *Heterodera*-Art. SINGH und MISRA (1968) erwähnen aus Indien eine *Heterodera*-Art an Zuckerrohr, mit einer von *H. sacchari* unterschiedlichen Zahl von Seitenlinen. In Nordirland schließlich wurden *Heterodera*-Populationen gefunden, die sich an einigen Gräsern, jedoch nicht an Getreidearten vermehren (Anonym, 1968b).

Abb. 1. Die Verbreitung des Kartoffelnematoden. + = Länder, in denen Zysten nachgewiesen worden sind

Unübersichtlich ist auch der *Heterodera punctata*- und *H. trifolii*-Komplex. Englische und holländische Herkünfte von *H. punctata* sind nach FRANKLIN (1938a) und OOSTENBRINK (1960c) mit den amerikanischen Herkünften nicht identisch. HORNE (1966) verglich Populationen aus Canada, England, Holland mit Herkünften aus Texas. Er fand jedoch nur geringfügige, innerhalb der Variationsbreite liegende morphologische Differenzen.

Bei *H. trifolii* wird von bi- und monosexuellen Linien berichtet (u. a. OOSTENBRINK, 1960). Die bisexuelle Linie soll sich vornehmlich an Rotklee, die monosexuelle an Weißklee entwickeln. In den eigenen Versuchen (STELTER, unveröffentl.) fanden sich jedoch keine Hinweise für derartige Zusammenhänge.

Die Vielzahl der ungenügend beschriebenen Arten und die relativ häufigen Berichte von *Heterodera*-Befall, ohne daß in den einzelnen Fällen eine Zuordnung erfolgte, läßt auf Schwächen in der *Heterodera*-Taxonomie schließen. Eine nähere Betrachtung auch einiger in den letzten Jahren erfolgten Beschreibungen führt schnell zu der Feststellung, daß ein Wiedererkennen mancher Arten auf Grund der morphologischen Angaben zumindest sehr erschwert ist. Schwerwiegender ist jedoch die Tatsache, daß von den einzelnen Merkmalen selten die Variationsbreite bekannt ist. So kann es nicht überraschen, wenn auf Grund oft nur geringer morphologischer Abweichungen, die möglicherweise im Variabilitätsbereich einer beschriebenen Art liegen, an neue und unbeschriebene Arten gedacht wird. Hinzu kommt noch für den weniger taxonomisch-systematisch geschulten Bearbeiter die ungenügende Kenntnis der Wirtsbereiche einzelner Arten. Hier sind es vor allem die Gelegenheitswirte, die oft Anlaß zu Deutungen der verschiedensten Art geben.

Es wird noch mancher morphologischer und biologischer Untersuchungen bedürfen, um die *Heterodera*-Taxonomie auf einen Stand zu bringen, der den heutigen Anforderungen gerecht wird.

2. Die Verbreitung des Kartoffelnematoden

KÜHN (1881) erwähnt nach Angaben aus zweiter Hand erstmalig das Vorkommen eines zystenbildenden Nematoden an Kartoffelwurzeln. In seinen eigenen Untersuchungen über den Wirtspflanzenkreis des Rübennematoden, *Heterodera schachtii* Schmidt, wird die Kartoffel jedoch nicht als Wirtspflanze genannt. Zu den gleichen Ergebnissen kam HOLLRUNG (1890). Erst 33 Jahre nach der Mitteilung von KÜHN wird erneut auf das Vorkommen eines zystenbildenden Nematoden an Kartoffeln hingewiesen. MASSEE (1913) berichtet aus Schottland starken Befall an Kartoffelwurzeln, der mit erheblichen Schäden verbunden war. Er vermutet, daß im vorliegenden Fall *H. schachtii* der Schaderreger war. ZIMMERMANN (1914) gibt eine ausführliche Darstellung von Nematodenschäden an Kartoffeln, die im Jahre 1913 in Hausgärten im Distrikt Ribnitz und Malchow (Mecklenburg) verbreitet auftraten und dort schon etwa 8 Jahre beobachtet wurden. ZIMMERMANN gibt *Heterodera sp.* als Schaderreger an, ist also nicht unbedingt der Auffassung, daß der Parasit mit *H. schachtii* identisch ist. Bereits ein Jahr später (ZIMMERMANN, 1915) wird der gleiche Nematode im Distrikt Tessin und 1915 (ZIMMERMANN, 1916) im Kreis Templin festgestellt. Diesen Verbreitungsangaben ist zu entnehmen, daß der Kartoffelnematode zur Zeit seiner Entdeckung schon verhältnismäßig weit verbreitet war und in Hausgärten, in denen in der Regel ein häufiger Anbau von Kartoffeln erfolgte, eine verhältnismäßig hohe Verseuchungsdichte erreicht hatte. Auf Grund der sehr ausführlichen Beschreibung des Schadens an Kartoffeln und der Angaben zu dem Erreger wird ZIMMERMANN als der Entdecker des Kartoffelnematoden angesehen.

WOLLENWEBER (1923) beschrieb diesen Nematoden und gab ihm den Namen *Heterodera rostochiensis*. Ausschlaggebend für die Aufstellung dieser neuen Art war die Zystenform, die sich deutlich von damals beschriebenen Arten dieser Gattung (*H. schachtii* Schmidt, 1871 und *H. göttingiana* Liebscher, 1892) unterschied.

In einer späteren Arbeit behandelt WOLLENWEBER (1924) nochmals morphologische Unterschiede der Arten *H. schachtii*, *H. rostochiensis* und *H. avenae*.

In Deutschland wird der Kartoffelnematode 1928 in Schleswig-Holstein (EXT und GOFFART, 1937; 1942), 1930 in Thüringen (FEUCHT, 1930) und 1951 in Bayern (SPRAU, 1964c) festgestellt. GOFFART (1933) erwähnt sein Vorkommen in Pommern. In Niedersachsen tritt dieser Schädling besonders in der näheren Umgebung von größeren Städten auf (anonym, 1949a). Im gleichen Jahr wird er in Westfalen auf größeren landwirtschaftlich genutzten Flächen nachgewiesen (anonym, 1949b). Weitere Verbreitungsangaben aus Deutschland liegen von HEY (1956); MASURAT und STEPHAN (1960); HUBERT (1959; 1963); DITTMANN (1962), DERN (1964) und SPRAU (1964c) vor. In fast allen Fällen kann auf Grund der beschriebenen Schadbilder oder der Verseuchungshöhe angenommen werden, daß dieser Nematode schon lange Jahre vor seiner Entdeckung in den betreffenden Gebieten heimisch war.

Aus England wird der Kartoffelnematode erstmalig von TAYLOR in den „Monthly Summaries of insect pests", August 1917 (zit. nach OOSTENBRINK, 1950) erwähnt. Wie schon in Deutschland, so wurden auch in England die ersten Befallstellen in Hausgärten festgestellt. In England dürfte der Kartoffelnematode ebenfalls lange vor seiner Entdeckung heimisch gewesen sein. Dies geht aus den Angaben von STRACHAN und TAYLOR (1926) hervor, wonach in South Cave (Yorkshire) bereits 1904 Schäden zu verzeichnen waren, die auf *H. rostochiensis* zurückgeführt werden. Bis 1945 hatten sich in Yorkshire, bedingt durch den häufigen Kartoffelbau in den Kriegsjahren, deutliche Verseuchungszentren gebildet (JOHNSON und THOMPSON, 1945).

Weitere Verbreitungsangaben liegen für England und Schottland u. a. von MORGAN (1925), SMITH und PRENTICE (1929), STRACHAN und TAYLOR (1929), O'BRIEN und PRENTICE (1930; 1931), BLENKINSOP (1935), HURST und FRANKLIN (1938), STANILAND (1946), THOMPSON (1949), PETERS (1949 b) und DIXON et al. (1968) vor. Für die Insel Jersey wird das erste Auftreten von SMALL (1939) im Jahre 1938 nachgewiesen.

Im Freistaat Irland ist der Kartoffelnematode im Jahre 1922 in den Frühkartoffelanbaugebieten an der Ostküste der Insel entdeckt worden (CARROLL, 1933). Auch hier sind bereits einige Jahre früher Schäden entstanden, die auf diesen Schädling zurückgeführt werden.

In Nordirland wurde der Kartoffelnematode im Jahre 1933 (WINSLOW, pers. Mitt.) festgestellt.

Aus der folgenden Aufstellung ist die heutige Verbreitung zu entnehmen Auf Hinweise über die Verseuchungslage in den einzelnen Ländern wurde weitgehend verzichtet; es sind lediglich einige Bemerkungen zur Charakterisierung der Situation angefügt.

Land	Entdeckungsjahr	Autoren
Schweden	1922	(KEMNER, 1929a)
Dänemark	1928	(BOVIEN und THOMPSON, 1945)
UdSSR	1940	(SVEŠNIKOVA, 1951)
(Estnische SSR)	1953	(KRALL, 1958)
(Lettische SSR)	1949	(EGLITIS und KAKTINA, 1950)
(Litauische SSR)	1948	(EGLITIS und KAKTINA, 1953)
Österreich	1940	(WENZL, 1951; SCHÖNBECK, 1965)
Holland	1941	(OOSTENBRINK, 1950)
USA (Long Island)	1941[1]	(CANNON, 1941)
(Steuben County, N. Y.)	1967	(SPEARS, 1968a; b; anonym, 1968 a)
(Delaware)	1968	(SPEARS, 1969)
Finnland	1946	(EKHOLM, 1949)
Polen	1946	(WILSKI, 1956a; b; SZULC, 1959; KAMINSKI, 1962)
Frankreich	1948	(RITTER, 1949)
Belgien	1949	(v. D. BRANDE, 1949)
Färöer-Inseln	1951	(LINDHARDT, 1967)
Spanien	1952	(anonym, 1953; anonym, 1954c)
Peru	1952	(WILLE und SEGURA, 1952)
Algerien	1953	(FREZAL, 1954; MASSÉSE, 1961)
Mexiko	1953	(anonym, 1954b)
Island	1953	(anonym, 1954a)
ČSSR	1954	(ZADINA, 1959; KLUMPAR, 1967)
Griechenland	1954	(anonym, 1955b)
Israel	1955	(MINZ, 1956 a)

[1] Es wird angenommen, daß die erste Einschleppung vor 1919 erfolgte. Die ersten Symptome (Kümmerwuchs) wurden in der Nähe der späteren Fundstelle schon 1934 beobachtet (SPEARS, 1953 a).

Land	Entdeckungsjahr	Autoren
Luxemburg	1955	(anonym, 1956b)
Norwegen	1955	(anonym, 1956b)
Rhodesien		Bisher nur in eingeführten Kartoffelsendungen festgestellt (MARTIN, 1955)
Bolivien	1955	(BELL und SEGUNDO, 1955)
Portugal	1956	(anonym, 1957b; MACARA, 1963c)
Schweiz	1958	(anonym, 1959c) In eingeführten Kartoffeln festgestellt (GRAF, 1956; 1966; anonym, 1969, hier auch Verbreitung)
Argentinien	1958	(BRÜCHER, 1960; 1960/61)
Canarische Inseln	1961	(CHAMBERLAIN, 1961)
Indien	1961	(JONES, 1961)
Italien	1961	(anonym, 1962c)
Libanon	1962	(anonym, 1963c)
Canada[1] (Newfoundland)	1962	(SPEARS, 1962)
(Vancouver Island)		(anonym, 1965c)
Jugoslawien	1964	(anonym, 1965b)
Japan		Zysten des Kartoffelnematoden wurden in den USA in Schiffssendungen aus Japan festgestellt (MAI und HARRISON, 1959; pers. Mitt.)
Panama	1967	(TARTÉ, 1968)
Tunesien	1969	(BRÜCHER, 1970)

Sehr genaue Verbreitungsangaben liegen aus Dänemark vor (BOVIEN und LINDHARDT, 1952; LINDHARDT, 1954; GRAM, 1955; MYGIND, 1955a; 1955b; 1959; 1964). Die Verseuchung war anfänglich auf einige Gebiete Jütlands beschränkt, erst 1950/51 wurden die ersten Herde auf der Insel Seeland entdeckt (BOVIEN und LINDHARDT, 1952). Insgesamt ist die Verseuchung in Dänemark jedoch gering, in nur 0,2% aller untersuchten Proben wurden Zysten des Kartoffelnematoden gefunden. Eine zunehmende Ausbreitung ist neuerdings hauptsächlich für Gärten und Kleinstflächen zu verzeichnen (anonym, 1966c).

In Schweden ist außer den Kleingärten die Umgebung von Städten — Blekinge, Skåne, Halmstad, Göteborg, Norrköping, Stockholm, Gävle — am stärksten verseucht (VIDEGÅRD, 1966; CARLSTRÖM, 1966). Es bestehen hier deutliche Abhängigkeiten zwischen der Häufigkeit des Kartoffelanbaues und der Verseuchungsdichte.

[1] Nach neueren Untersuchungen (MORGAN, 1968) erstreckt sich das Verbreitungsgebiet auf die intensiv bewirtschafteten küstennahen Flächen.

Von der Verbreitung in Polen berichten Eis (1964) und Sandner (1967; 1968), wobei Sandner auf Zusammenhänge zwischen dem Auftreten und der Häufigkeit des Kartoffelanbaues aufmerksam macht.
In der Sowjetunion ist der Kartoffelnematode hauptsächlich in den westlichen Gebieten verbreitet (Borovkova, 1967; Truklickas, 1968). Siehe Nachtrag (Seite 284).
In Ungarn, Bulgarien, Rumänien sowie auf den Inseln Zypern und Malta ist der Kartoffelnematode bisher nicht nachgewiesen, das gleiche gilt für Australien — der von Müller (1956) vermerkte Nachweis für diesen Erdteil ist auf eine Verwechslung zurückzuführen. Obgleich der Kartoffelnematode in fast allen Ländern als Quarantäneschädling geführt wird, konnte seine weltweite Verbreitung nicht verhindert werden. Es wird hierdurch besonders deutlich, wie schwierig es ist, die Einschleppung und Verbreitung dieses Schädlings zu vermeiden und ihn unter Kontrolle zu halten.
Die sich in immer stärkerem Maße ausdehnenden Handelsbeziehungen und der laufend zunehmende Warenverkehr aller Art begünstigen die weitere Verbreitung. Dies gilt sowohl für den innerstaatlichen wie den zwischenstaatlichen Verkehr. Es muß damit gerechnet werden, daß auch in Zukunft eine weitere Verbreitung des Kartoffelnematoden erfolgen wird und dieser Parasit in Gebiete vordringt, in denen er bisher nicht nachgewiesen ist. In Ungarn werden die ersten Funde entlang der Transportwege eingeführter Kartoffeln erwartet (Javor, 1963). Da die Einschleppung nicht verhindert werden kann, sollte wirtschaftlichen Maßnahmen in gefährdeten Gebieten eine weit größere Bedeutung beigemessen werden.
Ein gutes Beispiel bietet Nordirland. Obgleich seit 1933 nachgewiesen, konnte durch strenge Maßnahmen die weitere Verbreitung unter Kontrolle gehalten werden. Abgesehen von den Frühkartoffelanbaugebieten werden auf landwirtschaftlich genutzten Flächen in 8 Jahren nur einmal Kartoffeln angebaut. Der Anbau von Kartoffeln und Tomaten in Haus- und Kleingärten ist Regelungen unterworfen, die die Verbreitung dieses Parasiten zumindest erheblich einschränken (Patterson, 1948).

2.1. Die Heimat des Kartoffelnematoden

Bis etwa 1950 war der Kartoffelnematode hauptsächlich in europäischen Ländern nachgewiesen. Hieran knüpfte sich die Vermutung, daß die Heimat dieses Schaderregers auch in Europa zu suchen wäre (Oostenbrink, 1952a). Goffart (1952a) erwähnt die gelegentlich geäußerte Annahme, nach der der Kartoffelnematode in Europa auf mutativem Wege aus einer anderen Heterodera-Art entstanden sein könnte. Thomas (1951) sieht in den natürlichen Verbreitungsgebieten der hauptsächlichsten Wirtspflanzen auch die Heimat des Kartoffelnematoden. Diese Annahme gewann an Wahrscheinlichkeit, als dieser Parasit von Wille und Bazan de Segura (1952) in den Andengebieten nachgewiesen wurde. Heute wird allgemein die Ansicht vertreten, daß der Kartoffelnematode in den Anden beheimatet ist und von dort zusammen mit Knollenproben nach Europa verschleppt wurde

(JONES, 1951; GOFFART, 1952a; v. D. LAAN, 1953b). Der hohe Kartoffelanbau in Verbindung mit den für die Entwicklung vorteilhaften klimatischen Bedingungen begünstigte die Vermehrung in Europa. JONES (1966) vermutet die erste Einschleppung in England etwa um das Jahr 1850.

3. Wirtspflanzen

Zu den Wirtspflanzen des Kartoffelnematoden sind alle jene Pflanzenarten zu rechnen, an denen sich Zysten mit infektionsfähigem Inhalt entwickeln. Diejenigen Arten, deren Wurzeln von Larven besiedelt werden, die sich in Einzelfällen gelegentlich noch über eine ± lange Zeitspanne weiterentwickeln können, ihre Entwicklung jedoch nicht abschließen, zählen nicht zu den Wirten. Die Larven des Kartoffelnematoden dringen in Wurzeln der verschiedenartigsten Pflanzen ein, unabhängig davon, ob Voraussetzungen für die weitere Entwicklung gegeben sind oder nicht. So wurden u. a. Larven in Wurzeln von Zuckerrüben, verschiedenen Gramineen und auch in *Angelica archangelica* und *Pimpinella saxifraga* (GIEBEL und RADZIWINOWICZ, 1963) nachgewiesen.

Obgleich diese Definition des Wirt-Begriffes kaum Anlaß zu Mißverständnissen geben könnte, sind hierzu doch noch einige Bemerkungen erforderlich. Mit der Bezeichnung Wirtspflanze wird nichts darüber ausgesagt, ob dem Parasiten an der betreffenden Pflanzenart die Entwicklung bis zur neuen Zystengeneration nur in wenigen Exemplaren möglich ist oder sich neue Zysten in großer Zahl, etwa wie an anfälligen Kulturkartoffeln, bilden. Ebenso wird nichts darüber ausgesagt, in welcher Richtung sich eine Bodenpopulation verändert. Im extremen Fall, z. B. an resistenten Kartoffeln, die von parasitologischen Gesichtspunkten aus durchaus noch als Wirte zu bezeichnen sind, entwickeln sich nur gelegentlich Zysten. Mit gleicher Berechtigung haben sie jedoch auch den Charakter von Feindpflanzen; ihr Anbau führt zur Verminderung einer Bodenpopulation. Der Wirtsstatus dieser Pflanzen ist bekannt, ihre Beurteilung jedoch abhängig von wirtschaftlichen Überlegungen und den Gesichtspunkten des Betrachters.

Von der Mehrzahl der für den Kartoffelnematoden bekannten Wirtsarten ist deren Einfluß auf beliebige Nematodenpopulationen nicht bekannt. In der Regel sind diese Arten für mitteleuropäische Verhältinsse, abgesehen von *Lycopersicon esculentum* und evtl. von *Sol. nigrum*, auch kaum von Bedeutung.

Die Entwicklung von Zysten an den Wurzeln beliebiger Pflanzenarten bedeutet nicht, daß alle systematisch zu dieser Art gestellten Pflanzen auch die gleiche Wirtseignung aufweisen. Vielmehr können die Befallsunterschiede recht beachtlich sein, wie es sich besonders deutlich bei *Sol. nigrum* zeigt (PRUMMEL, 1958). Die oft herkunftsbedingten unterschiedlichen Reaktionen sind nicht immer mit morphologischen Verschiedenheiten der Pflanzen gekoppelt. Selbst in äußeren Merkmalen übereinstimmende Pflanzen sind von unterschiedlicher Wirtseignung, die sich, wie mehrfach mit *Sol. nigrum* überprüft, in gleicher Weise auf die Nachkommenschaft überträgt. Ähnliche, physiologisch bedingte Reaktionsunterschiede sind vermutlich auch bei anderen Pflanzenarten zu erwarten. In diesem Zusammenhang sei darauf hingewiesen, daß auch bei *H. rostochiensis* von der Normalform abweichende Rassen bekannt sind, die sich besonders deutlich durch unterschiedliche Wirtspflanzenbereiche auszeichnen. Unterschiedliche Wirts- oder Befallsbeobachtungen sind daher nicht nur auf verschiedenartige Reaktionen der Pflanzen zurückzuführen. Die bis heute bekannten Wirtspflanzen sind aus Tabelle 2 zu ersehen.

Der Wirtspflanzenkreis erstreckt sich im wesentlichen auf Arten aus einigen Gattungen der Pflanzenfamilie der *Solanaceae* (Tab. 3). Die bekanntesten und gleichzeitig wirtschaftlich wichtigsten Wirte sind die Sorten der kultivierten Kartoffeln und Tomaten. Neben den kultivierten Kartoffeln erfolgt, soweit bekannt, die vollständige Entwicklung an allen Wild- und Primitivkartoffeln; an diesen in Abhängigkeit von Art und Herkunft jedoch in oft recht unterschiedlichem Ausmaße.

TABELLE 3

Verteilung der Wirtspflanzen nach Familien- und Gattungszugehörigkeit

Familie	Gattung	Anzahl bekannter Wirtsarten	Befallshäufigkeit
Solanaceae	*Solanum* L.		
	knollenbildende Arten	∞	± / +
	nichtknollenbildende Arten	ca. 34	± / +
	Lycopersicon Mill.	∞	± / +
	Atropa L.	1	±
	Capsicum L.	1	±
	Cyphomandra Mart. ex Sendt.	1	±
	Datura L.	2	±
	Hyoscyamus L.	4	±
	Physochlaina Don	1	±
Chenopodiaceae	*Chenopodium* L.	2	± / ○
Oxalidaceae	*Oxalis* L.	1	± / ○
Basellaceae	*Ullucus* Lozano	1	± / ○

\+ = regelmäßig viel Zysten
± = Zysten vereinzelt bis selten
○ = Zysten bisher nicht festgestellt

Neben Herkünften einer Art, an denen sich regelmäßig sehr viele Zysten entwickeln, sind auch solche mit nur geringem Befall bekannt. Dies trifft u. a. für *Sol. tuberosum* subsp. *andigenum* und *Sol. vernei* zu. Die Herkünfte, an denen sich nur gelegentlich Zysten entwickeln, werden in letzter Zeit für die Resistenzzüchtung gegen diesen Parasiten verwendet. Andere Arten, u. a. *Sol. acaule*, *Sol. bulbocastanum*, *Sol. demissum* werden insgesamt geringer befallen, wobei jedoch auch hier herkunftsbedingte Befallsabstufungen zu verzeichnen sind. Neben den erblich fixierten Befallsunterschieden wird die Befallshäufigkeit, zumindest bei einigen

Arten, von anderen nicht näher bekannten Faktoren beeinflußt. Von *Sol. demissum* wissen wir, daß die aus Knollen gezogenen Tochterpflanzen erhebliche Abweichungen nach beiden Richtungen von dem Befall der Mutterpflanzen aufweisen. Nähere Einzelheiten hinsichtlich der Wirtseignung knollenbildender Arten aus der Gattung *Solanum* sind im Abschnitt Resistenzzüchtung dargestellt.

Von den nicht knollenbildenden Arten der Gattung *Solanum* sind ebenfalls einige bekannt, an denen der Kartoffelnematode die vollständige Entwicklung abschließen kann. Gemessen an den wirtschaftlich bedeutungsvolleren knollenbildenden Arten sind unsere Kenntnisse über die Wirtseigentümlichkeiten der nicht knollenbildenden noch recht ungenügend. Dies betrifft vor allem die in Europa nicht heimischen *Solanaceen*, die in den bisherigen Untersuchungen meist nur am Rande berücksichtigt wurden.

Neben krautigen Pflanzen sind einige Sträucher bzw. Halbsträucher aus der Gattung *Solanum* als gute Wirte bekannt. Am bekanntesten von diesen ist *Sol. dulcamara*. Schon Morgan (1925) stellte den Wirtscharakter dieser Art fest, die sich nach neueren Untersuchungen durch eine Vielzahl von Formen mit oft unterschiedlicher Wirtseignung auszeichnet. Neben Pflanzen oder Herkünften mit hohem Befall sind auch solche bekannt, an denen sich wenige oder nur vereinzelt Zysten entwickeln. An blaublühenden Pflanzen ist in der Regel der Zystenbesatz geringer als an weißblühenden. Allerdings ist nicht in jedem Falle die Blütenfarbe auch gleichzeitig ein Merkmal für die Befallseignung. Bemerkenswert ist auch der relativ hohe Befall an *Sol. armatum*, *Sol. giganteum* und *Sol. marginatum*. Es handelt sich hier um Halbsträucher, die in den Savannen Afrikas beheimatet sind und gelegentlich in botanischen Gärten kultiviert werden.

An allen zur Gattung *Lycopersicon* gehörenden Arten und Kulturformen kann sich der Kartoffelnematode bis zur Zyste entwickeln. Wie übereinstimmend beurteilt wird, ist der Befall an Tomaten jedoch mit Abstand geringer als an Kulturkartoffeln (u. a. Reinmuth und Engelmann, 1941a; Mai und Lownsbery, 1948). Reinmuth und Engelmann beobachteten überdies Befallsunterschiede an den einzelnen Varietäten von *Lyc. esculentum*. Herkunftsmäßig unterschiedliche Wirtseignungen fand Mai (1952a) bei *Lyc. peruvianum*; der Befall variierte von 0,2 bis 43 Weibchen je Gramm Wurzelmasse und lag damit auch bei höchstem Befall unter dem an *Lyc. esculentum*. Möglicherweise sind die von Sembdner (1963a) bei dieser Art gefundenen Abweichungen in der Riesenzellenbildung ebenfalls ein Ausdruck der geringeren Wirtseignung.

Die Auswirkungen des Pfropfreises auf die Wirtseignung der Unterlage wurde von Forster (1956) mit kreuzweisen Pfropfungen von Tomate und einer nicht zu den Wirten zählenden Herkunft von *Sol. nigrum* untersucht. Ein Einfluß des Reises auf die Unterlage konnte in keinem Falle ermittelt werden. Damit ist nachgewiesen, daß die Wirtseignung nicht durch stoffliche Wechselwirkungen zwischen ober- und unterirdischen Pflanzenteilen beeinflußt wird, sondern allein in der Eigenart der Wurzeln begründet ist.

Neben den bisher genannten Species wurde eine größere Zahl weiterer kultivierter Pflanzen und Unkräuter mehrfach auf die Wirtseignung gegenüber diesem Parasiten

geprüft. Schon ZIMMERMANN (1920; 1921a; 1921b) führte in dieser Richtung Untersuchungen durch, ohne jedoch Anzeichen von Befall zu finden. Zu den gleichen negativen Ergebnissen kamen REINMUTH (1929), GOFFART (1931), JONES (1950b) und WINSLOW (1954), die eine Vielzahl der verschiedensten Kulturarten und -sorten sowie eine größere Anzahl von Unkräutern in ihre Prüfungen einbezogen. SEMBDNER (1964) führt 100 der verschiedensten Pflanzenarten oder Kultursorten an, von denen an 60 keine Zystenbildung und für 23 von diesen auch kein Larvenbefall nachgewiesen ist.
Der von MORGAN (1925) für *Chenopodium album* und CARROLL (1933) für ‚curled dock' (*Rumex crispus* L.) auf Grund von Feldbeobachtungen mitgeteilte Zystenbesatz ist sehr wahrscheinlich auf andere Nematodenarten zurückzuführen. Letzterer konnte im Experiment mit Infektionsmaterial von *Rumex crispus* keine Zystenbildung an Kartoffeln und mit Infektionsmaterial von Kartoffeln keine Zystenbildung an *Rumex crispus* nachweisen. Bei dem von ZIMMERMANN (1927) [ebenso GOFFART, 1926] beobachteten Zystenbesatz an Zuckerrüben dürfte es sich vermutlich um *Heterodera schachtii* handeln; die in einer späteren Mitteilung (ZIMMERMANN, 1928) im Zusammenhang mit dem Befall an Zuckerrüben erwähnte Gallenbildung schließt auch Meloidogyne-Arten nicht aus. Die Feststellungen aus den Jahren, in denen der Kartoffelnematode erstmals Gegenstand etwas ausgedehnterer Untersuchungen war, sind in neuerer Zeit nicht immer bestätigt worden. Im wesentlichsten ist dies auf die zu jener Zeit noch unsichere systematische Stellung dieses Nematoden zurückzuführen. Es war teilweise die Ansicht verbreitet, daß *H. rostochiensis* lediglich eine Rasse von *H. schachtii* sei, wie auch aus der gelegentlich gebrauchten Benennung *H. schachtii f. solani* hervorgeht.

4. Biologie

4.1. Larvenschlupf

4.1.1. *Vorbemerkungen/Methoden*

Im Verlauf von Arbeiten zur Entwicklung brauchbarer Bekämpfungsmöglichkeiten für den Rübennematoden stellte BAUNACKE (1922) die schlüpffördernde Wirkung der Wurzeldiffusate von Rübensämlingen auf die Larven dieses Nematoden fest. Diese Befunde wurden in späteren Arbeiten von RENSCH (1924; 1925) bestätigt. Hiermit war ein neues Forschungsgebiet erschlossen, das in späteren Jahren auch auf andere Arten der Gattung *Heterodera* ausgedehnt wurde und zur Klärung mancher biologischer Einzelheiten beitrug.
TRIFFITT (1930a) und O'BRIEN und PRENTICE (1930) verwendeten erstmals Wurzeldiffusate von Kartoffelwurzeln zur Auslösung des Larvenschlupfes beim Kartoffelnematoden. TRIFFITT stellte fest, daß die schlupffördernde Substanz hitzestabil und nicht flüchtig ist und daß in den Wintermonaten weniger Larven schlüpfen als in den Frühjahrs- und Sommermonaten. Über Entstehung und Transport der schlupfauslösenden Substanzen in den Pflanzen ist nichts bekannt. Ebensowenig sind bisher die Bereiche näher lokalisiert, in denen die Diffusate ausgeschieden

werden. Die Exkretion ist nach Triffitt (1930 a) nicht nur auf den etwa 6 mm langen Spitzenbereich beschränkt. Es kann wohl angenommen werden, daß die Masse oder die konzentriertesten schlupfauslösenden Stoffe im Bereich der Wurzelhaarzone abgegeben werden.

Erste technische Angaben für die Durchführung von Schlüpfversuchen teilte Gemmell (1940; 1943) mit. Er stellte die Anzahl geschlüpfter Larven aus isolierten Einzelzysten fest. Diese Methode war jedoch sehr arbeits- und zeitaufwendig und erforderte zudem viel Platz. Unter Beibehaltung des von Gemmell vorgeschlagenen Prinzips vereinfachten Fenwick (1943 a) und Ellenby (1943) die Methode erheblich, so daß auf kleinerem Raum wesentlich mehr Zysten in die Versuche einbezogen werden konnten. Trotz dieser Vereinfachung blieb für nicht spezielle Untersuchungen der Arbeitsaufwand zu hoch.

Wesentliche Beiträge für die Anlage, Durchführung und Auswertung von Schlüpfversuchen erfolgten von Fenwick (1949; 1950 a; 1951 a; 1951 b). Anstelle der bisher üblichen 50 bis 100 isolierten Einzelzysten empfiehlt Fenwick (1949), Portionen von jeweils 50 oder 100 Zysten in 4- bis 5facher Wiederholung zu verwenden. Bei etwa gleichbleibendem Versuchsfehler ist in dieser Anordnung der Arbeitsaufwand im Vergleich zu isolierten Einzelzysten wesentlich geringer. In mehr oder weniger abgeänderter Form erfolgten die Schlüpfversuche in den folgenden Jahren nach diesem Schema. Die Verwendung von Blockschälchen mit geschliffenem Rand zur Aufnahme der Zysten hat sich allgemein bewährt. Eine nicht unwesentliche Vereinfachung erzielte kürzlich Moriarty (1963) durch Verwendung von Nylonsieben mit 60 μm Maschenweite, die — in entsprechend kleinen Rahmen befestigt — die Zysten aufnehmen. Diese Siebe mit den Zysten werden in Blockschälchen in die Schlüpfflüssigkeit gebracht. Beim Wechsel oder der Erneuerung der Flüssigkeit können die Zysten bequem entfernt werden, während die Larven auf dem Boden des Gefäßes bleiben.

Besondere Beachtung widmet Fenwick dem Larvenschlupf und dem Schlupfverlauf. Von wesentlichem Einfluß auf diesen Vorgang werden 3 Faktoren angesehen (Fenwick, 1949), nämlich

1. die Zyste,
2. die Diffusate,
3. die physiologischen Bedingungen vor und während des Larvenschlupfes.

Diese Unterteilung, die jedoch nicht als Bewertungsskala aufzufassen ist, wird für die folgenden Darstellungen etwas abgeändert übernommen.

4.1.1.1. Die Mechanik des Schlupfes

Nach Ellenby (1957a) ist die Larve im Ei nicht in der Lage, sich zu bewegen. Der Schlüpfstoff führt nach seiner Ansicht zur Erhöhung der Spannung in der Larve, die schließlich so hoch wird, daß die Eischale dem Druck nicht mehr standhält und zerreißt.

Die Beobachtungen von Shepherd (1962d) und Doncaster und Shepherd (1967 a; b) weisen in eine andere Richtung. Sie stellten fest, daß sich die Larven

auch ohne Einfluß eines Reizes gelegentlich im Ei bewegen. Eine deutliche Steigerung der Bewegungsaktivität setzte jedoch erst nach Zugabe eines Schlüpfstoffes ein, wobei die Larven sich sowohl vorwärts als auch rückwärts bewegen. Im letzten Stadium vor dem Schlupf — es werden individuell unterschiedliche Zeiten von Minuten bis zu einigen Stunden angegeben — wird die Eischale an einem Pol mit dem Mundstachel in einer halbkreisförmigen Linie durchstochen. Die einzelnen Durchstiche liegen so dicht nebeneinander, daß ein Schlitz entsteht, durch den die Larve das Ei verläßt. Bei *H. schachtii* wurden 40 bis 90 Perforationen je Minute gezählt. Der Schlupf ist demnach ein Vorgang, der eng mit der Eigenbeweglichkeit und dem Gebrauch des Mundstachels gekoppelt ist.
Nach Zugabe eines Schlüpfstoffes setzte als erstes die Tätigkeit der Schlunddrüsen ein. Ein Zusammenhang zwischen der Drüsenaktivität und dem Schlupf wird jedoch nicht angenommen.

4.1.2. Beeinflussung des Larvenschlupfes von seiten der Zyste (Aufbau und Struktur der Zystenhülle)

Gemmell (1940), Ellenby (1946b) und Fenwick (1950a) beobachteten, daß der Larvenschlupf bei Zugabe von Diffusaten in den ersten Tagen zögernd einsetzt, nach einiger Zeit ein Maximum erreicht und allmählich wieder abklingt. Nur selten schlüpft der gesamte Zysteninhalt. Wird die Zystenhülle perforiert, so schlüpfen wesentlich mehr Larven als bei nicht punktierten Zysten (Ellenby, 1946b). Der geringere Larvenschlupf aus nicht punktierten Zysten ist nach Ellenby auf einen Hemmstoff zurückzuführen (siehe auch Kämpfe, 1966). Dieser wird als ein Produkt des stärker einsetzenden Stoffwechsels geschlüpfter oder gerade schlüpfender Larven angesehen, welches sich in punktierten Zysten nicht anreichert, in unbeschädigten Zysten jedoch den Schlupf allmählich unterbindet.
Diese Hypothese wird in neuerer Zeit etwas in Zweifel gezogen. Ellenby (1964; 1965) berichtet, daß der pH-Wert innerhalb der Zyste nach Ablauf von etwa 20 Minuten dem des umgebenden Mediums ziemlich genau entspricht. Aus Modellversuchen an Glaskugeln mit 2 Öffnungen, etwa der Vulva- und der Halsöffnung der Zyste entsprechend, geht hervor, daß der Austausch in der kurzen Zeit allein durch die natürlichen Zystenöffnungen erfolgt. Diese Beobachtungen beziehen sich jedoch nur auf die Azidität. Es ist anzunehmen, aber nicht bewiesen, daß auch andere Stoffe, etwa im Inneren der Zyste gebildete oder von außen auf sie einwirkende sich in gleicher Weise verhalten, so daß eine Konzentration in der Zyste kaum zu erwarten ist.
Onions (1955) stellte fest, daß der Larvenschlupf in den einzelnen Bereichen einer Zyste nicht gleichmäßig hoch ist. Aus Eiern in Nähe der Zystenhülle schlüpfen anteilmäßig mehr Larven als aus den im Zentrum der Zyste gelegenen. Er nimmt an, daß durch den höheren Sauerstoffbedarf der geschlüpften Larven die Sauerstoffspannung vor allem in den inneren Regionen der Zyste unter das für den Schlupf erforderliche Maß sinkt und zudem durch die höhere Aktivität der geschlüpften Larven eine CO_2-Anreicherung erfolgt, die sich ebenfalls nachteilig

auf den Schlupf auswirkt. Auf die Bedeutung des Sauerstoffs für den Larvenschlupf hatte bereits TRIFFITT (1930a) hingewiesen. WALLACE (1955a) stellte fest, daß der Larvenschlupf beim Rübennematoden ebenfalls von der Höhe des Sauerstoffangebotes abhängig ist.

Eine CO_2-Anreicherung in Nähe der Zysten oder CO_2-Behandlung der Zysten wirkt hemmend auf den Larvenschlupf (anonym, 1960). Der Inhalt trockener, vor der Behandlung nicht gewässerter Zysten wird durch gesättigte CO_2-Lösungen schneller und nachhaltiger beeinflußt als der von feucht gehaltenen Zysten. Aus ersteren wird der Schlupf nach 24tägiger Behandlung, aus feucht gelagerten erst nach 52tägiger Behandlung vollständig unterbunden (GILLARD et al., 1958). HESLING (1959) berichtet, daß auch mit zunehmendem Zysteninhalt der prozentuale Anteil geschlüpfter Larven abnimmt.

Die Zystenhülle ist durchlässig für Wasser (ELLENBY, 1946a) und schlupfauslösende Substanzen der Diffusate (ELLENBY, 1955b). ONIONS (1957) wies nach, daß auch bei verschlossenen Hals- oder Vulvaöffnungen der Schlupf der Larven innerhalb der Zysten nicht beeinträchtigt wird und bestätigte somit die Beobachtungen von ELLENBY. Aus Eiern halbierter Zysten schlüpfen zwar mehr Larven als aus unbeschädigten Zysten; grundsätzliche Unterschiede bestehen jedoch nicht (ELLENBY, 1956; FENWICK und WIDDOWSON, 1959). Diese Befunde lassen die Vermutung zu, daß der Schlupf und der Schlüpfverlauf nicht nur von äußeren Einflüssen abhängig ist.

Auf welche Weise Flüssigkeiten die Zystenwandung durchdringen können, ist nicht näher untersucht. Der Bau und die Struktur der Zystenhülle könnte hierfür einige Anhaltspunkte geben. Die bisher vorliegenden Untersuchungsergebnisse sind jedoch recht unterschiedlich und lassen eine abschließende Beurteilung nicht zu. Nach FRANKLIN (1939b), CHITWOOD (1951), WIESER (1953), FERRIS und SIEGEL (1957) ist bei der Zystenhülle eine Exo- und Endokutikula zu unterscheiden. Die Exokutikula ist nach FRANKLIN im lichtmikroskopischen Bild und nach FERRIS und SIEGEL im elektronenmikroskopischen Bild als einheitliche homogene Lage anzusehen, wobei FERRIS und SIEGEL außerdem auf die unterschiedliche Dichte der Exokutikula hinweisen. WIESER unterscheidet mehrere Lagen, die von Nematodenart zu Nematodenart strukturelle Verschiedenheiten aufweisen und daher von ihm zur Artenunterscheidung herangezogen werden. Für die Endokutikula der Zystenhülle von *H. rostochiensis* werden von FRANKLIN 3 bis 4, von WIESER 3 (bei *H. schachtii*, *H. avenae* und *H. göttingiana* ist die Endokutikula homogen einschichtig) und von FERRIS und SIEGEL 5 Schichten angegeben.

Nach FRANKLIN und WIESER wird die Zystenhülle von radial verlaufenden feinen Kanälen durchzogen, deren mögliche Funktionen WIESER erörtert. FERRIS und SIEGEL weisen lediglich auf eine radial verlaufende Riefelung der Exokutikula hin, deren Bedeutung jedoch offengelassen wird.

Nach SCHERNEY (1957) besteht die Zystenhülle aus 6 Schichten (Außenschicht, Rindenschicht, Fibrillenschicht, homogene Schicht, Bänderschicht, Basallamelle). Er fand die homogene Schicht arttypisch ausgebildet und zumindest zur Unterscheidung von *H. rostochiensis*, *H. schachtii* und *H. avenae* geeignet.

KÄMPFE (1966) weist darauf hin, daß die Ursache der oft voneinander abweichenden Befunde über den Aufbau der Zystenhülle möglicherweise auf die den einzelnen Beobachtern vorgelegenen unterschiedlichen Entwicklungsstadien zurückgeführt werden kann. Bessere Kenntnisse erwartet er aus Reihenuntersuchungen beginnend mit der L_2. Schon bei diesen sind 3 verschiedene Kutikularschichten (Epi-, Exo- und eine zweischichtige Endokutikula) nachweisbar. Auch er weist auf Kanäle hin, die die Zystenhülle senkrecht oder schräg durchziehen.
Über den Bau und die Veränderungen der Kutikula im Verlaufe der einzelnen Häutungsphasen bis zur Zystenhülle bei *H. schachtii* berichten GÜNTHER und KÄMPFE (1966). Wenn auch noch manche Unklarheiten bestehen, so scheint doch sicher zu sein, daß das neue Integument jeweils von der Hypodermis gebildet wird und große Teile der alten Endo- und Exokutikula resorbiert werden.
Diese so verschiedenartigen Ergebnisse sind wenig geeignet, den Modus der Durchdringung der Zystenhülle für Flüssigkeiten zu erklären. Offenbar ist die Permeabilität jedoch recht erheblich. ELLENBY (1946a) wies z. B. nach, daß die Flüssigkeitsmenge in einer Zyste (0,11 mm^3) in etwa 10 bis 15 Minuten durch die Wandung (versiegelte natürliche Öffnung) diffundierte.
Die chemische Zusammensetzung der Zystenhülle ist bisher nur in groben Umrissen bekannt. Nach CLARKE (1968) setzt sie sich aus etwa 72% Protein; 2% Polyphenolen; 2% Lipiden; 1,5% Glukosaminen; 0,5% Kohlenhydraten und 5% Asche zusammen. Außerdem wies er 19 Aminosäuren nach; vermutlich handelt es sich überwiegend um Gerüsteiweiße. Chitin wurde in Übereinstimmung mit TRACEY (1958) nicht festgestellt. ELLENBY (1946a; 1963b) fand in der Zystenhülle Polyphenole und Polyphenoloxydase und KAUL (1962) wies Katechin nach.

4.1.2.1. Aufbau und Struktur der Eischale

Im Gegensatz zur Zystenhülle war die Eischale in geringerem Maße Untersuchungsobjekt. DOLIWA (1956) fand in der Eischale Protein, aber kein Chitin, während TRACEY (1958) Chitin nachweisen konnte[1]. Eingehender wurde die chemische Zusammensetzung der Eischale von CLARKE et al. (1967) untersucht. Danach ist Protein mit 59% der wichtigste Bestandteil, außerdem stellten sie 9% Chitin, 7% Lipide, 6% Kohlehydrate, 3% Polyphenole und 3% Asche fest. Von den 18 bestimmten Aminosäuren überwogen Prolin, Asparticsäure, Glycin und Serin.

4.1.3. *Diffusate und Larvenschlupf*

Von entscheidender Bedeutung für die Auslösung und den Verlauf des Larvenschlupfes sind die verwendeten Diffusate. Diese sind in ihrer Aktivität nicht einheitlich und unterliegen zudem im Laufe der Zeit Veränderungen, die sich in allmählich nachlassender Stimulationswirkung äußern. Daraus ergeben sich erhebliche Nachteile sowohl für die Beurteilung des Larvenschlupfes wie auch für die Vergleichbarkeit der Ergebnisse. Es wurde aus diesem Grunde schon seit längerer

[1] Nach TRACEY (1958) ist Chitin nur in der Eischale enthalten.

Zeit nach Möglichkeiten gesucht, entweder die Diffusate zu standardisieren oder aber Substanzen zu verwenden, die als Bezugsgröße angesehen werden können. Die anfänglich als brauchbar erscheinende Pikrinsäure — deren aktivierende Wirkung, bei Verwendung 0,01prozentiger Lösungen, bereits HURST (1937) erkannt hatte — in Konzentrationen von 0,01 oder 0,02% (FENWICK, 1943b) erwies sich in späteren Versuchen als wenig geeignet (FENWICK, 1952c; CLARKE und SHEPHERD, 1966a). Werden die neueren Befunde mit Pikrinsäure verglichen, so entsteht der Eindruck, als ob die Wirkung als Schlüpfstimulanz in Abhängigkeit von dem verwendeten Muster sehr variabel ist. Während NOLTE (1956) Pikrinsäure als „stark schlupffördernd" bezeichnet, berichten CLARKE und SHEPHERD (1967) von einer völlig inaktiven Herkunft.

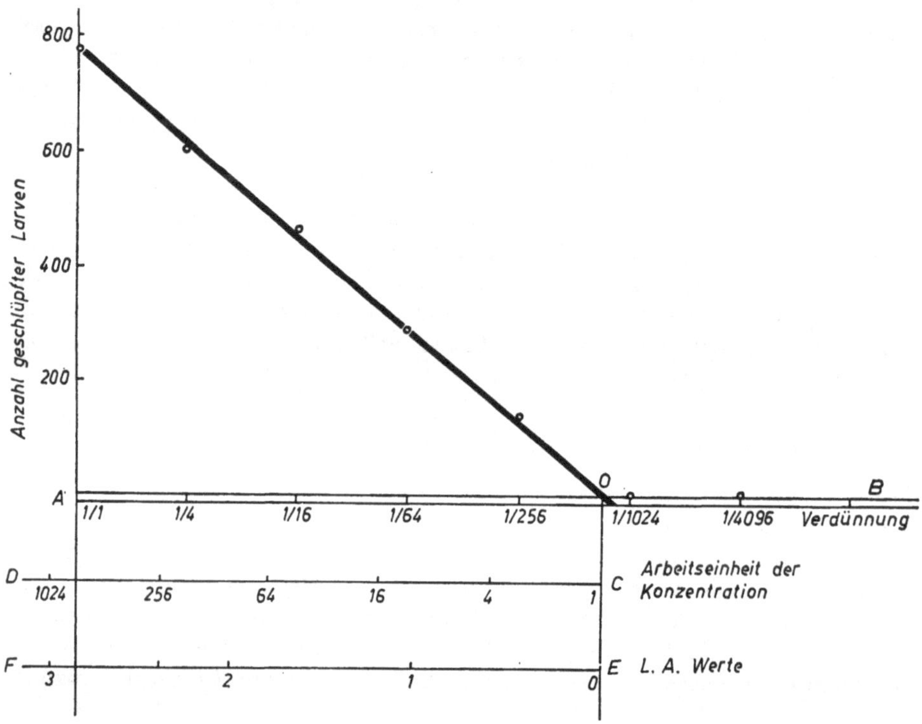

Abb. 2. Ableitung des L.A.-Wertes (Entnommen aus FENWICK, 1952 c)

CALAM et al. (1949b) hielten Anhydrotetronsäure in Konzentrationen von 1 : 2000 bei pH 3 für eine brauchbare Bezugsgröße. Auch in den Versuchen von WINSLOW (1959) erwies sich die Konzentration 1 : 2000 bei *Heterodera schachtii* am wirksamsten. Den höchsten Schlupf bei konstanten Temperaturen erzielte BISHOP (1955) mit der Konzentration 1 : 1000. In der Reihenfolge 1 : 500; 1 : 250; 1 : 2000; 1 : 4000 verminderte sich die Anzahl geschlüpfter Larven laufend. NOLTE (1956) fand die höchste Aktivität in 0,1 %iger Anhydrotetronsäure-Lösung.

In den Wintermonaten war der Larvenschlupf in Anhydrotetronsäure höher, in den Sommermonaten niedriger als in Wurzeldiffusaten von Kartoffeln.
FENWICK (1952c) stellte fest, daß der Larvenschlupf in mehreren Proben Anhydrotetronsäure ebenso unterschiedlich ist wie in mehreren Diffusate-Herkünften und somit als Standard ungeeignet ist.
ELLENBY (1944a) sah eine mögliche Beziehung zwischen dem Sauerstoffverbrauch der Wurzeln, von denen die Diffusate entnommen waren, und dem Aktivitätsgrad der Diffusate. Diese Beziehungen hält FENWICK (1952c) nicht für ausreichend gesichert, er sagt auf Seite 458 "... the method depends on the unproven assumption that respiration and root diffusate production, being different aspects of root metabolism, vary directly with one another." In der gleichen Arbeit er-

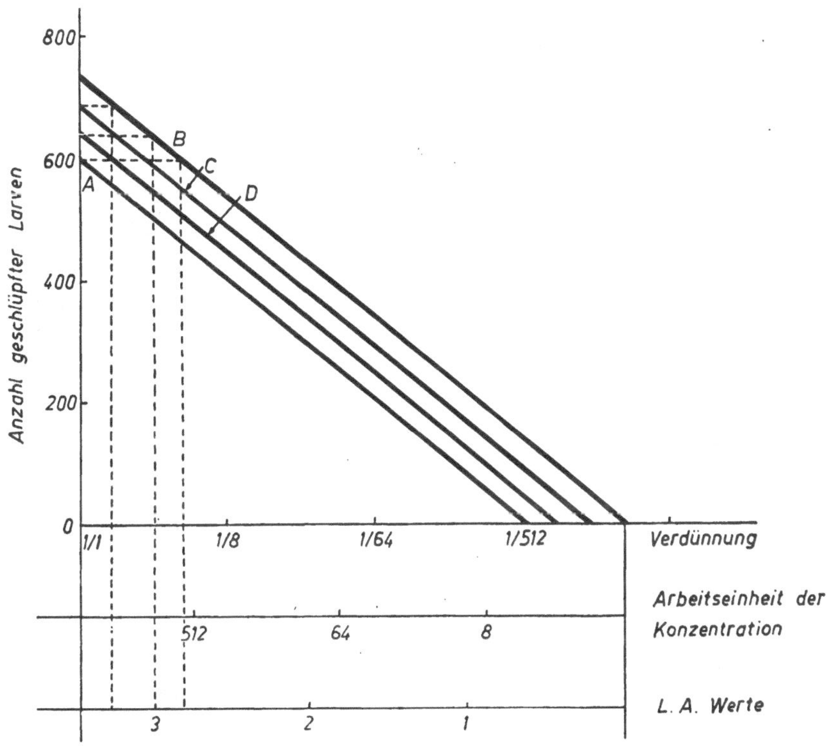

Abb. 3. Berechnung der Konzentration mehrerer Diffusate an Hand des Larvenschlupfes in Verdünnungsstufen (Entnommen aus FENWICK, 1952c)

läutert FENWICK eine Standardisierungsmethode, die zwar etwas arbeitsaufwendiger ist, aber gute Vergleichsmöglichkeiten bietet:
Wurzeldiffusate werden in geometrischer Folge (1/1; 1/4; 1/16 usw.) mit Wasser verdünnt und die in diesen Verdünnungen geschlüpften Larven von je 4 × 100 Zysten gewertet. Wird die Anzahl geschlüpfter Larven der Verdünnungsstufe gegenübergestellt, so ergibt sich eine Gerade. Der Schnittpunkt dieser Geraden

mit der in Wasser geschlüpften Larvenzahl wird als Nullpunkt gewertet und ist Ausgang für weitere Berechnungen. Werden die Verdünnungsstufen von diesem Nullpunkt in umgekehrter Anordnung eingetragen (Abb. 2/C—D), so kann am Nenner die Aktivität der Diffusate abgelesen werden. Dieser Wert wird als Arbeitseinheit bezeichnet. FENWICK hält es jedoch für zweckmäßiger, die Arbeitseinheiten in einen logarithmischen Index umzuwandeln (E—F) und die Aktivität als "log-activity" (= L.A.) auszudrücken (Abb. 2).
Aus diesen Versuchen zieht FENWICK folgende Schlüsse:

1. Die Aktivität von Verdünnungsstufen eines Diffusates, zu einer Zystenherkunft verwendet, ist proportional zum Logarithmus der Konzentration.
2. Jedes Diffusat hat einen Schwellenwert von Verdünnungsstufen, unterhalb dessen es inaktiv ist. Der Schwellenwert ist unabhängig von der Zystenherkunft und für jedes Diffusat charakteristisch.
3. Der Larvenschlupf in Verdünnungsstufen mehrerer Diffusate verläuft parallel. Die Konzentration der Diffusate kann nach Lage der Kurven zueinander berechnet werden (Abb. 3).

Der zeitliche Ablauf des Larvenschlupfes im Verlaufe eines Versuches wurde von FENWICK (1950a; 1951b) dargestellt. Wird die Gesamtzahl geschlüpfter Larven zu den einzelnen Untersuchungsterminen der logarithmischen Zeitfunktion gegenübergestellt, so ist der Kurvenverlauf symmetrisch sigmoidal (Abb. 4), nach OOSTENBRINK (1967) asymmetrisch sigmoidal. Es entsteht jedoch eine Gerade, wenn der prozentuale Anteil geschlüpfter Larven vom Gesamtschlupf für einzelne Termine in Probits umgerechnet und der jeweilige Wert der logarithmischen Zeitfunktion gegenübergestellt wird (Tab. 4).
Nach den Beobachtungen von FENWICK (1951b) ist es nicht unbedingt notwendig, Schlüpfversuche bis zum Ende des Larvenschlupfes fortzusetzen. Wenn der Schlupf der logarithmischen Zeitfunktion gegenübergestellt wird, so zeigt der

TABELLE 4

Errechnung der Zeit-Probit-Kurven für den Larvenschlupf*

Tage	Anzahl geschlüpfter Larven in jedem Intervall	Gesamtzahl geschlüpfter Larven zu jedem Intervall			Log in Tagen
		Anzahl	%	Probit	
0	20	20	6,1	3,45	0,301
2	42	62	18,5	4,10	0,477
3	61	123	37,3	4,68	0,602
4	123	246	74,6	5,66	0,778
6	76	322	97,7	7,00	0,954
9	2	324	98,4	7,14	1,204
16	5	329	100,0	—	1,602
40					

* entnommen aus FENWICK, 1950 a

Umschlagspunkt der Kurve genau die Hälfte der schlupffähigen Larven an. Zur Darstellung des Gesamtschlupfes würde es also genügen, die Versuche nur so lange fortzusetzen, bis der Umschlagspunkt der Kurve deutlich erkannt werden kann. Hierdurch wird ein erheblicher Zeitgewinn erzielt.

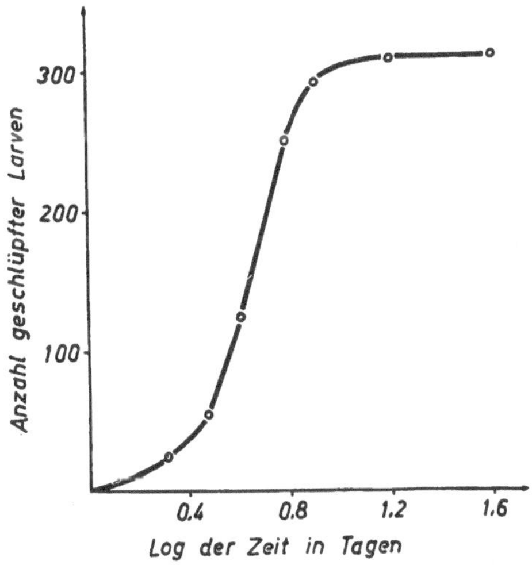

Abb. 4. Larvenschlupf dem Logarithmus der Zeit gegenüber gestellt (Entnommen aus FENWICK, 1951 b)

Eine Anleitung zur Durchführung von Schlüpfversuchen und der Gewinnung des Ausgangsmaterials (Diffusate und Zysten) geben FENWICK und WIDDOWSON (1958).

Unter Beibehaltung des FENWICKschen Prinzips wird von ELLENBY und GILBERT (1960a) eine Vereinfachung dadurch erreicht, daß anstelle von 3 bis 5 × 100 Zysten je Verdünnungsstufe mehrere Wiederholungen von nur je 10 Zysten und Verdünnungen in der Folge 1/1; 1/5; 1/25 usw. verwendet werden.

Die Standardisierung nach einer dieser Methoden gibt die Möglichkeit, beliebige Diffusate miteinander zu vergleichen, wenn einheitliche Zystenherkünfte verwendet werden. Darüber hinaus ist eine verhältnismäßig zuverlässige Einstufung (Bewertung) der Aktivität (L. A.-Wert) anderer Substanzen möglich.

Diffusate behalten ihre Aktivität bis etwa 2 Jahre nahezu unverändert, wenn sie bei 0° bis 4 °C gelagert werden (FENWICK, 1957b; WIDDOWSON, 1958c). WINSLOW (1955a) fand die höchste Aktivität bei einjährigen Diffusaten und bemerkte bei zweijährigen schon einen beachtlichen Wirkungsabfall. Die Aktivität frisch gewonnener Diffusate vermindert sich in den ersten Wochen zwar etwas, bleibt aber später über einen längeren Zeitraum nahezu konstant. Bei der Lagerung ist zu beachten, daß die Stabilität in kleineren Mengen eher abnimmt als in größeren Mengen (WIDDOWSON, 1958c).

Von bestimmendem Einfluß auf die Wirksamkeit der Diffusate ist der Entwicklungsgrad der Pflanzen zur Zeit der Entnahme. Das Alter der Pflanzen sowie die Anzuchtbedingungen sind sehr wahrscheinlich dominierend. WIDDOWSON (1958a; b) erhielt die aktivsten Diffusate in der Zeit von einer Woche bis vier

Wochen nach dem Auflaufen der Pflanzen bei Anzucht in 6,5 in. (= 16,5 cm) Töpfen (Abb. 5). Die wirksamsten Diffusate werden in der Zeit der höchsten Massenzunahme von Wurzeln und oberirdischen Teilen produziert. Direkte Beziehungen zwischen dem Gewicht von Wurzeln oder oberirdischen Pflanzenteilen und dem Aktivitätsgrad der Diffusate bestehen nicht. Zu den gleichen Ergebnissen kam LOWNSBERY (1950 b).

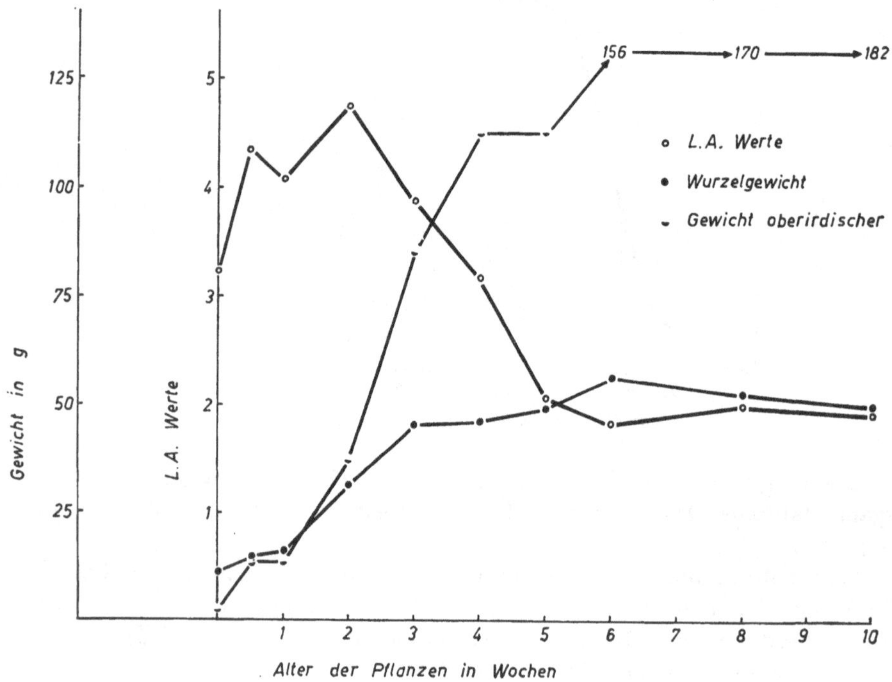

Abb. 5. Der Einfluß des Pflanzenalters auf die Aktivität der Diffusate (Entnommen aus WIDDOWSON, 1958 a)

In seinen Untersuchungen blieb jedoch der Aktivitätsgrad der Diffusate über einen längeren Zeitraum, nämlich von 2 Wochen bis 14 Wochen alten Pflanzen, nahezu unverändert. Vermutlich waren die Anzuchtbedingungen für die langanhaltende hohe Aktivität verantwortlich. Entscheidend für die Wirksamkeit der Diffusate ist der physiologische Zustand, in dem sich die Pflanzen zur Zeit der Entnahme befinden. In Abhängigkeit von der Größe der Anzuchttöpfe und der Art des verwendeten Bodengemisches wird die Zunahme der Wurzelmasse früher oder später abklingen, die Zuwachsrate vermindert und damit verbunden die Aktivität der Diffusate geringer. Aus den Ergebnissen von NOLTE (1955) lassen sich diese Folgerungen ebenfalls ableiten.

Bei Kultivierung von Kartoffeln in verseuchtem Boden in Tontöpfen schlüpfte in den ersten Versuchswochen (bis etwa zur Blüte) 85 bis 95% des Zysteninhalts. Werden resistente Kartoffeln verwendet, so blieb der Zysteninhalt der

Bodenpopulation von diesem Zeitpunkt bis zum Absterben der Pflanzen nahezu konstant (STELTER und RAEUBER, 1959; 1960). Dies deutet darauf hin, daß der in den Zysten verbliebene Rest eine nur geringe Schlupfbereitschaft aufweist, oder daß Wurzeldiffusate von hoher Aktivität nur während der Jugendentwicklung bis etwa zur Blüte ausgeschieden werden und in der Folgezeit entweder weniger Diffusate in den Boden gelangen oder die Konzentration der aktiven Substanz in den Diffusaten geringer ist. In dem Zeitraum bis zur Blüte entwickelt sich die Blatt-, Stengel- und Wurzelmasse der Pflanzen, die später nur noch geringen Veränderungen unterliegt. Es dürften Beziehungen zwischen der Massenzunahme (Wachstumsintensität) der genannten Teile und der Aktivität der Diffusate wahrscheinlich sein.

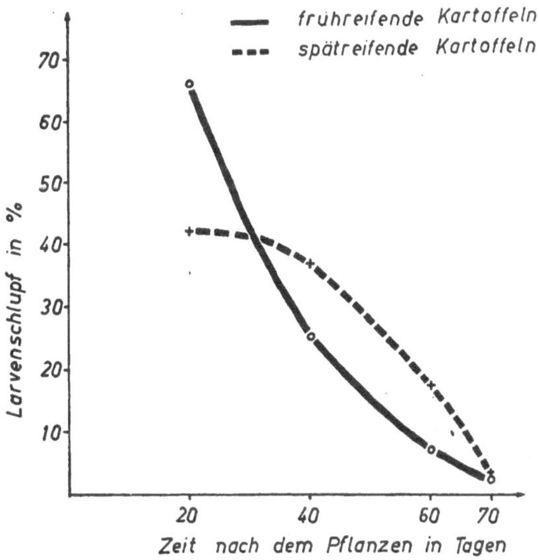

Abb. 6. Geschlüpfte Larven in Prozent zum Gesamtschlupf bei Kultivierung in 15 cm-Blumentöpfen (STELTER unveröffentl.)

Diese Annahme wird durch den zeitlichen Ablauf des Schlupfes bei Kultivierung frühreifender und spätreifender Kartoffeln bestätigt. Wird der Larvenschlupf bestimmter Zeitabschnitte in Prozent zur Gesamtzahl geschlüpfter Larven ausgedrückt, so schlüpfen in der gleichen absoluten Zeit, etwa bis zum 30. Tag nach dem Pflanzen, bei frühreifenden Kartoffeln mehr Larven als bei spätreifenden (Abb. 6). Im Verlauf der Wachstumsperiode wird zumindest in Topfversuchen die Differenz der insgesamt geschlüpften Larven zwischen früh- und spätreifenden Pflanzen geringer, und die Werte gleichen sich allmählich an (STELTER und RAEUBER, 1960). Der bei frühreifenden Kartoffeln anfänglich höhere Schlupf im Vergleich zu spätreifenden ist durchaus mit der im gleichen absoluten Zeitraum unterschiedlichen Massenzunahme zu erklären.

Sortenbedingte Aktivitätsunterschiede der Diffusate wurden bisher mit Sicherheit nicht nachgewiesen. FENWICK (1950b) erhielt in einem Falle mit Diffusaten der Sorte 'Ulster Chieftain' höhere Schlupfwerte als mit denen der Sorten 'Majestic' und 'Arran Banner'. WIDDOWSON (1958a) verglich den Larvenschlupf einer einheitlichen Zystenherkunft in Diffusaten von 10 Sorten und fand keine gesicherten sortenabhängigen Aktivitätsunterschiede. Die Diffusate von jungen bis etwa 6 Wochen alten Kartoffelpflanzen waren Diffusaten von gleichaltrigen Tomaten überlegen. Von älteren Pflanzen waren jedoch die Diffusate der Tomaten überlegen, die auch weiter eine steigende Tendenz aufwiesen, während sich die Aktivität der Kartoffeldiffusate mit zunehmendem Pflanzenalter verringerte.

DONCASTER (1957) weist darauf hin, daß Diffusate von nematodenbefallenen Tomatenpflanzen von geringerer Wirkung sind als von Pflanzen in nicht verseuchtem Boden. Mit steigendem Befall ging eine laufende Aktivitätsminderung einher.

Prinzipiell ist die Gewinnung von Diffusaten in Wasserkulturen möglich (D'HERDE et al., 1956). Diffusate getopfter Pflanzen waren in den ersten 4 Wochen den in Wasserkulturen gewonnenen deutlich überlegen, später wurde die Differenz geringer. Offenbar produzieren die in Wasserkultur gehaltenen Pflanzen wirksame Diffusate über einen längeren Zeitraum als vergleichbare Pflanzen in Bodengemischen. Die absolute Aktivitätshöhe erreicht jedoch nur ausnahmsweise den L.A.-Wert 3 (WIDDOWSON, 1958b).

Wirksame Diffusate werden nicht nur von Wurzeln vollständiger Pflanzen produziert, sondern auch von Wurzelstückchen, die in keimfreiem Zustand auf Agarnährböden kultiviert werden (WIDDOWSON et al., 1958). Im Zeitraum von 4 bis 7 Tagen schlüpften etwa 70% der Larven aus zugegebenen Eiern.

Zur Gewinnung größerer Diffusatmengen von einheitlichem Aktivitätsgrad verwendeten FENWICK und WIDDOWSON (1958) in 6,5 in.-Töpfen angezogenen Pflanzen und entnahmen je Topf wöchentlich 3 × 50 ml von der den Topfballen durchlaufenden Flüssigkeit. WIDDOWSON (1958c) untersuchte die Wirksamkeit der bei fortlaufender Entnahme (bis 640 ml je Pflanze und Termin) gewonnenen Diffusate in den Fraktionen: 0 bis 20; 20 bis 40; 40 bis 80; 80 bis 160; 160 bis 320 und 320 bis 640 ml von Pflanzen bis zu einem Alter von 6 Wochen. Die Abweichungen zwischen den einzelnen Fraktionen waren gering und die Differenzen zwischen Terminen (Alter der Pflanzen) und Fraktionen nicht einheitlich. Deutlich überlegen waren jedoch die 3mal wöchentlich mit je 50 ml/Topf gewonnenen Diffusate.

Die Lagerung der für Serienuntersuchungen benötigten größeren Mengen von Diffusaten stößt gelegentlich auf Schwierigkeiten. Es lag daher nahe, das Volumen ohne Beeinträchtigung der wirksamen Substanz (Substanzen) zu reduzieren. Erwärmungen für 8 Std. auf 30 °C; 4 Std. auf 40 °C und 2 Std. auf 50 °C führte nicht zu Aktivitätsverlusten, längere Erwärmungen oder höhere Temperaturen hatten jedoch — im Gegensatz zu den Ergebnissen von TRIFFITT (1930a) — deutliche Aktivitätsminderungen zur Folge (FENWICK, 1957b). HAGUE (1954) unternahm erste Versuche zur Einengung des Volumens im Vakuum. Diffusate, die bei 5 °C bis auf 4% oder 1% der ursprünglichen Menge eingedampft waren, wiesen

einen Leistungsabfall von etwa 5 bis 10% im Vergleich mit Originaldiffusaten auf. Durch anschließende Gefriertrocknung verminderte sich die Aktivität um weitere 30% (s. auch FASSULIOTIS und FELDMESSER, 1952). Das Eindampfen im Vakuum bei 30 °C bis 35 °C auf 1/10 bis 1/20 des ursprünglichen Volumens hat nach FENWICK (1957b) eine Aktivitätsminderung von 10 bis 20% zur Folge.
Die Aktivität konzentrierter Diffusate steigert sich nicht mit dem Grad der Konzentration. In Verdünnungsstufen von Konzentraten verläuft die Schlüpfkurve konvex (HAGUE, 1958) mit optimaler Aktivität einer bestimmten Verdünnungsstufe (Abb. 7). Die Ursachen dieser Reaktion sind nicht bekannt.

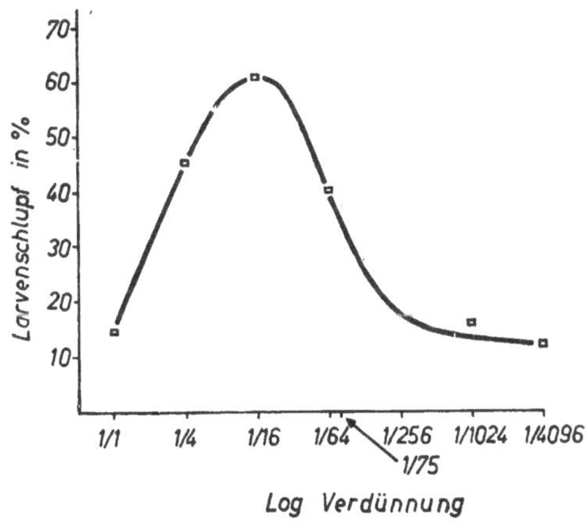

Abb. 7. Der Larvenschlupf in Verdünnungsstufen von Wurzeldiffusate-Konzentraten (Entnommen aus HAGUE, 1958)

4.1.4. *Isolierung des Schlüpfstoffes*

Die Isolierung und Reindarstellung des Schlüpfstoffes versuchten bereits HURST (1935; 1937, s. auch anonym, 1935) sowie HURST und TRIFFITT (1935). Sie erhielten ein Pulver, das noch in Verdünnungen 1 : 500000 wirksam war.
CALAM et al. (1949a) gewannen aus Wurzeldiffusaten von Tomaten ein hellbraunes in Wasser leicht lösliches Pulver mit einer relativen Aktivität von 6,5 bzw. 6,2. Die ungereinigte Substanz war bei pH 1 bis 7 recht stabil, wurde jedoch im alkalischen Bereich schnell unwirksam (s. auch JOHNSON, 1952). Die Aktivität dieses Pulvers war in Verdünnungen von 1 : 40000 bis 1 : 2000000 etwa gleich hoch. Für die gereinigte Substanz, die nicht kristallisierbar ist, wird die Bezeichnung Eclepsäure (CALAM et al., 1949b) vorgeschlagen und für die freie Eclepsäure die Summenformel $C_{18}H_{24}O_8$ angenommen (MARRIAN et al., 1949a). Vermutlich handelt es sich um eine Lactonsäure mit einem Molekulargewicht um etwa 300. Diese Eclepsäure ist auch in Wurzeldiffusaten von *Solanum nigrum* nachgewiesen (RUSSELL et al., 1949a). JOHNSON (1952) gibt die Summenformel $C_{19}H_{26}O_8$ — vermutlich handelt es sich in diesem Fall um ein Methylierungsprodukt — für die wirksame Substanz an. HARTWELL et al. (1960) gelang die Kristallisierung der aktiven Substanz, von der sie, vorbehaltlich weiterer Untersuchungen, die Summenformel $C_{13}H_{12}O_3$ mit einem Molekulargewicht von 216

annehmen. Neuerdings haben sich CLARKE und WIDDOWSON (1966) mit der Gewinnung des schlupfauslösenden Faktors befaßt. Von Kartoffelwurzel-Diffusaten erhielten sie eine farblose gummiartige Masse mit hoher Aktivierungsfähigkeit. Nach diesen Ergebnissen handelt es sich beim Schlüpffaktor um eine Säure, die im Bereich oberhalb von pH 9 unwirksam wird. SEMBDNER und SCHREIBER (1960) weisen auf konstitutive Ähnlichkeiten zwischen Eclepsäure und Gibberellinsäure hin.

Weitere Angaben zur Konzentration und Reinigung der aktiven Substanz erfolgten von MASSEY und NEAL (1951; 1953) und CARROLL et al. (1958). Wenn auch die Gewinnung und Anreicherung einer hochwirksamen Substanz gelungen ist, so bestehen doch unterschiedliche Auffassungen über deren Natur sowie Schwierigkeiten bei der Aufbereitung und Reinigung des Rohmaterials.

ELLENBY (1957a) sowie ELLENBY und GILBERT (1957; 1958a; 1958b; 1960b) zeigten in Experimenten an Frosch- und Krötenherzen, daß der Schlüpffaktor in mehreren Eigenschaften den Herzglykosiden bzw. den Lactonen der Herzglykoside nahesteht. Es schien daher aussichtsreich, die für Herzglykoside gebräuchlichen chemischen Bestimmungsmethoden auch bei Untersuchungen über die Wirksamkeit von Diffusaten auf den Schlüpfvorgang anzuwenden. Colorimetrische Messungen an Wurzeldiffusaten von Kartoffeln und dem Fingerhut (*Digitalis purpurea*) ergaben tatsächlich bei beiden den gleichen Absorptionsgipfel sowie einen parallelen Kurvenverlauf über die Wellenlängen (ELLENBY, 1958b). SCHREIBER et al. (1961) zeigten jedoch, daß die Absorptionsspektren von Kartoffel-Wurzeldiffusaten nicht für die hier enthaltenen Schlüpfstoffe spezifisch sind. Nicht schlupfaktivierende Diffusate sowie Diffusate, in denen Antischlüpfstoffe nachgewiesen wurden, reagierten ähnlich.

Schlüpfstoffe und Antischlüpfstoffe sind zudem von ähnlicher chemischer Konstitution und stehen offenbar den Gibberellinen nahe, zumindest sind die Isolierungs- und Nachweismethoden für beide nahezu identisch. In einer Reihe von biologischen Testen wurde in beiden auch eine den Gibberellinen ähnliche Wirkung nachgewiesen (SEMBDNER et al., 1961).

4.1.5. *Die Aktivität von Diffusaten einiger anderer Pflanzen*

Mehr aus wirtschaftlichen Überlegungen wurde die Wirksamkeit von Wurzeldiffusaten einer größeren Zahl von Pflanzen auf die Larven des Kartoffelnematoden untersucht. Die Bestrebungen waren darauf ausgerichtet, anbauwürdige Feindpflanzen zu finden und sie möglichst nutzbringend anzubauen, um auf diese Weise dem Mangel an anderweitigen wirksamen Bekämpfungsverfahren zu begegnen.

Die anfänglich von TRIFFITT (1934) und FRANKLIN (1937a) beobachtete schlupfaktivierende Wirkung der Wurzeldiffusate mehrerer Gräser und von Mais bestätigte sich in späteren Überprüfungen nicht (FRANKLIN, 1940a; OOSTENBRINK, 1950; STELTER, 1958; HESLING et al., 1961). Zu etwa gleichen Feststellungen kam LOWNSBERY (1950b). In Wurzeldiffusaten von einigen Gräsern sowie von 13 Maissorten betrug der Schlupf, verglichen mit Kartoffeldiffusaten (= 100), etwa 25%. Etwas günstigere Ergebnisse erzielte WILSKI (zit. nach SZULC, 1959) mit Wurzeldiffusaten von Buchweizen (62%), Mais (55%), Sommerweizen (42%), Betarüben (33%) und Hanf (26%) bezogen auf Kartoffeldiffusate (= 100). Ebenfalls nicht einheitlich werden die Diffusate von *Atropa belladonna* beurteilt. FRANKLIN (1940a) erzielte einen recht beachtlichen Schlupf, während SEMBDNER et al. (1960) bestenfalls eine geringfügige Aktivierung feststellten. Neuerdings berichten GIEBEL und RADZIWINOWCZ (1963) von Schlüpfstoffen in *Angelica archangelica* (45% Schlupf), *Pimpinella saxifraga* (76,6%) (siehe auch WILSKI, 1963a) und *Viola tricolor* (50%). Der spontane Schlupf betrug 32,9% und der in Wurzeldiffusaten von Tomatenwurzeln 73,9%. EFREMENKO (1961) fand Schlüpfstoffe bei einigen Umbelliferen und Compositen.

Der schlupffördernde Faktor ist außerdem in Wurzeldiffusaten von Tomaten und *Solanum nigrum* (DONCASTER, 1957) enthalten. Nach FRANKLIN (1940a) weisen Wurzeldiffusate von *Solanum tuberosum*, *Sol. capsicastrum*, *Sol. nigrum*[1], *Sol. dulcamara*, *Sol. utile* (= *Sol. demissum*) und *Lycopersicon esculentum* keine Aktivitätsunterschiede auf. Die gleiche Feststellung trafen FERRIS und MAI (1955) für Diffusate von *Sol. dulcamara* und *Sol. citrullifolium*, einer Neutralpflanze, während in Diffusaten von *Sol. xanthi*, einer Wirtspflanze, weniger Larven schlüpften. Ebenso sind Wurzeldiffusate von *Sol. melongena* von erheblicher Aktivität (FASSULIOTIS und FELDMESSER, 1954; OMIDVAR, 1961). CARROLL und MCMAHON (1944) untersuchten Preßsäfte von Tomaten- und Kartoffelblättern und -stengeln, fanden aber keinerlei stimulierende Wirkung auf die Larven. MASSEY und NEAL (1951; 1953) wiesen jedoch nach, daß in Tomatenblättern Substanzen vorkommen, die schlupffördernd wirken. Dieser Befund wurde von JANZEN und TUIN (1956) bestätigt. Sie isolierten überdies aus Kartoffelblättern und -stengeln eine Substanz, die ebenfalls den Larvenschlupf förderte. Über die Natur der aus diesen Organen gewonnenen Substanzen ist nichts bekannt; nach JANZEN und TUIN ist nicht sicher, ob die wirksamen Stoffe aus Wurzeldiffusaten mit den aus Blättern und Stengeln gewonnenen identisch sind. Nach NOLTE (1958) geht von Knollenauslaugungen ein Schlupfreiz aus, während JANZEN und TUIN (1956) dafür keine Anhaltspunkte fanden.

LOWNSBERY (1950b) verwendete Auslaugungen von Knollen, Stolonen, Stengelteilchen und Blättern, erhielt aber nur Schlupfwerte, die unter dem Niveau der Leitungswasserkontrolle lagen, vermerkt jedoch in einer späteren Notiz (LOWNSBERY, 1950a), daß das stimulierende Agens auch in den oberirdischen Pflanzenteilen enthalten ist.

Nicht nachgewiesen sind Schlüpfstoffe in Wurzeldiffusaten von *Hyoscyamus niger*, *Sol. miniatum*, *Nicotiana tabacum*, *Physalis philadelphica*, *Datura metel* (SEMBDNER

[1] In den Versuchen von WINSLOW (1955a) waren Wurzeldiffusate von *Sol. nigrum* inaktiv. Dies deutet darauf hin, daß die oft schon in morphologischen Merkmalen recht unterschiedlichen Herkünfte von *Sol. nigrum* auch in anderweitigen Merkmalen differieren.

et al., 1960), Tagetes-Arten (OMIDVAR, 1961; 1962; HESLING et al., 1961; WILSKI, 1963b), Betarüben, Erbsen, Klee, Astern, Hafer und Kohl (nach SHEPHERD, 1959) sowie einer weiteren Anzahl von Pflanzen (O'BRIEN und PRENTICE, 1930; GOFFART, 1933; OOSTENBRINK, 1950; FASSULIOTIS und FELDMESSER, 1954). Die von STELTER (unveröffentl.) mit Diffusaten einiger Kulturpflanzen erhaltenen Schlüpfergebnisse entsprechen weitgehend denen der genannten Autoren (Tab. 5). Der Schlupf ist im Vergleich zu Wurzeldiffusaten von Kartoffeln geringfügig, so daß eine Stimulierung in dem üblich gebrauchten Sinne nicht erfolgt.

TABELLE 5

Larvenschlupf aus Zysten von Rasse A in Wurzeldiffusaten mehrerer Pflanzen (August, 1957) (STELTER unveröffentl.)

Pflanzenart	Schlupf im Zeitraum von 28 Tg. %*	Schlupf in Diffusaten v. Kulturkart. 29.–56. Tg. %*	Gesamt-schlupf %*
Mais	14	80,2	94,2
Zuckerrüben	7,9	87,5	95,4
Sommerraps	13,5	81,6	95,1
Hafer	22,7	71,4	94,1
Lupinen	15,6	74,0	89,6
Brunnenwasser	9,1	80,2	89,3
Kulturkartoffeln	97,5	1,1	98,6

* Auf den Gesamtinhalt der Zysten bezogen

Die schlupfaktivierende Wirkung der von einzelnen Pflanzenarten gewonnenen Diffusate wird nicht immer einheitlich beurteilt. Übereinstimmung besteht jedoch darüber, daß zumindest von den wirtschaftlich wichtigeren Pflanzenarten eine Förderung des Larvenschlupfes nicht zu erwarten ist und in einigen weiteren der Schlüpffaktor sogar fehlt. Hiermit sind gleichzeitig eventuell vermutete Feindpflanzenwirkungen in negativem Sinne beantwortet.

4.1.5.1. Die Schlupfaktivierung durch Bodenlebewesen

Auch von manchen Bodenlebewesen wird der Larvenschlupf gefördert. So berichtet ELLENBY (1944b) von zunehmenden Schlupfwerten, wenn die Zysten im Boden einer ansteigenden Regenwurmpopulation ausgesetzt waren (Tab. 6).
GIEBEL (1960; 1963; 1967) fand eine deutliche Schlupfsteigerung, wenn der Boden mit einigen Pilzen, u. a. mit *Penicillium brevi-compactum* und *Aspergillus awamori* beimpft wurde. Eine Reihe von weiteren Pilzen sowie Kulturfiltrate von *Penicillium-* und *Actinomyceten-*Stämmen wirkten zumindest nicht schlupfhemmend (MAI, 1954; NOLTE, 1956; GIEBEL, 1960; 1963). WILSKI (1963a) vermutet ganz allgemein den Schlupf begünstigende Einflüsse von der Mikroflora des Bodens.

Zu ähnlichen Ergebnissen kam ELLENBY (1963c); Ablaufwasser von nicht sterilisiertem Boden war von höherer Aktivität als von Boden, der 6 Monate vorher sterilisiert war. Er sagt: "... the results strongly suggest that soil organisms are responsible for 'spontaneous' hatching" und stellt fest, daß "... it is unlikely that the active agent or agents will be found to be as specific as the potato root eelworm hatching factor."

TABELLE 6

Anzahl geschlüpfter Larven je Zyste aus Böden mit unterschiedlich hoher Regenwurmpopulation (nach ELLENBY, 1944b)

Regenwurm je Topf	geschlüpfte Larven je Zyste
20	71,6
40	83,3
60	85,4
100	158,9
Kontrolle	51,8

Für diese Annahme sprechen die Ergebnisse der von ELLENBY und SMITH (1967a) durchgeführten Schlüpfversuche in monatlich gewonnenem, bis zur Verwendung (Febr. und April) kühl gelagertem Bodenablaufwasser. Im Ablaufwasser von Mai bis Juli steigerte sich der Schlupf und erreichte ein Maximum im August, in Ablaufwasser aus den übrigen Monaten war der Schlupf bedeutungslos. Dieser Rhythmus wird mit der Aktivität der Bodenlebewesen erklärt.

4.1.6. Die Stimulierung des Larvenschlupfes durch Chemikalien

Neben der schon erwähnten Pikrinsäure und Anhydrotetronsäure wurden eine Vielzahl von Substanzen hinsichtlich ihres Einflusses auf den Larvenschlupf geprüft. HURST (1935; 1937) rechnet verschiedene Aminosäuren wie Tyrosin und Lysin zu den schlupfauslösenden Stoffen.
Ausgehend von den Untersuchungen von MOLZ (1930; 1932), nach denen Chlorkalk in niedriger Konzentration schlupffördernd auf Larven des Rübennematoden wirkt, untersuchte SMEDLEY (1936) dessen Wirkung auf Larven des Kartoffelnematoden. Er wies nach, daß Hypochlorite in geringer Konzentration den Larvenschlupf anregen, von stärkeren Konzentrationen die Zystenhülle jedoch aufgelöst wird und die Larven in den Eiern abgetötet werden. Durch das Kalzium im Kalziumhypochlorit wird die Eihülle zerstört und ein Larvenschlupf nur vorgetäuscht. Eingehender befaßte sich DOLIWA (1955/56) mit dem Wirkungsmechanismus einiger Oxydationsmittel, wie Kaliumpermanganat, Chlorkalk, Natriumhypochlorit und Wasserstoffsuperoxyd. Sie stellte fest, daß durch derartige Mittel eine echte Stimulierung nicht ausgelöst wird. Vielmehr wird durch oxydativen Abbau der Eiweißkörper die Eimembran zerstört, so daß sie dem Druck der Larve nicht mehr standhält. Selbst abgetötete Larven, soweit sie noch quellfähig sind, werden auf diese Weise frei. Je nach Art und Konzentration der

Substanzen werden die Larven bereits im Ei abgetötet oder bleiben nach Verlassen der Eier noch über einen mehr oder weniger langen Zeitraum bewegungsfähig.

Russell et al. (1949b) testeten eine Reihe von Lactonen und Laevulinsäurederivaten, fanden jedoch keine stimulierende Wirkung. Marrian et al. (1949b) und Calam et al. (1949b) untersuchten Verbindungen mit einem a — aryliden — $\Delta\beta$: y — butenolid Skelett, die konjugierende Systeme analog denen der Anhydrotetronsäure enthielten, sowie Amino- und Tetronsäure, ohne nennenswerte Aktivitäten nachweisen zu können. Neuerdings fanden Clarke u. Shepherd (1966a; 1967) in Pikrolonsäure (4-nitro-3-methyl-1-p-nitrophenylpyrazolon) bei Konzentrationen von 0,4 bis 4 mM Schlupfwerte, die den in Wurzeldiffusaten von Kartoffeln gleichkommen. Ein hoher Larvenschlupf wird außerdem von Vanadium ausgelöst. Geringere Aktivitäten weisen Platin, Nickel, Barium, Kobalt, Mangan, Lithium und Uran auf (Clarke und Shepherd, 1966b).

Schlupffördernd sind nach Borozdina (1960a) u. a. Chloreisen, Mangansuperoxyd, salpetersaures Silber und Merkaptophos 0,1%. Guskova (1959) wies für 0,1%ige Zinksulfatlösung beachtliche Schlupfwerte nach, während Kupfervitriol und Mangansulfat unwirksam waren.

Flaviansäure (2,4-dinitro-naphtol-7-sulphonsäure) wirkt nicht schlupffördernd, wenn in Wasser vorgeweichte Zysten verwendet werden (Clarke und Shepherd, 1967); zu trockenen Zysten zugegeben, ist der Schlupf höher als in Wurzeldiffusaten (Janzen, 1968). Weitere von Clarke und Shepherd (1968) geprüfte organische Verbindungen wirkten nur geringfügig schlupffördernd auf die Larven des Kartoffelnematoden.

Auf die Bedeutung der Kationen in Wurzeldiffusaten wiesen Robinson (1956) sowie Robinson und Neal (1956a; 1959) hin. Wurden Wurzeldiffusaten die Kationen entzogen, so verminderte sich die Aktivität der Diffusate um die Hälfte. Durch Zugabe von HCl stellten sie die ursprüngliche Aktivität wieder her. Die Kationen des Chlorids selbst sind jedoch nicht schlupfaktivierend. Die gleiche Wirkung wird erzielt, wenn Chloride von Kalzium, Magnesium, Natrium und Kalium zugegeben werden. Kationen von Schwermetallen in höheren Konzentrationen sowie Zink- und Kadmiumsalze wirken schlupfhemmend oder unterbinden den Schlupf vollständig. Zinksalze sind nach Clarke und Shepherd (1966a) in gewissem Grade jedoch auch schlupffördernd. Kumarin- und Axazolonderivate erwiesen sich als inaktiv (Marrian et al., 1949b).

Goffart (1933) untersuchte 12 verschiedene Obstbaumkarbolineen, Tieröl, Chlorkalk, Magnesiumperoxyd und Kaliumpermanganat. Nur das letztere war in Konzentrationen von 0,1 bis 1% aktivierend. In 1%iger Konzentration zerbröckelten die Zysten jedoch in kurzer Zeit und die Larven starben ab. In 0,5%iger Konzentration blieben nur wenige Larven lebensfähig. Graniger (1954) vermerkt, daß 'D—D' (Dichlorpropen Dichlorpropaen) in bestimmten Konzentrationen den Larvenschlupf von im Boden befindlichen Zysten stimuliert. Methylbromid wirkt in schwachen Konzentrationen (56 bis 84 mg.h./l.) vornehmlich bei Anwendung im Herbst ebenfalls schlupffördernd (Hague, 1959c).

Von Ionenaustauschern wird der Larvenschlupf ebenfalls stimuliert. In glasdestilliertem und mit Ionenaustauschern behandeltem Wasser ist der Schlupf höher als in Leitungswasser oder in nur glasdestilliertem Wasser (ELLENBY und SMITH, 1968 a). In glasdestilliertem Wasser, das 24 Stunden mit dem Anionenaustauscher ‚Amberlite IRA 400' im Verhältnis 1 : 10 behandelt war, schlüpften sogar mehr Larven als in Wurzeldiffusaten (ELLENBY und SMITH, 1967 d). Obgleich spätere Versuche nicht so günstige Ergebnisse ergaben, dürfte zumindest ein Stimulationseffekt von Ionenaustauschern auf enzystierte Larven nachgewiesen sein.

4.1.7. *Hemmstoffe/Antischlüpfstoffe*

TRIFFITT (1929 a; 1930 a) beobachtete an Kartoffelpflanzen mit Zwischensaat von Senf eine wesentlich geringere Zystenbildung als an Pflanzen ohne Senfzwischensaat und vermutet, daß von Senf schlupfhemmende (s. auch GOFFART, 1933) oder die Larven schädigende Einflüsse ausgehen.

Von ähnlichen Beobachtungen berichten O'BRIEN und PRENTICE (1930), eine Schädigung der Larven stellten sie jedoch nicht fest. Im Gegenteil, sie fanden an Kartoffeln nach Senf eher einen höheren Befall. Offenbar wird durch Senfwurzeldiffusate oder Senfrückstände der Schlupf nur für eine gewisse Zeit verhindert, die Vitalität der nach abgeklungener Hemmwirkung schlüpfenden Larven jedoch nicht beeinträchtigt (MILES und MILES, 1945). ELLENBY (1945 a; 1946/47) bestätigt diese Ergebnisse sowohl für Weißen als auch für Schwarzen Senf. Von ähnlicher Wirkung war Allyl-Isothiocyanat in Konzentrationen von 1 : 2000 und 1 : 100000. In höheren Konzentrationen (1 : 2000) unterblieb der Larvenschlupf völlig, vermutlich werden die Larven abgetötet. Diesen Ergebnissen stehen die Beobachtungen von WINSLOW (1954 a) entgegen, der in Wurzeldiffusaten von Weißem und Schwarzem Senf keine Anhaltspunkte für das Vorhandensein von Hemmstoffen fand.

Von anderen Isothiocyanat-Formulierungen wird der Larvenschlupf je nach Konzentration und Einwirkungsdauer für kürzere oder längere Zeit gehemmt oder der Zysteninhalt abgetötet. Eine Phenyl-Isothiocyanat-Lösung von 0,001% führt z. B. nach dreitägiger Einwirkung zur völligen Abtötung des Zysteninhaltes (SMEDLEY, 1939). Tieröl soll den Larvenschlupf ebenfalls hemmen (O'BRIEN und PRENTICE, 1930). Die Behandlung der Zysten mit Eisenoxyd (CARROLL und McMAHON, 1937), Eisen-II-Sulfat, Eisenchlorid, Kaliumäthyl-xanthat (HURST und TRIFFITT, 1935), Kalziumchloracetat (SMEDLEY, 1938; O'BRIEN et al., 1939), Äthylendibromid (FENWICK, 1957 a), Methylbromid (FELDMESSER und FASSULIOTIS, 1950; HAGUE, 1959 a), Systox (SASSER et al., 1951 a; 1951 b) und Disulfoton (SPRAU, 1964 b) hat in Abhängigkeit von der Konzentration und der Behandlungsdauer Schlupfverzögerungen oder die vollständige Unterbindung des Schlupfes zur Folge. Schlupfhemmend sind u. a. Quecksilberchlorid, Silbernitrat und Ammoniummolybdän (CLARKE und SHEPHERD, 1966 b). Neuerdings wies KAUL (1962) nach, daß Katechingerbstoff noch in Verdünnung von 10^{-6} den Larvenschlupf vollständig verhindert.

Die Wirkungsweise der verschiedenen Substanzen auf die Larven ist so gut wie unbekannt. Wir wissen nicht, ob es sich in den einzelnen Fällen auch wirklich um hemmende, also reversible Einflüsse handelt und wie lange diese wirksam sind, oder ob anfänglich hemmende Wirkungen im Laufe der Zeit unumgänglich den Tod der Larven zur Folge haben.
In neuerer Zeit erfolgten weitere Untersuchungen über die Hemmfaktoren von Schreiber und Sembdner (1959; 1960), Sembdner und Schreiber (1960) sowie Sembdner et al. (1960). Sie wiesen in Wurzeldiffusaten einiger *Nicotiana*-Arten sowie von *Physalis philadelphica* Lam., *Withania somnifera* (L.) Dun. und *Sol. atropurpureum* Schrank unter anderen ein den Schlupfvorgang hemmendes Agens nach, für das die Bezeichnung „Antischlüpfstoffe" gebraucht wird. Näher untersucht wurden die Antischlüpfstoffe aus Wurzeldiffusaten von Tabak. Die durch diese Stoffe ausgelöste Hemmung ist reversibel. Blattdiffusate besitzen eine noch höhere Hemmwirkung als Wurzeldiffusate. Die Hemmstoffe in Blatt- und Wurzeldiffusaten sind weder miteinander noch mit Nikotin oder weiteren *Nikotiana*-Alkaloiden identisch. Vermutlich handelt es sich um eine oder mehrere organische Säuren mit einer Summenformel, die von jener der Eclepsäure nicht wesentlich abweicht. Da die chemische Konstitution der Eclepsäure in manchen Punkten mit der Gibberellinsäure übereinstimmt, erfolgten auch Untersuchungen mit Gibberillenen, wobei nachgewiesen werden konnte, daß auch diese in bestimmten Konzentrationen schlupfhemmend wirken. In Abhängigkeit von der Konzentration in mehr oder weniger großem Umfange schlupfhemmend wirkten außerdem Nikotin, Nikotyrin, Atropin, Tropin, Anabasin, Pyridin sowie a-Solanin. Die Hemmwirkung von a-Solanin war jedoch nur bei Anwendung geringer Konzentrationen reversibel. Ohne Wirkung war Scopolamin, das sich nur durch eine Epoxy-Gruppe von Atropin unterscheidet. Massey und Neal (1951) stellten schließlich eine den Schlupf hemmende Substanz in Wurzeldiffusaten von 14 Tage alten Tomatenpflanzen fest, die in sterilisiertem Boden kultiviert waren.
Filtrate eines Malzextrakt-Nährbodens, in dem ein unbekannter Grauschimmel für 14 Tage kultiviert war, wirkten stark schlupfhemmend (James, 1966; 1968). In der Kombination 1 ml Filtrat + 1 ml filtriertes Wurzeldiffusat von Kulturkartoffeln schlüpften etwa soviel Larven wie in Leitungswasser, aber signifikant weniger als in filtrierten Wurzeldiffusaten.

4.1.8. *Beeinflussung des Larvenschlupfes durch die Art der Zystenvorbehandlung*

Neben der Aktivität der jeweiligen Diffusate ist die Vorbehandlung der verwendeten Zystenherkunft von Einfluß auf den Gesamtschlupf und auf den Schlupfverlauf. Längeres Vorweichen der Zysten in Wasser wirkt sich in einer höheren Schlupfrate in den ersten Tagen nach Zugabe der Diffusate aus (Boyd, 1943b). Calam et al. (1949a) fanden in Schlüpfversuchen von 3tägiger Dauer einen laufenden Anstieg geschlüpfter Larven in Richtung zur längeren Vorweichzeit (2 bis 23 Tage). Fenwick und Widdowson (1958) erhielten die höchsten Schlupfergebnisse nach einer Vorweichzeit von 7 bis 12 Tagen. Stelter (unveröffentl.) fand in Abhängigkeit vom Alter (Jahreszeit) der Zysten unterschiedlich lange Vorweichzeiten zur Auslösung eines hohen Larvenschlupfes. Die Versuche erfolgten von Oktober 1963 bis Dezember 1964 mit Zysten von Rasse A, die im September 1963 von Wurzeln der anfälligen Sorte ‚Gerlinde' abgesammelt waren und trocken bei Zimmertemperatur lagerten. Verglichen wurden Vorweichzeiten von 3 und 28 Tagen.

Anschließend kamen die Zysten für vier Wochen in Wurzeldiffusate von Kartoffeln. Die Versuchstemperatur während der gesamten Zeit betrug 21 °C.

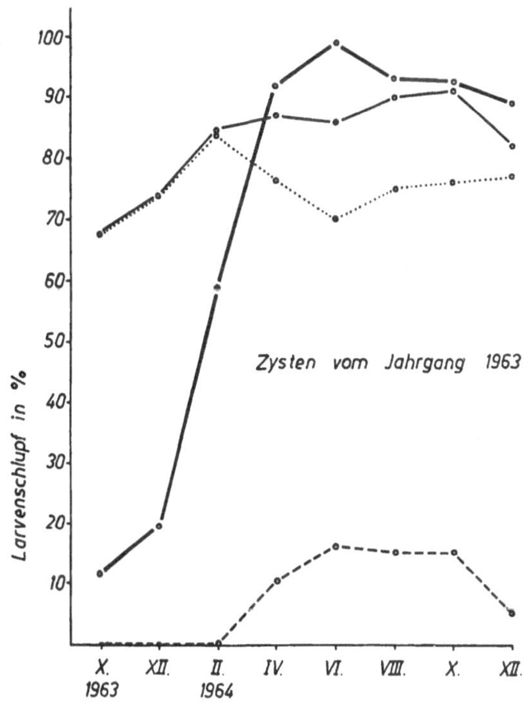

Abb. 8. Larvenschlupf in Wurzeldiffusaten von Kartoffeln nach 3- bzw. 28tägiger Vorweichzeit in Wasser im Zeitraum von vier Wochen in Intervallen von acht Wochen. Schlupf in Prozent vom Gesamtinhalt

——— = 3 Tage vorgeweicht (Gesamtschlupf)
——— = 28 Tage vorgeweicht (Gesamtschlupf)
– – – – = Schlupf während der Vorweichzeit in 28 Tagen
. . . . = Anschließender Schlupf in Wurzeldiffusaten
(STELTER unveröffentl.)

Aus jungen Zysten schlüpften bis etwa Februar 1964 nach 28tägigem Vorweichen mehr Larven als nach 3tägigem Vorweichen. Von April an, also beginnend mit 6 Monate alten Zysten, ist die Dauer der Vorweichzeit ohne wesentlichen Einfluß auf den Larvenschlupf (Abb. 8). Von diesem Zeitpunkt an verlassen bereits während der Vorbehandlung beachtliche Larvenmengen die Zysten. Die unterschiedliche Wirkung der längeren Vorweichzeit auf die Larven von Zysten zunehmenden Alters läßt vermuten, daß nematodeneigene Faktoren sehr wesentlich den Schlupf mitbestimmen. Eine allgemein verbindliche Aussage über eine optimale Vorweichzeit wird dadurch erschwert. Es ist jedoch ersichtlich, daß — zumindest bei der verwendeten Zystenherkunft und der Versuchstemperatur von 21 °C ± 1°C — ein hoher Larvenschlupf erfolgt, wenn die Zysten etwa 1 Woche vorgeweicht werden, vorausgesetzt, es werden Zysten verwendet, die über 6 Monate alt sind.

Eine 24stündige Behandlung der Zysten mit organischen Silberverbindungen in Konzentrationen von 0,001% wirkt schlupffördernd, während längere Behandlungszeiten oder höhere Konzentrationen den Schlupf hemmen oder auch tödlich für die Larven sind (Boyd, 1943b). Ebenfalls begünstigend erwiesen sich Vorbehandlungen mit Trypsin, Pepsin (Ellenby, 1946b) und Vitamin B 6 (Neal, 1959).

Ein Vorweichen in Wasser mit anschließender Überführung in Flaviansäure (0,1 bis 0,4 mmolar) erwies sich als außerordentlich schlupffördernd (Janzen, 1968).

4.1.9. Einfluß von Licht und von Bestrahlungen auf Schlupf und Vermehrung

Lownsbery (1950a; 1950b) beobachtete bei einfallendem Tageslicht (Lichtstärke etwa 200 Weston-Einheiten) eine Verminderung des Larvenschlupfes um etwa die Hälfte. Die Aktivität der Diffusate wurde während der Versuchszeit durch die Lichteinwirkung nicht beeinflußt. Ähnlich wie einfallendes Tageslicht wirkt fluoreszierendes Licht. Fenwick (1951a) verglich den Larvenschlupf im Dunkeln mit dem bei diffusem Tageslicht und direkter Sonneneinstrahlung. Unterschiede zwischen den ersten beiden Varianten wurden nicht festgestellt. Bei direkter Sonneneinstrahlung schlüpften jedoch keine Larven, auch später nicht, als die Zysten ins Dunkle gebracht wurden. Direkte Sonneneinstrahlung dürfte sich demnach schädigend auf den Zysteninhalt auswirken. Der Schlupf aus den im Boden befindlichen Zysten wird von der Tageslänge nicht beeinflußt (Ellenby, 1958a).

Röntgenstrahlen und Strahlen eines CO^{60}-Präparates beeinflussen die Verhaltensweise enzystierter Larven sehr wesentlich.

Dosierungen von 28 bis 48 (78) kr wirkten ausgesprochen schlupffördernd (Weischer, 1957). Aus Zysten, die mit 28 kr bzw. 48 kr behandelt waren, schlüpften 30% bzw. 98% mehr Larven als aus unbehandelten Kontrollen. Dosierungen von 160 kr sind bereits schlupfhemmend (Fassuliotis, 1958). Die tödliche Dosis liegt nach Fassuliotis (1958) bei 640 kr.

Die Infektionsfähigkeit geschlüpfter Larven aus behandelten Zysten wird schon bei niedrigen Dosierungen, die sich noch schlupffördernd auswirken, erheblich beeinträchtigt. Weischer (1957) nimmt daher an, daß der höhere Schlupf nicht als Vitalitätsanstieg zu betrachten ist, sondern eher einer krankhaften Reizung zugeschrieben werden kann. Der Wurzelbefall bestrahlter Larven ist nicht nur geringer, sondern auch über einen längeren Zeitraum ausgedehnt. Mit 320 kr behandelte enzystierte Larven sind nicht mehr infektionsfähig.

Mit Dosierungen von 2,5 bis 5 kr behandelte enzystierte Larven entwickelten sich nach Fassuliotis und Sparrow (1955) weitgehend normal. Die neue Zystengeneration war zahlenmäßig der von unbehandelten Larven gleich. Mit 10 kr behandelte Larven lieferten Zysten, deren Inhalt zu 50% abgestorben war. Mit zunehmender Dosierung (20 kr, 40 kr, 80 kr) waren außerdem von den zur Entwicklung gelangenden Weibchen der neuen Generation 85%, 98% und 100% steril. In den wenigen hieraus sich entwickelnden neuen Zysten mit Inhalt waren die Larven größtenteils abgestorben (Fassuliotis, 1958).
Nach van de Woestijne und van den Brande (1960) wird der Schlupf unterhalb einer Dosis von 160 krad nur geringfügig verändert. Höhere Dosierungen, bis 320 krad, wirken sich in laufend geringeren Schlüpfwerten aus, bis schließlich bei etwa 360 krad der Schlupf vollständig unterbunden ist. Der Wurzelbefall enzystierter Larven läßt schon bei Dosierungen von 40 krad deutlich nach; mit höheren Dosierungen nimmt der Befall ab und hört bei 160 krad und darüber gänzlich aus. Siehe Nachtrag (Seite 284).

4.1.10. Einfluß der Temperatur auf den Schlupf

Der Larvenschlupf wird wesentlich von den im Boden herrschenden Temperaturverhältnissen beeinflußt. In den Frühjahrsmonaten ist in der Temperatur der wesentlichste schlupfbegrenzende Faktor zu sehen und somit bestimmend für den Befall, wenn Wirtspflanzen angebaut werden. In Experimenten ist es nun zwar nicht möglich, die ganze Skala der ständigen Temperaturveränderungen im Freiland zu reproduzieren; zumindest konnten jedoch die Bereiche mit einiger Sicherheit erkannt werden, in denen ein hoher Schlupf zu erwarten ist und in denen die Temperatur als maßgeblicher schlupfbegrenzender Faktor in Erscheinung tritt.
Nach Fenwick (1951a) ist der Larvenschlupf im Temperaturbereich von 15 °C bis 25 °C nicht wesentlich verschieden, bei 30 °C tritt jedoch eine deutliche Schlupfminderung ein. O'Brien und Prentice (1931) erhielten den höchsten Schlupf bei 18 °C, geringere Werte um 14 °C und deutlich weniger um 25 °C. Hiervon abweichende Ergebnisse teilen Calam et al. (1949a) mit. In den allerdings nur über drei Tage durchgeführten Beobachtungen ermittelten sie den höchsten Schlupf bei 24 °C, während bei 6°, 15° und 37 °C nur vereinzelt Larven schlüpften. Sie weisen jedoch darauf hin, daß der Schlupf nicht nur von der Versuchstemperatur, sondern in hohem Maße von der Lagerungstemperatur der Zysten vor Zugabe von Wurzeldiffusaten bestimmt wird.
Oostenbrink (1967) fand optimale Schlupfbedingungen im Temperaturbereich von 19 °C bis 21 °C. In Richtung zu höheren oder niedrigeren Temperaturen ging der Schlupf zurück. Unter 10 °C schlüpften nur vereinzelte Larven, und über 30 °C war der Schlupf vollends unterbunden (siehe auch Borozdina, 1959b; 1960a).
Ausführlicher berichtet Dunn (1954) von dem Einfluß der Lagertemperaturen. Aus gleichaltrigen Zysten, die 34 Tage in Wasser bei 15°, 23° und 29 °C lagerten, schlüpften anschließend in Wurzeldiffusaten (bei 15 °C) die meisten Larven aus den bei 23 °C vorbehandelten Zysten. Der Schlupf aus den bei 29 °C gelagerten

Zysten begann erst vom 20. Tage ab, war dann jedoch den vorher genannten etwa gleichwertig. In einer ähnlichen Versuchsanstellung (DUNN, 1962a; 1962b) mit Lagerungstemperaturen von 18,3°, 23,9°, 29,4° und 32,2°C schlüpften anschließend bei Zimmertemperatur die meisten Larven aus Zysten, die den höchsten Temperaturen ausgesetzt waren (Abb. 9). Ein Wechsel der Temperatur während der Vorbehandlung (28 Tage — je 6 Stunden bei den o. a. Temperaturen und die restliche Zeit bei 17°C) wirkte schlupfmindernd. Aber auch in diesem Falle schlüpften die meisten Larven aus den zeitweilig bei höheren Temperaturen gelagerten Zysten.

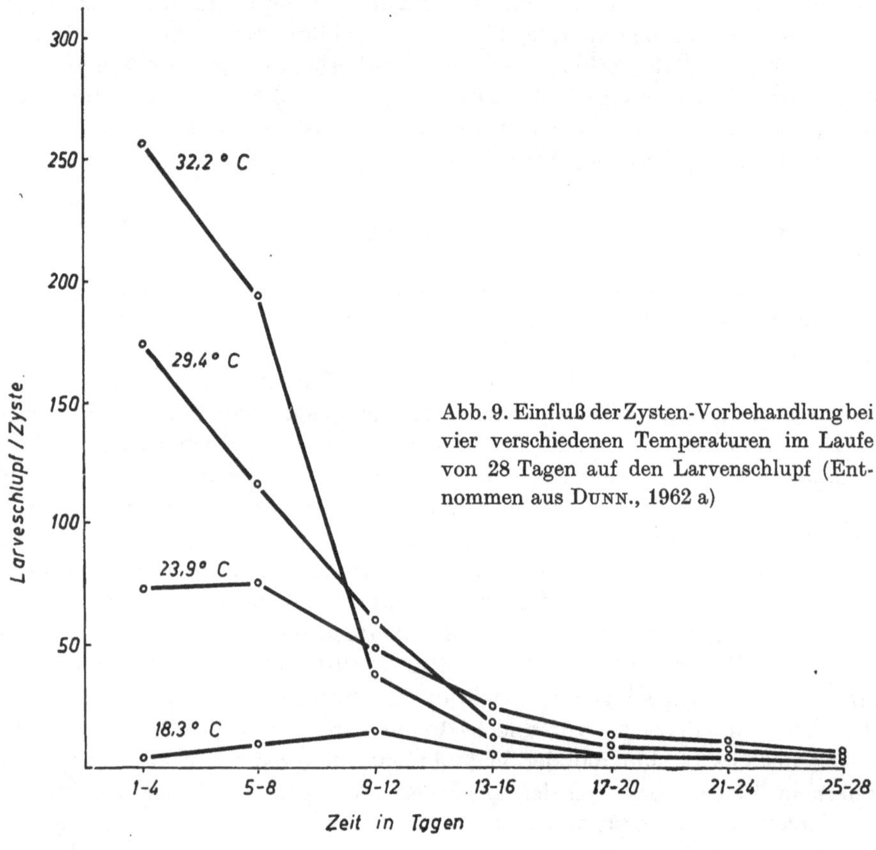

Abb. 9. Einfluß der Zysten-Vorbehandlung bei vier verschiedenen Temperaturen im Laufe von 28 Tagen auf den Larvenschlupf (Entnommen aus DUNN., 1962 a)

SHEPHERD und COX (1967) lagerten im Juli, August, September, Oktober entnommenen verseuchten Boden 6 Wochen bei 5, 15 und 30°C und anschließend bei 20°C. Die Schlüpfversuche wurden 12 Monate mit Zysten von feucht und trocken gehaltenem Boden durchgeführt. In Abhängigkeit vom Zeitpunkt der Bodenentnahme (Juli—Okt.) war der höchste Schlupf immer an eine andere Vorbehandlung gebunden. Insgesamt gesehen schlüpften die meisten Larven aus dem zeitweilig bei 30°C gelagerten Material.

Ein Temperaturwechsel während des Larvenschlupfes im Bereich von 25° und 15 °C für bestimmte Zeiten hat nach BISHOP (1953; 1955) einen deutlichen Schlupfanstieg zur Folge, der mit zunehmender Häufigkeit des Wechsels deutlicher wird. Von einer weiteren Variante berichtet LOWNSBERY (1950b; 1951). Er stellte fest, daß das Temperaturoptimum für den Schlupf im Laufe eines Jahres nicht einheitlich ist. Im März erfolgte der höchste Schlupf im Bereich von 21° bis 24 °C, im August von 15° bis 27 °C im und Oktober von 18° bis 27 °C. Die für den Schlupf optimalen Temperaturen lagen in den einzelnen Serien zwischen 21° und 27 °C.

Aus diesen Ergebnissen geht deutlich hervor, wie schwierig die Auswirkungen der Temperatur auf den Schlupf im Boden abzuschätzen sind. In Experimenten wurden allerdings Temperaturbereiche berücksichtigt, die während der Hauptschlupfphase in Böden Mitteleuropas kaum erreicht werden. Bei uns verläßt die Masse der Larven die Zysten bei Bodentemperaturen von 10° bis 18 °C (20 °C). Experimente in diesem Bereich setzen jedoch einen wesentlich höheren technischen Aufwand voraus.

Ergänzende Beobachtungen

Der Einfluß verschiedener Temperaturen auf den Larvenschlupf sowie die Auswirkungen unterschiedlicher Temperaturvorbehandlungen auf den Schlupf sind von STELTER (unveröffentl.) in mehreren Versuchsserien über längere Zeiträume einer Betrachtung unterzogen worden. Verwendet wurden von der Sorte ‚Gerlinde' jeweils im September abgesammelte Zysten von Rasse A, die, wenn nicht anders angegeben, bis zum Versuchsbeginn bei Zimmertemperatur lagerten. Die Versuchsdauer in Wurzeldiffusaten betrug einheitlich 28 Tage. Wöchentlich zweimal erfolgte bei gleichzeitigem Wechsel der Diffusate das Auszählen der geschlüpften Larven. Abschließend wurde in Anlehnung an die Methode von BIJLOO (1954a), die Anzahl der in den Zysten verbliebenen Larven ermittelt.

Von Oktober 1960 bis August 1961 erfolgten mit Zysten des Jahrganges 1960 Schlüpfversuche bei 15, 21 und 28 °C (Abb. 10). Der Schlupf bei 15 °C und 21°C war — abgesehen von den wohl nur zufälligen Verschiedenheiten in den Monaten Dezember 1960 und Januar 1961 — recht einheitlich, nicht nur hinsichtlich der Endwerte, sondern auch im ganzen Schlupfverlauf. Etwas überraschend ist die Tendenz des Schlupfes bei 28 °C. In den ersten Monaten, etwa bis April 1961, schlüpften deutlich weniger Larven als in den niedrigen Temperaturen. Offenbar liegt diese hohe Temperatur doch schon dem Grenzbereich recht nahe. Auch aus den Zwischenwerten des summierten Schlupfes nach der ersten, zweiten, dritten und vierten Woche ist für diese Serien eine von den niedrigen Temperaturen stark abweichende Tendenz zu verzeichnen, die ebenfalls auf wenig günstige Bedingungen hindeutet. Die Masse der Larven schlüpft nicht in der ersten oder in den ersten beiden Wochen, sondern über die 4 Wochen gleichmäßig verteilt oder in den letzten Wochen stärker als in den ersten. Etwa ab Juni, bei 9 Monate alten Zysten, erhöht sich der Schlupf bei 28 °C recht erheblich, bleibt jedoch immer niedriger als in 15 oder 21 °C. Der abweichende Schlupf bei der hohen

Temperatur kann nicht allein ein Temperatureinfluß sein, dagegen spricht der von Versuch zu Versuch laufende Anstieg der Endwerte, die vor allem in den drei letzten Serien recht hoch sind. Dies deutet darauf hin, daß das Alter der Larven zumindest mit berücksichtigt werden muß. Nach diesen Ergebnissen zu urteilen, reagieren offenbar junge Larven auf Temperaturen, die dem Grenzbereich nahe kommen, mit einer geringeren Schlupfbereitschaft als ältere Larven.

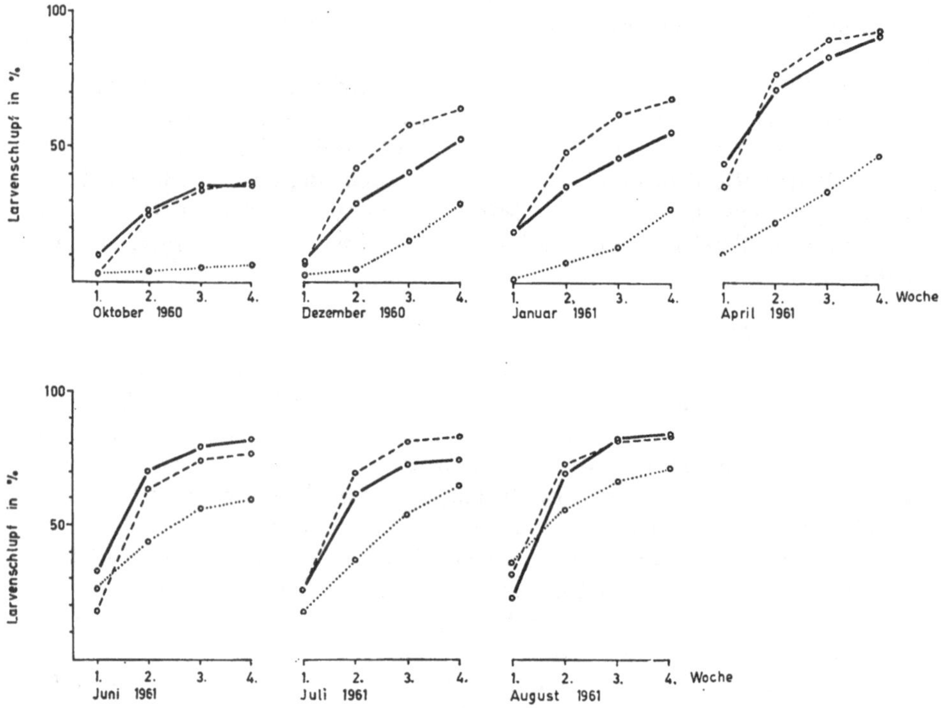

Abb. 10. Larvenschlupf in Wurzeldiffusaten bei 15, 21 und 28 °C von Oktober 1960 bis August 1961 aus Zysten des Jahres 1960

Schlupf in Prozent vom Gesamtinhalt

——— = 21 °C ------------ = 15 °C

.... = 28 °C (Stelter unveröffentl.)

Die Beeinflussung des Larvenschlupfes durch unterschiedliche Lagerungstemperaturen vor der Zugabe von Diffusaten erfolgte mit Zysten des Jahrganges 1958 von November 1958 bis August 1960. Die Zysten wurden in trockenem Zustand entweder bei Zimmertemperatur oder 4 °C ± 1 °C gelagert. Die Versuchstemperatur in Wurzeldiffusaten betrug 21 °C (Abb. 11).

Der Schlupf aus den bei tiefen Temperaturen gelagerten Zysten war im Laufe eines Jahres (November 1958 bis September 1959) immer niedriger als aus den bei Zimmertemperatur gelagerten. Im gleichen Zeitraum erfolgte jedoch von Serie zu Serie ein kontinuierlicher Anstieg des Gesamtschlupfes von dem kühl gelagerten

Material. Etwa ab November 1959 — bei 15 Monate alten Zysten — sind Unterschiede im Gesamtschlupf sowie im Schlupfverlauf nicht mehr erkennbar (s. Ellenby, 1955a). Auffällig ist jedoch, daß in den letzten zwei Versuchsserien aus den kühl gelagerten Zysten zumindest in der ersten Versuchswoche mehr Larven schlüpften als aus den bei Zimmertemperatur gelagerten.

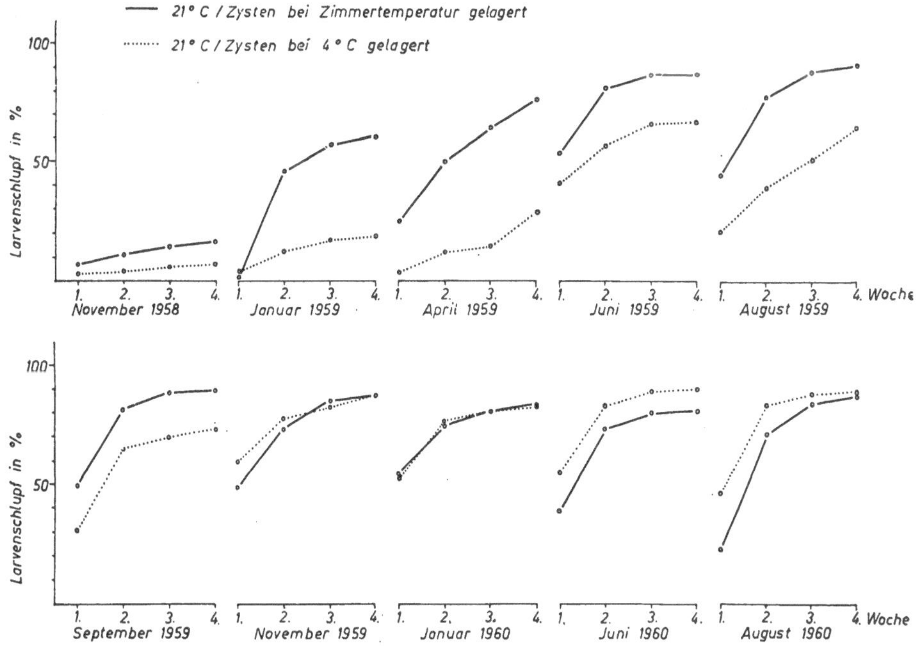

Abb. 11. Larvenschlupf in Wurzeldiffusaten bei 21 °C mit Zysten unterschiedlicher Vorbehandlung aus dem Jahre 1958
Schlupf in Prozent vom Gesamtinhalt
—— = Zysten bei Zimmertemperatur gelagert
..... = Zysten bei 4 °C gelagert
(Stelter unveröffentl.)

Aus diesen Ergebnissen ist zu entnehmen, daß tiefe Lagerungstemperaturen über einen bestimmten Zeitraum eine Verzögerung des Schlupfes zur Folge haben. Da es sich in diesem Versuch um junge Zysten handelte, kann nicht entschieden werden, ob dies den Auswirkungen einer verzögerten Schlupfreife zuzuschreiben ist oder tatsächlich eine zeitweilige von der Temperatur beeinflußbare Minderung der Schlupfbereitschaft vorliegt. Offenbar bleibt jedoch die Vitalität (Aktivität) durch tiefe Lagerungstemperaturen über einen längeren Zeitraum erhalten, als bei vergleichbarem Material aus höheren Temperaturbereichen (siehe auch Kämpfe, 1959a). Die im Juli und August 1960 (Zystenalter 2 Jahre) über der Kontrolle liegenden Werte deuten dies zumindest an.

Zusammenfassend kann festgestellt werden, daß ein hoher Larvenschlupf im Temperaturbereich von 15° bis 25 °C erfolgt. In Richtung zu höheren Temperaturen geht der Schlupf zurück und hört etwa um 35 °C gänzlich auf (FELDMESSER und FASSULIOTIS, 1950). In Richtung zu niedrigen Temperaturen ist ebenfalls eine allmähliche Abnahme zu erwarten, bis schließlich auch hier die untere Grenze erreicht ist. Diese liegt nach FELDMESSER und FASSULIOTIS (1950) etwa bei 4,5 °C. O'BRIEN und PRENTICE (1931) sowie GRAINGER (1964) nehmen auf Grund von Befallsbeobachtungen eine Mindesttemperatur für den Schlupf um etwa 6 °C an. Temperaturveränderungen wirken in unterschiedlicher Weise modifizierend auf den Larvenschlupf sowohl im optimalen Bereich wie auch in Richtung zu den Grenztemperaturen, wobei Temperaturveränderungen während der Vorbehandlung sich anders auswirken als während des Schlupfes.

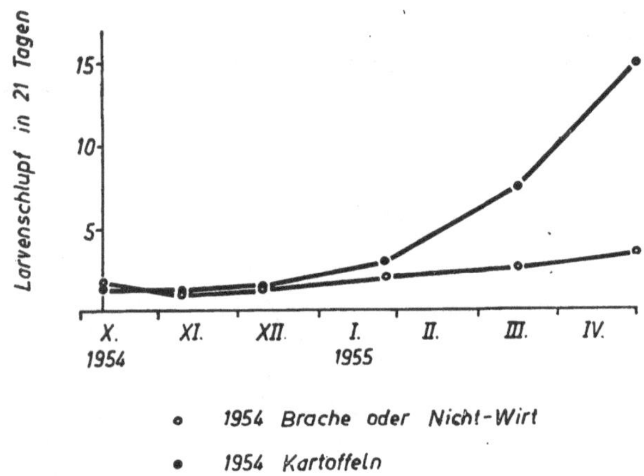

Abb. 12. Larvenschlupf in Wurzeldiffusaten aus Zysten von zwei Jahrgängen, die kurz vor den Versuchen aus dem Boden gewonnen worden waren (Entnommen aus WINSLOW, 1956)

4.1.11. *Einfluß des pH-Wertes auf den Schlupf*

Bisher erfolgten nur wenige Untersuchungen über den Einfluß des pH-Wertes der Wurzeldiffuste auf den Larvenschlupf. FENWICK (1951a) weist auf die Eigenreaktionen der Pufferlösungen hin, die nicht selten die Beurteilung erschweren. In seinen Untersuchungen war der Larvenschlupf in Wurzeldiffusaten, die mit N/10 Salzsäure oder N/10 Natriumkarbonat auf pH-Werte von 3,2 bis 8,1 eingestellt waren, nicht gesichert verschieden. ROBINSON und NEAL (1956b) fanden jedoch ein deutliches Optimum bei pH 2—3, wenn Salzsäure, Zitronensäure oder Fumarsäure als Puffer verwendet wurden. Außerhalb dieses Bereiches war der Schlupf geringer. Bei pH 1 machten sich Larvenschädigungen deutlich bemerkbar (weitere Angaben siehe ROBINSON und NEAL, 1956a; 1959).

Im alkalischen Bereich wird der schlupfauslösende Bestandteil der Diffusate sehr bald unwirksam (CALAM et al. 1949a; WIDDOWSON und WILTSHIRE, 1958).
Für Anhydrotetronsäure liegt die höchste Aktivität im pH-Bereich von 2,5 bis 3,2 (CALAM et al., 1949b; BISHOP, 1955; NOLTE, 1956). Die unterschiedliche Bewertung der Anhydrotetronsäure von den einzelnen Autoren dürfte vermutlich mit dem pH-Wert der jeweils verwendeten Herkunft in Zusammenhang stehen.
ELLENBY (1946b) behandelte Zysten für 24 Stunden in einer Serie von Acetatpuffern. Die Zysten wurden danach gewaschen und vor der Zugabe von Diffusaten 24 Stunden in dest. Wasser gelagert. Die meisten Larven schlüpften aus den bei pH 6 vorbehandelten Zysten. Der Schlupf verminderte sich mäßig nach Vorbehandlung in höheren pH-Bereichen (bis pH 8), aber sehr stark in Richtung zu niedrigen pH-Werten. Aus den bei pH 3 vorbehandelten Zysten schlüpften keine Larven. Bezüglich der Einstellung des pH-Wertes innerhalb der Zyste auf das umgebende Medium sei auf Abschnitt 5.1.2. verwiesen.

4.1.12. Beeinflussung der Wurzeldiffusate durch Bodenfaktoren

Der Larvenschlupf im Boden wird von Faktoren beeinflußt, die im Experiment nur von geringer Bedeutung sind oder nicht in Erscheinung treten. So verliert die schlupfauslösende Substanz der Diffusate im Boden in relativ kurzer Zeit ihre Wirksamkeit. FENWICK (1956) stellte nach 4 Tagen einen Wirkungsabfall von etwa 90% fest. Dieser erfolgt in Kies und Sand sehr schnell, in Lehm und dem biologisch weniger aktiven Torf (Moor) etwas langsamer. Wiederholte Zugabe von Diffusaten beschleunigt den Abbau bei jeder der folgenden Gaben. Von gerade entgegengesetzten Beobachtungen berichtet SPRAU (1968). Der Schlupf in Wurzeldiffusaten, die Niederungs- oder Hochmoorboden passiert hatten, war gering, während die Passage durch Mineralboden (Sand, lehmiger Sand, Lehm) sich in geringfügigen Aktivitätsverlusten auswirkte. Es ist nicht bekannt, welche Komponenten des Bodens Ursache der Aktivitätsminderung sind. Nicht auszuschließen ist der Abbau der aktiven Substanz durch Mikroorganismen (s. TRIFFITT, 1930a).
FENWICK zeigt ferner, daß Diffusate, die frisch oder drei Wochen vorher sterilisiertem Boden zugegeben wurden, bereits am Tage der Zugabe einen sehr hohen Aktivitätsverlust aufwiesen. In den folgenden 8 Tagen verringerte sich der Wirkungsabfall zunehmend. In nichtsterilisiertem oder 6 Wochen vor der Zuführung der Diffusate sterilisiertem Boden war der Aktivitätsverlust anfänglich gering, in den nächsten Tagen jedoch sehr hoch, also gerade umgekehrt. JOHNSON und TOWNSEND (1949) kommen zu ähnlichen Ergebnissen und weisen nach, daß der höhere Ammoniakgehalt in frisch sterilisiertem Boden für die Aktivitätsabnahme verantwortlich ist. Nach etwa 4 Wochen klingt die hemmende Wirkung des Ammoniaks ab und die Aktivität der Diffusate steigt an. Wurde Ammoniumkarbonat zu Wurzeldiffusaten hinzugegeben, so erfolgte ebenfalls eine deutliche Schlupfhemmung. Ammoniumsulfat, Ammoniumnitrat und Ammoniumchlorid waren jedoch ohne Einfluß.

Die Sterilisierung des Bodens wirkt nicht nur aktivitätsmindernd auf zugeführte Diffusate, sondern ist auch von Einfluß auf die Qualität der Diffusate, die von in solchem Boden kultivierten Pflanzen entnommen werden. Carroll und McMahon (1934; 1935; 1937; 1944) erhielten von Pflanzen in frisch sterilisiertem Boden zumindest für die ersten 20 bis 25 Tage Diffusate von geringer Aktivität (s. auch Massey und Neal, 1951). Durch Zugabe bestimmter Pilze zum Boden hob Giebel (1967) den Sterilisationseffekt zumindest wieder teilweise auf. Er vermutet, daß bestimmte Elemente der Mikroflora auch von Einfluß auf die Bildung der Schlüpfstoffe sind. Der anfänglich geringere Schlupf in sterilisiertem Boden wirkt sich nach Giebel (1967) auch noch in einer geringeren Vermehrungsrate aus.

Ungeklärt ist, ob der veränderte Chemismus des sterilen Bodens allein den Wirkungsverlust bedingt. Nicht ausgeschlossen sind Einflüsse von seiten der Bodenorganismen, die durch den Sterilisationsprozeß anfangs weitgehend ausgeschaltet sind und im Laufe der Zeit den Boden in oft veränderter Zusammensetzung besiedeln.

Neben den bereits erwähnten Faktoren wird vom Feuchtigkeitsgehalt des Bodens nicht nur die Entwicklung der Pflanzen und damit die Diffusateproduktion, sondern gleichzeitig die Konzentration und Diffusion der Diffusate beeinflußt. Mit abnehmendem Wassergehalt des Bodens erhöht sich die Konzentration der Diffusate, während die Diffusion vermutlich abnimmt. In Richtung zum geringeren Wassergehalt vermindert sich, wie in Modellversuchen nachgewiesen, auch der Larvenschlupf (Wallace, 1958).

Werden Kartoffeln in verseuchtem Boden kultiviert, so wird durch die ständige Zufuhr von Wurzeldiffusaten ein laufender Larvenschlupf ausgelöst, der zur Entleerung der Zysten führt. Nach Ablauf einer bestimmten Zeit steigt die Larvenzahl je Zyste, bedingt durch die sich neu entwickelnde Generation, zuerst allmählich, später stärker an. In Topfversuchen fanden Fenwick und Reid (1953b) nach etwa 5 Wochen einen Rückgang der Larvenzahl je Zyste um etwa 80 %, später erhöhte sich die Larvenzahl. In den Versuchen von Peters (1953b) betrug die Verminderung nach 5 Wochen etwa 30% und nach 9 Wochen 75%. Shepherd (1962a; b) fand im Feldbestand nach 7 Wochen eine Verminderung um 20% bis 30% und nach 11 Wochen um 70%. Stelter und Raeuber (1959; 1960) ermittelten in Topfversuchen die geringste Larvenzahl je Zyste (etwa 20% von der Anfangspopulation) nach 60 Tagen. Bei anfälligen und resistenten Kartoffeln erfolgt die Abnahme etwa gleichsinnig, wenn Sorten gleicher Reifezeit verwendet werden. Lownsbery (1950b) behandelte verseuchten Boden in Tontöpfen wöchentlich mit 2 l bzw. 6 l Wurzeldiffusaten über etwa 7 Wochen. Der Anteil geschlüpfter Larven betrug während dieses Zeitraumes 89% bzw. 94 %.

Obgleich die Ergebnisse der zitierten Autoren in Einzelheiten voneinander abweichen, so wird doch die Populationsveränderung im Prinzip übereinstimmend beurteilt. Die Aktivität der Wurzeldiffusate klingt im Boden schnell ab. Ein hoher Larvenschlupf ist nur dann zu erwarten, wenn unter günstigen Bedingungen eine laufende Diffusatzufuhr erfolgt, etwa beim Anbau von Kartoffeln oder durch häufiges Gießen mit Diffusaten.

Es ist jedoch sehr unwahrscheinlich, daß — wie dies FENWICK u. REID (1953b) andeuteten — bei der Kultivierung von Kartoffeln die Gesamtheit der in den Zysten befindlichen Larven schlüpft. Die Ergebnisse mit resistenten Kartoffeln, die zur Klärung dieser Frage besonders gut geeignet sind, zeigen recht deutlich, daß auch unter den günstigen Bedingungen in Topfversuchen immer eine geringe Anzahl von Larven in den Zysten verbleibt.
Aus den vorliegenden Mitteilungen wird ersichtlich, daß die schlupfstimulierenden Substanzen der Wurzeldiffusate dem komplizierten Wechselspiel der Kräfte in der Ackerkrume unterliegen. Sie sind Einflüssen biologischer, chemischer und physiologischer Art ausgesetzt und dürften über die uns bekannte Erscheinung — der Stimulierung des Larvenschlupfes — hinaus noch an weiteren im Boden ablaufenden Prozessen beteiligt sein.

4.1.12.1. Die Beeinflussung des Schlupfes durch Bodenfaktoren

Ein erheblicher Einfluß auf den Larvenschlupf wird den Bodenfaktoren beigemessen. Hauptsächlich handelt es sich um Auswirkungen der Struktur in Verbindung mit dem Wassergehalt und der Durchlüftung. In dieser Richtung wurde mit *H. rostochiensis* noch kaum gearbeitet. Die mit anderen Heterodera-Arten — vornehmlich *H. schachtii* — ermittelten Daten dürften in mehr oder weniger abgewandelter Weise auch für den Kartoffelnematoden Gültigkeit haben (WALLACE, 1954; 1955a; 1955b; 1956a).
Bei hohem und geringem Wassergehalt des Bodens geht der Schlupf zurück. Bei hohem Wassergehalt dürfte dies überwiegend als eine Auswirkung des Sauerstoffmangels anzusehen sein. Bei geringem Wassergehalt ist der rückläufige Schlupf zum Teil auf die erhöhte Spannung und zum Teil auf die Unfähigkeit der Larven, die Zysten zu verlassen, zurückzuführen. Das Abflauen des spontanen Schlupfes im Juni bei *H. schachtii* wird von WALLACE (1956c; siehe auch JONES, 1959b) überwiegend mit der abnehmenden Wassersättigung erklärt.
Es besteht außerdem eine deutliche Abhängigkeit zwischen Porenvolumen und Schlupf. Bei abnehmendem Porenvolumen und dem damit geringer werdenden Gasaustausch war der Schlupf von *H. schachtii* rückläufig (WALLACE, 1956b). Etwa auf gleiche Weise kann auch der geringe Schlupf aus Zysten erklärt werden, die in Bodenpartikelchen eingebettet sind (WALLACE, 1956c).

Ergänzende Beobachtungen

Ehe die vorher genannten Ergebnisse einer Betrachtung unterzogen werden, sollen weitere Beobachtungen mit einer Nematodenherkunft von Rasse A mitgeteilt werden (STELTER, unveröffentl.). Die in den einzelnen Jahren verwendeten Zysten wurden jeweils im Monat September von den Wurzeln der Sorte ‚Gerlinde‘ abgesammelt. Dieser nicht unerhebliche Arbeitsaufwand war notwendig, um Vermischungen mit Zysten älterer Jahrgänge weitgehend zu vermeiden. Die Aufbewahrung erfolgte in kleinen Röhrchen bei Zimmertemperatur in trockenem Zustand. In der Regel erfolgten mit einer Zystenherkunft im Laufe eines Jahres 12 Versuchsserien in monatlichen Abständen, beginnend im Oktober (Zystenalter 4 Wochen) und endend im September des nächsten Jahres. Der Zeitraum eines Versuches betrug 4 Wochen. Erfahrungsgemäß ist der Schlupf über diese Zeit hinaus nur noch unwesentlich und kann ohne Beeinträchtigung der Ergebnisse vernachlässigt werden (Franklin, 1938; Fenwick, 1951b). Generell wurden die Zysten drei Tage vor Versuchsbeginn in Wasser bei 21 °C vorgewässert. Die geschlüpften Larven wurden zweimal wöchentlich bei gleichzeitigem Wechsel der Flüssigkeit gezählt und nach Abschluß der Versuche die in den Zysten verbliebenen nichtgeschlüpften Larven ermittelt. Sämtliche Prozentwerte sind immer auf den gesamten Larvenbesatz der Zysten bezogen. Die Wurzeldiffusate wurden in den Monaten März/April von Pflanzen der Sorte ‚Aquila' entnommen und in 25 l-Behältern bei 0° bis 4 °C gelagert. Die Versuchstemperatur betrug einheitlich 21 °C.

4.1.13. Schlupf in Leitungswasser

Bisher erfolgten Schlüpfversuche in der Regel mit Wurzeldiffusaten oder anderen aktiven Substanzen, weniger aktive oder neutrale Stoffe wurden nur gelegentlich verwendet. Von der Annahme ausgehend, daß in weniger aktiven Substanzen der natürliche Rhythmus des Schlupfes deutlicher als in Wurzeldiffusaten zum Ausdruck kommen mußte, wurden in mehreren Jahren mit jungen Zysten Versuche in Leitungswasser (nicht chlorhaltig) durchgeführt. Die Versuchsdauer betrug 4 Wochen, danach kamen die Zysten zur Bestimmung der Schlüpfbereitschaft der Larven für weitere 4 Wochen in Wurzeldiffusate. Die Ergebnisse drei einjähriger und eines zweijährigen Versuches sind in Abbildung 13 dargestellt.

Aus jungen Zysten aller vier Jahrgänge schlüpften in den ersten Versuchsmonaten nur wenige Larven. Im Laufe des Spätwinters und Frühjahrs stieg der Schlupf von Monat zu Monat, erreichte ein Maximum und verminderte sich im Herbst wieder. Das Maximum in den einzelnen Jahren wurde zu recht unterschiedlichen Terminen erreicht: mit Zysten von 1958 im Mai und nochmals im August, mit Zysten von 1959 sehr spät im Juli, mit Zysten von 1960 im Juni und mit denen von 1962 bereits im März des jeweils folgenden Jahres. Die Extreme betrugen 34 % mit Zysten von 1959 und 14% mit Zysten von 1960. Die jahreszeitliche Abhängigkeit des Schlupfes wird besonders bei dem über 2 Jahre ausgedehnten Versuch deutlich.

Die Anzahl geschlüpfter Larven dieser vier Jahrgänge war nicht einheitlich. Über die gesamte Versuchszeit schlüpften aus Zysten des Jahrganges 1959 erheblich mehr Larven als aus denen der anderen Jahrgänge. Eine Erklärung für diese Erscheinung, die sehr wahrscheinlich nicht ein Zufallsergebnis ist, fanden wir zunächst nicht. Das verwendete Wasser wurde für alle Versuche aus demselben Brunnen entnommen, an dem in diesem Zeitraum Veränderungen nicht erfolgten. Es schied als möglicher Anlaß aus. Nun zeichnete sich das Jahr 1959 durch einen extremen Witterungsablauf aus. Es lag daher die Vermutung nahe, daß die Schlupfbereitschaft von der Witterung des Entwicklungsjahres der Nematoden beeinflußt sein konnte. Dies scheint der Fall zu sein. Wenn die Temperaturmittel der Monate Mai bis August und die Anzahl der Sommertage des

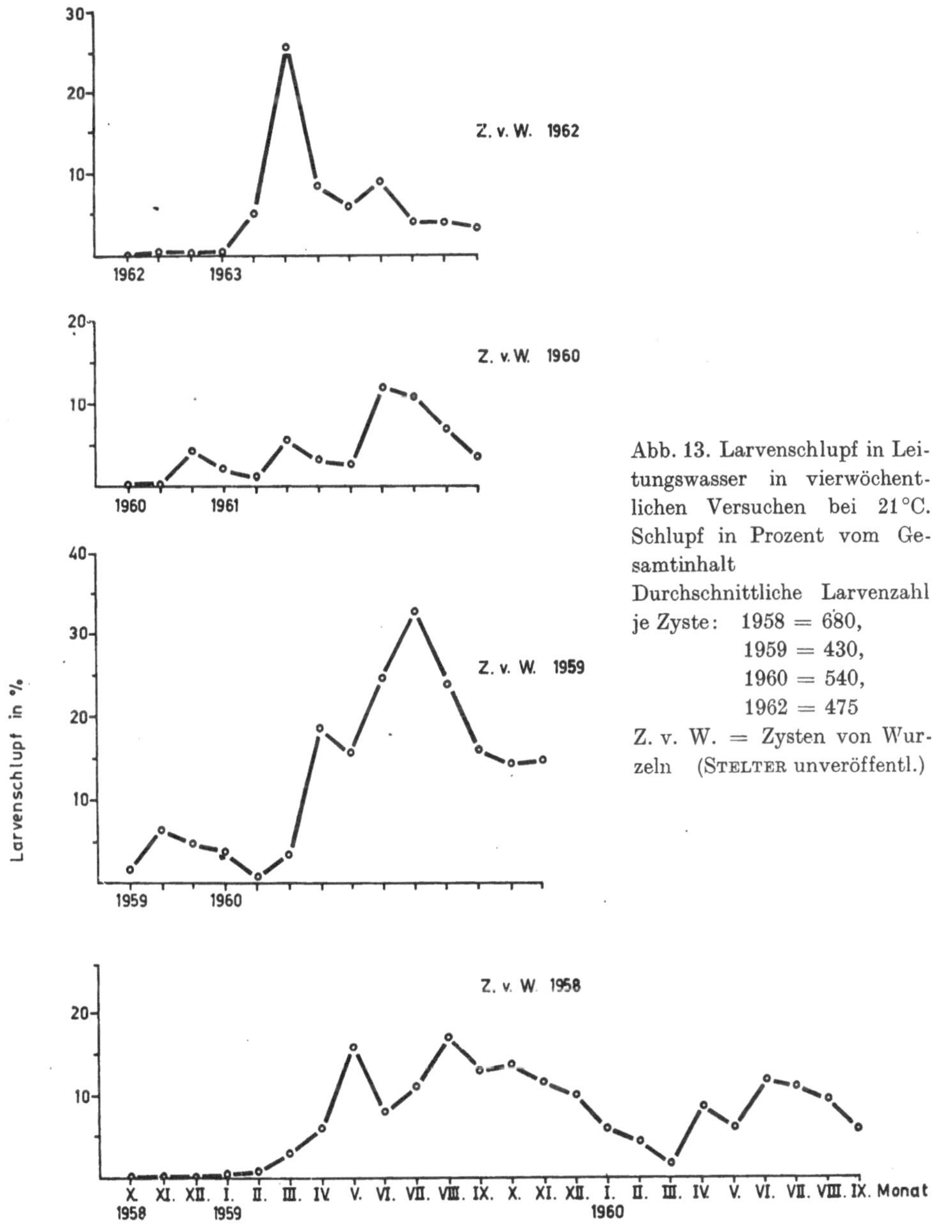

Abb. 13. Larvenschlupf in Leitungswasser in vierwöchentlichen Versuchen bei 21 °C. Schlupf in Prozent vom Gesamtinhalt
Durchschnittliche Larvenzahl je Zyste: 1958 = 680, 1959 = 430, 1960 = 540, 1962 = 475
Z. v. W. = Zysten von Wurzeln (STELTER unveröffentl.)

Jahres 1959 einerseits und der Jahre 1958, 1960 und 1962 andererseits mit dem Schlupfverlauf in Beziehung gebracht werden, so ist die Annahme, daß die hohen Temperaturen im Jahre 1959 von Einfluß auf den Zysteninhalt waren, nicht ganz unbegründet (Tab. 7). Zumindest kann der Reifeprozeß eine Beschleunigung erfahren haben, so daß eine größere Anzahl von Larven schon zu einem früheren Zeitpunkt die physiologische Schlupfreife erlangt hatte als aus Zysten der übrigen Jahrgänge. Diese Jahre waren hinsichtlich des Witterungsablaufes auch nicht einheitlich. Es ist aber kaum zu erwarten, daß diese doch recht groben meteorologischen Daten zur Erklärung geringerer Schlupfabweichungen geeignet sind, die ohne Zweifel auch in den Zystenjahrgängen 1958, 1960 und 1962 vorhanden sind.

Ferris und Mai (1956) wiesen bereits auf die Beeinflussung des Larvenschlupfes durch Feuchtigkeits- und Temperatureinflüsse während der Larvenentwicklung hin. In ihren Versuchen schlüpften jedoch aus Zysten, die sich in einem niedrigen Temperaturbereich (10,0 °C bis 18,3 °C) entwickelt hatten, mehr Larven als aus Zysten des höheren Temperaturbereiches (15,5 °C bis 23,9 °C).

TABELLE 7:

Temperaturmittel und Summe der Niederschläge in Monaten 1958—1960 und 1962 in Groß-Lüsewitz*

Monat	1958		1959		1960		1962	
	Temperatur	Niederschlag	Temperatur	Niederschlag	Temperatur	Niederschlag	Temperatur	Niederschlag
Januar	– 0,4	48,4	0,1	40,2	0,0	71,4	2,3	48,0
Februar	0,0	81,2	0,1	5,7	– 1,6	28,0	1,0	48,1
März	– 0,8	22,9	5,4	5,6	2,5	12,4	– 0,3	32,0
April	4,4	56,8	8,3	49,2	5,8	43,3	6,8	45,1
Mai	11,9 (1)	129,2	11,2	36,1	11,8	49,6	9,6	68,3
Juni	13,8 (1)	57,9	15,4 (3)	27,4	15,5 (2)	64,1	13,6 (2)	54,6
Juli	16,6 (4)	59,2	18,7 (8)	68,9	15,5 (2)	129,7	14,2	109,1
August	15,7	73,1	17,9 (8)	53,1	15,7 (3)	152,2	14,3	73,1
September	13,8 (2)	39,2	12,4	9,4	12,8	40,0	11,7	48,2
Oktober	10,0	57,3	8,4	35,0	8,6	68,7	9,2	10,8
November	4,4	16,3	3,4	29,7	5,5	88,6	3,6	42,6
Dezember	2,3	33,0	1,3	37,8	2,4	96,5	– 2,0	27,6
Temperaturmittel und Summe der Niederschläge der Monate Mai bis August	14,5	319,4	15,8	185,5	14,5	395,6	12,9	305,1

Zahlen in Klammern ( ) = Sommertage, 25 °C und mehr

* Werte der Wetterstation des MHD in Groß-Lüsewitz

Daß der Schlupfverlauf tatsächlich von äußeren Einflüssen während der Entwicklungszeit der Zysten beeinflußt wird, geht aus der Gegenüberstellung des Schlupfes von Freilandzysten und Zysten, die sich im Gewächshaus entwickelt hatten, hervor (Abb. 14). Der Schlupf von Gewächshauszysten in Leitungswasser ist immer deutlich höher als von Freilandzysten und setzt im Herbst auch wesentlich zeitiger ein. Die vorher ausgesprochene Vermutung, daß die Bedingungen während der Entwicklung der Zysten in gewissem Grade auch von Einfluß auf das Schlupfverhalten der Larven sind, findet hiermit eine Bestätigung.

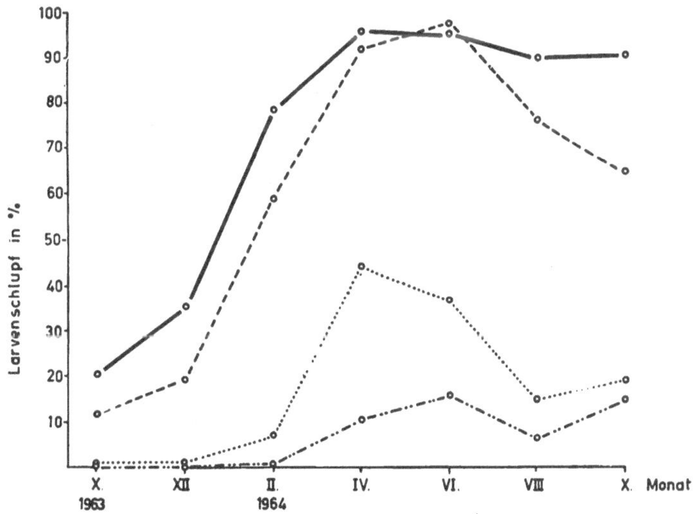

Abb. 14. Larvenschlupf in Leitungswasser und in Wurzeldiffusaten mit Freiland- und Gewächshauszysten in vierwöchentlichen Versuchen zu verschiedenen Jahreszeiten. Schlupf in Prozent vom Gesamtinhalt

——— = Gewächshauszysten in Wurzeldiffusaten
..... = „ in Leitungswasser
------ = Freilandzysten in Wurzeldiffusaten
–··–· = „ in Leitungswasser
(STELTER unveröffentl.)

Der geringfügige Schlupf aus jungen Zysten in den ersten Versuchsmonaten ist sehr wahrscheinlich mit der noch geringen Schlüpfreife der Larven in diesem Zeitraum zu erklären. Der im Herbst und Winter des folgenden Jahres abnehmende und im anschließenden Frühjahr wieder ansteigende Schlupf kann wohl nur mit einem endogen bedingten Rhythmus im Zusammenhang stehen.

4.1.13.1. Spontaner Schlupf

Der spontane Schlupf im Freiland entspricht etwa dem Schlupfverlauf der Versuche in Leitungswasser. Bei Anbau von Mais setzte der Schlupf im Boden aus einjährigen Zysten etwa im März ein, erreichte das Maximum im Mai und war Ende Juni praktisch beendet (DEN OUDEN, 1960a). Der Inhalt zweijähriger Zysten

war träger und erreichte bei gleichem Schlupfverlauf das Maximum etwa 4 Wochen später.
Von ähnlichen Ergebnissen berichtet SHEPHERD (1963). Der spontane Schlupf setzte in England bei Anbau von Neutralpflanzen oder unter Brache etwa im Mai ein und war im Juli so gut wie abgeschlossen. Das Maximum lag im Juni. Die zeitlichen Differenzen sind sehr wahrscheinlich mit den unterschiedlichen Temperaturen in den Untersuchungsgebieten zu erklären.

4.1.14 Schlupf in Wurzeldiffusaten

Das für diese Versuche verwendete Zystenmaterial wurde in der vorher beschriebenen Weise (4.1.12.1.) gewonnen und, wenn nicht anders angegeben, bei Zimmertemperatur gelagert. Die Vorweichzeit betrug einheitlich 3 Tage.
In Wurzeldiffusaten nimmt der Schlupf einen völlig anderen Verlauf als in Leitungswasser. Aus jungen Zysten schlüpfen von Oktober bis Dezember des Entwicklungsjahres nur wenige Larven, der Schlupf steigert sich in den folgenden Monaten laufend und erreicht bereits im Spätwinter eine beachtliche Höhe. Abweichend

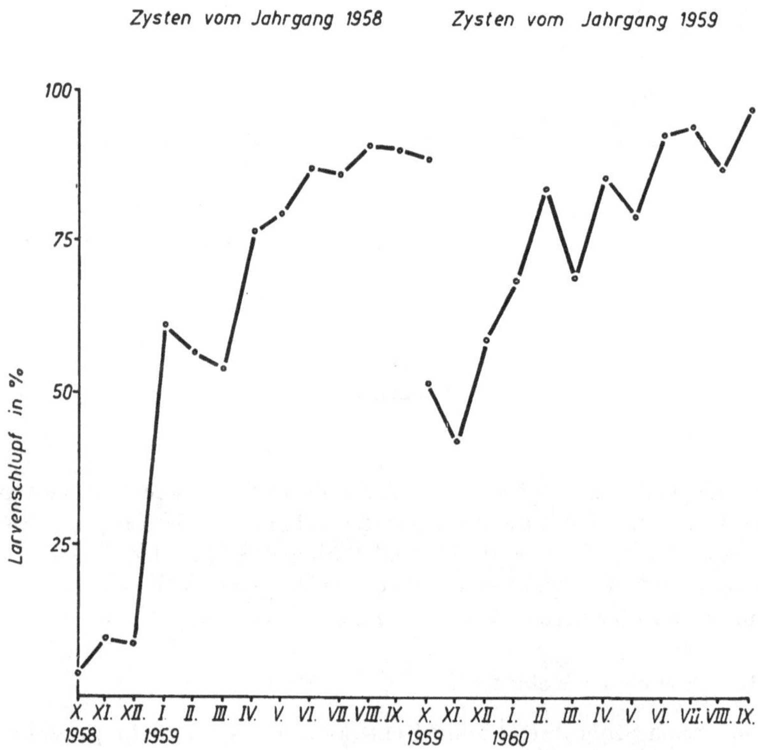

Abb. 15. Larvenschlupf in Wurzeldiffusaten mit Zysten von 1958 (= 680 Larven/Zyste) und 1959 (= 440 Larven/Zyste) in monatlichen Versuchen von 28tägiger Dauer bei 21 °C (STELTER unveröffentl.)

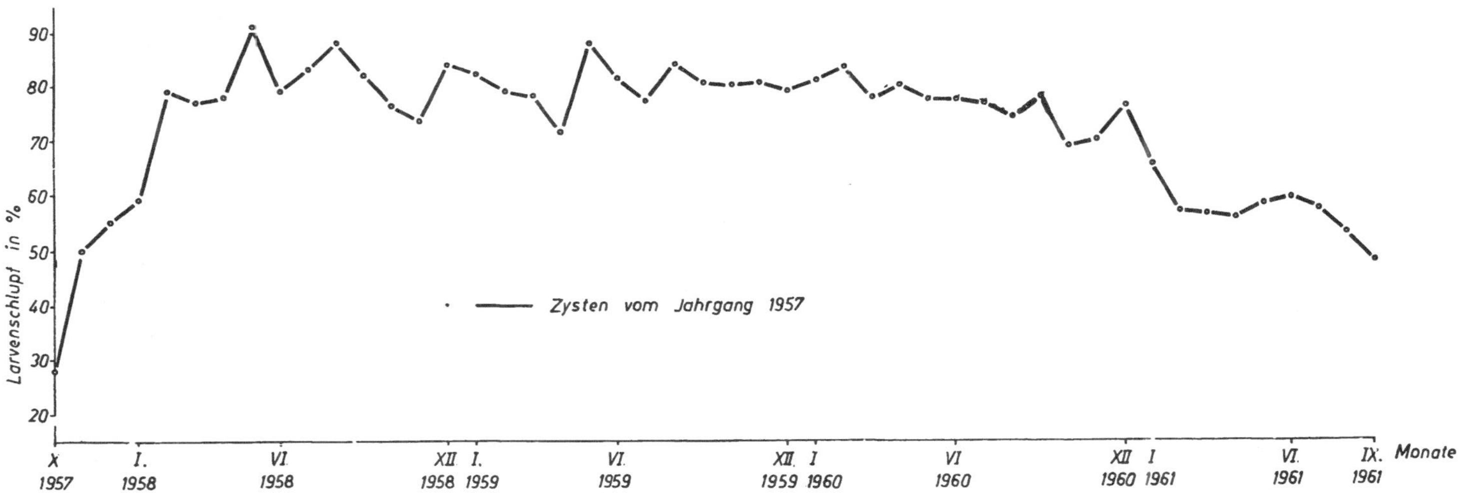

Abb. 16. Larvenschlupf aus Zysten von 1957 bei 21 °C in monatlichen Versuchen von 28tägiger Dauer in Wurzeldiffusaten über mehrere Jahre, ca. 500 Larven/Zyste (STELTER unveröffentl.)

von dieser allgemeinen Tendenz war lediglich der Schlupf aus Zysten des Jahrganges 1959 (Abb. 15).

Von diesen schlüpften schon in den Wintermonaten etwa 50% der enzystierten Larven. So hohe Werte wurden bei anderen Zystenjahrgängen bisher nicht beobachtet. Vermutlich handelt es sich auch hier um die Auswirkungen der hohen Temperaturen während der Entwicklung der Zysten (Abschn. 4.1.13.).

Im Gegensatz zum Schlupf in Leitungswasser verlassen in Wurzeldiffusaten auch in den Spätsommermonaten beachtliche Larvenmengen die Zysten. Zumindest sind keine Anzeichen einer saisonbedingten Schlupfminderung erkennbar. Dies geht auch aus einer über 4 Jahre ausgedehnten Versuchsanstellung mit Zysten aus dem Jahre 1957 hervor (Abb. 16). Im Verlauf von 2 Jahren bleibt der Schlupf ziemlich konstant immer über 80%. Vom dritten Jahr und besonders deutlich bei vier Jahre alten Zysten geht der Schlupf zurück, und zwar unabhängig von der Jahreszeit. Besonders deutlich werden die Auswirkungen des Zystenalters bei Gegenüberstellung des Schlupfverlaufes aus Zysten verschiedener Jahrgänge (Abb. 17). Der höchste Schlupf erfolgte aus einjährigen Zysten; mit zunehmendem Alter schlüpften weniger Larven. Entgegengesetzt ist der Larvenschlupf aus jungen Zysten. Nach einem allmählichen Anstieg wird ein Maximum im April erreicht.

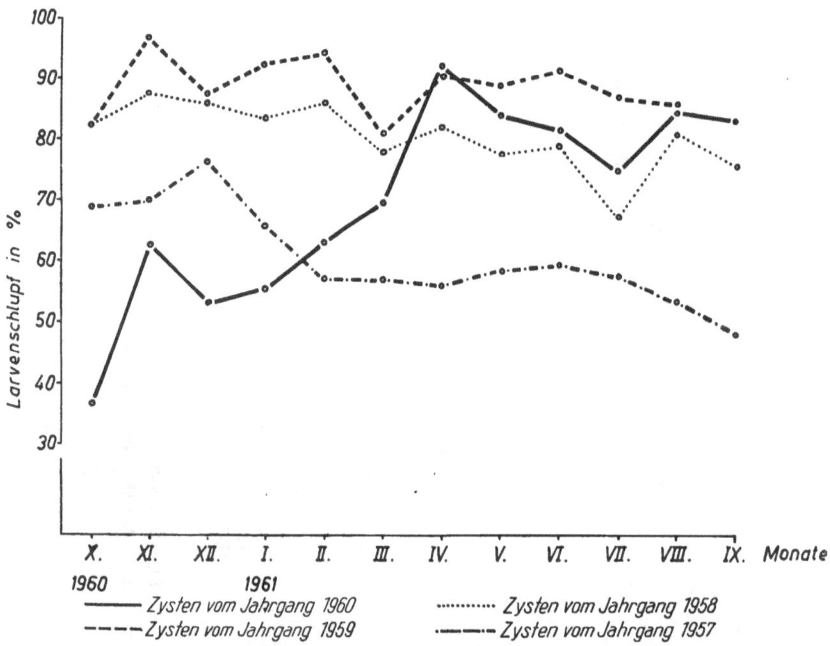

Abb. 17. Larvenschlupf von vier Zystenjahrgängen in Wurzeldiffusaten von Kartoffeln vom Oktober 1960 bis September 1961

—— = Zysten von 1960 . . . . . = Zysten von 1958

– – – = „ „ 1959 –·–·– = „ „ 1957

(Stelter unveröffentl.)

Diese Ergebnisse entsprechen in wesentlichen Merkmalen den von ELLENBY (1955a) mitgeteilten Befunden.

Es erhebt sich nun die Frage, ob der abfallende Schlupf aus Zysten älterer Jahrgänge, die bei Zimmertemperatur gelagert waren, typisch ist oder auf Auswirkungen der Lagerungsbedingungen zurückzuführen ist. Um dies festzustellen, erfolgten in zwei Winterhalbjahren Schlüpfversuche mit Zysten unterschiedlichen Alters aus Freilandpopulationen. Diese wurden kurz vor Versuchsbeginn von Flächen entnommen, auf denen der letzte Kartoffelanbau unterschiedlich lange zurücklag. Diese Populationen setzten sich zwar aus Zysten mehrerer Jahrgänge zusammen, es kann jedoch angenommen werden, daß die überwiegende Mehrzahl der Zysten mit Inhalt vom letzten Kartoffelanbau herrühren dürfte.

Zu den in monatlichen Abständen vorgenommenen Versuchen wurden von jeder Population 400 Zysten (4 × 100) verwendet. Die Versuchsdauer betrug einheitlich 28 Tage.

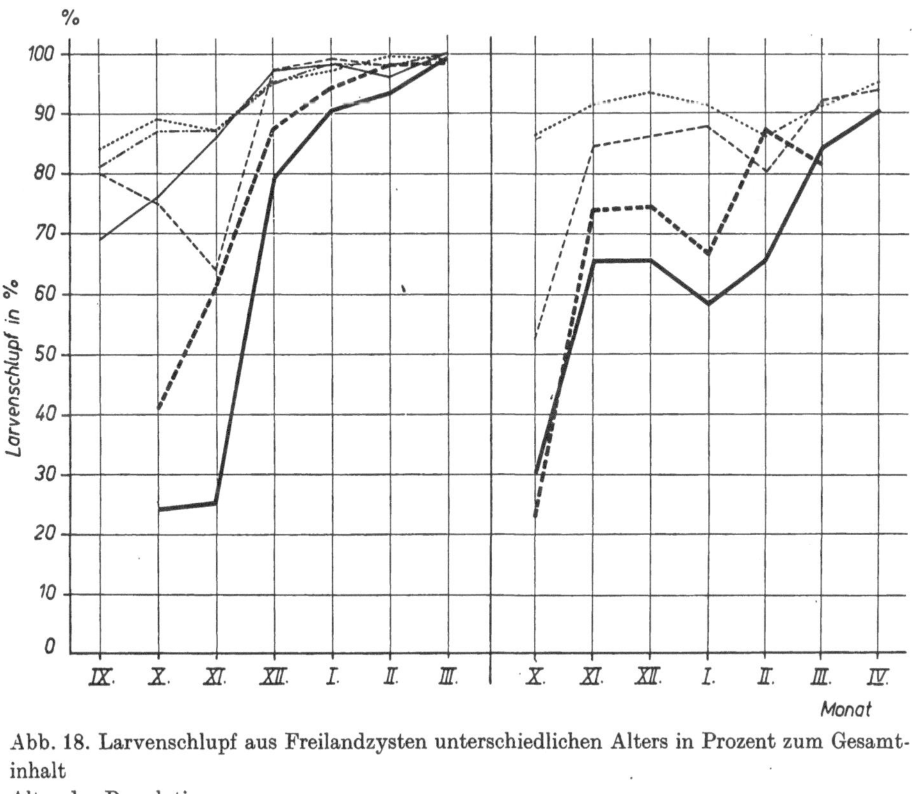

Abb. 18. Larvenschlupf aus Freilandzysten unterschiedlichen Alters in Prozent zum Gesamtinhalt

Alter der Populationen:

....	= 5jährig	————	= 1jährig
–··–··–··	= 3jährig	▬▬▬▬	= 1/2jährig aus dem Freiland
-------------	= 2jährig	▪▪▪▪▪▪▪▪▪	= 1/2jährig bei Zimmerlagerung

(STELTER unveröffentl.)

Aus diesen Versuchen (Abb. 18) geht deutlich hervor, daß aus Zysten älterer Freilandpopulationen immer ein hoher Schlupf erfolgt. Im allgemeinen sind die Differenzen zwischen den verschiedenen Jahrgängen unbedeutend. Abweichend ist lediglich der Schlupfverlauf aus jungen Zysten. Das Niveau der älteren Jahrgänge wird etwa im März/April erreicht. Von im Prinzip gleichen Ergebnissen berichtet DEN OUDEN (1963b). Bei zweijährigen Populationen deutet sich noch ein Saisoneinfluß an.
Vergleichen wir nun den Schlupfverlauf aus älteren Freilandpopulationen mit dem aus gleichaltrigen bei Zimmertemperatur gelagerten Zysten, so wird der Lagerungseinfluß deutlich. Einem allmählich abnehmenden Schlupf aus älteren im Zimmer gelagerten Zysten steht der gleichmäßig hohe Schlupf aus vergleichbaren Freilandpopulationen gegenüber. Hierzu folgende Erklärung: Werden Zysten im Zimmer gelagert, so bleibt die Larvenzahl über die Jahre ziemlich konstant in Nähe des Anfangswertes. Es ist jedoch sehr unwahrscheinlich, daß die Vitalität aller Larven über so lange Zeit erhalten bleibt. Vielmehr muß angenommen werden, daß eine mehr oder weniger große Zahl im Laufe der Zeit abstirbt. Unter diesen Lagerungsbedingungen sind derartige Tiere auf dem üblichen Wege der Inhaltsbestimmung von lebensfähigen jedoch nicht immer zu unterscheiden. Wenn nun, wie in unserem Fall, die Anzahl geschlüpfter Larven auf die Gesamtzahl enzystierter Eier/Larven bezogen wird, ohne daß von diesen der Anteil lebensfähiger Tiere bekannt ist, wird der Eindruck erweckt, als ob mit zunehmendem Alter die Schlupfbereitschaft nachläßt. Tatsächlich geht jedoch der Anteil vitaler und schlupffähiger Larven zurück.

4.1.15. Saisoneinfluß

Unter Saisoneinfluß wird allgemein die Verhaltensweise bei dem in einem bestimmten Gebiet vorherrschenden Witterungsablauf (vielleicht auch des Klimas) verstanden, also vorwiegend die Beeinflussung durch Temperatur, Niederschläge und Bodenfeuchtigkeit. Der Larvenschlupf setzt in Mitteleuropa unter natürlichen Bedingungen im Frühjahr, in den Monaten März/April ein, erreicht ein Maximum in der Zeit etwa von Mai bis Juni und klingt dann allmählich ab. Der Anbau von Wirts- und Neutralpflanzen ist lediglich modifizierend, nicht bestimmend für den zeitlichen Schlupfablauf.
Die bisher vorliegenden Angaben über den im Experiment erreichten Schlupfablauf zu verschiedenen Jahreszeiten sind widersprechend. So stellten TRIFFITT (1930a); REINMUTH (1929); CALAM et al. (1949a); LOWNSBERY (1951) sowie FELDMESSER und FASSULIOTIS (1950) eine Verminderung des Larvenschlupfes vom Spätherbst bis etwa Januar/Februar fest, die LOWNSBERY auf arteigene physiologische Faktoren zurückführt. CUNNINGHAM (1960) verwendete für Schlüpfversuche im Oktober Zysten, die im Juni oder kurz vor Beginn des Versuches im Oktober dem Boden entnommen waren. Der Schlupf aus den Junizysten betrug in Abhängigkeit von den Versuchstemperaturen 60 bis 80%, der aus Oktoberzysten 0,5—20%. Er vermutet eine von August bis Februar reichende Schlüpf-

ruhe, die jedoch nicht auf ein arteigenes Verhalten, sondern auf Auswirkungen von Bodenfaktoren (Feuchtigkeit, Temperatur) zurückgeführt wird. Auf Grund von Befallsbeobachtungen an Tomaten, die in Töpfen kultiviert, von September bis März befallsfrei blieben, vermutet auch BECK (1948) eine winterliche Ruheperiode. In den Frühjahrsmonaten nimmt die Anzahl geschlüpfter Larven laufend zu. Dagegen fanden FENWICK und REID (1953a) sowie KRADEL (1959a) keine Anzeichen für eine Abnahme des Schlupfes im Winter. Die den einzelnen Autoren für diese Aussage zugrunde liegenden Werte basieren in der Regel auf nur sporadisch oder kurzfristig durchgeführten Versuchen.

Wesentlich aufschlußreicher sind die Ergebnisse von ELLENBY (1955a), WINSLOW (1956), SHEPHERD und COX (1967) sowie OOSTENBRINK (1967). Die Aussagefähigkeit der in großer Zahl vorgelegten Einzelergebnisse wird nicht selten durch die Art der Auswertung beeinträchtigt. Häufig wird nur die tatsächlich geschlüpfte Larvenzahl berücksichtigt und nicht der relative Wert, bezogen auf den Gesamtinhalt der verwendeten Zysten. So kann trotz allen Aufwandes oft nur ein Eindruck vermittelt werden.

ELLENBY verwendete für die von Dezember 1946 bis Januar 1949 in zweimonatigen Abständen laufenden Versuche Zysten aus dem Jahre 1945, die sich an der Sorte ‚Kerr's Pink' entwickelt hatten. Die Zysten wurden von 1945 bis Versuchsbeginn trocken bei folgenden Temperaturen gelagert: a) Raumtemperatur; b) 5 °C; c) von April bis Oktober bei 23 °C und von Oktober bis April bei 5 °C; d) im Sommer bei 5 °C und im Winter bei 23 °C. Im Durchschnitt aller Versuche schlüpften aus den bei Raumtemperatur gelagerten Zysten die meisten Larven. Eine ausgeprägte Schlüpfruhe ist bei keiner Variante des so unterschiedlich vorbehandelten Materials nachzuweisen. Obgleich in den einzelnen Versuchen die Anzahl geschlüpfter Larven sehr variierte, ist unabhängig von der Vorbehandlung in der Zeit von Juli bis Oktober 1947, also bei zwei Jahre altem Material, ein deutlicher Rückgang des Schlupfes zu verzeichnen. Besonders ausgeprägt ist dieser Rückgang bei der Variante d. Der Schlupf aus jungen, bei Raumtemperatur oder 5 °C gelagerten Zysten war im Februar/März gering und erhöhte sich erst in den folgenden Monaten. Mit den bei 5 °C gelagerten Zysten wurde das Maximum jedoch erst ein Jahr später erreicht, wobei der Gesamtschlupf nur etwa die Hälfte der bei Raumtemperatur gelagerten Zysten erreichte.

WINSLOW verwendete in seinen monatlichen Versuchen von 21tägiger Dauer kurz vor Versuchsbeginn aus Freilandparzellen entnommene Zysten. Von Oktober bis Dezember war der Schlupf aus einjährigen Zysten gering. Anschließend und bis zum Abschluß der Versuche im März erhöhte sich die geschlüpfte Larvenzahl laufend. Eine ähnliche Tendenz mit wesentlich niedrigeren Werten wiesen ältere Populationen auf (Abb. 12). Für weitere Untersuchungen lagerte er natürlich verseuchten Boden von August an bei Temperaturen von 5 °, 10 °, 15 °, 20 ° und 25 °C und entnahm die erforderlichen Zysten kurz vor Versuchsbeginn. Unabhängig von den Lagerungstemperaturen schlüpften in den Monaten Oktober und November gleichmäßig wenig Larven. Aus Zysten von den höheren Lagerungstemperaturen begann der Schlupf im Dezember/Januar, aus Zysten der tiefen Temperaturen in den folgenden Monaten. WINSLOW nimmt für den Kartoffelnematoden eine ausgesprochene Schlüpfruhe in den Wintermonaten an, die jedoch durch Lagerungstemperaturen modifizierbar ist.

Die gleiche Feststellung trafen SHEPHERD und COX (1967). Sie verwendeten Zystenmaterial von verseuchtem Boden, der in monatlichen Abständen von Juli bis Oktober entnommen und bei verschiedenen Temperaturen entweder feucht oder trocken lagerte. Unabhängig von Entnahmetermin und Lagerungstemperaturen stellten sie eine ausgesprochene Rhythmik mit geringsten Werten im Oktober/November, gefolgt von einem Anstieg mit dem Maximum von März bis Mai und anschließendem Rückgang fest. Der Schlupfrückgang in den Spätsommer- und Herbstmonaten wird als Diapauseauswirkung gewertet und der Begriff ‚Schlüpfruhe' durch ‚fakultative Diapause' ersetzt.

Von ausgesprochen extremen Verhaltensweisen berichtet OOSTENBRINK (1967). Mit monatlich (September 1950 bis August 1951) von Feldparzellen gewonnenen und in Wurzeldiffusate gebrachte Zysten erfolgte der Massenschlupf nur im Zeitraum von April bis Juli. In den übrigen Monaten war der Schlupf gering oder sogar bedeutungslos. Junge Zysten benötigten eine Reifezeit.

Wir wissen wenig darüber, wie und auf welche Weise der Rhythmus gesteuert wird. KAUL (1962) glaubt, daß ein Katechingerbstoff — ein von ihm erkanntes schlupfhemmendes Agens — maßgebend an dieser Verhaltensweise beteiligt ist. In den Herbst- und Wintermonaten aus dem Boden gewonnene Zysten enthielten relativ große Mengen dieses Gerbstoffes.

ELLENBY und SMITH (1967 b) vermuten, daß sich nur während der letzten Reifephase ein echtes Ruhestadium einstellt. Sie verwendeten für ihre Schlüpfversuche in einem Schlüpfstimulans und in Leitungswasser im Juni und August von den Wurzeln abgesammelte gelbe und braune Zysten. Im Schlüpfstimulans war der Schlupf aus gelben Juni-Zysten zehnmal höher als aus braunen Juni-Zysten und aus gelben August-Zysten doppelt so hoch als aus braunen August-Zysten. In Leitungswasser schlüpften immer mehr Larven aus braunen Zysten. GUILE (1967) beobachtete aus gelben in Wurzeldiffusaten gelagerten Zysten die ersten geschlüpften Larven, als die Masse der Zysten in den Diffusaten gebräunt war. Aus gelben Zysten erfolgte kein Schlupf.

Es bedarf noch weiterer Untersuchungen, um diese Phänomene zu erklären.

Aus den über längere Zeiträume mit Zysten gleichen Ursprungs erhaltenen Werten geht eindeutig hervor, daß eine saisonbedingte Rhythmik des Schlupfes zumindest in der üblichen Versuchsanstellung mit Wurzeldiffusaten nicht nachweisbar ist. Mit Ausnahme von jungen Zysten, deren Inhalt die volle Schlupfbereitschaft erst nach etwa 6 Monaten erreicht, liegt der Schlupf in begrenzten Versuchszeiträumen (28 Tage) unabhängig von der Jahreszeit immer über 80 %.

Völlig anders ist der Schlupfverlauf in Leitungswasser. Mit Zystenmaterial aus mehreren Jahren und unterschiedlichen Alters wird immer eine deutliche saisonbedingte Abhängigkeit des Schlupfes erkennbar.

Wie sind nun die unterschiedlichen Ergebnisse der einzelnen Bearbeiter sowie die Ergebnisse aus Versuchen mit Leitungswasser und Wurzeldiffusaten zu erklären?

Ist der Larvenschlupf einem saisonbedingten Rhythmus unterworfen oder erfolgt bei zusagenden Bedingungen immer ein hoher Schlupf? Bei allen Überlegungen wurde bisher von Laborversuchen auf die Verhaltensweise im Freiland geschlossen, ohne daß bekannt war, in welchem Maße die veränderte Umgebung das natürliche Verhalten modifizierte. So sind z. B. die Zysten im Freiland wohl kaum über einen längeren Zeitraum so konzentrierten Diffusaten ausgesetzt wie in den Laborversuchen. Schon hiervon kann eine Verhaltensweise vorgetäuscht werden, die in keiner Weise den typischen Reaktionen entspricht; in diesem Fall ein von der Jahreszeit unbeeinflußter Schlupf.

Der spontane Schlupf im Freiland (DEN OUDEN, 1960a; ELLENBY und SMITH, 1967a) oder der Schlupf bei Kultivierung resistenter Kartoffeln (STELTER und RAEUBER, 1959; 1960) verläuft rhythmisch und entspricht etwa dem Schlupfverlauf in Leitungswasser.

Werden alle Faktoren berücksichtigt, so kann angenommen werden, daß für die Auslösung und den Verlauf des Schlupfes nicht ein Steuerungsprinzip allein bestimmend ist, sondern das Zusammentreffen mehrerer Faktoren die Verhaltensweise charakterisiert. Die Larven junger Zysten besitzen noch nicht die physiologische Schlupfreife, die sich erst im Verlaufe einiger Monate in zunehmendem Maße einstellt. Der geringe Schlupf aus diesen Zysten dürfte daher entwicklungsphysiologisch bedingt sein. Der Schlupf aus alten Zysten verläuft im Freiland ganz ohne Zweifel in einem saisonabhängigen Rhythmus, wobei nicht allein die Temperatur als der begrenzende Faktor in Erscheinung tritt. Der spontane Schlupf beweist dies eindeutig. Hieraus läßt sich ohne weiteres ein endogen gesteuerter Rhythmus ableiten.

Dieser Rhythmus ist offenbar nicht (noch nicht?) manifestiert, sondern modifizierbar wie z. B. aus allen Versuchen mit Wurzeldiffusaten als Schlüpfmedium oder von Temperaturbehandlungen hervorgeht.

Wie weit dieser endogene Rhythmus — für den KÄMPFE (1966) keine Anhaltspunkte sieht — ursprünglicher Natur ist, oder ob er im Laufe der Zeit in Anlehnung an die Entwicklung der Wirte oder den jahreszeitlichen Temperaturablauf induziert wurde, kann wohl kaum mehr nachgewiesen werden.

4.2. Die Verhaltensweise freier Larven im Boden

Nachdem die Larven die Zysten verlassen haben, beginnt ein neuer Abschnitt im Entwicklungszyklus des Nematoden. Die Verhaltensweise der freien Larven im Boden wird teilweise von anderen Faktoren bestimmt als im enzystierten Zustand. Diese Phase, in der allein eine aktive Fortbewegung möglich ist, ist wohl die entscheidendste für die Überlebenswahrscheinlichkeit des Einzelindividuums. Gleichzeitig ist sie aber auch die empfindlichste gegenüber äußeren Einflüssen. Eine zusammenfassende Darstellung von den die Verhaltensweise zooparasitischer und phytoparasitischer Nematoden beeinflussenden Faktoren erfolgte von WALLACE (1961).

4.2.1. *Fortbewegung im Boden*

Direkte Beobachtungen der Larven im Boden sind nicht möglich und unter stark abgewandelten Versuchsbedingungen mit Unzulänglichkeiten verbunden. Erst in neuerer Zeit wurden Methoden entwickelt, die Bewegung der Larven sowie Wanderleistung und Fortbewegungsgeschwindigkeit zu beobachten oder zu messen. Für die Überwindung bestimmter Wegstrecken ist jedoch nicht nur die tatsächliche Befähigung der Larven entscheidend, vielmehr wird die Fortbewegung durch eine Reihe von Faktoren, die entweder begünstigend oder einschränkend sein können, beeinflußt.

Unser bisheriges Wissen stützt sich im wesentlichen auf Einzelbeobachtungen, die zudem noch oft genug widersprechend sind. Die von einzelnen Tieren zurückgelegte Entfernung wird von Goffart (1959a) mit 40 cm[1] und von Oostenbrink (1950) mit höchstens 25 cm angegeben. In vertikaler Versuchsanordnung mit begrenztem Wurzelraum und gestaffeltem Abstand zwischen Wurzelraum und Zysten von 5 bis 30 cm entwickelten sich mit zunehmender Entfernung weniger Zysten an den Wurzeln (Rode, 1962).

In allen verwendeten Bodenarten (Ton-, Lehm-, Sandboden und Flußsand) wurde der weiteste Abstand (30 cm), bewertet nach neugebildeten Zysten, jedoch von nur wenigen Larven überwunden. Bei horizontaler Versuchsanordnung war die Wanderleistung deutlich geringer. In Sandboden und Flußsand wird die weiteste Entfernung, ebenfalls nach der Anzahl neugebildeter Zysten berechnet, von mehr Tieren bewältigt als in besseren Böden.

Nach Peters (1953a) besteht zwischen der Fähigkeit zur Aufwärts- und Abwärtsbewegung kein Unterschied. In beiden Richtungen werden Entfernungen von 6 bis 8 in. überwunden. Zu ähnlichen Ergebnissen kam Rasinja (1961). Die Larven legten Entfernungen bis 30 cm zurück, erreichten in 80 Tagen jedoch nicht die Wurzeln in 40 cm Entfernung.

Weischer (1959) nimmt an, daß sich die Larven im Laufe einer Vegetationsperiode etwa 20 cm vom Ausgangsort entfernen können. Die Neigung zum Wandern hält er für nicht sehr ausgeprägt. Kühn (1959) errechnet aus Versuchen in der feuchten Kammer auf Filterpapier eine Wandergeschwindigkeit von etwa 2 cm je Stunde.

Diesen Angaben liegen zum größten Teil empirische Werte zugrunde. Da die Larven, zumindest über größere Distanzen, sich nicht gerichtet auf ein Ziel orientieren, ist die tatsächlich zurückgelegte Wegstrecke sehr wahrscheinlich weitaus größer als die in gerader Linie gemessene Entfernung.

Staar (1959) sowie Rode und Staar (1961) entwickelten eine Versuchsanordnung, durch die von den Larven auf Agar hinterlassene Spuren der Beobachtung zugänglich sind. Damit ist die direkte Beobachtung der Larven auch unter wechselnden Bedingungen ermöglicht oder es kann anhand der hinterlassenen Spuren (Ichnogramme) die Verhaltensweise rekonstruiert werden. Aus den Ergebnissen auf Agar

[1] Das Auffinden von Zysten in 3 m Entfernung von einer Verseuchungsquelle (Goffart, 1933) ist sicher nicht mit einer Eigenbewegung über diese Distanz gleichzusetzen.

lassen sich jedoch nicht unbedingt Rückschlüsse auf das Verhalten im Boden ziehen.

Arbeiten in dieser Richtung erfolgten von WALLACE (1958; 1959; 1960; 1961). An Hand von Modellversuchen wies er nach, daß die Wanderung sowie die Fortbewegungsgeschwindigkeit in hohem Maße von der Porengröße und dem Wassergehalt des Bodens beeinflußt wird.

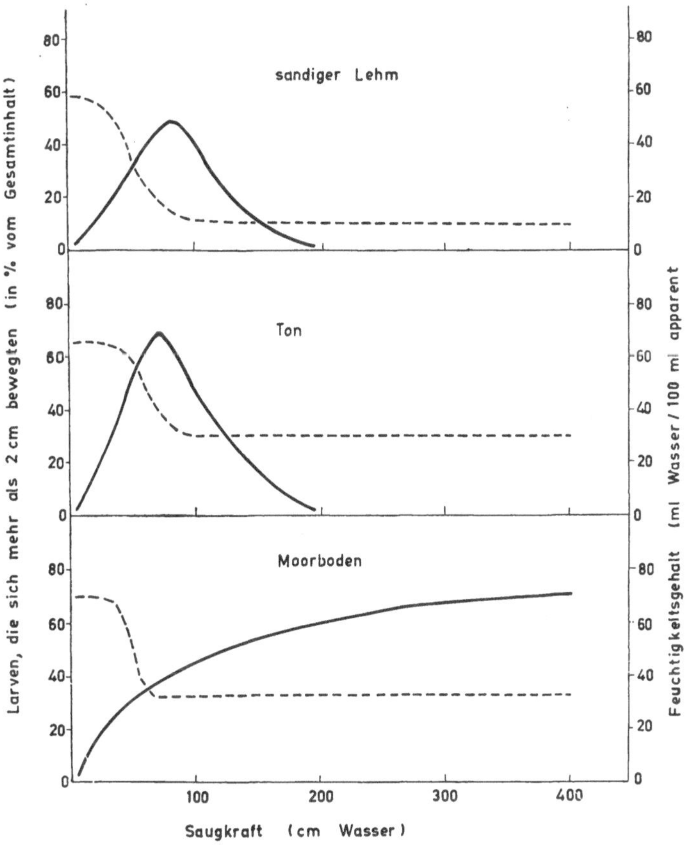

Abb. 19. Die Beweglichkeit der Larven des Kartoffelnematoden in drei Bodenarten bei Teilchengrößen von 150 μm bis 250 μm. Die gestrichelte Linie zeigt den Feuchtigkeitsgehalt an (Entnommen aus WALLACE, 1961)

Die höchste Aktivität der Larven stellte er bei Teilchengrößen von 150 μm bis 250 μm und 250 μm bis 400 μm sowohl in Sand- wie auch in Ton- und Moorboden fest. Teilchengrößen von 150 μm bis 250 μm entsprechen Hohlräumen von etwa 30 μm. In Abhängigkeit vom Wassergehalt (Saugkraft) des Bodens variiert die Wanderleistung erheblich. In Sand- und Tonboden liegt das Optimum bei einer Saugkraft des Bodens von etwa 80 cm in Teilchengrößen von 150 μm bis 250 μm, während in Moorboden von gleicher Teilchengröße ein Optimum in Abhängigkeit von der Saugkraft nicht nachweisbar ist (Abb. 19). Dies wird auf die Form der Teilchen zurückgeführt. Sand- und Tonpartikel mit ihren scharfen Kanten setzen der Fortbewegung bei laufend geringerem Wassergehalt größeren Widerstand entgegen als Moorpartikel, bei denen der Reibungswiderstand geringer sein dürfte. In Teilchengrößen von 400 μm bis 800 μm ist infolge der größeren Hohlräume die Wanderleistung deutlich geringer und in Teilchengrößen unter 150 μm so gut wie gänzlich unterbunden. In einem Feuchtigkeitsgefälle orientierten sich die Larven zum feuchteren Bereich, sofern der Feuchtigkeitsgehalt eine aktive Fortbewegung überhaupt zuläßt (WALLACE, 1958; 1960). Sind die Poren mit Wasser gefüllt, so unterliegen die Larven der Schwerkraft, die Fortbewegung wird dadurch erheblich eingeschränkt, wenn nicht völlig unterbunden.

Durch die Strömung des Sickerwassers werden Nematoden mitgerissen und passiv in tiefere Bodenschichten transportiert. Der Umfang der Verschleppung ist von der Porengröße und der Strömungsgeschwindigkeit des Wassers abhängig. In einem Wasserstrom, der noch eine leichte Eigenbewegung der Larven zuläßt, ist mit einer hohen Verschleppung zu rechnen. In Strömungen, die Eigenbewegungen ausschließen, verbleiben quer zu kleineren Poren gespülte Larven in dieser Lage (WALLACE, 1959). GRAINGER (1951) vermutet eine Wanderung der Larven entlang der Wurzeln in tiefere Bodenschichten.

Porengröße und Wassergehalt des Bodens beeinflussen somit in hohem Maße die Fortbewegung der Larven. Die günstigsten Bedingungen bieten Poren mit einem Durchmesser von etwa 30 μm, wenn sie mit einem Wasserfilm ausgestattet sind. Die Bodenart selbst ist von geringem Einfluß, wesentlicher ist die Teilchengröße, aus der sich ein Boden zusammensetzt (s. auch RODE, 1962).

4.2.2. *Einfluß der Temperatur auf Beweglichkeit und Befallsvermögen der Larven*

Über den Temperatureinfluß auf die Beweglichkeit der Larven liegen nur wenige Beobachtungen vor. KÄMPFE (1955) fand in kurzfristigen Versuchen im Wassertropfen ein Bewegungsoptimum im Bereich von 26° bis 30 °C, wenn die Zysten vorher bei 20 °C gelagert waren. Höhere Lagerungstemperaturen hatten eine Verschiebung des Bewegungsoptimums in Richtung zur höheren Temperatur zur Folge. Später weist KÄMPFE (1962) auf die in kurzfristigen Versuchen nicht vermeidbaren und oft unkontrollierbaren Fehler hin, die das Ergebnis wesentlich beeinflussen können. In Versuchen über längere Zeiträume war nicht selten nach einiger Zeit eine Verschiebung der Vorzugstemperatur festzustellen. So war z. B. in 15 °C die Beweglichkeit anfangs höher als in 10 °C, vom 10. Tage an jedoch deutlich geringer. Temperaturen um 20°C wirkten hemmend auf die Bewegung.

Werden die Larven einem periodischen 12stündigen Temperaturwechsel zwischen 7 °C und 21 °C ausgesetzt, so steigt die Beweglichkeit regelmäßig im niedrigen Temperaturbereich (KÄMPFE, 1959a).

In einem Temperaturgefälle fand STAAR (1959) die höchste Beweglichkeit bei 24 °C. Eine bestimmte gleichbleibende Vorzugstemperatur nimmt auch er nicht an, sondern vermutet in Übereinstimmung mit KÄMPFE, daß der Temperaturbereich der höchsten Beweglichkeit von der Vorbehandlung beeinflußbar ist. Von ähnlichen Ergebnissen berichtet RASINJA (1961). Mit Vorbehandlungen bei 10°; 20° und 30 °C und anschließender einheitlicher Versuchstemperatur von 20 °C erhielt KÄMPFE (1962) die höchste Beweglichkeit von den bei 10 °C vorbehandelten Larven.

CHITWOOD (1951) sowie MAI und HARRISON (1959) nehmen für den Beginn der Aktivität eine untere Temperaturgrenze von etwa 15,6 °C an.

Zur genaueren Feststellung von Vorzugstemperaturen verwendete RODE (1965) eine Apparatur (Temperaturorgel), mit der ein Temperaturgefälle von 0,02 °C je cm erreicht wird. Diese Apparatur bietet günstige Voraussetzungen für Verhaltensforschungen, soweit sie sich auf den Temperaturfaktor beziehen. Es wird nicht die Bewegungsfähigkeit als Kriterium verwendet, sondern die Vorzugstemperatur von der Häufigkeit abgeleitet, mit der sich die Larven im Laufe von 24 Stunden in einem bestimmten Bereich angesammelt haben. Diese Art der Bestimmung bietet zweifellos Vorteile gegenüber anderen Methoden. Es wurde nachgewiesen, daß die Vorzugstemperatur in Abhängigkeit von der Schlüpftemperatur und der Lagerungstemperatur geschlüpfter Larven variiert. Bei 24 °C geschlüpfte Larven sammeln sich im Bereich zwischen 11,1° bis 15,0 °C, bei 18 °C geschlüpfte Larven bevorzugen den Bereich unter 11,0 °C. Werden geschlüpfte Larven bei 24 °C gelagert, so sammeln sie sich im Bereich zwischen 13,0 °C bis 18,0 °C an, bei 4 °C gelagerte Larven bevorzugen den Bereich zwischen 11,0 °C bis 15,0 °C. Oberhalb 30 °C war das Wahlvermögen fast erloschen (RODE, 1968; 1969a). Siehe Nachtrag (Seite 284).

In diesem Zusammenhang sind einige, teilweise im Freiland gewonnene Beobachtungen über den Wurzelbefall erwähnenswert. CHITWOOD und BUHRER (1946a; b) fanden unter den Bedingungen von Long Island bis 11,1 °C bzw. 12,2 °C so gut wie keine Invasion. Der Befall setzte im Bereich von 13,9 °C bis 15,4 °C ein. Ohne Befall blieben die Wurzeln bei konstanten Temperaturen von 13,3 °C (CHITWOOD und FELDMESSER, 1948) oder 11,7 °C; 13,3 °C und 28,9 °C (CHITWOOD, 1951). Letzterer berichtet von hohem Wurzelbefall bei 19,4 °C. FERRIS (1956b; 1957) erhielt einheitliche Befallswerte in Kartoffeln, *Sol. dulcamara* und *Sol. integrifolium* bei 18,3 °C und 23,9 °C, fand jedoch nur vereinzelt eingedrungene Larven bei 29,4 °C. Die bei diesen hohen Temperaturen auch in Kartoffelwurzeln eingewanderten Larven entwickeln sich meist nicht weiter (KÄMPFE, 1959a). Der stärkste Larvenbefall in konstant gehaltenen Temperaturen erfolgt nach FENWICK (1951a) bei 15 °C; der Befall in höheren Temperaturen (21 °C; 27 °C; 32 °C) war deutlich geringer, jedoch zwischen diesen Bereichen nicht gesichert verschieden. EVANS (1969) fand im Freiland eine weitgehend ungehinderte Larveninvasion und Entwicklung der Geschlechtstiere im Bereich zwischen 10 und 15 °C, während MILES (1930) unter 15 °C nur vereinzelt Larven in den Wurzeln nachwies. Darüber hinausgehende Temperaturen führten zu einem sprunghaften Befallsanstieg.

Unter den Witterungsverhältnissen von Schottland erfolgt der Larvenbefall schon bei etwa 7 °C (GRAINGER, 1955; 1962b). Dieser Befund entspricht etwa den

Temperaturangaben von O'Brien und Prentice (1931) für den Larvenschlupf. Kämpfe (1962) nimmt an, daß Wurzelbefall bei Temperaturen unter 10 °C erfolgt, hohe Invasionen jedoch erst etwa ab 15 °C zu erwarten sind.
Diesen Beobachtungen liegen zwar, soweit es sich um Feldversuche handelt, exakt bestimmbare Temperaturen nicht zugrunde. Desgleichen ist eine Trennung zwischen Mindesttemperatur für den Larvenschlupf und der Fortbewegung freier Larven im Boden kaum möglich.
Überraschend ist die Differenz zwischen den für die Larveninvasion angegebenen Mindesttemperaturen für Long Island einerseits und Schottland andererseits. Es liegt die Vermutung nahe anzunehmen, daß in den tieferen Temperaturbereichen nicht nur die Temperatur allein verantwortlich für den Aktivitätsverlust (Schlupf, Wanderung) ist, sondern andere Faktoren die untere Temperaturgrenze der Aktivität mitbestimmen. Es sind dabei nicht nur Bodenfaktoren in Erwägung zu ziehen; möglicherweise muß dem Klima ein bedeutender Einfluß eingeräumt werden. Es ist nicht ausgeschlossen, daß die Long Island-Population sich reizphysiologisch, zumindest hinsichtlich der Temperatur, anders verhält als die schottischen Populationen.

4.2.3. *Die Überlebensdauer geschlüpfter Larven*

Die Überlebenschance geschlüpfter Larven ist bei der Gegenwart von Wirtspflanzen davon abhängig, ob und wann sie auf eine zur Infektion geeignete Wurzel stoßen. Kommen sie mit Wirtsgewebe nicht in Kontakt, so ist die Lebensdauer von Umweltbedingungen abhängig. Goffart (1933) nimmt für freie Larven eine durchschnittliche Lebensdauer von etwa 10 Tagen an, fand bei frostfreier Aufstellung jedoch noch vereinzelt Individuen, die nach einem Jahr infektionsfähig waren.
Franklin (1937b) gibt unter Außenbedingungen eine maximale Lebensdauer von 9 Monaten und im Gewächshaus von 16 Monaten an. Temperaturen unter 0 °C überleben die Larven nicht. Von spontan geschlüpften Larven waren unter Laborbedingungen im Verlaufe von 6 Wochen 50% der Tiere abgestorben (Den Ouden, 1960b). Boyd (1943a) berichtet, daß von Larven, die für 4 Stunden einer Temperatur von −8 °C ausgesetzt waren, nur noch in Ausnahmefällen Zysten gebildet wurden.

4.2.4. *Der Einfluß der Trockenheit auf die Überlebensfähigkeit der L_2*

Geschlüpfte Larven sind äußerst empfindlich gegen Trockenheit. Mit steigender Temperatur, zunehmender Trockenheit und abnehmender rel. Luftfeuchte wird die Überlebenswahrscheinlichkeit laufend geringer. Im Temperaturbereich von 15 °C bis 35 °C für 2 Minuten auf Objektträgern trockengehaltene Larven erholten sich in der Regel wieder (Kämpfe, 1962). Bei Raumtemperatur erhielt Ellenby (1968a; c) etwa 50% Überlebende, wenn die Tiere bei 20% rel. Luftfeichtigkeit 17 Min. trockengehalten wurden. Nach Kämpfe (1959c) sind Larven des Kartoffelnematoden in Bereichen geringer rel. Luftfeuchtigkeit, bis etwa 57%, empfindlicher gegen Trockenheit als Larven des Rübennematoden; bei höherer rel. Luftfeuchtigkeit jedoch widerstandsfähiger, während ELLENBY (1968c) in allen Luftfeuchtebereichen eine höhere Widerstandsfähigkeit für Larven des Kartoffelnematoden nachwies.

Die Wasseraufnahmefähigkeit freier und in Eiern befindlicher Larven ist etwa gleich, die Wasserabgabe von Larven in der Eihülle jedoch stark verzögert (Larven im Ei enthalten nach 30 Stunden noch soviel Wasser wie freie Larven nach 15 Minuten). Es wird angenommen, daß die in feuchter Umgebung für Wasser durchlässige Eischale in trockenem Milieu die Feuchtigkeitsabgabe zumindest verzögert und die völlige Austrocknung verhindert.

Zur Bestimmung des Wassergehaltes bei Nematoden verwendete ELLENBY (1968b) das Interferenzmikroskop. Hiermit ergeben sich offenbar neue Möglichkeiten zur Messung des Wassergehaltes und des Wasserhaushaltes von Nematoden.

4.2.5. *Einfluß von Licht und UV-Bestrahlungen auf Fortbewegung und Entwicklung*

Im natürlichen Lebensraum sind die Larven dem direkten Licht kaum ausgesetzt, wogegen unter anderen Bedingungen, z. B. bei der Haltung als Versuchstier oder in Experimenten Lichteinwirkungen nicht immer auszuschließen sein werden.

Nach KÄMPFE (1962) sind kurzfristige Lichteinwirkungen bei sonst dunkel gehaltenen Tieren ohne Einfluß auf die Bewegungsaktivität. Lichteinwirkungen von 5 bis 60 Minuten führten eher zu geringfügig höherer Beweglichkeit. Bei ständiger Einwirkung von diffusem Tageslicht oder bei Verwendung einer 40 Watt-Lampe als Lichtquelle war die Beweglichkeit, vergleichsweise mit ständigem Aufenthalt im Dunkeln, nur unwesentlich erhöht. Wenn diese Beobachtungen auch noch keine endgültige Beurteilung zulassen, so ist doch zu erkennen, daß durch Lichteinwirkungen einschließlich Infrarotlicht die Beweglichkeit nur geringfügig beeinflußt wird.

Bestrahlungen der Larven mit langwelligem (300 bis 400 μm) UV-Licht für 4 bis 6 Minuten hatten irreversible Schäden zur Folge. Auf kurze Bestrahlungszeiten (bis etwa 2 Minuten) reagierten die Larven mit kräftigen schlängelnden Bewegungen (FULDNER, 1955).

GREEN und PLUMB (1967) setzten geschlüpfte Larven UV-Bestrahlungen in Dosierungen von 16 bis 16000 μw-min/cm^2 aus. Dosierungen bis 512 μw-min/cm^2 wirkten sich nur unwesentlich auf die Bewegungsfähigkeit der Larven aus. Mit zunehmender Dosierung nahm die Eigenbewegung ab und wurde bei 8000 μw-min/cm^2 völlig unterbunden. Dagegen war die Zahl eingedrungener Larven und die Entwicklung zu Geschlechtstieren bereits von 16 bis 512 μw-min/cm^2 fortlaufend bis auf 10% im Vergleich zur Kontrolle reduziert; Befruchtung und Zystenbildung waren jedoch nicht gänzlich unterbunden. Männchen reagierten empfindlicher als Weibchen.

4.2.6. *Der Einfluß von Wirtspflanzen auf die Wanderung und Orientierung der Larven*

Gelangen die Larven zufällig in die Nähe einer Wirtswurzel oder werden von den Wurzeln spezifisch wirkende Stoffe ausgeschieden, auf die sich die Larven orientieren? In dieser so interessanten Frage gehen die Meinungen weit auseinander. Weischer (1959), Staar (1959; 1963) und Kühn (1959) vertreten die Auffassung, daß weder von Wirtswurzeln noch von Wurzeldiffusaten eine Attraktivwirkung auf die Larven ausgeht. Diese gelangen zufällig auf ihrem Wanderwege in die Nähe der Wurzeln. Das Verharren in unmittelbarer Wurzelnähe ist möglicherweise auf osmotische Kräfte zurückzuführen. Die Fortbewegung der Larven wird jedoch durch Wurzeldiffusate angeregt. In diesen werden in derselben Zeit größere Entfernungen zurückgelegt als in Wasser (Weischer, 1959; Staar, 1959). Wird den Larven die Wahl zwischen Wurzeldiffusaten und Wasser gelassen, so orientieren sie sich überwiegend in Richtung zu den Diffusaten. Hieraus schließen Shepherd und Clarke (1968), daß von Wurzeldiffusaten zumindest aktivierende Wirkungen ausgehen. Wallace (1960) vermutet einen von den Wurzeln ausgehenden Reiz, dem die Larven folgen, und weist nach, daß sich die Masse der Larven in einem Feuchtigkeitsgefälle nach 3 Tagen nicht in dem für die Fortbewegung optimalen Feuchtigkeitsbereich, sondern in der geringeren Bodenfeuchtigkeit sammelt, wenn sich in diesem Sektor eine Wirtspflanze befindet. Die Orientierung zu einem von Wirtswurzeln ausgehenden Reizgefälle ist jedoch in hohem Maße vom Feuchtigkeitsgehalt des Bodens abhängig (Wallace, 1958). Tritt der Wassergehalt des Bodens in irgendeiner Form als bewegungsbegrenzender Faktor in Erscheinung (zu hohe oder zu geringe Wassersättigung), so gelangen weniger Larven in den Bereich der Reizquelle als unter den für die Wanderung optimalen Feuchtigkeitsverhältnissen. Ob Beziehungen zwischen der Wahrnehmbarkeit eines Reizes und dem Wassergehalt des Bodens bestehen, ist nicht bekannt.

Widdowson et al. (1958) fanden in sterilen Kulturen mit abgeschnittenen Wurzelspitzen auf Agar eine Anhäufung von Larven wenige Millimeter hinter der Wurzelspitze und entlang der Wurzel an den Stellen, an denen sich bald danach Seitenwurzeln zeigten. Sie nehmen an, daß attraktiv wirkende Substanzen im Bereich der Streckungszone und dort, wo sich Seitenwurzeln bilden, ausgeschieden werden. Staar (1959) sowie Rode und Staar (1961) berichten, daß Larven auf Agar nicht in direkter Richtung zu einer Reizquelle wandern, wenn sie etwa 2 cm von dieser entfernt sind. Sie bewegen sich oft genug in wechselnder und entgegengesetzter Richtung. Rode (1968) bestätigt nochmals die Attraktivwirkung von Kartoffelwurzeln, er weist jedoch darauf hin, daß frische Schnittflächen von Knollen sowie Preßsäfte von Knollen oder Sproßteilen von deutlich abschrekkender Wirkung auf die Larven sind.

Hinsichtlich der Reizempfindlichkeit, des Reagierens auf Reize sowie letzten Endes der Wirtsfindung sind die bisherigen Kenntnisse wenig befriedigend. Nach wie vor bleibt unbekannt, ob tatsächlich von Wirtswurzeln attraktiv wirkende

Stoffe ausgeschieden werden und ob sich die Larven auf diese orientieren. Die oft gegensätzlichen Vorstellungen lassen jede für sich weiten Spielraum für eine Auslegung.
Detailkenntnisse vom Wanderverhalten unter den verschiedensten Bedingungen verdanken wir WALLACE. Es ist jedoch nichts darüber bekannt, welche Faktoren in dem sich ständig ändernden Wechselspiel der Kräfte jeweils das Verhalten bestimmen. Dies gilt nicht nur für *Heterodera rostochiensis*, sondern im gleichen Maße für weitere pflanzenparasitische Nematoden (JONES, 1960).
Erste Beobachtungen über die Verhaltensweise der Larven nach dem Kontakt mit einer Wirtswurzel teilt STEINBACH (1968) mit. Die Larven dringen nach dem Erreichen der Wurzel nicht sofort in das Gewebe ein, die Wanderaktivität erlischt erst allmählich. Erste Anzeichen für das Eindringen ist eine gesteigerte Mundstachelaktivität. Der Befall erfolgt im Zeitraum zwischen einer bis sechs Stunden nach dem Wurzelkontakt, und zwar überwiegend in der Differenzierungszone, selten in der Streckungszone und nie unmittelbar hinter der Kalyptra. Zum vollständigen Eindringen benötigen die Tiere 50 bis 65 Minuten. Mit dem Eindringen in die Epidermiszellen und dem Vordringen in das Rindenparenchym werden zwei Phasen unterschieden.

4.3. Die Entwicklung in der Wurzel

Nachdem die Larven ihre endgültige Lage in der Wurzel eingenommen haben, beginnt die weitere Entwicklung. Von O'BRIEN und PRENTICE (1931) werden 2 Häutungen angenommen; aus den Larven des dritten Stadiums entwickeln sich Weibchen und Männchen. Die gleiche Ansicht wird auch von WIRTZ (1960) vertreten. Nach CHITWOOD und BUHRER (1946b) erfolgen vier Häutungen, wobei aus der letzten Häutung die voll ausgebildeten Geschlechtstiere hervorgehen.

TABELLE 8:
Entwicklungsablauf von *Heterodera rostochiensis* (In Anlehnung an FENWICK, 1959a)

Larven-stadium	Dauer des L.-Stadiums in Tagen	Kennzeichen	Häutung	= nach Tagen vom Eindringen an
1			1.	(im Ei)
2	7		2.	7
3	♂ 3–4	Rectum	3.	♂ 10–11
	♀ 4–5	Genitalanlagen Geschlechtsdifferenzierung		♀ 11–12
4	♂ 3–4	Spikula Gubernakulum	4.	♂ 13–14 (15) = Adulte, Auswanderung beginnt frühestens am 20. Tag
	♀ 5–6	flaschenförmig		♀ 16–17 = Adulte, Weibchen durchbrechen nach 30 Tagen die Wurzel

Alle Häutungen erfolgen nach diesen Autoren in der Wurzel. Oostenbrink (1950) schließt sich im wesentlichen dieser Ansicht an, vermerkt jedoch, daß es sehr schwierig ist, die einzelnen Larvenstadien mit Sicherheit zu unterscheiden und zu beurteilen, wieviel Häutungen tatsächlich erfolgen.

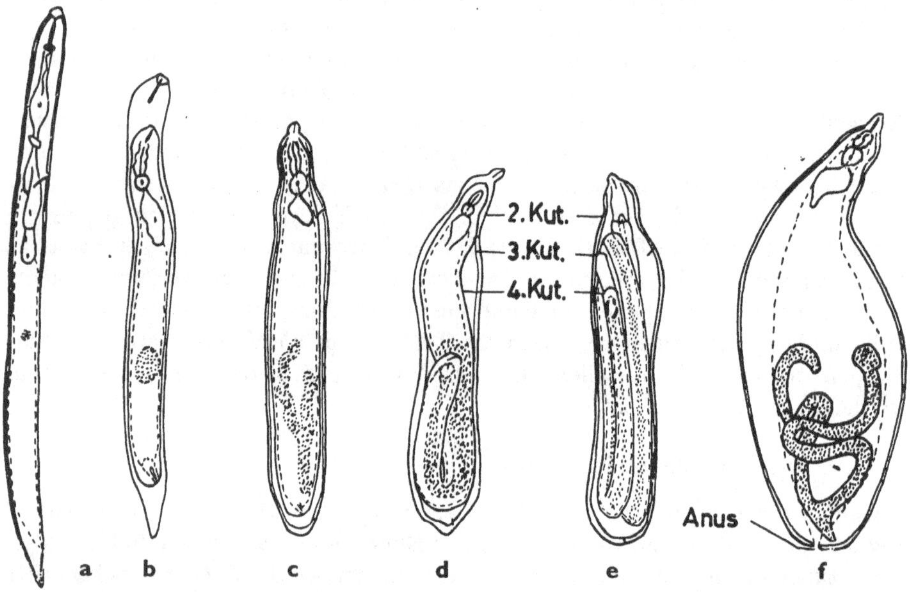

Abb. 20. Die Entwicklung in der Gattung *Heterodera*
a = Larve im zweiten Stadium (schlupfreife Larve); b = Larve im dritten Stadium; c = Larve im vierten Stadium (Weibchen); d = Larve im vierten Stadium (Männchen); e = vollentwickeltes Männchen in der letzten Larvenhaut; f = junges Weibchen (Entnommen aus Franklin, 1959)

Diese Vorstellungen mußten einer Revision unterzogen werden, nachdem Hagemeyer (1951) feststellte, daß die erste Häutung bereits im Ei erfolgt. Die aus den Eiern schlüpfenden Larven befinden sich also bereits im zweiten Stadium. Danach ist die erste Häutung noch als ein Abschnitt der Embryonalentwicklung anzusehen. In der Wurzel werden nun drei Häutungen angenommen (Fenwick, 1959a; Macara, 1963a). Während der letzten Häutung erfolgt die Umwandlung zu Weibchen und Männchen (Tab. 8, Abb. 20). Voll entwickelte Männchen verlassen die Wurzeln zur Begattung der Weibchen.

Der Entwicklungsablauf in der Wurzel ist grob skizziert folgender: Die zweite Häutung erfolgt etwa sieben Tage nach dem Eindringen in die Wurzeln. In dem anschließenden dritten Stadium treten die Genitalanlagen deutlich hervor, so daß in der Endphase die Geschlechter zu unterscheiden sind.

Das dritte Stadium wird von den Männchen in 3 bis 4 und von den Weibchen in 5 bis 6 Tagen durchlaufen und mit der dritten Häutung, etwa 10 bis 12 Tage nach dem Eindringen abgeschlossen. Im vierten Stadium sind Spikula und Gubernaculum deutlich erkennbar; die Weibchen sind flaschenförmig. Nach weiteren 3 bis 4 Tagen bei den Männchen und 5 bis 6 Tagen bei den Weibchen erfolgt die vierte Häutung, die zu den Adulten überleitet. Erwachsene Männchen verlassen die Wurzeln frühestens mit dem 20. Tag nach dem Eindringen der Larven. Etwa mit dem 25. Tag nach dem Eindringen durchbrechen die Weibchen die Wurzel. Sie erscheinen jetzt als kleine glasig-weiße oder weiße Erhebungen auf den Wurzeln. Nach Reinmuth (1929) wird die Geschlechtsreife in etwa 14 bis 15 Tagen erreicht.

Wilski (1956) gibt für Weibchen eine Entwicklungszeit von 38 bis 46 Tagen und für Männchen von 20 bis 26 Tagen an. Von wesentlich längeren Entwicklungszeiten berichtet Macara (1963b). Die dritte Häutung erfolgt nach seinen Beobachtungen für Männchen und Weibchen einheitlich 31 bis 32 Tage nach dem Eindringen in die Wurzel, die vierte nach 39 bis 40 Tagen. Erwachsene Männchen fand er nach 47 Tagen, erwachsene Weibchen nach 39 bis 49 Tagen. Die so stark voneinander abweichenden Angaben über die Dauer der einzelnen Larvenstadien lassen vermuten, daß die Entwicklungszeit sehr wesentlich von Versuchs- oder Umweltbedingungen beeinflußt wird. Unter diesen ist wohl die Temperatur von dominierendem Einfluß. Fenwick (1951d) fand im Temperaturbereich von 21 °C bis 32 °C wohl eine hohe Larveninvasion, jedoch mit Abstand weniger Zysten als bei 15 °C. Zu ähnlichen Ergebnissen kam Ferris (1956a; b; 1957); bereits bei 29,4 °C war die weitere Entwicklung der eingedrungenen Larven so gut wie vollständig unterbunden. Die Weiterentwicklung unterblieb auch dann, wenn Pflanzen mit Larven im dritten Stadium aus niedrigen in höhere Temperaturen kamen. Siehe Nachtrag (Seite 284). Böhm (1956) berichtet im Bereich von 7 °C bis 14 °C von nur schwachem Befall, verbunden mit Entwicklungsverzögerungen. Im Temperaturbereich von 10 °C bis 18 °C bildeten sich bei normaler Entwicklungszeit sehr viele Zysten; von 20 °C bis 25 °C erfolgte nur geringer Befall, verbunden mit deutlich beschleunigter Entwicklung. Chitwood und Buhrer (1946a) vermuteten, daß Temperaturen unter 15 °C die Entwicklung in den Wurzeln verzögern. Macara (1963b) beobachtete die zweite Häutung im Bereich von 6,5°C bis 15,5 °C. Die gesamte Entwicklungszeit vom Eindringen bis zur neuen vollentwickelten Larvengeneration beträgt nach Chitwood und Buhrer (1946a) 38 bis 48 Tage, nach Reinmuth (1929) wenigstens 30, in der Regel jedoch etwa 60 Tage (Reinmuth und Engelmann, 1941b); Macara (1963a) gibt 85 Tage, Wirtz (1960) im Frühjahr und Herbst 80 bis 85 und im Sommer 65 bis 70 Tage und Rasinja (1961) 30 bis 60 Tage an. Von ähnlichen temperaturabhängigen Entwicklungszeiten berichtet Wilski (1956).

Die Begattung erfolgt außerhalb der Wurzel und sehr wahrscheinlich dann, wenn die Weibchen gerade die Wurzeln durchbrechen. In besonders gelagerten Fällen soll nach Wirtz (1960) die Begattung auch innerhalb der Wurzel möglich sein. In diesen Fällen durchbrechen die Weibchen nicht die Wurzeln. Sie bleiben klein, besitzen eine nichtpigmentierte Hülle und beinhalten nur wenige Larven, die schon nach kurzer Zeit schlüpfen. (Handelte es sich in diesem Falle tatsächlich um *Heterodera rostochiensis*?) Nach der Begattung sterben die Männchen ab.

In der weiteren Entwicklung nehmen die Weibchen an Volumen zu und verfärben sich über die gelben Farbtöne schließlich zu den braunen Zysten, die mit Eiern der neuen Generation gefüllt sind. Die im amerikanischen Sprachgebrauch übliche Bezeichnung „golden nematode" bezieht sich auf diese Gelbfärbung. Charakteristisch ist diese Verfärbung jedoch nur für Rasse A. Zysten anderer Rassen sind während der Entwicklung die längste Zeit weiß und durchlaufen nur ein kurzes hellgelbes oder schmutzig-gelbes Stadium, ehe sie bräunen.
GUILE (1966; 1967) verwendet auf Grund dieser unterschiedlichen Verfärbungen für Nematoden der Rasse A die Bezeichnung „golden potato cyst eelworm" und für andere Rassen „white potato cyst eelworm". Das Einzelleben eines Weibchens erlischt allmählich, etwa im Stadium der Gelbfärbung, nachdem die weibcheneigenen Organe zur Bildung der neuen Larvengeneration weitgehend aufgebraucht sind. In weißen Zysten stellte WILSON (1968) Vulvakörper fest. Diese sind der Hypodermis angelagert und stehen mit dem Fenster in enger Verbindung.
Welcher Art die in den Tieren ablaufenden Vorgänge sind, die zur Gelb- und schließlich zur Braunfärbung der Zyste führen, ist nur unvollständig bekannt. ELLENBY (1963a) nimmt an, daß die Gelbfärbung auf einen Fettfarbstoff zurückzuführen ist. Der gelbe Farbstoff ist nicht nur in der Kutikula vorhanden, sondern auch im Innern des Weibchens nachweisbar. Bereits in weißen Weibchen befinden sich farblose ölähnliche Tröpfchen, die im Laufe der Zeit die charakteristische Gelbfärbung annehmen. Diese beginnt dicht unterhalb der Kutikula und setzt sich ins Innere der Tiere fort.
SMITH und ELLENBY (1967) stellten fest, daß die gelben und braunen Pigmente, sowie die in weißen Weibchen vorhandenen farblosen Verbindungen in mancherlei Hinsicht Ähnlichkeit mit Tyrosin haben. Obgleich in den Zysten wiederholt Lipofuscin-Farbstoffe festgestellt wurden, ist nach Ansicht der Autoren die Färbung der sich entwickelnden Zysten nicht auf diese Farbstoffe zurückzuführen, sondern wird nun einem chininartigen Derivat von Tyrosin zugeschrieben.
An dem Bräunungsvorgang der Zystenhülle ist eine Polyphenoloxidase beteiligt (ELLENBY, 1946a; 1963a). Polyphenole wurden in der Exokutikula nachgewiesen und kommen auch in der Endokutikula vor, hier jedoch nur in maskierter Form (ELLENBY, 1963b). Die Polyphenoloxidase-Aktivität bei *H. rostochiensis* wird mit steigenden Temperaturen (0 °C bis 15 °C) beschleunigt. Die Differenz zwischen den extremen Werten ist jedoch unbedeutend, während bei *H. schachtii* und *H. avenae* mit steigender Temperatur eine beachtliche Aktivitätszunahme verzeichnet wird (ELLENBY und SMITH, 1966; 1967c).
Im gelben Stadium von den Wurzeln getrennte Zysten färben sich an der Luft nach etwa 1 bis 2 Tagen braun, in Wasser gebracht, erfolgt der Farbumschlag bereits nach wenigen Stunden, wobei der Farbstoff in das umgebende Wasser diffundiert (s. auch TRIFFITT, 1930b; OOSTENBRINK, 1950). Wie sich die Notreife auf den Inhalt auswirkt, ist nicht näher bekannt. Es kann angenommen werden, daß mit zunehmender Farbintensität (Reife) der von Wurzeln getrennten Zysten auch der Anteil schlupf- und infektionsfähiger Larven ansteigt.

Smith und Ellenby (1967) wiesen in den Zysten eine Anzahl freier Aminosäuren nach. Das Mengenverhältnis der einzelnen Aminosäuren zueinander verändert sich mit zunehmender Reife. So erhöht sich in Richtung zur Braunfärbung der Anteil an Asparaginsäure, Glutaminsäure und Prolin, während andere, z. B. Threonin, Alanin und Methionin abnehmen. Die Konzentration der Aminosäuren insgesamt ist in gelben Zysten am höchsten. Diese Veränderungen sind mit der Aktivität von Transaminase-Enzymen verbunden, von denen L-Glutamin-Alanin-Transaminase und L-Glutamin-Asparagin-Transaminase festgestellt wurden. Die erste ist in der Gelbphase am aktivsten, die zweite, insgesamt weniger aktive, vermindert sich mit zunehmender Reife laufend. Mit diesen Beobachtungen wird angedeutet, daß neben der Entwicklung der neuen Larvengeneration noch weitere komplizierte Vorgänge in der Zyste ablaufen, die möglicherweise in direkter Beziehung zur Entwicklung der Larven stehen.

4.3.1. Nachweis von Entwicklungsstadien in Wurzeln

Zum Nachweis von Nematoden eignen sich Färbeverfahren. Am gebräuchlichsten ist die Färbung mit Lactophenol-Säurefuchsin oder Lactophenol-Baumwollblau (Goodey, 1937; 1951; Meyl, 1951). Die Herstellung ist einfach: 20 g Phenolkristalle werden in 20 ml Aqua dest. gelöst und 20 g Milchsäure und 40 g Glycerin zugegeben. Hierzu kommt Farbstoff in Mengen von 0,1 bis 0,3%. Für die Färbelösung sind dunkle Flaschen zu verwenden.

Für die Färbung sind zwei Verfahren bekannt. Meist wird das folgende Verfahren empfohlen: gründlich gereinigte Wurzeln werden etwa eine Minute in kochende Färbelösung gebracht und anschließend, nach dem Erkalten im Färbebad, in Wasser abgewaschen. Hierbei wird dem Wurzelgewebe Farbstoff entzogen, so daß die Nematoden, bedingt durch die dunklere Färbung, leicht nachzuweisen sind. Eine weitere Differenzierung kann in Lactophenol oder Kreosot (Franklin, 1938b) erfolgen. Die Wurzeln werden in Wasser oder Alkohol (70%) unter einem Stereomikroskop untersucht. Auf diese Weise behandelte Wurzeln können für begrenzte Zeit in Lactophenol lagern.

Ist eine längere Lagerung unvermeidlich, so ist die folgende Methode vorteilhafter: gewaschene Wurzeln werden in Alkohol (96%)—Eisessig—Formalin (100:25:45) 24 Stunden fixiert und anschließend, nach zweimaligem Wechsel von 90%igem Alkohol in 70%igem Alkohol gelagert. Die Färbung dieses Materials erfolgt in der obengenannten Färbelösung (nicht kochen) für wenigstens 24 Stunden. Für die anschließende Differenzierung hat sich Phenol-Alkohol (3 : 1) bewährt. In diesem Gemisch ist das Material außerdem lange haltbar. Die Untersuchung erfolgt am zweckmäßigsten in 70%igem Alkohol.

4.3.2. Beziehungen zwischen den Geschlechtern

Das Zusammentreffen der Geschlechter wird durch Attraktivstoffe, die von den Weibchen während eines bestimmten Stadiums abgegeben werden, erleichtert

bzw. erst ermöglicht (GREEN, 1966a; b). Auf Agarplatten orientieren sich die Männchen bevorzugt zu geschlechtsreifen Weibchen, wenn sie in deren Einflußbereich gelangen. Noch nicht geschlechtsreife Weibchen lösen bei Männchen einen gerichteten Wanderreiz nicht aus.
Es besteht noch keine einheitliche Auffassung darüber, ob die Attraktivstoffe in löslicher und flüchtiger Form wirksam sind. Während GREEN (1967) annimmt, daß die Attraktivstoffe nur in das Bodenwasser diffundieren, schließen GREEN et al. (1968) und GREET et al. (1968) auch die Wirkung in flüchtiger Form nicht aus. Die wirksame Substanz wird bei 60 °C nicht inaktiviert.
Ein Verfahren zur Gewinnung der Extrakte und zur Messung ihrer Wirksamkeit beschrieben GREET et al. (1968): Junge Weibchen werden über einen bestimmten Zeitraum mit einer abgemessenen Wassermenge, in der die wirksamen Substanzen angereichert werden sollen, gespült. Von diesem „Konzentrat" wird eine Verdünnungsserie hergestellt — ähnlich wie sie FENWICK (1952c) für die Standardisierung von Wurzeldiffusaten vorgeschlagen hat — und deren Anlockvermögen auf Männchen festgestellt. Hierzu wird eine bestimmte Menge der jeweiligen Verdünnungsstufen in kleine Agarblocks gebracht, die in mit Agar ausgegossenen Schalen deponiert werden. Je nach der Wanderrichtung und der Position zugegebener Männchen kann die Wirksamkeit der einzelnen Fraktionen berechnet werden. Im Überschuß vorhandene Attraktivstoffe wirken abstoßend (GREEN, 1968).
Ein Männchen kann mehrere Weibchen begatten. Ebenso kann ein Weibchen von mehreren Männchen begattet werden, wobei die Zahl der Begattungen ohne Einfluß auf die Eizahl ist (GREEN, 1966a; EVANS, 1968).
Über die Natur der attraktiven Substanzen ist nichts bekannt. Auf eventuell vorhandene Übereinstimmungen zwischen Schlüpf- und Attraktivstoffen weisen SHEPHERD und CLARKE (1968) hin.

4.3.3. Geschlechtsverhältnis

Eine Unterscheidung der Geschlechter ist frühestens mit abschließendem dritten Larvenstadium, auf jeden Fall jedoch nach der dritten Häutung möglich. Das Infektionsstadium ist geschlechtlich nicht zu differenzieren. CHITWOOD und FELDMESSER (1948) nehmen ein ausgeglichenes Geschlechtsverhältnis von 1 : 1 an. ELLENBY (1954b) wies nach, daß das Geschlechtsverhältnis nicht einheitlich ist und im wesentlichen von zwei Faktoren bestimmt wird, nämlich

a) der Befallsdichte und
b) der Wurzelstärke.

Bei schwachem Befall fand er ein Weibchen : Männchen-Verhältnis von 2 : 1, bei starkem Befall von 1 : 4; in Primärwurzeln entfielen auf 1 Weibchen 1,6 und in Sekundärwurzeln 8,4 Männchen. WIRTZ (1960) fand bei Aprilinfektionen ein Weibchen : Männchen-Verhältnis von 1 : 1, im Juni von 4 : 1 und im August von 2 : 1. Neuere Beobachtungen (ROTHAMSTED, Exp. Stat., Rep. for 1965, S. 146; TRUDGILL, 1967; 1968) bringen etwas mehr Licht in die komplizierten Wechselwirkungen. Bei einem Befall von 1 bis 2 Larven entwickeln sich die Tiere überwiegend zu Weibchen (11 ♀♀ : 1 ♂). Mit zunehmender Besiedlungsdichte erhöhte sich der Männchenanteil. Bei acht Adulten je Zentimeter Wurzellänge war das Geschlechtsverhältnis etwa gleich, bei höherer Besiedlung überwog der Männchenanteil. Wurden die oberirdischen Teile abgeschnitten, bevor die Larven das dritte Stadium erreicht hatten, so stieg der Männchenanteil ebenfalls. Dieser Effekt trat nicht ein, wenn die Pflanzen Knollen gebildet hatten. TRUDGILL stellt fest, daß die Geschlechtsausbildung von den umgebenden Bedingungen (einschließlich Resistenzfaktoren, TRUDGILL et al., 1967) beeinflußbar ist und schließt sich damit den Vorstellungen von ELLENBY an. Das Angebot an Nahrung und die Größe der Riesenzelle sind von entscheidendem Einfluß auf das Geschlechtsverhältnis. Es wird davon ausgegangen, daß Weibchen mehr oder anders zusammengesetzte Nahrung und ein größeres Riesenzellensystem benötigen als Männchen (ROSS und TRUDGILL, 1969). Eine hohe Besiedlungsdichte hätte demnach Einfluß auf Qualität und Quantität der Nahrung. Von gleicher Bedeutung muß dann auch der physiologische Zustand eines Wirtes sein (WIRTZ, 1960). Siehe Nachtrag (Seite 284).

Im extremen Fall ist nach diesen Überlegungen entweder ein Überangebot an Weibchen oder an Männchen zu erwarten. Sind die Weibchen in der Überzahl, müßte ein Männchen in der Lage sein, mehrere Weibchen zu begatten, andernfalls wäre das Weibchenüberangebot kein biologischer Vorteil, oder es müßte eine parthenogenetische Entwicklung möglich sein.

Diesen Vorstellungen stehen bei im Prinzip analogen Ergebnissen die entgegengesetzten Auffassungen von KERSTAN (1968) gegenüber. Er weist nach, daß bei einer Befallsdichte von 3,8 bis 42,1 Larven je mg Wurzelmasse der Männchenanteil, bezogen auf die zugegebene Larvenzahl, etwa gleich bleibt, während der Weibchenanteil mit zunehmender Befallsdichte abnimmt. Nach seinen Berechnungen benötigten Weibchen ein wesentlich größeres Wurzelvolumen zu ihrer Entwicklung als Männchen. In Nebenwurzeln (Rübsen) von 200 μm Dicke mit 50 bis 70 μm Zentralzylinderdurchmesser ist die Entwicklung von Weibchen bereits behindert und darunter unmöglich. Die Geschlechtsausbildung ist nach diesen Beobachtungen durch äußere Faktoren nicht beeinflußbar. Die mit ungünstigeren Bedingungen abnehmende Weibchenzahl wird auf deren höhere Absterberate zurückgeführt. Die von STELTER (1959a) und SEMBDNER (1962; 1963a; 1963b) mitgeteilten Werte entsprechen diesen Vorstellungen weitgehend, während ELLENBY (1954b) eine höhere Absterberate für nicht sehr wahrscheinlich hält.

Mit einer parthenogenetischen Entwicklung ist nach übereinstimmendem Urteil (ELLENBY, 1957b; WILLIAMS, 1957; FASSULIOTIS, 1957; DEN OUDEN, 1960b; WEBSTER, 1965) bei *Heterodera rostochiensis* nicht zu rechnen. Gelegentlich werden an den Wurzeln Weibchen oder Zysten ohne Inhalt gefunden, die oft die Größe und Färbung normaler Exemplare erreichen. Es wird angenommen, daß es sich um nichtbegattete Tiere handelt. Lediglich REINMUTH und SCHMIDT (1959) fanden von 750 Einlarvenkulturen 9% stark angeschwollene Tiere und 0,53% Weibchen mit infektionsfähigem Inhalt.

4.3.4. *Generationsfolge*

Populationsdichte und Schadausmaß sind in gewissem Grade von der Anzahl der sich im Laufe einer Vegetationsperiode entwickelnden Generationen abhängig. Bei dem hier behandelten Parasiten stellen sich zur Klärung dieser Frage einige nicht unerhebliche Schwierigkeiten entgegen.

Larven in den verschiedensten Stadien sind während der gesamten Entwicklungszeit in den Wurzeln nachzuweisen. Infolge der längeren Überlebensdauer der Larven im Boden ist ein später Befall etwa im September oder Oktober kein sicherer Beweis für eine zweite Generation. Es kann sich ebenso um Larven handeln, die in den ersten Entwicklungswochen der Pflanzen geschlüpft sind, aber erst zu einer späteren Zeit in die Wurzeln eindringen.

Eine zweite Generation kann sich im Freien entweder nur an Wirten mit ausreichend langer Vegetationszeit entwickeln oder dann, wenn Wirtspflanzen zweimal im Jahr auf derselben Fläche angebaut werden. Für mitteleuropäische Verhältnisse scheidet die zweite Möglichkeit in der Regel aus. Ebenso dürften frühreifende Wirte (Frühkartoffeln) wohl kaum die Voraussetzung für die Entwicklung einer zweiten Generation bieten. Anders liegen die Verhältnisse bei spätreifenden Kartoffeln und Tomaten. Diese befinden sich jedoch zum Zeitpunkt des möglichen Befalls durch die Larven der ersten Generation in einem nicht mehr so günstigen physiologischen Zustand wie im Jugendstadium. Der Zuwachs an Wurzelmasse ist geringer und damit verbunden die Diffusateproduktion schwächer. Dies wirkt sich wiederum auf den Larvenschlupf aus. Außerdem stehen infolge der geringeren Zuwachsrate den eventuell geschlüpften Larven der ersten Generation weniger geeignete Invasionsräume zur Verfügung. Der Befall dieser Larven dürfte daher auf ältere Wurzelpartien oder, wie Miles (1930) annimmt, bevorzugt auf Stolonen und Knollen beschränkt sein.

Neben diesen benachteiligenden Einflüssen von seiten des Wirtes ist dem Verhalten der Nematoden Rechnung zu tragen. Wie Kämpfe (1952/53) für den Rübennematoden nachgewiesen hat, wird der Reifeprozeß innerhalb der Zyste verzögert, solange sie mit der Wurzel verbunden ist. Wenn der Kartoffelnematode ähnlich reagiert, was allerdings noch nicht bewiesen ist, so wird durch die Reifeverzögerung die Entwicklung der zweiten Generation zumindest benachteiligt. Dies alles spricht zwar nicht unbedingt gegen eine zweite Generation, läßt aber erkennen, daß die Voraussetzungen nicht gerade günstig sind.

Ein nicht unwesentlicher Umstand muß jedoch noch berücksichtigt werden. Durch starken Befall während der Jugendentwicklung werden die in den Pflanzen ablaufenden Stoffwechselvorgänge erheblich gestört. Bei Pflanzen mit längerer Entwicklungszeit wirkt sich dies dahingehend aus, daß nach der Reife der ersten Generation bei den Pflanzen eine Phase einsetzt, die der Jugendentwicklung nicht unähnlich ist (Meinl und Stelter, 1963). Das Sproßwachstum steigert sich erheblich. Diesem vorausgehend muß auch die Wurzelmasse entsprechend ausgebildet sein. Damit wären dann allerdings von seiten der Pflanze günstige Bedingungen für die Entwicklung der zu diesem Zeitpunkt in die Wurzeln ein-

dringenden Larven gegeben. Hiernach ist ein stärkerer Frühjahrsbefall, der nicht Totalschäden zur Folge hat, für die Entwicklung einer zweiten Generation eher begünstigend.
Aus Schlüpfversuchen geht hervor, daß der Schlupf aus jungen Zysten, auch unter optimalen Bedingungen im Experiment, noch im Oktober/November gering ist. Wenn die geringe Schlüpfbereitschaft junger Larven physiologisch bedingt ist — und darüber dürften wohl kaum Zweifel bestehen — kann zu einem noch früheren Zeitpunkt (Juli/August) ein nennenswerter Schlupf nicht erwartet werden. Aus dieser Verhaltensweise ist in Verbindung mit dem physiologischen Zustand der Pflanzen im Spätsommer die Entwicklung einer nennenswerten zweiten Generation wenig wahrscheinlich.
Im Experiment und unter Gewächshausbedingungen können im Jahr mehrere Generationen erzielt werden. OOSTENBRINK (1950) hält 2 bis 3 Generationen für möglich. McKENNA und WINSLOW (1962) erwarten unter günstigen Bedingungen 4 bis 5 Generationen. SCHMIDT (1955) erzielte an Pflanzen auf Agar vier Generationen.
Nach bisher nicht veröffentlichten Arbeiten entwickelten sich im Laufe von zwei Jahren 6 Generationen (Tab. 9). Zur Versuchstechnik sei erwähnt, daß die in 7 cm-Blumentöpfen wachsenden Pflanzen einheitlich mit 10 von Wurzeln abgesammelten Zysten der vorhergehenden Generation versehen wurden. Ohne Schwierigkeiten wäre auch noch eine siebente Generation im gleichen Zeitraum möglich gewesen, wenn der Abstand zwischen Zystenreife und neuer Versuchs-

TABELLE 9:

Schema und Ergebnisse eines Versuches zur Erzielung mehrerer Generationen (STELTER, unveröffentl.)

Generation	Versuchsbeginn Versuchsende	Vermehrungsfaktor	Wachstumszeit
	Zysten von Wurzeln 1952 (27. 9. 1952)		
1.	16. 10.1952 — 12. 2. 1953	2,8	120 Tage
2.	24. 3. 1953 — 30. 6. 1953	5,7	99 Tage
3.	2. 7. 1953 — 25. 9. 1953	2,1	85 Tage
4.	30. 9. 1953 — 22. 12. 1953	4,2	84 Tage
5.	18. 1. 1954 — 22. 4. 1954	3,4	95 Tage
6.	14. 5. 1954 — 20. 8. 1954	1,9	99 Tage
	→ 28. 6. 1954 — 26. 9. 1954	22,3	90 Tage

anlage einheitlich auf nur wenige Tage beschränkt worden wäre. Es sollte jedoch gleichzeitig festgestellt werden, ob durch unterschiedlich lange Lagerung der Zysten die Vermehrungsrate zu beeinflussen ist. In den relativ kurzen Zeiträumen trat dies nicht ein. Bemerkenswert ist die in allen Generationen recht geringe Vermehrungsrate. Dies wird besonders deutlich beim Vergleich der sechsten Generation mit den zwei Jahre alten Zysten der Ausgangspopulation. Auch in dieser Versuchsanordnung wird die geringe Schlüpfbereitschaft oder Infektionsfähigkeit von Larven gerade entwickelter Zysten bestätigt.

Es muß jedoch berücksichtigt werden, daß diese Art der Versuchsanstellung in keiner Weise den natürlichen Verhältnissen entspricht. KRADEL (1959) erreichte in ähnlichen Arbeiten eine schwache zweite Generation — die Zysten wurden jedoch nicht gerade getopften Knollen, sondern Pflanzen zugegeben, die gleichaltrig mit denen waren, an denen sich die Zysten entwickelt hatten. Unter Feldbedingungen wird im allgemeinen nur mit einer Generation gerechnet (TRIFFITT, 1930b; GOFFART, 1933; OOSTENBRINK, 1950; WILSKI, 1956). In Gefäßversuchen vermutet SCHMIDT eine teilweise zweite Generation. Dagegen messen MILES (1930); CHLEBNIKOWA (1958); RASINJA (1961) und SVESHNIKOVA (1951; 1956) offenbar einer zweiten Generation mehr Bedeutung bei. Die Letztgenannten nehmen sogar an, daß diese im baltischen Raum von Einfluß auf die Verseuchungshöhe des Bodens ist.

Beobachtungen von VINICKAS und RIMKUTE (1959) unterstreichen diese Vermutung. Danach schlüpfen im baltischen Raum die Larven des Kartoffelnematoden unmittelbar nach der Zystenreife und befallen sowohl junge als auch ältere Wurzeln. Die Entwicklung einer zweiten Generation wäre in diesem Falle abhängig von äußeren Bedingungen (Reifezeit des Wirtes, Länge der Wachstumsperiode, Temperatur u. a. m.). Nach den Beobachtungen von EVANS (1969) kann auch in Großbritannien mit einer, allerdings schwachen, zweiten Generation gerechnet werden. EVANS stellte an Pflanzen aus Feldparzellen vom Mai bis August die Befallsdichte (Larven und Geschlechtstiere) und die Populationsveränderungen im Boden fest. Die Annahme einer zweiten Generation stützt sich auf schwache und kurzfristige Befallsgipfel (Larven und Geschlechtstiere) im Juli und August sowie auf Schwankungen der Populationsdichte im Boden (!) (Larven/100 g Boden).

4.4. Reaktion pflanzlicher Gewebe auf den Befall

4.4.1. *Anfällige Kartoffelsorten*

Wurzeln

Die Reaktionen von Wurzeln auf den Befall durch Heterodera-Arten sind seit geraumer Zeit bekannt. Erste Hinweise auf die durch *Heterodera rostochiensis* verursachten Bildungsabweichungen erfolgten unabhängig voneinander durch O'BRIEN und PRENTICE (1930) und TRIFFITT (1931a). Später lieferte OOSTENBRINK (1950) einige Beiträge, befaßte sich jedoch mehr mit den Schadursachen. Gründliche Kenntnisse von den Veränderungen in den Wurzeln selbst sowie den zeitlichen Ablauf derselben vermitteln erst die Arbeiten von MILDENBERGER und WARTENBERG (1958), COLE und HOWARD (1958) sowie SEMBDNER (1962).

Die Larven dringen in der Regel in noch nicht differenziertes Gewebe ein (STEINBACH, 1968), wandern eine Strecke in radialer Richtung im Rindenparenchym und orientieren sich parallel zur Längsachse der Wurzel mit stengelwärts gerichtetem Kopf, seltener mit dem Kopf zur Wurzelspitze. Ein Eindringen bis in die Endodermis oder den Zentralzylinder wurde nicht beobachtet (MILDENBERGER und WARTENBERG, 1958; SEMBDNER, 1962). MILDENBERGER und WARTENBERG (1958) nehmen an, daß die Larven ihre endgültige Lage schon eingenommen haben, ehe sich das meristematische Gewebe in Rinde und Zentralzylinder differenziert. Die Differenzierung erfolgt demnach um die eingedrungenen Tiere.

Vom Wanderverhalten der Larven in den Wurzeln ist wenig bekannt. Nach MILDENBERGER und WARTENBERG (1958) ist nicht ausgeschlossen, daß in Einzelfällen kürzere Strecken zurückgelegt werden. Eine Bindung des Wanderweges an die Interzellularräume halten sie jedoch für wenig wahrscheinlich, vielmehr soll die Wanderung sowohl inter- wie auch intrazellular erfolgen. O'BRIEN und PRENTICE (1930) nehmen an, daß die in der Wurzel zurückgelegte Strecke vom Durchmesser der Wurzel abhängig ist und in der Regel 10 mm nicht überschreiten dürfte.

Nachdem die Larven ihre endgültige Lage eingenommen haben, treten die ersten Anzeichen von Gewebeveränderungen — neben geringfügiger Hypertrophie der in unmittelbarer Nähe des Kopfes gelegenen Zellen — in den meristematischen Teilen des Zentralzylinders auf. Erst sekundär entsteht eine Verbindung aus hypertrophierten Rinden- und Endodermiszellen zwischen der Primärgalle im Zentralzylinder und dem Kopf des Nematoden. Eine Erklärung für diese in verschiedenen Gewebepartien zu gleicher Zeit ablaufenden Vorgänge, die schließlich zur Bildung der Riesenzellen führen, ist schwierig.

MILDENBERGER und WARTENBERG (1958) nehmen an, daß ein Vergallungsreiz vom Kopf der Larve ausgehend nach allen Richtungen diffundiert, jedoch zuerst die reaktionsfähigen Zellen im Zentralzylinder sensibilisiert werden. Von hier aus wird eine korrespondierende Wirkung auf die weniger reaktionsfähigen Zellen der Rinde in Richtung auf den Kopf des Tieres angenommen, die schließlich zur Bildung des Rindenkeiles führt.

SEMBDNER (1961) erklärt die stufenweise Bildung des Riesenzellensystems allein mit der unterschiedlichen Reaktionsfähigkeit der Zellen der verschiedenen Gewebe. Danach reagieren die meristematischen Zellen des Zentralzylinders schneller und nachhaltiger auf die gallenerregenden Substanzen als die Rindenzellen. Diese Erklärung setzt jedoch voraus, daß ein bevorzugt zentripetal gerichteter Transport erfolgt — was bisher nicht nachgewiesen ist — und nicht eine gleichmäßige Ausbreitung nach allen Richtungen. Der gesamte Gallenkomplex setzt sich im Endstadium aus einem Rindenteil, den schon O'BRIEN und PRENTICE (1930) erwähnen, und einem davon senkrecht abzweigenden Schlauch im Zentralzylinder zusammen (Abb. 21). Dieser erstreckt sich von der Einmündungsstelle des Rindenkeiles entweder nur stengelwärts oder nach beiden Richtungen, wobei der zur Wurzelspitze gerichtete Teil jedoch immer kürzer ist. Die histologischen Veränderungen im Rindenteil sind nicht immer nur auf eine Zellage beschränkt, wie dies COLE und HOWARD (1958) sowie MILDENBERGER und WARTENBERG (1958) andeuten, vielmehr sind oft trichterförmig nach innen ausgedehnte Erweiterungen oder in Längsrichtung der Wurzel verlaufende Abzweigungen erkennbar. Der Riesenzellenschlauch dehnt sich im Querschnitt nicht über den ganzen Zentralzylinder aus, größere Teile desselben bleiben erhalten oder werden nur verschoben (TRIFFITT, 1931 a; SEMBDNER, 1962).

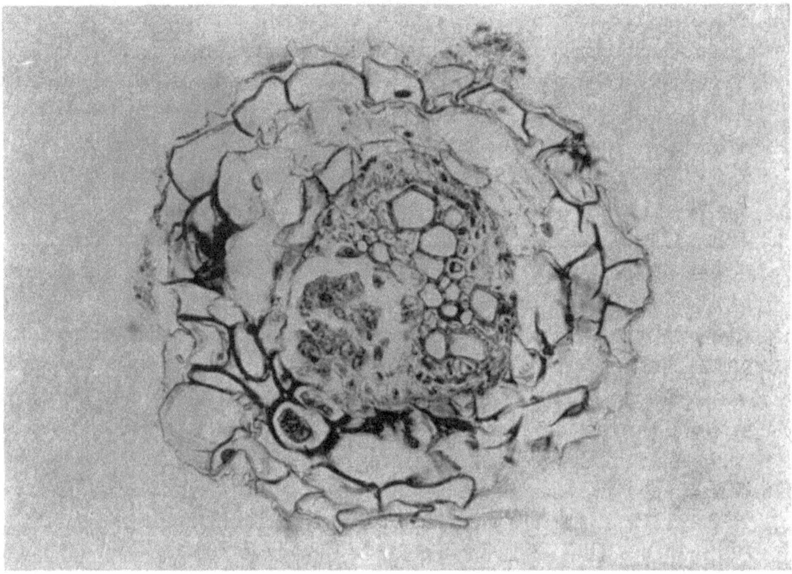

Abb. 21. Querschnitt durch eine Wurzel, Riesenzellen vor dem Kopf eines Nematoden (Entnommen aus SEMBDNER, 1962)

Bereits 24 bis 48 Stunden nach dem Eindringen der Larven nehmen einige Zellen an Volumen zu. Bevor jedoch Zellhypertrophien deutlich sichtbar werden, reagieren die in unmittelbarer Nähe der Larven befindlichen Zellen mit Zellwandverdickungen (MILDENBERGER und WARTENBERG, 1958; SEMBDNER, 1962). Auch später sind diese Wandveränderungen im vergallten Gewebe des Zentralzylinders und entlang des Nematodenkörpers noch nachzuweisen (Abb. 22). Nach Hypertrophie der Zellen folgen Auflösungen der Zellwände, und zwar nicht nur der Quer-, sondern auch der Längswände (nach SEMBDNER, 1962, diese nur partiell), so daß sich die Riesenzelle schließlich aus Geweben unterschiedlichen Ursprungs zusammensetzt. Der pH-Wert direkt betroffener Zellen ist nach PIEGAT et al. (1966) um etwa 0,5 höher als von nicht beschädigten Zellen.

Das Zytoplasma der Riesenzellen ist anfangs, vornehmlich in Nähe der Kerne, dichter und fein granuliert. In älteren Riesenzellensystemen, etwa im Bereich der Wurzelhaare, ist das Plasma locker, teilweise netzartig und mit Vakuolen durchsetzt. PIEGAT und WILSKI (1965) fanden diese Vakuolen etwa im Zentrum der Zellen.

In den Riesenzellen befindet sich entweder ein Zellkern oder es sind mehrere Kerne nachweisbar. Diese sind je nach dem Alter der Zelle mehr oder weniger stark hypertrophiert, jedoch meist von regelmäßiger Gestalt. SEMBDNER (1962) beobachtete gelegentlich Kerne mit unterschiedlich tiefen Einbuchtungen. Beginnend mit dem vierten Tage nach der Invasion fanden weder MILDENBERGER und WARTENBERG (1958) noch SEMBDNER (1962) Kernteilungen. In früheren

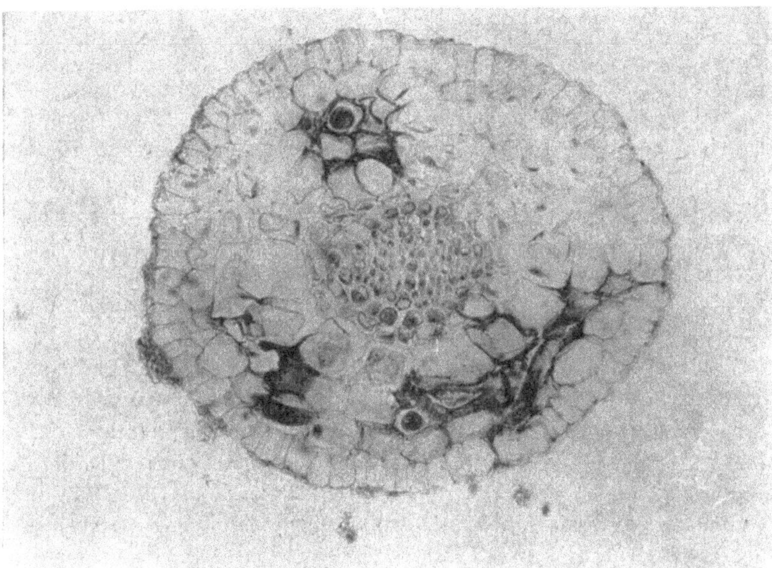

Abb. 22. Querschnitt durch eine von mehreren Nematoden befallene Wurzel. Zellwandveränderungen in Nähe der Nematoden und Zellhypertrophien im Perizykel (Entnommen aus SEMBDNER, 1961)

Stadien, etwa 1 bis 2 Tage nach der Invasion, beobachteten PIEGAT und WILSKI (1963) und PIEGAT (1963) im meristematischen Gewebe wiederholt Kernteilungen, denen nicht immer die Bildung von Tochterzellen folgte. Die Teilungsvorgänge wiesen allerdings erhebliche Abweichungen gegenüber Teilungen in nicht befallenem Gewebe auf. Die Chromosomen im Metaphasestadium waren infolge ihrer dichten Lage zueinander unübersichtlich. Ihre Verteilung zu den Polen war entsprechend ungleichmäßig und der Telophaseablauf erschien verzögert. Merkwürdigerweise wurden jedoch weder „laggards" noch Chromosomenbrücken festgestellt.

In den hypertrophierten Zellkernen sind nicht selten mehrere Nukleoli von dichter Struktur nachzuweisen.

Im Gegensatz zu SEMBDNER (1962) beobachteten PIEGAT und WILSKI (1963) häufiger Zellkerne mit Einsenkungen, die sich zu einem Spalt erweiterten, den ganzen Kern überzogen und schließlich zur Auflösung des Kerns führten.

Neben den Zellkernen werden auch die Chondriosomen durch den Befall betroffen. Veränderungen zeigen sich an diesen jedoch erst etwa 4 bis 5 Tage nach der Invasion. In den Riesenzellen ist die Anzahl der Chondriosomen geringer, sie sind hypertrophiert, von undeutlichen Umrissen und lösen sich sehr wahrscheinlich in kurzer Zeit völlig auf (PIEGAT und WILSKI, 1965). SEMBDNER (1962) fand gelegentlich in Riesenzellen Anhäufungen kleiner Körperchen, die er als Mitochondrien (Chondriosomen) anspricht. Von gleichen Beobachtungen berichtet DIETER (1955).

Aus den genannten Beobachtungen ist zu schließen, daß die Entstehung mehrkerniger Zellen auf zwei Ursachen zurückzuführen ist: Kurz nach der Invasion erfolgen im meristematischen Gewebe abnorme Kernteilungen ohne Bildung von Tochterzellen und in späteren Stadien der Vergallung entstehen durch Auflösung von Zellwänden sekundär mehrkernige Zellen.

Prinzipiell bestehen keine Unterschiede in der Gewebereaktion, wenn sich Weibchen und Männchen entwickeln. Der Umfang der Vergallung ist bei der Entwicklung von Männchen lediglich etwas geringer (MILDENBERGER und WARTENBERG, 1958).

Später, etwa wenn sich die Entwicklung der neuen Zysten ihrem Abschluß nähert, reagiert das Rindenparenchym auf die durch die Volumenzunahme des Tieres bedingten Zerstörungen von Zellen hyperplastisch und es kommt zur Bildung von Wundmeristemen. Diese in den jüngeren Entwicklungsstadien der Nematoden nicht beobachtete Gewebereaktion — lediglich OOSTENBRINK (1950) berichtet von hyperplastischen Reaktionen in Verbindung mit jüngeren Larven — wird von MILDENBERGER und WARTENBERG (1958) auf Unterschiede in der Stoffwechselproduktion der Nematoden zurückgeführt. Sie vermuten, daß von den ersten Entwicklungsstadien der Larven Einflüsse ausgehen, die die natürliche Reaktion der Zellen verhindern. Später verändert sich der Stoffwechsel der Tiere und das pflanzliche Gewebe reagiert nun wie dies bei Beschädigungen üblich ist. Ob diese Erklärung dem Sachverhalt entspricht, kann nur in weiteren Untersuchungen beurteilt werden.

Knollen:

Über die Entwicklung von Zysten mit infektionsfähigem Inhalt an Knollen wird von MILES (1930), OOSTENBRINK (1950) und GRAINGER (1951) berichtet. DUNNETT (1957a) und WILLIAMS (1963) fanden an Knollen (unbeschädigte Knollen und Schnittflächen) anfälliger und resistenter Kartoffeln Zysten in teilweise großer Zahl.

Nach MABBOTT (1960) ist die Entwicklung von Zysten an Knollen eine normale Erscheinung. Seine Prüfung von über 30 Sorten gab keine Anhaltspunkte für sortenbedingte Befallsunterschiede. In der Entwicklung befindliche Knollen werden lediglich stärker befallen als ausgereifte Knollen. Die Zystenbildung auf Schnittflächen ist nicht an Leitbündel gebunden.

Die mit dem Knollenbefall einhergehenden anatomischen Veränderungen wurden von OOSTENBRINK (1950) und WILLIAMS (1963) erwähnt und besonders eingehend von SEMBDNER (1962) beschrieben. Offenbar dringen die Larven tiefer in das Knollengewebe ein, als es in den Wurzeln der Fall ist. Das Halsstück von Zysten, die sich an Knollen entwickelt hatten, ist in der Regel wesentlich länger als an Zysten von anderen Organen (MABBOTT, 1960; SEMBDNER, 1962). Das Riesenzellensystem ist von geringerer Ausdehnung als in Wurzeln. Es beginnt mit einer hypertrophierten Zelle vor dem Kopf des Tieres und setzt sich birnenförmig erweiternd ins Innere fort. SEMBDNER (1962) fand die größte Ausdehnung im Querschnitt mit etwa 5 Zellen (Abb. 23). Die Wandungen der im Vergleich zu Wurzeln wenig hypertrophierten Zellen lösen sich auf und die Kerne sind stark vergrößert.

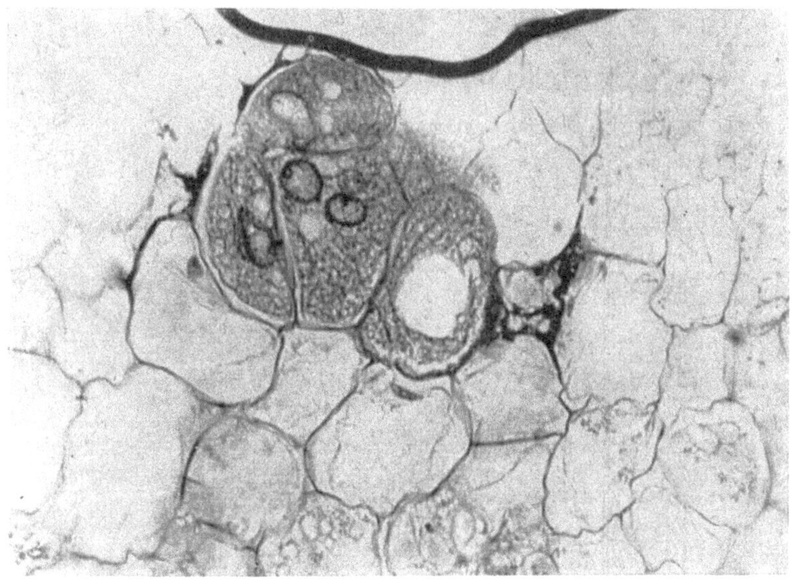

Abb. 23. Querschnitt durch ein Riesenzellensystem in einer Knolle (Entnommen aus SEMBDNER, 1962)

Auffällig ist das Fehlen von Stärkekörnern in einigen die Riesenzelle umgebenden Zellagen. Die eingedrungenen Tiere werden im Anschluß an das mechanisch zerstörte Gewebe von mehr oder weniger stark geschädigten Zellschichten umgeben, die teilweise auch den Riesenzellenkomplex umfassen und sich tiefer ins Innere über die Riesenzellen hinaus fortsetzen. Die Wände dieser Zellen sind stark verdickt oder aufgetrieben. Gegen das gesunde Gewebe werden diese geschädigten Bereiche durch ein gut ausgebildetes Wundperiderm abgegrenzt. In welchem Entwicklungsstadium die Wundperidermbildung beginnt, ist nicht bekannt.

Das Plasma in den hypertrophierten Zellen ist feinkörnig und mit Vakuolen durchsetzt. Die stark vergrößerten Kerne, häufig sind es mehrere je Zelle, messen im Durchschnitt etwa 30 bis 35 μm.

Stolonen:

Auf die Entwicklung von Zysten an Stolonen weist bereits EDWARDS (1929) hin. Eingehende anatomische Untersuchungen erfolgten von SEMBDNER (1962). Die Larven dringen in der Regel nur in die oberen Zellschichten ein und orientieren sich parallel zur Längsachse der Stolonen. Zuerst fallen Zellwandverdickun-

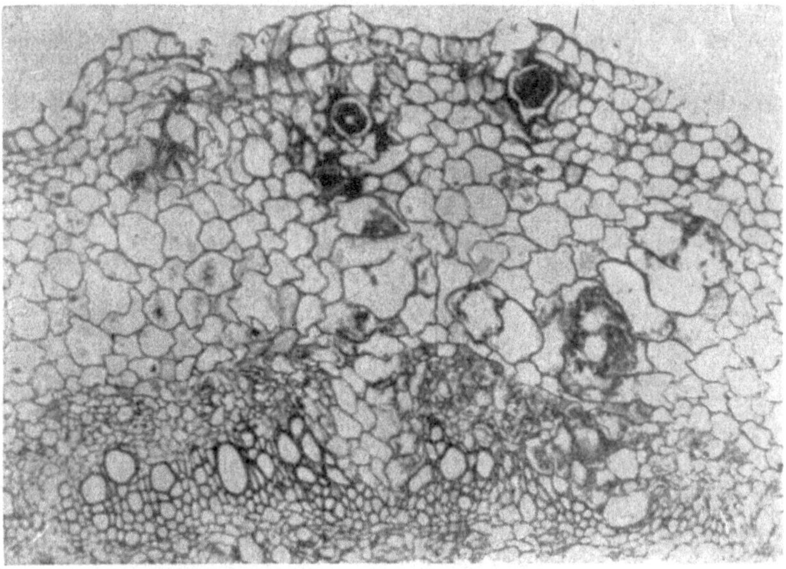

Abb. 24. Stolonenquerschnitt. Durch mehrere Älchen verursachte Riesenzellschläuche im Zentralzylinder sowie unterschiedlich weit fortgeschrittene Vergallungen in der Rinde (Entnommen aus SEMBDNER, 1962)

gen auf, die von direkt geschädigten Zellen auf die benachbarten übergreifen. Die Vergallungsreaktion erfolgt in Stolonen später als in Wurzeln. Die ersten Anzeichen von Zellhypertrophien sind erst nach dem fünften Tage nachweisbar, und zwar im Gefäßbündel, gefolgt von Vergallungsreaktionen der in der Nähe des Kopfes befindlichen Zellen. Wie in Wurzeln, so besteht das Riesenzellensystem auch in Stolonen aus Rindenkeil und Gefäßbündelteil (Abb. 24).
In Verbindung mit Männchen sind häufig erhebliche Zerstörungen und Nekrosen im Rindenparenchym, weniger in Gefäßbündelgeweben zu beobachten. Am Rande des betroffenen Gewebes erfolgen nicht selten hyperplastische Reaktionen.
Gelegentlich, vor allem wenn mehrere Larven nebeneinander eindringen, entstehen im Gefäßbündel Nekrosen von oft erheblicher Längenausdehnung. Von der Infektionsstelle ausgehend, bildet sich dann nicht selten ein Strang nekrotischer Zellen auch in der Rinde in radialer Richtung auf das Gefäßbündel, so daß eine

dem Riesenzellenkeil eines Gallensystems vergleichbare „Nekrose-Brücke" (SEMBDNER, 1962) entsteht.
Neben diesen Pflanzenteilen, die den eigentlichen Lebensraum des Kartoffelnematoden darstellen, ist die Entwicklung auch an oberirdischen Pflanzenteilen, zumindest im Experiment, nachgewiesen. Nach SEMBDNER (1962) dringen Larven in oberirdische Stengelteile, Blätter und Blütenstiele ein; die Entwicklung bis zur Zyste erfolgt jedoch nur in Stengelteilen.
Die Larven dringen mehrere Zellagen tief in die Stengel ein. Im Assimilationsparenchym verschwinden die Chloroplasten. Zellhypertrophien verbunden mit Vergrößerung der Kerne der Parenchymzellen sind die ersten Anzeichen einer beginnenden Vergallung. Später treten schon äußerlich sichtbare Zerstörungen größeren Ausmaßes auf; radiale Nekrosenstränge gehen hiervon aus und reichen teilweise bis ins Mark. Im Gegensatz zu Wurzeln und Stolonen dringen die Larven tiefer in oberirdische Stengelteile ein und liegen oft mit dem Vorderende im Gewebe des Gefäßbündels. Nicht selten werden auch Markzellen zu Riesenzellen umgebildet. Zweiteilige Riesenzellenkomplexe sind in Stengeln selten, in der Regel ist nur ein Riesenzellenschlauch, vom Kopf des Nematoden ausgehend, vorhanden.

4.4.2. Tomaten

Die Gewebeveränderungen nehmen in Tomaten in mancher Hinsicht einen anderen Verlauf als in Organen der Kartoffelpflanze. Schon rein äußerlich sind die Unterschiede nachweisbar. Während bei Kartoffeln die Gewebe mit einer inneren Vergallung reagieren, treten bei Tomaten zusätzlich äußerlich sichtbare Wurzelanschwellungen auf. Von diesen Vergallungen an *Lycopersicon esculentum* Mill. berichten schon mehrere Autoren, so u. a. REINMUTH (1929), REINMUTH und ENGELMANN (1941a), FELDMESSER (1952; 1953), DONCASTER (1953). SEMBDNER (1963a) fand dieselben auch an den Wildtomaten L. *hirsutum* Humb. et *Bonpl.*, *L. mexicanum* Mill., *L. peruvianum* (L.) Mill. und *L. pimpinellifolium* (Jusl.) Mill. Von dem gleichen Autor liegt eine eingehende Beschreibung der Gewebereaktion vor.
Die Larven dringen in Tomatenwurzeln in tiefere Schichten bis zur Endodermis und gelegentlich bis in den Zentralzylinder vor. Die durchwanderten und zerstörten Zellen zeichnen sich durch verdickte Zellwände aus. Diese Membranveränderungen greifen oft auf benachbarte Zellen über und dehnen sich vielfach auf $\pm$ große Zellpartien der Rinde aus (s. auch FELDMESSER, 1953).
Der Riesenzellenkomplex erstreckt sich meist über größere Partien als bei Kartoffeln, entspricht diesem aber weitgehend sowohl in der Form wie auch im Reaktionsablauf. Mit zunehmender Hypertrophie der Zellen vergrößern sich auch die Kerne, die schließlich in älteren Riesenzellen auseinanderfließen oder zerfallen. Kernteilungen wurden in Riesenzellen nicht nachgewiesen.
Nach Ausbildung der Riesenzellen erfolgen Hyperplasien, denen Kernteilungen vorausgehen, fast nur von reaktionsfähigen Zellen im Zentralzylinder (Abb. 25).

Diese regellose Zellvermehrung, die sich in Längsrichtung der Wurzeln über weite Bereiche fortsetzt, führt zur völligen Desorganisation der Teile des Zentralzylinders. Als Folgeerscheinung werden auch Teile der Rindengewebe zerdrückt oder verschoben, so daß in späteren Stadien eine deutliche Unterscheidung in Rinde und Zentralzylinder oft nicht mehr möglich ist. Gelegentlich sind hyperplastische Reaktionen auch in der Rinde nachzuweisen, hier jedoch nur von begrenztem Umfange.

Abweichend von Kartoffeln wurden außerhalb des Riesenzellenkomplexes in verschiedenen Wurzelgeweben, bevorzugt in der Rinde, gelegentlich auch in Parenchymzellen, wiederholt Kern- und Plasmateilungen nachgewiesen, die nur von angedeuteten Zellwandteilungen begleitet sind.

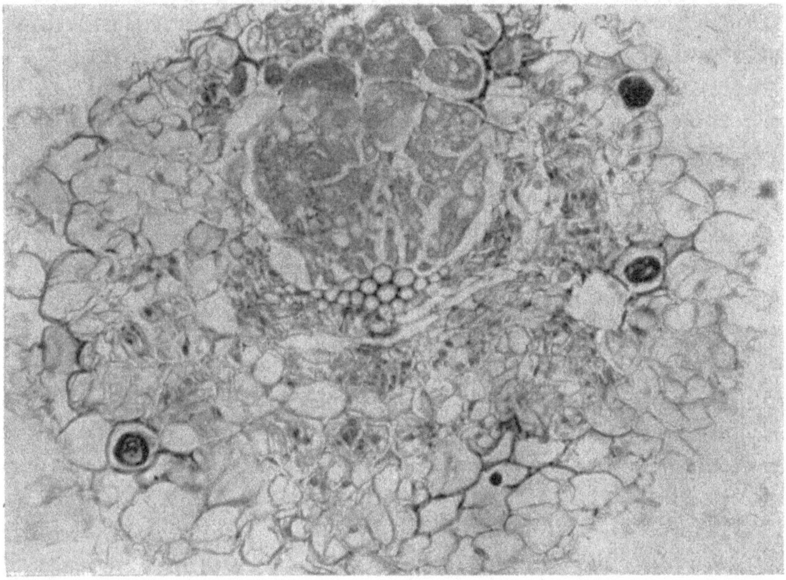

Abb. 25. Querschnitt durch eine Wurzel von *Lycopersicon esculentum*. Ein ausgedehntes Riesenzellensystem im Zentralzylinder mit einem umfangreichen Rindenkeil. An mehreren Stellen sind Hyperplasien erkennbar (Entnommen aus SEMBDNER, 1963 a)

In den mit verdickten Wänden ausgestatteten Rindenzellen längs des Wanderweges der Nematoden läuft eine Form der Zellvermehrung ab, die zu wundperidermähnlichen Bildungen führt. Die neugebildeten Zellwände erhalten später eine Korkanlagerung. Diese Gewebereaktion ist jedoch kaum von Einfluß auf die äußerlich sichtbare Vergallung.

Ähnliche, in Feinheiten oft abweichende Gewebereaktionen sind in den Wurzeln von Wildtomaten festgestellt. So wird z. B. bei *L. peruvianum* nicht ein Riesenzellenschlauch im Zentralzylinder gebildet, sondern es entsteht ein Mantel aus vergrößerten Perizykelzellen.

Äußerlich sichtbare Anschwellungen als Folge des Befalls wurden außerdem an *Solanum dulcamara* (FERRIS, 1957), *Capsicum annuum* (Sorte ‚Süsser'), *S. citrullifolium* (SEMBDNER, 1959), *S. aviculare, S. villosum, S. miniatum, Physochlaina orientalis, Cyphomandra betacea, Hyoscyamus sp.* und *Scopolia lurida* (SEMBDNER, 1961; 1963a) nachgewiesen.
Anatomische Untersuchungen befallener Gewebe einiger weiterer Pflanzenarten mit geringerer Wirtseignung erfolgten von SEMBDNER (1961; 1964).
Die Reaktionen befallener Gewebe sind zwar je nach Pflanzenart etwas unterschiedlich, entsprechen jedoch in den wesentlichen Merkmalen einem Prinzip. Dort, wo sich Weibchen und Männchen entwickeln, entstehen regelmäßig mehr oder weniger umfangreiche Riesenzellensysteme. In Pflanzen, die eine volle Entwicklung des Nematoden nicht gestatten, deren Wurzeln von den Larven jedoch besiedelt werden, entstehen in der Umgebung eingedrungener Larven Nekrosen unterschiedlichen Ausmaßes. Es hat den Anschein, als ob alle Reaktionen (Nekrosen) in den weniger gut geeigneten Wirten schneller ablaufen.
Bei einigen Pflanzen treten beide Reaktionsformen auf. Neben Riesenzellen unterschiedlicher Größe werden als Folge des Befalls auch Nekrosen beobachtet. Offenbar handelt es sich um Abstufungen, die mit der Wirtseignung der betreffenden Pflanze parallel laufen.
Die volle Entwicklung des Nematoden ist an die Riesenzellenbildung gebunden. Diese ist aber wohl nur ein sichtbarer Ausdruck der stofflichen Veränderungen, die in den Zellen ablaufen und erst die Entwicklung des Nematoden ermöglichen. Es ist nichts darüber bekannt, welche Reaktionsabläufe den Gewebeveränderungen vorausgehen oder mit ihnen parallel verlaufen.
Unser Wissen von den die Gewebereaktionen auslösenden Faktoren ist ebenfalls noch mangelhaft und kaum zur Aufstellung von Hypothesen geeignet. Sicher ist nur, daß sie von Stoffen induziert werden, die vom Kopf der Nematoden in die Pflanze gelangen. Die spezifischen Reaktionen verlaufen nur bei ständiger Zufuhr dieser Stoffe (PIEGAT und SZCZOTKA, 1964). Auf einmalige Injektionen reagiert das Gewebe wohl auch mit Zell- und Zellwandschäden, es bilden sich jedoch weder Riesenzellensysteme noch Nekrosen in dem für die betreffende Pflanzenart typischen Ausmaß.
Von einigen in Nematoden vorkommenden Stoffen berichtet DIETER (1955). Er fand in Extrakten aus dem Kopfabschnitt geschlüpfter Larven proteolytische Enzyme, die in den übrigen Körperteilen sowie in enzystierten Larven nicht nachzuweisen waren. Wieweit der Begriff Kopfabschnitt morphologisch zu fassen ist, wird nicht näher erläutert. Aus diesen Beobachtungen kann entnommen werden, daß die genannten Enzyme erst von einem bestimmten Entwicklungsabschnitt (Reife) in den Tieren gebildet werden oder deren Bildung an den Stimulationsvorgang gebunden ist. Welche Bedeutung diesen Enzymen für den Reaktionsablauf in den Pflanzen beizumessen ist, bleibt zunächst noch unklar.
Aus neueren Untersuchungen über die Ursachen der von *Meloidogyne*-Arten verursachten Gallenbildungen geht hervor, daß durch den Befall sehr wahrscheinlich wachstumsregulierende Stoffe in den Pflanzen mobilisiert werden und diese an

der Riesenzellenbildung beteiligt sind (u. a. BIRD, 1962; YU und VIGLIERCHIO, 1964; VIGLIERCHIO und YU, 1965; SANDSTEDT und SCHUSTER, 1966a; b).

4.5. Vermehrung

Die Vermehrung wird im allgemeinen mit der Vermehrungsrate oder dem Vermehrungsfaktor (V.F.) ausgedrückt. Dieser wird im wesentlichen von der Höhe der Anfangsverseuchung, dem Wirtsstatus der kultivierten Pflanzenart und den Entwicklungsbedingungen, die sowohl von Einfluß auf den Wirt wie den Parasiten sind, bestimmt. Der V.F. wird in der Regel aus zwei Werten berechnet: der Anfangsverseuchung und der Endverseuchung. Für Feldversuche ist unwesentlich, ob die Bodenpopulation vom Herbst oder dem folgenden Frühjahr als Bezugsgröße zugrunde gelegt wird, vorausgesetzt, daß die Frühjahrswerte vor Beginn des Larvenschlupfes gewonnen werden.
Sämtliche biologischen Abläufe zwischen Anfangs- und Endverseuchung, vom Larvenschlupf bis zur Entwicklung der Nematoden in der Wurzel, sind von Einfluß auf den V.F., werden von diesem jedoch nicht in Einzelheiten wiedergegeben. Durch den V.F. wird ausgedrückt, ob eine Vermehrung hoch oder niedrig war, worauf dies beruht, geht daraus nicht hervor. Desgleichen wird von diesem Wert nichts über die Höhe der Bodenpopulation ausgesagt.

4.5.1. Vermehrung im Verhältnis zur Anfangsverseuchung

In den älteren Arbeiten wird bei aufbauenden Bodenpopulationen in der Regel eine etwa zehnfache Vermehrung im Laufe einer Vegetationsperiode angenommen (EDWARDS, 1937; MILES et al., 1943; PETERS, 1949b; 1950b sowie THOMPSON, 1949). Handelt es sich um höhere Anfangsverseuchungen, die einen starken, zu Wurzelschäden führenden Befall zur Folge haben, so ist der V.F. geringer. Diese zwar recht allgemeinen Angaben sind in wesentlichen Punkten durch neuere Untersuchungen bestätigt worden.
CARROLL (1933) sowie CARROLL und MCMAHON (1935) berichten bereits von einer hohen Vermehrung bei niedriger Anfangsverseuchung (1 Zyste/4 cm^3 Boden) und geringeren Zunahmen bei hohen Verseuchungen (4 Zysten je cm^3 Boden). Etwa gleiche Tendenzen werden von JOHNSON und THOMPSON (1945) sowie FENWICK und REID (1953b) vertreten. OOSTENBRINK (1950) weist besonders auf die Wechselbeziehungen zwischen Wirtspflanze und Parasit sowie deren Auswirkungen auf die Vermehrung hin. Danach bietet eine Kartoffelpflanze Entwicklungsbedingungen für etwa 50000 Zysten, das entspricht bei 4 Pflanzen je m^2 und 20 cm Krumentiefe etwa 100 Zysten je 100 cm^3 Boden. Bei hohen Bodenverseuchungen, die theoretisch wohl die Voraussetzungen für eine höhere Zystenneubildung bieten, ist die Pflanze infolge der auftretenden Schäden der vermehrungsbegrenzende Faktor.
SCHMIDT (1954/55; 1955) sowie REINMUTH und SCHMIDT (1959) arbeiteten mit gestaffelter Anfangsverseuchung in Mitscherlichgefäßen und errechneten aus der Zahl neugebildeter Zysten sowie der Zysten mit Inhalt den V.F. Etwas überraschend ist die außerordentlich hohe Vermehrung, vor allem für die Gesamt-

zystenzahl bei Anfangsverseuchungen von 1/32 bis 1/8 Zysten je 100 cm³ Boden. Bemerkenswert ist auch der hohe Anteil an Zysten ohne Inhalt in der Nachkommenschaft. In dieser Versuchsanstellung wirkt sich die begrenzte Aussagefähigkeit bei ausschließlicher Kenntnis der Infektionszystenzahl besonders nachteilig aus.

Aus den genannten Beobachtungen geht hervor, daß mit steigender Anfangsverseuchung der V.F. kleiner wird. Die Begründung hierfür ist einleuchtend und klar. Mit laufend höherem Wurzelbefall werden, bedingt durch Raum- und Nahrungskonkurrenz, die Entwicklungsbedingungen, vor allem für die Weibchen, ungünstiger oder es sterben infolge übermäßig hohen Befalls ganze Wurzelpartien ab, bevor die Entwicklung der Nematoden abgeschlossen ist. Das Vermehrungsoptimum läge demnach immer bei der geringsten Anfangsverseuchung.

Nach Beobachtungen von CHITWOOD und FELDMESSER (1948) und GRAINGER (1959) trifft dies jedoch nicht in jedem Fall zu. CHITWOOD und FELDMESSER fanden z. B. in 4-in. Blumentöpfen (= 450 g Boden) mit steigender Anfangsverseuchung

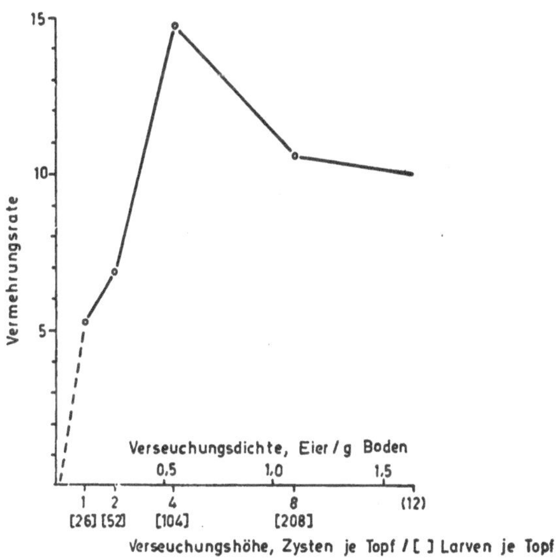

Abb. 26. Die Vermehrung des Kartoffelnematoden bei niedriger Anfangsverseuchung (Entnommen aus KORT, 1962 c)

von 1; 10; 20 bis 12000 Zysten je Topf einen V.F. von 7,5; 23,2; 17,9 und abfallend bis 0,5. GRAINGER erhielt ein Vermehrungsoptimum bei 0,5 bis 1,5 Zysten je g Boden; in Richtung zur höheren oder geringeren Verseuchung wurde der V.F. kleiner. Ähnliche Ergebnisse erhielt KORT (1962b; c) bei Verwendung von Zysten, deren Larveninhalt bekannt war. In 8 cm-Blumentöpfen, die mit steigender Zystenzahl (1; 2; 4 bis 256 Zysten) mit jeweils durchschnitlich 26 Larven versehen waren, lag das Vermehrungsoptimum etwa bei 4 Zysten (= 104 Larven) je Topf (Abb. 26). Aus den Ergebnissen von RAO und PEACHEY (1965) läßt sich die gleiche Tendenz ableiten. Kort nimmt an, daß bei sehr geringer Bodenverseuchung die Wahrscheinlichkeit einer Begattung, die eine Zystenbildung voraussetzt, geringer wird und knüpft hieran die Überlegung, daß bei Unterschreitung eines Verseuchungs-Grenzwertes die Fortpflanzungswahrscheinlichkeit den Wert Null erreichen könnte. Dies würde bedeuten, daß von vereinzelt verschleppten Zysten mit nur geringem Inhalt die Gefahr einer Herdbildung, auch bei Kultivierung eines Wirtes, nicht besteht. Diese Annahme mag durchaus für Einzelfälle zutreffen, dürfte jedoch kaum auf natürliche Verhältnisse übertragbar sein. Unabhängig von der Höhe der Bodenverseuchung und der Verteilung der Zysten (Hesling, 1961) in einer beliebigen Bodenmenge ist die Dichte geschlüpfter Larven in Nähe einer Zyste immer höher als mit zunehmendem Abstand und in jedem Falle eine Häufung von Larven in Abhängigkeit des Zysteninhaltes zu erwarten. Dies deutet Kort auch an: „... it is doubtful whether such a lower limit exists in practice, because the cyst normally ensures a locally high density of eggs." In einer ähnlichen Versuchsanstellung bestätigen Hague und Hesling (1958), den Ouden und Seinhorst (1964) sowie den Ouden (1966) die Befunde von Kort nicht. Allerdings gingen sie von anderen Anfangsverseuchungen aus, wobei die niedrigste etwa bei 24 bzw. bei 20 Larven je 100 cm³ Boden und damit weit über der von Kort verwendeten lag (s. auch Ebert, 1967).

Auf mögliche Inzuchtdepressionen macht Howard (1968) aufmerksam. Zur Gewinnung „reiner Linien" vermehrte er Zysten der ‚Feltwell'- (A) und ‚Duddingston'-Population (B) über 7 bzw. 6 Generationen mit Einzelzysten an anfälligen Sorten. Bei der Duddingstonpopulation ging die Vermehrungsrate von 68 ± 16 in der 3. Generation auf $17 \pm 2{,}5$ in der 7. Generation zurück. Dieser Rückgang wird auf die Inzucht zurückgeführt. Für die Feltwellpopulation wurden derartige Effekte nicht nachgewiesen.

Nicht alle geschlüpften oder zugegebenen Larven dringen in die Wurzeln ein. Rao und Peachey (1965) fanden in Topfversuchen mit gestaffelter Verseuchung von 500 bis 312500 Larven nach 6 Wochen 11% bzw. 3% der zugegebenen Larven in den Wurzeln. Von diesen entwickelten sich nur wieder 15% bzw. 0,5% zu Zysten.

Die Ergebnisse der von uns durchgeführten Untersuchungen in 7 cm-Blumentöpfen (= etwa 170 cm³ Boden) bringen keine neuen Gesichtspunkte. Die Tendenz eines abnehmenden V.F. bei steigender Anfangsverseuchung bestätigte sich (Abb. 27). Der V.F. für Zysten und Larven ist nicht übereinstimmend, sondern variiert in Abhängigkeit von der Larvenzahl der zur Infektion verwendeten Zysten. In diesem Falle liegt infolge der hohen Larvenzahl der Infektionszysten die Kurve für den V.F. Zysten oberhalb der für den V.F. Larven. Bei geringerer Larvenzahl je Zyste ist es umgekehrt. Der Umschlagspunkt ist jedoch nicht nur an eine bestimmte Larvenzahl je Zyste gebunden, sondern wird wesentlich von den Entwicklungsbedingungen der Pflanzen mitbestimmt.

Wie aus der Abbildung ebenfalls zu ersehen, sagt der V.F. nichts über die Höhe der Endverseuchung aus. Obgleich die Vermehrung in der niedrigsten Anfangsverseuchung wesentlich größer ist als in der höchsten, ist umgekehrt in diesem

Verseuchungsbereich die Endverseuchung bei letzterer um ein mehrfaches höher. Von ähnlichen Ergebnissen berichtet EBERT (1967). Etwas überraschend ist der über alle Verseuchungsvarianten etwa gleich hohe Larvenbesatz der neuen Zysten-

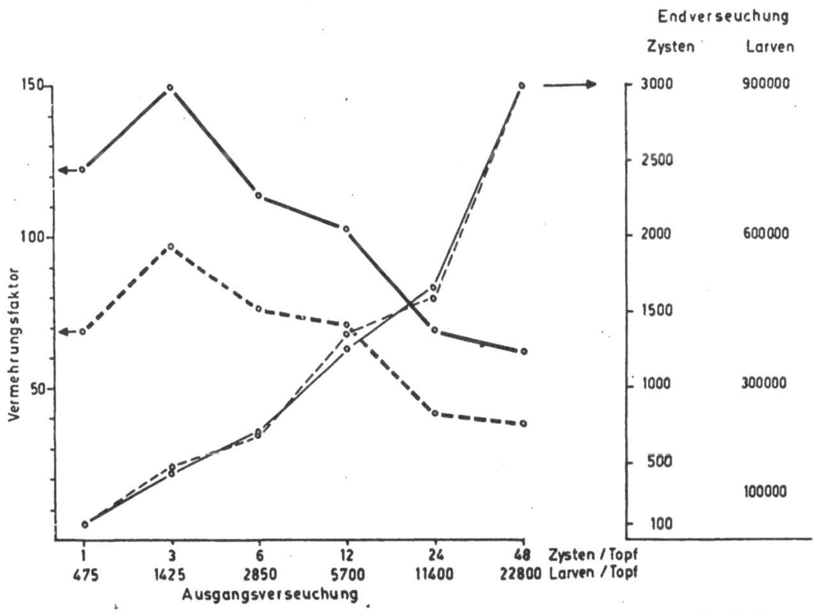

Abb. 27. Vermehrung und abschließende Verseuchungsdichte bei steigender Anfangsverseuchung (STELTER unveröffentl.)
——— = V. F. Zysten ------ = V. F. Larven ——— = Endverseuchung Zysten
------ Endverseuchung Larven

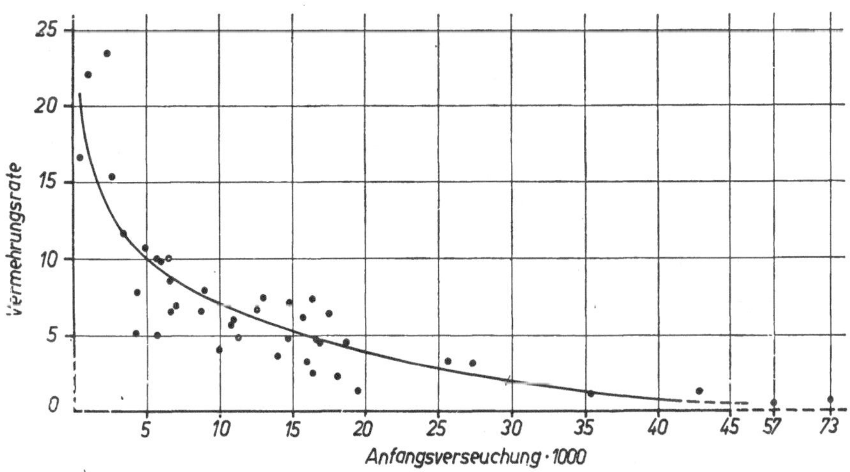

Abb. 28. Die Vermehrung des Kartoffelnematoden im Freiland bei steigender Anfangsverseuchung (STELTER unveröffentl.)

generation, ausgedrückt durch die gleichlaufende Kurve der Endverseuchung für Larven und Zysten. Eher wäre anzunehmen, wie auch von HAGUE und HESLING (1958) zum Ausdruck gebracht, daß mit zunehmender Anfangsverseuchung die durchschnittliche Larvenzahl der neugebildeten Zysten eine fallende Tendenz aufweist, und zwar bedingt durch die bei stärkerem Befall ungünstigeren Entwicklungsbedingungen. Offenbar sind bei unserer höchsten Verseuchung (22800 Larven je Blumentopf = 13500 Larven/100 cm³ Boden) die Entwicklungsbedingungen für die einzelnen Individuen noch nicht wesentlich verschlechtert, während dies bei HAGUE und HESLING, deren höchste Anfangsverseuchung etwa 78000 L./100 cm³ Boden betrug, bereits der Fall war.
Die im Experiment gewonnenen Ergebnisse geben eine Vorstellung von der möglichen Vermehrung bei bestimmten Anfangsverseuchungen. Es wäre jedoch verfehlt, diese Werte auf Freilandverhältnisse übertragen zu wollen. Die völlig anderen Umweltbedingungen sowie der nicht begrenzte Durchwurzelungsraum dürften von modifizierendem Einfluß sein.
Mit welchen Vermehrungsfaktoren im Freiland zu rechnen ist, geht aus Abbildung 28 hervor. Unabhängig von der Streuung der Einzelwerte bei etwa gleicher Verseuchungsdichte wird auch hier mit zunehmender Anfangsverseuchung die Vermehrung geringer, wobei jedoch niemals das Niveau der im Topfexperiment erhaltenen Werte erreicht wird. Siehe Nachtrag (Seite 284).

4.5.1.1. Die Endverseuchung in Abhängigkeit von der Höhe der Anfangspopulation

Wie für den Vermehrungsfaktor, so bestehen auch für die Höhe der Endverseuchung deutliche Abhängigkeiten zur Anfangspopulation. Es wirken sich hier die gleichen Faktoren aus, wie die im vorhergehenden Abschnitt erörterten. Während mit dem Vermehrungsfaktor lediglich das Ausmaß der Vermehrung ausgedrückt wird, lassen sich aus einer Gegenüberstellung von Anfangs- und Endpopulation wichtige populationsdynamische Daten ableiten, die schließlich auch ihren praktischen Niederschlag finden.
Es hat sich gezeigt, daß im Bereich geringer Anfangsverseuchungen die Endpopulation immer höher ist als die Ausgangsverseuchung und nach Erreichen eines Höchstwertes die Endpopulation unter den Anfangswert fällt. Die hier sichtbaren Wechselwirkungen faßte JONES (1959b) mit angenommenen Größenordnungen in einigen Darstellungen zusammen. Später entwickelte er (JONES, 1966) die Formel:

$$P_f = \frac{a(1 - C_p)P_i}{1 + (a - 1)P_i} + C_p P_i$$

in der neben Anfangs- (P_i) und Endpopulation (P_f) sowie a = maximal mögliche Vermehrungsrate auch die ruhende Larvenzahl (nicht geschlüpfte Larven) ($C_p P_i$) berücksichtigt wird. Die angenommene Größenordnung von 33% für $C_p P_i$ dürfte jedoch etwas zu hoch gegriffen sein. In der Regel wird die ruhende

Larvenpopulation 5 bis 10% der Anfangspopulation kaum überschreiten. Es handelt sich also um Größen mit unwesentlichem Einfluß auf das Endergebnis.
Eine gründliche mathematische Begründung für die Abhängigkeit der Endverseuchung von der Anfangspopulation formulierte SEINHORST (1966; 1967a; 1967b; 1968). Er überprüfte die Formel mit Werten aus Topfversuchen, in denen die Anfangspopulation nicht über 20000 Larven/100 g Boden hinausging. Bis zu dieser Verseuchungsdichte ist eine rückläufige Tendenz der Endpopulation nicht erkennbar und in der Formulierung auch nicht vorgesehen.
In späteren Formulierungen wird der biologisch erklärbare Rückgang der Endpopulation bei laufend zunehmender Anfangsverseuchung in der Formel

$$P_f = \frac{acz^{P_i}}{-\ln q} \qquad (1 - q^{P_i}/cz^{P_i})$$

berücksichtigt. Hier bedeuten: a die Multiplikationsrate bei P_i gegen Null; c eine Konstante > 1; z eine Konstante < 1 und q eine Konstante < 1. Der Ausdruck cz^{P_i}, der das Verhältnis zwischen Nahrungsmengen, die bei Bevölkerungsdichte P_i und bei Abwesenheit von Nematoden zur Verfügung stehen, angibt, muß kleiner als Eins sein.

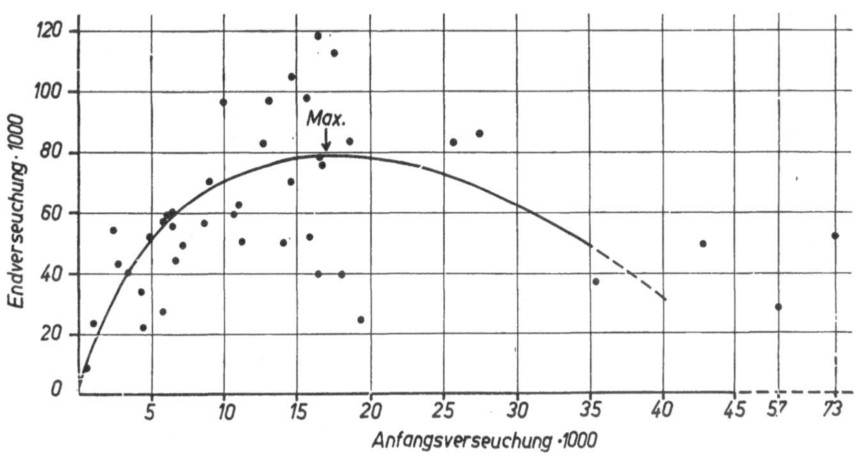

Abb. 28 a. Endverseuchung des Kartoffelnematoden in Abhängigkeit von derAnfangsverseuchung Larven/100 cm³ Boden (Aus RAEUBER und STELTER, 1970)

Neuerdings haben RAEUBER und STELTER (1970) diese Frage aufgegriffen und mit ungleich größerem Material aus Feldversuchen eine auf zwei Parameter gestützte Formulierung

$$P_f = P_i(a_0 - a_1 \ln P_i)$$

entwickelt, nach der sowohl Aufstieg wie auch Abfall der Kurvenbeziehung hinreichend genau erfaßt werden kann (Abb. 28a). Hierbei bedeuten: a_0 = Ver-

mehrungsrate bei $P_i = 1$, d. h. bei kleinster Verseuchung; a_1 = Koeffizient für die Abnahme der Vermehrungsrate bei wachsendem ln P_i.
Diese Formel hat im allgemeinen Gültigkeit bis zur Anfangsverseuchung von 30000 Larven pro 100 cm³ Boden.

4.5.2. Der Einfluß der Wirtspflanzen und der Pflanzzeit auf die Vermehrung

Neben dem Verseuchungsgrad ist der Wirtsstatus der gerade kultivierten Pflanze von entscheidendem Einfluß auf die Populationszunahme. Von wirtschaftlicher Bedeutung sind in Mittel- und Nordeuropa nur die Varietäten von *Solanum tuberosum* und *Lycopersicon esculentum* und, soweit züchterisch bearbeitet, von *Lycopersicon pimpinellifolium*. Von den weiteren in Tabelle 1 genannten Wirten kommen einige als Unkräuter vor allem in Gärten vor, sie treten in der Regel aber nicht populationsbestimmend in Erscheinung. Von praktischen Gesichtspunkten ausgehend, liegt also zur Zeit kaum Veranlassung vor, andere Pflanzenarten, außer Kartoffeln und Tomaten, in diese Betrachtungen einzubeziehen. Wenn in der Mehrzahl der Fälle die Kartoffel als Versuchsobjekt herangezogen wurde, so ist dies auf die größere ökonomische Bedeutung zurückzuführen.
Meines Wissens war GEMMELL (1943) einer der ersten, der sich mit diesen Fragen befaßte. Bei einheitlicher Anfangsverseuchung stellte er in den mit der frühreifenden Sorte ‚Epicur' bepflanzten Töpfen eine geringere Verseuchung als in den mit Sorten späterer Reifezeit (‚Doon Star', ‚Majestic' und ‚Golden Wonder') bepflanzten fest und nimmt als Ursache unterschiedliche Wurzelmasse, Reifezeit und Resistenzeigenschaften an. Neben der geringeren Zahl waren die Zysten von der Sorte ‚Epicur' auch kleiner und enthielten weniger Larven als vergleichbare Zystengrößen von Sorten späterer Reifezeit. Nach ELLENBY (1946) sind Zysten von ‚Doon Star' kleiner und enthalten je Volumen weniger Larven als die von ‚Redskin' und ‚Arran Banner'. In der Reifezeit unterscheiden sich die genannten Sorten nicht wesentlich. KORT (1966) fand in Topfversuchen bei Zugabe von 50 Zysten an den mittelspät- bzw. spätreifenden Sorten ‚Libertas' und ‚Ultimus' mit 201 und 188 Zysten je Pflanze eine deutlich höhere Vermehrung als an den Sorten ‚Voran', ‚Ambassadeur' und ‚Mentor' mit 105, 107 und 121 Zysten je Pflanze. Siehe Nachtrag (Seite 284). Es ist anzunehmen, daß die Höhe der von einzelnen Sorten hinterlassenen Bodenverseuchung nicht nur von der Reifezeit abhängig ist, sondern andere, nicht näher definierte Eigentümlichkeiten von Einfluß sind.
Die Beziehungen zwischen Zystenvolumen und Larvenzahl wurden von mehreren Autoren untersucht. TRIFFITT (1929), O'BRIEN und PRENTICE (1931), GEMMELL (1943) und EGLITIS und KAKTINA (1953) fanden mit zunehmender Zystengröße steigende Larvenzahlen. STELTER und GAUR (1969) erhielten hochsignifikante Korrelationskoeffizienten zwischen Volumen und Eizahl für junge Zysten von den Sorten ‚Pirat', ‚Ora', ‚Zeisig' und ‚Gerlinde'. Ein Sorteneinfluß war ebenfalls nicht erkennbar, die Regressionsgeraden deckten sich fast. ELLENBY (1946) jedoch schließt auf Grund seiner Untersuchungen mit Zysten von den Sorten ‚Doon

Star', 'Arran Banner' und 'Redskin', daß zwischen Eizahl und Zystengröße keine deutlichen Abhängigkeiten bestehen.
Die von GEMMELL beobachtete geringere Vermehrung an frühreifenden Sorten wurde später von STELTER (1955) und WILLIAMS (1958a) bestätigt. Aufschlußreich sind die Ergebnisse von WILLIAMS, der die Vermehrung an einer früh- und mittelfrühreifenden Sorte auf Flächen mit unterschiedlich hoher Anfangsverseuchung ermittelte. Unabhängig vom Verseuchungsgrad entwickelten sich an der mittelfrühen Sorte mehr Zysten.
In dreijährigen Versuchen mit 5 Sorten verschiedener Reifezeit fanden STELTER und VOGEL (1961) ebenfalls eine von der Reifezeit abhängige Vermehrungsquote (Tab. 10). Aufschlußreich in dieser Zusammenstellung ist die über alle drei Jahre fortlaufende Populationsabnahme nach Anbau der Frühsorte, die sich besonders in dem trockenen Jahr 1959 auswirkt. Mit zunehmender Vegetationszeit der Sorten erhöht sich die Endverseuchung. Mittelspät- und spätreifende Sorten bieten den Nematoden offenbar die gleichen Vermehrungsmöglichkeiten.

TABELLE 10

Verseuchungsdichte nach dem Anbau von Sorten verschiedener Reifezeit in Larven je 100 cm^3 Boden (abgeändert aus STELTER und VOGEL, 1961)

Sorte	Reifezeit	Bodenverseuchung Frühjahr 1957	Herbst 1957	Herbst 1958	Herbst 1959
'Frühbote'	früh	10584	9763	7584	4833
'Mittelfrühe'	mittelfrüh	9715	19215	25945	10364
'Aquila'	mittelspät	18893	31651		26300
'Capella'	spät	24194	48569		38743
'Ackersegen'	spät	31788	49039	36414	34392
'Capella'	spät	1503	38543	54969	49010

Nach einer kurzen Notiz von SZULC (1959) ist in dessen Beobachtungsgebiet eine Abhängigkeit zwischen Vermehrungsquote und Reifezeit der kultivierten Sorten nicht wahrscheinlich. Abgesehen von dem letztgenannten Autor besteht Einstimmigkeit darüber, daß mit zunehmender Vegetationsdauer der kultivierten Sorte auch mehr Zysten gebildet werden. Offenbar ist die Funktionsfähigkeit der Wurzeln hierfür entscheidend. Ob zusätzlich Unterschiede in der Gesamtwurzelmasse oder der Wurzelstärke zwischen den Sorten bestehen, ist nicht bekannt.
Daß auch die Pflanzzeit von Einfluß auf den Befall bzw. die Vermehrung ist, geht aus den Beobachtungen von REINMUTH und ENGELMANN (1941b) hervor. Im Juli gepflanzte Kartoffeln werden nicht so stark befallen wie die zum normalen Termin gepflanzten. Von ähnlichen Ergebnissen berichtet SZULC (1959). KRADEL (1958) vertritt auf Grund mehrerer in unterschiedlichen Lagen durchgeführter Versuche die Auffassung, daß spätes Pflanzen nicht in jedem Falle eine geringere

Vermehrung zur Folge hat. Die während der Entwicklung der Pflanzen vorherrschenden Temperaturen sowie der Grad der Bodenfeuchte sind seiner Meinung nach von größerem Einfluß auf Entwicklung und Vermehrung als die Pflanzzeit. Von diesen Autoren wurde dem damaligen Gebrauch entsprechend entweder der Wurzelbefall oder der Bodenzystenbesatz der Bewertung zugrunde gelegt. Beide Verfahren sind jedoch mit Unsicherheiten verbunden, so daß die Aussagefähigkeit begrenzt ist. Wenn jedoch bei einer Julipflanzung die wesentlich verkürzte Vegetationszeit in Rechnung gesetzt wird, so ist zumindest bei Anbau von spätreifenden Kartoffeln, vergleichsweise zur Normalpflanzung, eine zahlenmäßig geringere Population zu erwarten. Bei frühen Sorten mögen die Verhältnisse anders liegen. Zu berücksichtigen sind bei der Spätpflanzung ferner die veränderten photoperiodischen Bedingungen, denen die Jugendstadien der Pflanzen während der Sommermonate ausgesetzt sind. Die in den Pflanzen ablaufenden Prozesse werden beschleunigt, und es ist anzunehmen, daß hierdurch die Entwicklungsbedingungen für die Nematoden zumindest nicht begünstigt werden. Von wohl größerem Einfluß auf die Vermehrung der Nematoden an spät gepflanzten Kartoffeln ist der zu diesem Zeitpunkt geringere Larvenschlupf im Vergleich zum Frühjahr (Abschnitt Larvenschlupf). Es spricht also alles mehr dafür, daß mit einer Spätpflanzung auch eine geringere Vermehrung verbunden ist. Wirtschaftliche Vorteile können hieraus jedoch nicht abgeleitet werden.

Aus den in Experimenten erhaltenen Werten ist ebenfalls eine mit fortschreitender Jahreszeit abnehmende Vermehrung erkennbar. Wirtz (1960) fand in monatlichen Versuchen von April bis September die höchste Vermehrung an den im Juni getopften Pflanzen. Die unterschiedliche Vermehrungsquote führt er auf Veränderungen des Geschlechtsverhältnisses zurück. Stelter und Meinl (1962a) kamen in fünfjährigen Versuchen mit Zysten verschiedenen Alters zu etwa ähnlichen Ergebnissen. Mit jungen, im September gewonnenen Zysten erhielten sie in den Monaten Oktober bis Dezember/Januar analog zum Larvenschlupf langsam ansteigende Vermehrungsquoten mit einem Maximum im April bis Mai/Juni und ab Juli wieder eine Verminderung, die sich regelmäßig auch bei Verwendung von Zysten älterer Jahrgänge bemerkbar machte. Die geringe Vermehrung bei Verwendung junger Zysten erklären sie mit dem jeweils erreichten Grad der physiologischen Reife; die bei älteren Populationen deutlich erkennbare Rhythmik wird als endogen bedingt angesehen, wobei eine Anpassung an die Wachstumsperiode der Kartoffel nicht ausgeschlossen wird. Mit zunehmendem Alter der Population wird nach Stelter und Meinl der V.F. laufend geringer, wobei die jährliche Rhythmik jedoch weitgehend erhalten bleibt. den Ouden (1962; 1963b) fand dagegen mit zwei, sechs und sieben Jahre alten Populationen keine Anhaltspunkte für einen altersbedingten Rückgang der Vermehrung. Diese voneinander abweichenden Ergebnisse sind sehr wahrscheinlich auf unterschiedliche Lagerungsbedingungen der verwendeten Zysten zurückzuführen. Stelter und Meinl lagerten die Zysten bei Zimmertemperatur, den Ouden verwendete Freilandpopulationen (Erläuterungen hierzu im Abschnitt Larvenschlupf).

Daß bereits unterschiedliche Tageslängen von Einfluß auf die Vermehrung sind, wies Ellenby (1958a) nach. Unter Kurztagsbedingungen entwickelten sich an den Sorten ‚Redskin' und ‚Doon Star' weniger Zysten als unter Langtagsbedingungen, während die Vermehrung an der Sorte ‚Majestic' von der Tageslänge nicht beeinflußt wurde. Die unter Kurztagsbedingungen entwickelten Zysten waren kleiner, enthielten proportional jedoch mehr Eier als die von Pflanzen unter Langtagsbedingungen. Er nimmt an, daß die unterschiedliche Vermehrung auf Stoffwechselveränderungen der Pflanzen zurückzuführen ist, die durch die verschiedenen photoperiodischen Bedingungen ausgelöst werden. Hiermit wird jedoch die an der Sorte ‚Majestic' unter Kurz- und Langtag gleiche Vermehrung nicht erklärt. Offenbar ist der Versuchstechnik ein gewisser Einfluß auf die letztgenannten Ergebnisse einzuräumen. Ellenby zog seine Pflanzen etwa zwei Monate lang unter gleichen Bedingungen an und brachte die nun schon älteren Pflanzen unter Kurztagsbedingungen. Bei beiden Varianten erfolgte die Zugabe der Zysten erst zu diesem Zeitpunkt. Es kann also ohne weiteres die Umstellung der Pflanzen von Langtags- zu Kurztagsbedingungen eine Schockwirkung ausgelöst haben, die sich auf die Wirtseignung auswirkte und zu der geringen Vermehrung führte.

4.5.2.1. Die Vermehrung an Tomaten

An anfälligen Tomaten entwickeln sich nicht so hohe Nematodenpopulationen wie an anfälligen Kartoffeln. Die Bodenverseuchung erreicht oft nicht einmal 50% der nach Kartoffeln üblichen Verseuchungsdichte (Palo, 1968; Stelter, 1970b). Die geringere Vermehrung ist offenbar nicht mit mangelnder Wirtseignung gleichzusetzen, sondern, wie neuerdings erkennbar wird, auf den Einfluß pflanzenparasitärer Bodenpilze — vornehmlich eines Grauschimmels — zurückzuführen. Werden für den Pilz anfällige Pflanzen kultiviert, so erhöht sich die Population auf 56 Larven/Gramm Boden, während bei Anbau resistenter Pflanzen 399 Larven/Gramm Boden erreicht werden (Graham, 1966). James (1968) wies nach, daß durch den Pilz sowohl die Larveninvasion wie auch die Zystenbildung beeinträchtigt wird. Roy (1968) ergänzt diese Feststellungen mit der Beobachtung, daß durch den Pilz die Bildung der für die Nematodenentwicklung notwendigen Riesenzellen verhindert oder zumindest deren vollständige Entwicklung unterbunden wird. Die geringere Vermehrung ist demnach nicht nur auf Auswirkungen der Raum- und Nahrungskonkurrenz zurückzuführen, offenbar wird durch den Pilz die Wirtseignung direkt beeinflußt.

4.5.3. Einfluß von Bodenfaktoren auf die Vermehrung

Reinmuth (1929) fand in Mecklenburg Bodenverseuchungen mit dem Kartoffelnematoden vornehmlich auf leichten Böden und nur selten auf schweren Böden. Er nimmt an, daß die Vermehrung von der Bodenart beeinflußt wird (s. auch Peters, 1948/49). Diese Annahme wird in Topfversuchen, in denen schwere Böden mit unterschiedlich hohen Sandmengen vermischt wurden, bestätigt. In gleichem

Sinne äußern sich TRIFFITT (1930a) und WASSERBURGER (1969). TRIFFITT stellte zudem fest, daß Zysten aus schweren Böden im Durchschnitt kleiner sind als aus leichten Böden und führt dies auf die geringere Durchlüftung der schweren Böden zurück. Auch JASINSKA und SZULC (1962) halten die Entwicklungs- und Vermehrungsbedingungen für die Nematoden in leichten Böden besser als im Ton. In Topfversuchen mit einheitlicher Anfangsverseuchung (10000 Larven) fand BOYD (1943a) in leichten Böden 984 und im Ton nur 174 Zysten. Wie schon TRIFFITT, so fand auch er in schweren Böden im Durchschnitt kleinere Zysten. Die geringere Vermehrung im Ton erklärt er mit Behinderungen der Fortbewegung sowohl für Larven wie auch für Männchen, die sich in geringerem, etwas verzetteltem und vergleichsweise verspätetem Wurzelbefall auswirken. Die im Durchschnitt kleineren Zysten führt er auf den höheren Bodendruck in schweren Böden zurück. Mit zunehmender Bodendichte soll sich auch die Larvenzahl je Zyste verringern. ELLENBY (1946c) wies jedoch nach, daß zwischen der Zystengröße und dem Eiinhalt keine direkten Beziehungen bestehen. In Zysten gleichen Volumens kann die Eizahl erheblich variieren.

In mancher Weise hiervon abweichende Ergebnisse teilt AHLBERG (1952) mit. Von 4,5 Zysten je Liter Boden stieg die Vermehrung im Laufe von 18 Jahren in reinem Sand auf 800, in Gartenerde auf 2500, im Ton auf 4000 und in Lauberde auf 5600 Zysten je Liter an. Ebenso fand OOSTENBRINK (1950) im Ton höhere Verseuchungen als in Sandböden.

Die oft vertretene Meinung, daß leichte Böden häufiger verseucht sind und eine höhere Populationsdichte aufweisen als schwere Böden, wird von AHLBERG allein mit der Häufigkeit des Kartoffelanbaues erklärt (s. auch THOMPSON, 1949). Diese Erklärung kann ohne Zweifel akzeptiert werden, wird jedoch nicht immer genügen.

In Verbindung mit der Bodenart muß auch dessen Kulturzustand berücksichtigt werden. Bodenart und Kulturzustand im weitesten Sinne sind in Abhängigkeit von klimatischen Faktoren von wesentlichem Einfluß auf die Entwicklung und den Wachstumsverlauf der Pflanzen und damit auch für die Vermehrung der Nematoden. In besonderem Maße interessiert hier die Durchwurzelung des Bodens, wobei Durchwurzelungsdichte, Wurzelstärke, Reichweite der Wurzeln und die Zeit, in der die maximale Wurzelausbreitung erreicht wird, von Bedeutung sind. Aber gerade hierüber gibt es kaum Hinweise in der Literatur. Unabhängig von der Bodenart sind alle Faktoren, die eine dichte und gleichmäßig verteilte Durchwurzelung des Bodens begünstigen, fördernd für die Vermehrung der Nematoden und umgekehrt.

4.5.3.1. Einfluß der Bodenazidität auf die Vermehrung

Die wenigen bisher durchgeführten Untersuchungen haben zu unterschiedlichen Ergebnissen geführt. Offenbar ist dem pH-Wert kaum eine besondere Bedeutung hinsichtlich des Einflusses auf die Vermehrung beizumessen. Nach PETERS (1926) sind etwa ab pH 7 die Entwicklungsbedingungen ungünstiger. MORGAN

und PETERS (1929) nehmen ein Entwicklungsoptimum etwa bei pH 6,25 an. Dagegen fanden SMITH (1929) sowie O'BRIEN und PRENTICE (1931) keine Anzeichen für eine Beeinflussung der Vermehrung durch den Aziditätsgrad.
CARROLL (1933) schließt sich dieser Meinung an, er stellte auch in Böden mit einem pH-Wert von 7 und darüber hohe Verseuchungen fest.
Eine direkte Beeinflussung der Vermehrung durch den pH-Wert ist wohl kaum anzunehmen. Eher wäre ein indirekter Einfluß über die Pflanze denkbar (siehe Larvenschlupf und Larven im Boden). Hier ist zu berücksichtigen, daß der optimale pH-Bereich für Kartoffeln nicht einheitlich ist, sondern in Abhängigkeit von Bodenart und Strukturzustand von 5,0 bis 6,5 differiert (s. u. a. SCHMALFUSS, 1955). Ob überhaupt und inwelcher Weise die Bodenazidität über den Stoffwechsel der Pflanze von Einfluß auf die Nematodenvermehrung sein kann, ist nicht bekannt.

4.5.3.2. Einfluß der Bodenfeuchtigkeit und zusätzlicher Bewässerung auf die Vermehrung

Der Wassergehalt des Bodens beeinflußt zweifellos in erheblichem Maße die Vermehrung der Kartoffelnematoden. DREES und WIRTZ (1958) fanden an Pflanzen in Tontöpfen, die mit 10 Zysten versehen waren, bei einer Wassersättigung von 45% im Mittel 142, bei 72% Wassersättigung 691 und bei 100% 418 Zysten je Topf. Im Durchschnitt waren die bei 72% Wassersättigung gebildeten Zysten größer als die bei 45%. MEINL und STELTER (1963; 1967) erhielten in Gefäßen (Boden mit 55% max. Wasseraufnahmefähigkeit) mit konstant gehaltener Wassersättigung von jeweils 50%, 75% und 100% die höchste Bodenpopulation (Zysten und Larven je 100 cm³ Boden) bei 50%iger Wassersättigung. Bei einem Sättigungsgrad von 100% lag die Zystenzahl je 100 cm³ Boden wenig über, die Larvenzahl jedoch deutlich unter der Anfangsverseuchung. Die an Pflanzen bei voller Wassersättigung gebildeten Zysten enthielten im Durchschnitt weniger Eier. Aus diesen Angaben ist nicht zu entnehmen, in welcher Phase der Feuchtigkeitsgehalt des Bodens die Vermehrung begrenzt oder fördert. Mit Sicherheit wird der Larvenschlupf und die Fortbewegung freier Larven im Boden vom Wassergehalt beeinflußt (s. diesen Abschnitt). Ob auch die in den Wurzeln befindlichen Stadien betroffen werden, ist nicht bekannt. Bei hoher Wassersättigung ist eine Verschlechterung der Bedingungen auch für die in den Wurzeln befindlichen Stadien nicht ausgeschlossen. Das gleiche ist von einem zu niedrigen Wassergehalt anzunehmen, der in extremen Fällen zu länger anhaltenden Welkeerscheinungen und in deren Folge auch zu Wurzelschäden führt. AHLBERG (1952) weist auf die vielfältigen Verflechtungen des Wassergehaltes mit anderen Faktoren sowie deren Auswirkungen auf die Vermehrung hin. Abgesehen von den frei im Boden befindlichen Larven kann eine Beeinflussung der Vermehrung durch den Feuchtigkeitsgehalt wohl nur im Zusammenhang mit der Pflanzenentwicklung gesehen werden.
In den erwähnten Experimenten wurden die Pflanzen — auch bei niedrigem Sättigungsgrad — kontinuierlich mit Wasser versorgt, so daß ein akuter Mangel

nicht entstehen konnte. Dagegen ist im Feldbestand auf leichten Böden oder in Trockengebieten während der Wachstumsphase oft akuter Wassermangel zu verzeichnen.
Mit zusätzlicher Bewässerung wird in diesen Fällen die Pflanzenentwicklung gefördert. In der Regel werden damit auch den Parasiten bessere Entwicklungsmöglichkeiten geboten. Die Art und Weise der Beeinflussung von Nematodenpopulationen durch zusätzliche Wassergaben ist von einer Reihe von Voraussetzungen abhängig. Die verabfolgte Wassermenge allein ist nicht entscheidend, wesentlicher ist vielmehr die Notwendigkeit einer Bewässerung zur Förderung der Pflanzenentwicklung, der Zeitpunkt der Bewässerung, Bewässerungsdauer und Wassermenge insgesamt und je Zeiteinheit, Bodenart und Humusgehalt und damit verbunden die max. Wasseraufnahmefähigkeit des Bodens u. a. m. Erhöht sich z. B. durch die Bewässerung die Wasserkapazität über eine längere Zeit, besonders im Frühjahr, auf mehr als 80% der max. Wasseraufnahmefähigkeit, so sind die Bedingungen für die Entwicklung des Kartoffelnematoden durchaus ungünstig. Ebenso werden Bewässerungen im Sommer, also zu schon älteren Pflanzen, sich nur unwesentlich auf die Verseuchungshöhe auswirken. In Trockenlagen dagegen ist mit temporärer Bewässerung ziemlich sicher auch eine Begünstigung der Nematodenpopulation zu erwarten.
Bei der Vielzahl der Faktoren ist es nicht überraschend, daß die bisher vorliegenden Untersuchungsergebnisse wenig übereinstimmen. Mai und Harrison (1959) berichten von einem Populationsanstieg auf bewässerten Flächen, während Jones et al. (1968) mit Wassergaben zwischen 0,5 und 4,3 in. eine Begünstigung der Nematodenpopulation im Vergleich zur Kontrolle nicht feststellten. Dem erfahrenen Experimentator bietet sich hier ein reiches Betätigungsfeld.

4.5.4. *Die Beeinflussung der Vermehrung durch die Art der Düngung*

Oostenbrink (1950) fand in mehrjährigen Versuchen nach Stallmist- und Kompostgaben in der Regel höhere Verseuchungen als nach mineralischer Düngung. Lediglich in einem Versuch war die Verseuchung anfänglich auf den mit Handelsdünger versehenen Parzellen höher. Aus einem langjährigen Düngungsversuch berichtet Schmidt (1953/54) bis zum 12. Versuchsjahr von höheren Verseuchungen (Zysten) auf den mineralisch gedüngten Parzellen, später war der Zystenbesatz auf den mit Stalldung versehenen Flächen höher. Jasinska und Szulc (1961) fanden in zweijährigen Gefäßversuchen in den mit Stallmist gedüngten Varianten wohl eine etwas höhere Zystenzahl als nach Gründüngung, Mineraldüngung oder einer Kompostgabe. Eine eindeutige Überlegenheit der Stallmistdüngung geht aus den Werten jedoch nicht hervor.
Nach v. d. Laan (1956) war in einem einjährigen Versuch die Verseuchungszunahme auf den mit Kompost gedüngten Parzellen am höchsten. Geringere Verseuchungen in abnehmender Folge wiesen die Handelsdünger-, Stallmist- und ungedüngten Varianten auf. Wird jedoch der Wurzelbefall in den ersten Wochen berücksichtigt, so ergibt sich ein anderes Bild. Am 33. Tage nach Versuchsbeginn

war der Larvenbesatz je Gramm Wurzelmasse in der mineralisch gedüngten Variante am höchsten, an 2. Stelle lag die ungedüngte Variante. Den geringsten Befall wiesen zu diesem Zeitpunkt die mit Kompost gedüngten Pflanzen auf. v. d. Laan nimmt an, daß durch organische Düngung der Befall lediglich verzögert wird.

Dies können Auswirkungen der durch den höheren Humusgehalt gesteigerten biologischen Aktivität sein, die zu einem schnelleren Abbau der schlupfauslösenden Substanzen führt. Es ist auch nicht ausgeschlossen, daß die Differenzen zwischen Wurzelbefall und endgültiger Zystenzahl einem veränderten Geschlechtsverhältnis in den einzelnen Düngungsvarianten zuzuschreiben sind. Die Art der Düngung wirkt sich offenbar in der verschiedensten Weise auf die Wechselbeziehungen zwischen Pflanze und Parasit aus. Hier wäre nicht nur an die biologische Aktivität des Bodens und das Bodengefüge, die von Einfluß auf den Schlupf und die Fortbewegung der Larven sind, zu denken. In gleicher Weise sind die Auswirkungen der Düngung auf die Entwicklung der Pflanzen in Rechnung zu stellen.

Die aus diesem Abschnitt zu ziehenden Schlußfolgerungen befriedigen in mancher Hinsicht nicht. Noch relativ übersichtlich sind die Beziehungen zwischen der Anfangsverseuchung und dem Vermehrungsfaktor. Erheblich ungenauer sind die Aussagen über die Vermehrung in Abhängigkeit von der Wirtspflanze. Wird jedoch der gesamte Komplex Anfangsverseuchung, Wirt und Boden mit allen seinen Varianten berücksichtigt, so sind die Wechselwirkungen keinesfalls mehr deutlich zu übersehen. Dies ist nicht überraschend. Allein der Komplex Boden birgt soviel Variationen, die in irgend einer Weise die Entwicklung der Pflanzen und damit auch die Vermehrung der Nematoden beeinflussen. Abgesehen von präzisen Fragestellungen, die auch nur in Modellversuchen zu klären sind, wird es kaum möglich sein, etwas mehr zu erreichen als Beispiele, die für einen bestimmten Fall zutreffen.

4.6. „Aggressive Rassen“ des Kartoffelnematoden

4.6.1. Entdeckung und Verbreitung (Nachweismethoden)

Die mit der Züchtung nematodenresistenter Kartoffeln verbundenen Resistenzprüfungen führten zur Entdeckung von Nematodenrassen mit abweichendem Befallsvermögen. Diese mit aggressiven Rassen oder aggressiven Biotypen bezeichneten Nematoden entwickeln sich weitgehend normal an den *andigenum*-Herkünften, die gegen die allgemein verbreiteten Nematodenpopulationen resistent sind.

Die resistenten Pflanzen sind also gleichzeitig Testpflanzen, mit denen physiologisch abweichende Nematoden erkannt und selektiert werden können. Guile (1966; 1967) weist außerdem auf Färbungsunterschiede hin, durch die Zysten aggressiver Rassen von der Normalpopulation unterschieden werden können (Abschn. 4.3.). Mit solchen Resistenzträgern wurde nachgewiesen, daß sich manche Nematodenpopulationen aus Individuen (Zysten) unterschiedlichen parasitären Charakters zusammensetzen. Kort (1968) rechnet mit Larven verschiedener Rassenzugehörigkeit in einer Zyste. HOWARD (1965) verwendet für Individuen unterschiedlicher Wirtspflanzenbereiche den Terminus ‚Pathotyp'. In Anlehnung an STURHAN (1966) werden hier solche Individuengruppen als Rasse(n) bezeichnet.

Erste Beobachtungen, die auf die Existenz solcher Rassen hindeuteten, erfolgten in Schottland schon 1956 (anonym, 1956a). Später wies DUNNETT (1957b) den aggressiven Charakter dieser Population nach. An bisher nicht befallenen Zuchtklonen entwickelten sich von einer Nematodenpopulation aus „Duddingston" (später unter der Bezeichnung „Duddingston-Population" bekannt geworden) in vorher nicht bekanntem Ausmaß neue Zysten. Diese Entdeckung war Anlaß, auch in anderen Ländern Untersuchungen durchzuführen, die später nicht nur darauf beschränkt waren, aggressive Rassen überhaupt festzustellen, sondern gleichzeitig evtl. vorhandene Verseuchungsschwerpunkte zu erkennen. Soweit aus der Literatur erkennbar, sind aggressive Rassen bis jetzt in den folgenden Ländern nachgewiesen:

Land/Gebiet	Autor (Literatur)
1. Peru	QUEVEDO et al. (1956); V. D. LAAN und HUIJSMAN (1957)
2. Holland	V. D. LAAN und HUIJSMAN (1957)
3. Schottland	DUNNETT (1957b)
4. England	JONES (1957; 1958b)
5. Westdeutschland	GOFFART (1957)
6. DDR (Thüringen)	SCHICK und STELTER (1959)
7. Belgien	GOORIS und D'HERDE (1962)
8. UdSSR	KAMERAZ (1963)
9. Nordirland	anonym (1962a); McKENNA et al. (1964)
10. Griechenland	PASCHKALI-KOURTZI und TRIANTAPHYLLOU (1964)
11. ČSSR	ŠEDIVÝ (1965b)
12. Schweiz	GRAF (1966)
13. Färöer-Inseln	anonym (1966b); LINDHARDT (1967)
14. Norwegen	anonym (1966b)
15. Schweden	VIDEGÅRD (1965; 1966)
16. Canada (Newfoundland)	MORGAN (1968)

Aus den Befallsgebieten der USA sind aggressive Rassen bisher nicht bekannt geworden (HARRISON, 1960; 1968). Nach EFREMENKO und BURSTEIN (1963), RASINJA (1967a; 1968) und RIJSPERE et al. (1968) ist auch für die UdSSR das Vorkommen nicht gesichert.

Diese Ergebnisse sind nur als vorläufige Hinweise anzusehen. Sie zeigen aber recht deutlich, daß aggressive Rassen ebenso weltweit verbreitet sind wie der Kartoffelnematode überhaupt.

Untersuchungen zur Feststellung der Verseuchungsdichte oder von Verseuchungsschwerpunkten erfolgten in größerem Umfange in Holland, England und Deutschland. In den Niederlanden wird der Anteil an Nematodenpopulationen, in denen aggressive Rassen vorkommen, mit 24% angegeben (KORT, 1962a). Verseuchungsschwerpunkte, in denen etwa in 50% der Populationen aggressive Rassen nachzuweisen sind, befinden sich im Norden des Landes (HUIJSMAN, 1964b). Die höchste Verseuchung weist offenbar England mit aggressiven Rassen in rund 50% der Nematodenpopulationen auf (anonym, 1957a; 1960; JONES, 1958b; anonym, 1961c). Siehe Nachtrag (Seite 284). Für SW-Lancashire wiesen DIXON et al. (1968) in wenigstens 80% von 112 untersuchten Nematodenpopulationen aggressive Rassen nach. Siehe Nachtrag (Seite 284).

In Deutschland sind etwa 3% der Populationen betroffen (SCHICK und STELTER, 1959; STELTER, 1961; GOFFART, 1961b; 1962b) mit Verseuchungsschwerpunkten im Bezirk Suhl. Diese Zahl hat sich auch nach Untersuchung von etwa 5000 Proben nicht wesentlich verändert (STELTER, unveröffentl.). Die aus Holland und Deutschland vorliegenden Ergebnisse lassen vermuten, daß aggressive Rassen hauptsächlich in den Gebieten verbreitet sind, in denen in der Vergangenheit ein überdurchschnittlich hoher Kartoffelbau betrieben wurde. So ist z. B. in den höheren Lagen Thüringens der Anteil aggressiver Rassen in Haus- und Kleingärten bzw. Kleinstflächen sehr hoch, während die landwirtschaftlich genutzten Flächen noch rel. wenig betroffen sind.

In der ČSSR wurden von ŠEDIVÝ (1965b) in 22,7% der untersuchten Proben aggressive Nematoden festgestellt. Die Probenzahl war jedoch gering und gestattet keine allgemeingültige Aussage über die Verseuchungsdichte.

Bisher sind aggressive Rassen nur in Mischpopulationen mit Rasse A aufgefunden worden. Der Anteil aggressiver Rassen in solchen Mischpopulationen wird in England mit weniger als 1% bis 75% bezogen auf die Gesamtpopulation angegeben (JONES, 1957; anonym, 1961c). Nach GOFFART (1960a; 1961b; 1962b) beträgt der B-Anteil in Deutschland in der Regel nur 1% bis 2% und übersteigt selten 10%. Für die ČSSR errechnet ŠEDIVÝ (1965b) Werte von 0,03% bis 75%. Die Zahlenangaben beziehen sich auf Nematodenpopulationen, die vorher nicht unter dem Selektionsdruck A-resistenter Pflanzen standen. Es ist schwierig, für die unterschiedliche Häufigkeit des aggressiven Anteils in den einzelnen Populationen eine Erklärung zu finden, vor allem, wenn berücksichtigt wird, daß diese qualitativen Verschiebungen in den vorausgegangenen Jahren ohne meßbaren selektiven Einfluß der kultivierten Wirte erfolgten.

Der Nachweis unterschiedlich reagierender Rassen erfolgt in der Regel durch die üblichen Prüfungen im Blumentopf, wobei die an den Wurzeln gebildete Zystenzahl der Bewertung zugrunde gelegt wird. STELTER (1970a) wies Rasse B bei einem Besatz von 1,3 Larven je Kubikzentimeter Boden (1 Zyste je 7 cm-Blumentopf) mit Sicherheit durch den Befall an der Topfballenoberfläche nach. Siehe Nachtrag (Seite 286). TRUDGILL et al. (1967b) berücksichtigen zum Nachweis abweichender Rassen die unterschiedliche Geschlechtsausbildung. Für Serienuntersuchungen ist dieses Verfahren zu arbeitsaufwendig. Im letzteren Falle wurden Populationen unbekannter Rassenzusammensetzung verwendet, wobei die Annahme zugrunde lag, daß sich Tiere verschiedener Rassen paaren können.

Videgård und Andreasson (1968) verglichen die Proteinzusammensetzung junger Zysten verschiedener Herkünfte und Rassen auf elektrophoretischem Wege und untersuchten die Möglichkeiten, nach diesem Verfahren eine Rassendifferenzierung vorzunehmen. Die Bandverteilung innerhalb einer Rasse ist jedoch sehr variabel, so daß dieser Methode, wenigstens z. Zt., kein diagnostischer Wert beigemessen wird.

Erste Untersuchungen zur Rassentrennung auf serologischem Wege unternahmen Mabbott (1968) und Webster und Hooper (1968). Antiserum wurde durch Injektion von Nematodenextrakten in Kaninchen gewonnen. Die zwei von *H. rostochiensis* verwendeten Rassen (‚Woburn‘ und ‚Colyton‘) konnten mit ihren eigenen Antiseren nicht unterschieden werden. Beide Antiseren unterschieden sich jedoch in ihrer Reaktion auf Extrakte von *H. schachtii*. Antiserum der ‚Woburn‘-Population reagierte auf Extrakte von *H. schachtii* mit einem dünnen Niederschlag, Antiserum der ‚Colyton‘-Population nicht.

4.6.2. Die Entstehung „aggressiver Rassen“

Es muß von der Voraussetzung ausgegangen werden, daß die Individuen einer Art nicht in jedem Falle einem bestimmten immer gleichbleibenden Typus entsprechen. Schon die einzelnen morphologischen Merkmale sind sehr variabel. In viel stärkerem Maße trifft dies für die Reaktionsweise auf Umweltfaktoren der verschiedensten Art zu. Populationen einer Art sind nach bestimmten morphologischen Gesichtspunkten zusammengefaßte Individuen oder Individuengruppen, die sowohl in morphologischer wie auch in physiologischer Sicht mehr oder weniger deutliche Abweichungen zueinander aufweisen können. Im „normalen“ Falle, etwa beim Anbau der bekannten Wirte, treten diese Abweichungen nicht in Erscheinung. Erst unter extremen Bedingungen wird die in einer Population vorhandene Reaktionsbreite bemerkbar und es erfolgt eine Selektion. Nur die Individuen, die unter den neuen Bedingungen Entwicklungsmöglichkeiten vorfinden, setzen sich durch, alle anderen sterben ab. Aggressive Rassen sind nicht erst neuerdings entstanden, sie waren und sind ein Teil der Gesamtpopulation, der mit dem Anbau resistenter Kartoffeln sichtbar in Erscheinung tritt (Schaper, 1958; Buhr, 1961b; anonym, 1963b). Ellenby und Smith (1968b) stellten an Zysten aus Peru während der Entwicklung die gleiche Verfärbung wie für die in England vorkommende Rasse ‚C‘ fest. Sie vermuten, daß diese Rasse einmal aus Peru eingeschleppt sein könnte.

Inwieweit das andersartige Verhalten genotypisch manifestiert (Goffart, 1960a; anonym, 1963b) oder phänotypisch induziert wurde (Goffart, 1960a), dürfte kaum jemals nachzuweisen sein.

4.6.3. Rassenspektrum und Rassenbezeichnung

Die Anzahl zu selektierender Rassen wird von der Reaktionsbreite des Testsortimentes bestimmt. Um das Ergebnis vorwegzunehmen, es herrscht heute, nach gerade 12jähriger Untersuchungstätigkeit, eine wahrhaft babylonische Sprachverwirrung hinsichtlich der Beurteilung der unterscheidbaren Rassen sowie den damit in Zusammenhang stehenden Vorstellungen von den Wirtseigentümlichkeiten der einzelnen Testpflanzen. Einheitliche oder wenigstens annähernd übereinstimmende Vorstellungen gehören zu den Ausnahmen. Da es zum gegenwärtigen Zeitpunkt aussichtslos ist, die unterschiedlichen Ansichten auf einen einheitlichen vergleichbaren Nenner zu bringen, werden anschließend die wesentlichsten Beobachtungen chronologisch geordnet dargestellt.

Die ersten nomenklatorischen Ordnungsprinzipien entwickelte Howard (1959). Mit dem Symbol ‚A' bezeichnet er die Nematoden, die sich nur an anfälligen Kartoffeln und nur ausnahmsweise an resistenten Kartoffeln mit den Resistenzmerkmalen von C.P.C. 1673, 1685 oder 1690 entwickeln, während er mit ‚B' die Nematoden bezeichnet, die sich sowohl an anfälligen wie auch an resistenten Kartoffeln ungehindert vermehren können.

Schick und Stelter (1959) charakterisieren die Rassen ‚A', ‚B', ‚C' und ‚D'. Später (Stelter, 1961) wurden die Rassen ‚C' und ‚D' wieder eingezogen, nachdem bewiesen war, daß einzelne Glieder des verwendeten Testsortimentes aus einem Gemisch von verschieden reagierenden Pflanzen bestand. Für Deutschland erwähnt Goffart (1961b) auch später nur die zwei mit *Sol. andigenum* zu unterscheidenden Nematodenrassen ‚A' und ‚B'. Für die Annahme von mehr als 2 Rassen gibt es auch heute noch keine zwingenden Gründe.

Anders im holländischen und englischen Schrifttum. Hier erfolgte eine weitere Unterteilung der Nematodenrassen mit einigen neu entdeckten nematodenresistenten Wildkartoffeln. In Holland wird für diesen Zweck vornehmlich *Sol. kurtzianum*, in England *Sol. multidissectum* und neuerdings auch *Sol. sanctae rosae* verwendet. Die mit diesen Arten, einschließlich *Solanum andigenum* charakterisierbaren Rassen sind aus den folgenden Aufstellungen ersichtlich:

Huijsman (1960) überprüfte 42 Nematodenherkünfte der Rasse ‚B' an *Sol. kurtzianum* mit dem Ergebnis, daß 35% der Populationen an dieser Art Befall verursachten. Hieraus resultiert die folgende Klassifizierung:

Testsortiment	Rassen		
	A	B 1	B 2
Sol. tuberosum	+	+	+
Sol. andigenum	—	+	+
Sol. kurtzianum	(—)	—	+

\+ = befallen — = nicht befallen

In späteren Untersuchungen wurden diese Ergebnisse bestätigt und unter Berücksichtigung von *Sol. vernei* die folgende Nomenklatur verwendet:

Testpflanzen	Rassen				
	A	AB	ABC	ABCD	(KORT, 1962a; 1962d)
	Abc	ABc	ABC	ABCD	(HUIJSMAN, 1964b)
Sol. tuberosum	+	+	+	+	
Sol. andigenum	—	+	+	+	
Sol. kurtzianum	—	—	+	+	
Sol. vernei	—	—	—	+	

+ = befallen — = nicht befallen

Die Rasse AB vermehrt sich an *Sol. tuberosum* stärker als an *Sol. andigenum*. Die Vermehrung der Rasse A an *Sol. tuberosum* und ABC an *Sol. tuberosum* und *Sol. kurtzianum* ist etwa gleich hoch, während ABC sich an *Sol. andigenum* etwa dreimal stärker vermehrt als an *Sol. tuberosum* und *Sol. kurtzianum*. Nach KORT (1962a) sind in rund 24% der holländischen Nematodenpopulationen aggressive Rassen nachgewiesen, von diesen entsprechen 18% dem AB-Typ und 6% dem ABC- und ABCD-Typ. In einer späteren Notiz erwähnt HUIJSMAN (1962) für Holland die folgenden Rassen: A—AB—AC—ABC—ABD—ABCD; wobei B Befall an *Sol. andigenum*, C Befall an *Sol. kurtzianum* und D Befall an *Sol. vernei* verursacht. Entsprechende Testpflanzen, vor allem für die Rassen AC und ABD, sind nicht genannt.

In England und Schottland wird für die Rassendeterminierung vorwiegend *Sol. andigenum* und *Sol. multidissectum* verwendet. Die einzelnen Rassen werden mit arabischen Ziffern symbolisiert, mit 1 die Duddingston- und mit 2 die Boghall-Population (DUNNETT, 1962). Es wird eine Gen:Gen-Korrespondenz zwischen den Resistenzgenen der Pflanzen und den Pathogenitätsgenen der Nematoden angenommen. Mit den Resistenzgenen H_1 aus *Sol. andigenum* und H_2 aus *Sol. multidissectum* sind die Rassen 1 und 2 unterscheidbar. *Sol. multidissectum* ist resistent gegenüber der Rasse 1, aber anfällig für Rasse 2 (DUNNETT, 1960b; 1961). Es ergeben sich die folgenden Wirt:Rassenbeziehungen:

Testsortiment	Resistenzgen	Rassen		
		1 (DUDDINGSTON)	2 (BOGHALL)	1,2
Sol. andigenum	H1	+	—	
Sol. multidissectum	H2	—	+	
Sol. andigenum × *Sol. multidissectum*	H1 H 2	—	—	+

+ = befallen — = nicht befallen

Aus der Kombination von *Sol. andigenum* × *Sol. multidissectum* werden Pflanzen mit den Resistenzgenen H1 H2 erwartet, die für Rasse 1 und 2 nicht anfällig sind, jedoch von einem angenommenen Kreuzungsprodukt der Rassen 1 × 2 mit den Aggressivitätsgenen 1,2 befallen werden. Die Gewinnung einer so reagierenden Rasse durch Kultivierung von Mischpopulationen mit Aggressivitätsgenen 1 und 2 an anfälligen Kartoffeln ist in Experimenten bisher nachweislich nicht gelungen (anonym, 1962b; 1963b; 1964a).

Auf Grund von Prüfungsergebnissen mit 43 Nematodenpopulationen werden in England wenigstens 4 Rassen angenommen (anonym, 1965a; Howard, 1965; Jones, 1966), die folgendes Spektrum aufweisen:

Testpflanzen	Bezeichnung der Resistenzgene (anonym, 1965a)	(Jones, 1966)	Rassen 0	1	2	1,2	(anonym, 1965a; Jones, 1966)
			0	B	A	C	(Howard 1965)
Sol. tuberosum	h1 h2	ab	+	+	+	+	
Sol. andigenum	H1 h2	Ab	—	+	—	+	
Sol. multidissectum	h1 H2	aB	—	—	+	+	
Sol. andigenum × *Sol. multidissectum*	H1 H2	AB	—	—	—	+	

+ = befallen — = nicht befallen

Diese Determination unterscheidet sich von der vorhergehenden durch die neue Rasse ‚0'. In mancher Hinsicht bestehen vor allem zwischen den holländischen Populationen einerseits und den schottisch/englischen Populationen andererseits manche Unterschiede. Die von *Sol. kurtzianum* herrührende Resistenz ist offenbar nicht mit der von *Sol. multidissectum* stammenden identisch (anonym, 1962b; 1963b; 1965a bzw. Kort, 1962a; 1962d). Die holländische Rasse AB scheint noch am ehesten der schottisch/englischen Rasse 1 zu entsprechen, jedoch nicht die holländische Rasse ABC der schottisch/englischen Rasse 2. Kort (1962a) betont, daß *Sol. andigenum* von der holländischen Rasse ABC wesentlich stärker befallen wird als *Sol. tuberosum* oder *Sol. kurtzianum,* während die englisch/schottische Rasse 2 *Sol. andigenum* nicht zu befallen vermag.

Die Widersprüche werden bei Berücksichtigung der Ergebnisse von Stelter und Rothacker (1963) noch krasser. Von einer Population der Rasse B, die mehrere Jahre auf A-resistentem *Sol. andigenum* vermehrt war, wurde sowohl *Sol. kurtzianum* wie auch *Sol. multidissectum* stark befallen. Mit diesen Ergebnissen übereinstimmend war der Befall von fünf weiteren B-Populationen ähnlicher Vorgeschichte (Stelter, unveröffentl.). Es könnte nun angenommen werden, daß die von Stelter und Rothacker verwendete B-Herkunft der holländischen ABC-Rasse entspräche. Demnach wäre in Deutschland, im Gegensatz zu Holland, vorwiegend die Rasse ABC vertreten. Ähnliche Diskrepanzen ergeben sich zwischen den Ergebnissen von STELTER und ROTHACKER und den schottisch/englischen Befunden.

ROSS und HUIJSMAN (1969) verglichen Prüfungsergebnisse von 63 Solanum-Arten mit 12 Nematodenpopulationen aus mehreren Ländern, fanden jedoch in keinem Falle übereinstimmende Reaktionen. Sie differenzierten 12 unterschiedliche Rassen. Die Abweichungen im Befallsspektrum der einzelnen Nematodenherkünfte waren oft so geringfügig, daß eine Reproduzierbarkeit der Ergebnisse in Zweifel gezogen werden muß. Resistent gegen alle geprüften Rassen waren *Sol. oplocense*, *Sol. spegazzinii* (= *Sol. famatinae*) und *Sol. vernei*.

Die internationale Zusammenarbeit bei der Zusammensetzung des Testsortiments und der Rassendetermination ist völlig ungenügend. Es ist sicher nicht anzunehmen, daß bei einem weit verbreiteten Parasiten, wie dem Kartoffelnematoden, die Populationszusammensetzung überall einheitlich ist. Dieser Umstand sollte erst recht Anlaß sein, die Prüfungen in allen Ländern mit einheitlichem Material und nach weitgehend einheitlicher Methode durchzuführen. Ein entsprechender erster Vorschlag (anonym, 1959b) hat bisher keine Resonanz gefunden. Einmal gefundene Abweichungen sollten Anlaß sein, nach diesen auch in anderen Gebieten zu suchen. Die bis jetzt bekannt gewordenen Ergebnisse sind größtenteils nur von lokaler Bedeutung, erschweren jedoch infolge der nicht einheitlichen Voraussetzungen die Vergleichbarkeit und darüber hinaus die Verständigung.

Eine der Ursachen für die so unterschiedlichen Vorstellungen ist sehr wahrscheinlich auf die enge Bindung an eine Gen:Gen-Korrespondenz zurückzuführen, die erstmalig von FLOR (1956) für Flachs und Flachsrost nachgewiesen wurde und die sich später auch für *Phytophthora infestans* bestätigte (BLACK et al., 1953). Neben der genotypisch bedingten Reaktionsweise sind sehr wahrscheinlich auch noch andere Momente auf die Art der Wechselbeziehungen von Einfluß. Es ist bekannt, daß unter den vielen Wirten des Kartoffelnematoden aus dem Sortiment der nicht knollenbildenden Arten die Skala von schwach bis sehr stark befallenen reicht, ohne daß Wechselbeziehungen zwischen Resistenzgenen und Pathogenitätsgenen angenommen werden. Unter den knollenbildenden Arten ist *Sol. demissum* ein sehr instruktives Beispiel. Der Zystenbesatz von vegetativen Nachkommen einer Pflanze — unabhängig von deren Befallsgrad — reicht von nicht befallenen bis sehr stark befallenen Pflanzen. Die unterschiedlich hohe Vermehrung aggressiver Populationen an Resistenzträgern von C.P.C. 1673, 1685 und 1690 (JONES, 1957; STELTER, 1961; 1963a) läßt ebenfalls strenge Bindungen an eine Gen:Gen-Korrespondenz nicht erkennen. Für die heute so kompliziert erscheinenden Probleme sind möglicherweise ganz andere Steuerungsprinzipien verantwortlich (GOFFART, 1957).

4.6.4. Wechselbeziehungen zwischen den Nematodenrassen und Erbgang der Aggressivität (Vermehrung)

Wie die Rassendeterminierung selbst, so sind auch die Beziehungen zwischen den Rassen nicht geklärt. Schon TOXOPEUS (1956) befaßte sich mit Überlegungen des mutmaßlichen Erbganges der damals noch nicht bekannten aggressiven Rassen und nimmt an, daß die Vermehrung dieser Rasse nur dann gesichert ist, wenn die Vererbung der Aggressivität dominanten Charakters ist. HOWARD (1959) stellte folgende Möglichkeiten zur Diskussion:

1. Die zwei Typen (damals noch A und B) paaren sich nicht miteinander
2. Die zwei Typen paaren sich miteinander
   a) Die Aggressivität ist dominant
   b) Die Aggressivität ist rezessiv

HOWARD vermutet, daß Tiere verschiedener Rassenzugehörigkeit sich miteinander paaren und die Aggressivität rezessiv vererbt wird. Diese Hypothese wird vor allem von englischen Bearbeitern mehrfach erwähnt (COLE und HOWARD, 1959; JONES und PAWELSKA, 1963; JONES und PARROTT, 1965; JONES, 1966; anonym, 1966). In resistenten Pflanzen können sich hiernach nur doppelt rezessive Weibchen (aa), jedoch Männchen jeder genetischen Konstitution (AA—Aa—aa) entwickeln. Aus Kreuzungen der rezessiven Weibchen mit Männchen der verschiedensten Konstitution sind nur wieder die rezessiven, nicht aber die heterozygoten (Aa) Weibchen entwicklungsfähig. Unter Voraussetzung dieser Annahme berechnet JONES (1959a) die bei ständigem Anbau resistenter Kartoffeln theoretisch möglichen Populationsverschiebungen in Richtung zum aggressiven Teil. Ist der Anteil aggressiver Tiere in der Anfangspopulation gering (unter 10%), so ist erst im zweiten Anbaujahr mit einem fühlbaren Anstieg des aggressiven Populationsanteiles zu rechnen.
Es ist jedoch nicht bewiesen, ob rezessive Weibchen überhaupt von dominanten oder heterozygoten Männchen begattet werden (anonym, 1960). Es bestehen nur Aussichten, diese Fragen in kontrollierten Kreuzungsversuchen mit einzelnen Larven in Verbindung mit der Vermehrungsfähigkeit der F_1 auf genetisch verschiedenen Wirten zu beantworten.
Die bisher zitierten Autoren setzen ausnahmslos voraus, daß die Rassen sich untereinander paaren und die Fähigkeit des Befalls A-resistenter ssp. *andigenum*-Resistenzträger einem rezessiven Erbgang folgt. Eine andere Version vertreten auf Grund von Versuchsergebnissen WESSELY (1968) sowie STELTER et al. (1969). Es wurden unterschiedliche Mischungsverhältnisse der Rassen A und B sowie deren Nachkommen mehrere Jahre an A-anfälligen und an A-resistenten Pflanzen vermehrt. Auf Grund der von den verschiedenen Varianten in den einzelnen Generationen gebildeten Zystenzahl wird gefolgert, daß die bisher vertretene Annahme eines rezessiven Erbganges zur Überwindung der *andigenum*-Resistenzbarriere nicht aufrecht gehalten werden kann. Spontane Kreuzungen zwischen den Rassen A und B erfolgen nicht (s. auch PARROTT, 1968). Eine Versuchstechnik für Kreuzungsexperimente beschrieb WEBSTER (1965): Kartoffelpflanzen werden zunächst für 14 Tage in mit Sand gefüllten Blumentöpfen angezogen, danach umgetopft und zwar so, daß nur die unteren Wurzeln wieder in einen Topf mit nicht verseuchtem Kompost kommen. Die oberen Wurzeln der etwas hoch gesetzten Pflanze kommen in eine hierfür angefertigte, auf den Topf gestellte Schale in Sand, dem Larven zugegeben werden. Nach etwa 2 Tagen werden Sand und

Larven entfernt und durch nematodenfreien Sand ersetzt. Nach weiteren 15 bis 16 Tagen kommen die oberen Wurzeln in eine Nährlösung, in der sich die Männchen nach Verlassen der Wurzeln ansammeln, ohne die Weibchen begatten zu können (?). In dem beschriebenen Versuch waren die Männchen in etwa 50 (!) Tagen nach Versuchsbeginn (Zugabe der Larven) aus den Wurzeln ausgewandert. Jetzt kommen die Wurzeln wieder in Sand, dem nun Männchen einer anderen Rasse zugegeben werden. Es wird mit dieser Methode von zufriedenstellenden Ergebnissen berichtet.

Wie der Populationsaufbau aggressiver Rassen in Mischpopulationen im einzelnen vor sich geht, ist nicht bekannt. Neben dem Erbgang der Aggressivität ist hierfür die biologische Verhaltensweise unter den verschiedensten Umweltverhältnissen einschließlich der Fruchtfolge und der angebauten Wirtspflanze von entscheidender Bedeutung.

Die Vermehrung aggressiver Rassen in Mischpopulationen ist kompliziert und wenig übersichtlich, wenn eine Begattung zwischen Vertretern verschiedener Rassen erfolgt und die Nachkommen lebens- und infektionsfähig sind. Nach Kort (1966a) ist diese Möglichkeit nicht auszuschließen. Er verwendete wahllos entnommene gefüllte Zysten von einer Feldpopulation und versah 100 resistente andigenum-Nachkommen in 8 cm-Blumentöpfen mit je einer Zyste. Nur an drei Pflanzen entwickelten sich mehr als 10 Zysten (12, 28, 49). In Einzystenkulturen mit diesen entwickelten sich, wiederum an andigenum-Nachkommen, im kommenden Jahr nur in ganz wenigen Fällen mehr als 50 Zysten je Topf. Der Populationsaufbau ist demnach auch an den typischen Wirten äußerst unübersichtlich und kann nicht vorausgesagt werden. Eine Überprüfung dieser Befunde ist dringend anzuraten.

Bei sehr geringer Gesamtverseuchung ist nach Kort (1963) die Vermehrung aggressiver Rassen an resistenten Kartoffeln schon im ersten Anbaujahr außerordentlich hoch. Er nimmt an, daß auf Grund der räumlichen Entfernungen in diesem Fall die Paarung nur zwischen Tieren einer Zyste erfolgt und somit der Anteil Heterozygoter in der neuen Generation gering ist. Jones (1966) errechnet unter Annahme eines rezessiven Erbganges bei 3jähriger Fruchtfolgestellung, wobei in jeder Rotation im Wechsel einmal anfällige und einmal resistente Kartoffeln angebaut werden, einen Zeitraum von 30 Jahren, ehe aggressive Rassen in spürbarem Maße in Erscheinung treten. Bei Annahme eines dominanten Erbganges der Aggrssivität soll die Zunahme bereits nach 18 Jahren erkennbar sein. In einer späteren Arbeit (Jones et al., 1967) werden populationsgenetische Modellvorstellungen für etwa 10 bis 40 Generationen mit angenommenem rezessiven und dominten Erbgang bei Kultivierung anfälliger und resistenter Kartoffeln (*andigenum*-Resistenz) in mehreren Variationen entwickelt.

Werden reine Populationen verwendet, dann ist unabhängig von der Verseuchungshöhe die Vermehrung aggressiver Rassen an A-resistenten Pflanzen signifikant geringer als an A-anfälligen Pflanzen (Stelter, 1963b). Nach den Ouden (1966) vermehren sich die holländischen Rassen AB und ABC an A-resistenten *andigenum*-Hybriden stärker als an der A-anfälligen Sorte ‚Bintje‘, während Rasse ABCD sich an allen Testpflanzen, einschließlich *Sol. vernei*, etwa gleich stark vermehrt.

Bisher liegen nur wenige Ergebnisse über die Vermehrung aggressiver Rassen in Feldversuchen vor. COLE und HOWARD (1962a) fanden in einer Mischpopulation mit einem angenommenen ursprünglichen aggressiven Anteil um 0,4% bei ständigem Anbau resistenter Kartoffeln in den ersten 3 Jahren einen laufenden Rückgang der Verseuchung, die dann etwa über zwei Jahre konstant blieb und im sechsten Jahr rapide anstieg. Sie erklären die deutliche Zunahme aggressiver Rassen erst im fünften oder sechsten Jahr mit dem rezessiven Erbgang des Merkmals Aggressiv.

Ebenso fand HUIJSMAN (1963) erst nach 7maligem Anbau resistenter Kartoffeln eine Zunahme der von A abweichenden Rassen. Nach seinen Vorstellungen ist für den Populationsaufbau nicht das Vorhandensein von aggressiven Rassen in der Ausgangspopulation entscheidend, sondern die Häufigkeit von Genen, die die Aggressivität induzieren.

Es gibt eine einfachere Erklärung. Sind in einer Population abweichende Rassen in nur sehr geringer Menge vorhanden, so wird bei Anbau resistenter Kartoffeln in den ersten Jahren die Vermehrung der Rasse B durch die Reduzierung der Normalpopulation überdeckt. Je nach der Höhe des aggressiven Anteils in der Population erfolgt ein Anstieg dann, wenn entweder die A-Population auf ein Minimum reduziert ist, oder die B-Population eine für die Vermehrung optimale Verseuchungsdichte erreicht hat, die sich in einem sprunghaften Anstieg auswirkt. Zwei solcher Beispiele bringt STELTER (1967). Bei einem B-Anteil unter 1% von der Gesamtpopulation erfolgte bei ständigem Anbau resistenter Kartoffeln im vierten Jahr ein leichter und im fünften Jahr ein rapider Anstieg. Standen bei dieser Ausgangspopulation Kartoffeln in jedem zweiten oder dritten Jahr auf derselben Fläche, so war ein Populationsanstieg im Laufe von 6 Jahren nicht erkennbar. Liegt der B-Anteil über 5%, so steigt die Population schon im ersten Jahr gering und im nächsten Jahr deutlich an. Werden in diesem Falle Kartoffeln in jedem zweiten oder dritten Jahr angebaut, so erfolgt der Populationsanstieg immer zum zweiten Kartoffelanbau. Siehe Nachtrag (Seite 285).

5. Methoden zur Feststellung von Bodenverseuchungen und zur Bestimmung der Verseuchungsdichte

Die Verseuchungslage eines Feldes wird durch die aus Bodenuntersuchungen erhaltenen Werte charakterisiert. In der Praxis werden von einer Fläche nach einem bestimmten Schema Proben entnommen und von diesen Durchschnittsproben untersucht. Anstelle der genauen Verseuchungsdichte erhält man einen Schätzwert, der naturgemäß mit Unsicherheiten belastet ist. Die Höhe des Fehlers wird beeinflußt von der Verseuchungsdichte, der Verteilung der Zysten und in Verbindung damit von den jeweiligen Untersuchungsmethoden.

Die Bodenuntersuchung setzt sich in der Regel aus drei Arbeitsgängen zusammen:

1. Probeentnahme
2. Feststellung der Zystenzahl in einer Probe
3. Bestimmung der Larvenzahl

Das Endprodukt, die Larvenzahl je Bodeneinheit oder je Zyste, ist mit dem in jedem Arbeitsgang möglichen Fehler belastet. Im Laufe der Zeit wurden für die einzelnen Arbeitsgänge mehrere Methoden vorgeschlagen, deren Entwicklung z.T. von den Erkenntnissen und Möglichkeiten des Experimentators abhängig waren. Eine einheitliche und allgemein verbindliche Methode, die allen Anforderungen gerecht wird, ist bis heute nicht entwickelt und auch nicht anzustreben. Je nach dem Zweck der Untersuchung werden unterschiedliche Ansprüche an die Aussagefähigkeit der Ergebnisse gestellt.
FENWICK (1952a; 1959b; 1961) und WIDDOWSON (1962/hier etwas abgeändert) unterteilen die Untersuchungen nach folgenden Gesichtspunkten:

1. Untersuchungen für wissenschaftliche Zwecke
2. Untersuchungen für beratende Zwecke (Anbau von Kartoffeln oder nicht)
3. Untersuchungen zur Feststellung, ob Zysten vorhanden sind oder nicht

Die Zweckmäßigkeit derartiger Unterteilungen ist umstritten. Es besteht kein Zweifel, daß für wissenschaftliche Zwecke ein Höchstmaß an Genauigkeit erreicht werden muß. In diesen Fällen ist die Methode dem Versuchsziel untergeordnet und nur in beschränktem Umfange von ökonomischen Überlegungen abhängig. Bei der weiteren Unterteilung (Punkt 2) geht FENWICK davon aus, daß Ertragsverluste erst von einer bestimmten Verseuchungsdichte an zu erwarten sind. Der Beratungsdienst soll mit diesen Werten in die Lage versetzt werden, dem Anbauer Hinweise zu geben und auf eventuell zu erwartende Schäden hinzuweisen; bei nachweislicher Verseuchung also festzustellen, ob die Verseuchung unterhalb der ertragsmindernden Grenze liegt oder nicht. Hierfür wird die von JOHNSON und THOMPSON (1945) angegebene kritische Zahl von 0,5 Zysten je 1 Gramm Boden zugrunde gelegt. Nach diesen Gesichtspunkten durchgeführte Untersuchungen sind in der Tat wenig arbeitsaufwendig, denn zur Feststellung einer in diesem Bereich liegenden Verseuchungsdichte kann die Probezahl auf ein Mindestmaß beschränkt werden. Wie später gezeigt wird, sind Aufwuchsschäden und Ertragsverluste jedoch schon bei wesentlich geringerer Zystenzahl zu beobachten. Der angenommene Wert kann also nicht generell vorausgesetzt werden.
Zu Punkt 3 wäre zu bemerken, daß mit keiner Methode eine sichere Aussage darüber erfolgen kann, ob ein Feld zystenfrei ist oder nicht.
Eine derartige Unterteilung ist wenig befriedigend. Wenn eine Differenzierung vorgenommen wird, dann lediglich nach Untersuchungen für wissenschaftliche Zwecke und Untersuchungen für praktische Belange. Auch im letzten Falle muß ein Höchstmaß an Genauigkeit verlangt werden, wobei jedoch ein ausgewogenes Verhältnis zwischen Arbeitsaufwand und dem zu erwartenden Nutzen anzustreben ist.

5.1. Die Probeentnahme (Verteilung der Zysten im Feld)

Wenn berücksichtigt wird, daß nur eine verschwindend geringe Bodenmenge von einer Fläche zur Untersuchung gelangt, so ist verständlich, daß die Art der Probeentnahme von erheblichem Einfluß auf die Aussagefähigkeit der Ergebnisse ist. Es ist daher nur natürlich, daß gerade diesem Bereich von jeher besondere Aufmerksamkeit zugewendet wurde.

Zwischen der Art der Probeentnahme (Einstiche je Fläche) und der zur Untersuchung gelangenden Bodenmenge bestehen in bezug auf die Aussagefähigkeit der Ergebnisse enge Wechselbeziehungen. Auf diese Zusammenhänge hat schon Ahlberg (1939) hingewiesen und als Ursache die auch auf kleinstem Raum ungleichmäßige Verteilung der Zysten angegeben. Je geringer und ungleichmäßiger eine Bodenverseuchung ist, umso ungenauer fallen die Ergebnisse aus. Die Flächengröße ist hierbei von untergeordneter Bedeutung. Auf diese Zusammenhänge wird jedoch später noch eingegangen.

Zuverlässige Ergebnisse erwartet Ahlberg, wenn von kleinen Flächen 9 Einstiche/m^2, von 10 bis 30 m^2 großen Flächen 2 bis 4 Einstiche/m^2 und von größeren Flächen ein Einstich je m^2 entnommen und von der gut durchmischten Bodenmenge 50 cm^3 Boden untersucht werden. Diese Art der Probeentnahme ist mit einem sehr hohen Arbeitsaufwand verbunden und nur für Versuchsflächen vertretbar.

In England und Wales ist für Flächen, auf denen Kartoffeln zum Export angebaut werden, die folgende Einstichzahl vorgeschrieben: Von Feldern unter 1/2 acre 25 Einstiche und wenigstens 50 von Feldern, die größer als 1/2 acre sind. Für jeden zusätzlichen acre sollen 5 Einstiche mehr entnommen werden (anonym, 1951).

Church et al. (1959) halten 25 bis 50 systematisch verteilte Einstiche auf Flächen bis 10 acres ausreichend für allgemeine Untersuchungen, wenn die insgesamt entnommene Bodenmenge wenigstens 1000 g, besser 2500 g beträgt und wenigstens 100 g, besser 200 g untersucht werden. Zur Entdeckung von Zysten in Nähe der von Johnson und Thompson angegebenen kritischen Verseuchungszahl von 0,5 Zysten je Gramm Boden wird dieses Verfahren auch von Anscombe (1950) für ausreichend angesehen. Ähnliche Vorstellungen vertritt Fenwick (1952a), erwähnt jedoch, daß genauere Werte erhalten werden, wenn von 5 bis 10 acres großen Flächen wenigstens 100 Einstiche entnommen und 250 g untersucht werden. Widdowson (1962) begründete diesen Vorschlag nochmals.

Chamberlain (1952/54; 1964) empfiehlt 150 Einstiche auf einer Fläche bis 2,5 acres und untersucht von der entnommenen Bodenmenge eine Stichprobe von 250 g. Hollnagel (1964) hält 100 Einstiche/ha und die Untersuchung von 1 × 400 cm^3 Boden zur Charakterisierung einer Bodenverseuchung für ausreichend. Kabiersch und Oberthür (1955) untersuchen aus 200 Einstichen je Hektar 4 Proben à 250 g. Scheibe (1956) hält 400 Einstiche je Hektar und die Untersuchung von 8 × 250 g für erforderlich. Nach Oostenbrink (1950) genügt es, von einem Hektar eine Probe von 200 cm^3 zu untersuchen. Nach Goffart (1954) ist die Entnahme von 200 gleichmäßig verteilten Einstichen je Hektar ausreichend. Lobanowa (1962) empfiehlt die Entnahme von fünf Einstichen je 100 m² mit einer Bodenmenge um 200 cm³ je Einstich, von der nach guter Durchmischung 300 cm³ untersucht werden.

In den EPPO-Berichten (1955a) wird die United Kingdom-Methode erwähnt, nach der auf Flächen bis 2,5 acres 50 Einstiche und auf größeren Flächen für jedes weitere acre fünf Einstiche zusätzlich entnommen werden. Von der gesamten gut durchmischten Bodenmenge sind 250 g lufttrockenen Bodens zu untersuchen. In dem gleichen Bericht ist eine holländische Methode erwähnt. Danach sind für Routineuntersuchungen 50 Einstiche/ha (= 200 cm³ lufttrockener Boden) mit Untersuchung der gesamten Bodenmenge ausreichend. Für Spezialzwecke werden jedoch 150 Einstiche/ha und die Untersuchung von 3 × 200 cm³ Boden gefordert. Von der EPPO wird die Untersuchung einer Probe (200 cm³ lufttrockener Boden) je Hektar, die sich aus 40 Einstichen zusammensetzen soll, vorgeschlagen.

Die Vorstellungen, bis zu welcher Bodentiefe die Proben am zweckmäßigsten entnommen werden, gehen weit auseinander. Oostenbrink (1950) gibt 6 cm an, Goffart (1951a; 1954a) 5 bis 15 bzw. 5 bis 10 cm, Anscombe (1950) 8 in., Kabiersch und Oberthür (1955) 5 bis 8 cm und Chamberlain (1964) 23 cm. Hrabe (1953) entfernt die oberen 10 cm Boden und entnimmt 0,5 bis 1 kg Boden je Einstich bis zu einer Tiefe von 30 cm. Diese weit voneinander abweichenden Empfehlungen erwecken den Eindruck, als ob die Entnahmetiefe von untergeordneter Bedeutung auf das Untersuchungsergebnis ist.

Wird die vertikale Verteilung der Zysten berücksichtigt, so ergibt sich ein anderes Bild. O'Brien und Prentice (1931), Chitwood und Feldmesser (1948), Hahn (1954) und Šedivý (1965b) stellen übereinstimmend fest, daß mit zunehmender Tiefe die Zystenzahl abnimmt. O'Brien und Prentice (1930) fanden die Masse der Zysten in den oberen 9 in. Hahn (1954) und Šedivý (1965b) nahmen die Proben in Intervallen von je 5 cm und stellten die meisten Zysten in den oberen 5 cm fest. Bis 15 cm Tiefe werden etwa 80% der in vertikaler Richtung überhaupt vorhandenen Zysten erfaßt (Tab. 11).

TABELLE 11

Die vertikale Verteilung der Zysten von *H. rostochiensis* (Zysten in 100 cm³ Boden)

	Bodentiefe					
	0–5	6–10	11–15	16–20	21–25	26–30 cm
nach Hahn (1954)						
Zystenzahl	113	92	76	56	44	14
%	29	23	19	14	11	4
nach Šedivý (1965b)						
Zystenzahl	80	52	41	21	14	
%	38,5	25	20	10	6,5	

Von ähnlichen Verteilungen berichten Vinickas und Rimkute (1959). Die Masse der Zysten ist in der Ackerkrume konzentriert. In diesem Bereich ist auch die Durchwurzelung am stärksten, so daß zwischen Durchwurzelungsdichte und Verseuchungsgrad enge Wechselbeziehungen zu erwarten sind (CHITWOOD und FELDMESSER, 1948).

Einzelheiten über die Verteilung der Bodenpopulation im Standraum einer Pflanze teilte STELTER (1970 c) mit. Im Frühjahr und im Herbst wurden kurz nach dem Pflanzen und kurz vor der Ernte aus dem Damm und aus der Furche Bodenproben aus verschiedenen Tiefen (0—5, 6—10 bis 31—35 cm Tiefe) untersucht. Unabhängig von der Anfangsverseuchung erfolgte die höchste Vermehrung immer im Damm zwischen 6 und 20 cm Tiefe, also im Bereich der dichtesten Durchwurzelung. In den oberen 5 cm und unterhalb 20 cm war die Vermehrungsrate rückläufig. Bei hohen Bodenverseuchungen (etwa um 10000 Larven/100 cm³ Boden) war in der Furche ein in Abhängigkeit von der Probentiefe unterschiedlich hoher Populationsrückgang zu verzeichnen. Geringere Anfangsverseuchungen (bis etwa 5000 Larven/100 cm³ Boden) führten auch in der Furche zu einer Vermehrung, die jedoch nicht die hohen Werte des Dammes erreichte. Wurden resistente Kartoffeln angebaut, so zeichneten sich im Damm die gleichen Tendenzen, jedoch mit entgegengesetzten Auswirkungen ab. Diese unterschiedlichen Populationsveränderungen im Bereiche eines Standraumes werden mit der Durchwurzelungsdichte und dem Durchwurzelungszeitpunkt (hohe Verseuchungen wirken als Barriere) erklärt. Wesentliche Bedeutung ist auch der Wurzeldicke beizumessen. Sehr dünne Wurzeln scheiden wohl Schlüpfstoffe aus, aber die Entwicklung zu Geschlechtstieren ist infolge Raummangels nur in beschränktem Umfange möglich. EVANS (1969) fand ebenfalls im Damm nach Kartoffeln höhere Verseuchungen als in der Furche. Diese primäre Zystenverteilung wird durch die Ernte und Bodenbearbeitungsmaßnahmen weitgehend ausgeglichen.

Wenn durch eine Bodenuntersuchung Zysten überhaupt festgestellt werden sollen, so ist es zweckmäßig, die Proben aus den oberen 10 bis 15 cm zu entnehmen. Soll der durchschnittliche Verseuchungsgrad ermittelt werden, wie z. B. für Versuche der verschiedensten Art, so ist es vorteilhafter, die Probe aus dem Bereich der Ackerkrume zu entnehmen.

Die Probeentnahme auf dem Feld ist der kostenaufwendigste Teil der gesamten Untersuchung. KIRCHNER (1954) erreichte Einsparungen dadurch, daß er die Nematodenuntersuchung mit der Nährstoffuntersuchung koppelte. Zur Nährstoffuntersuchung wird auf Flächen von 1/8 ha bis 2 ha eine Bodenprobe entnommen, die sich aus wenigsten 15 bis 20 Einstichen zusammensetzt. Nach Abzug des Bodens für die Nährstoffuntersuchung stehen in diesem Falle etwa 40 cm³ Boden für die Nematodenuntersuchung zur Verfügung. SCHEIBE (1956) hält die auf diese Weise gewonnenen Ergebnisse für wenig zuverlässig, und GOFFART (1958) weist in einer Vergleichsuntersuchung nach, daß die mit der Nährstoffuntersuchung gekoppelte Nematodenuntersuchung in 23% der Fälle keine Zysten erbrachte, während mit 400 Einstichen = 8 Proben à 250 cm³ Boden nur in 3% der Proben keine Zysten gefunden wurden.

Durch die Verwendung von Probenziehgeräten wird der Handarbeitsaufwand bei gleichzeitiger Erhöhung der Flächenleistung erheblich reduziert (DECKER, 1963). Die vielfältigen Empfehlungen erwecken teilweise den Eindruck, als ob zuverlässigere Ergebnisse erwartet werden, wenn die Einstichzahl je Fläche erhöht wird.

Die Wahl einer Methode für die Probeentnahme erfolgt oft nach Erfahrungswerten. Nicht immer ist bekannt, mit welcher Sicherheit eine beliebige Nematodenpopulation erkannt werden kann, bzw. mit welchem Fehler die erhaltenen Werte belastet sind. ANSCOMBE (1950) hat nun eine Formel angegeben, mit der gezeigt wird, in welcher Weise die gefundene Zystenzahl (m) von sich selbst, der Anzahl der Einstiche (N) und der Menge untersuchten Bodens (n) abhängig ist:

$$100 \sqrt{\frac{1}{Nk} + \frac{1}{nm}}$$

Dieser Formel ist die Größe k als Maß für die Einheitlichkeit der Verseuchung der zu beurteilenden Fläche beigeordnet. Der Wert k ist bei völliger Gleichförmigkeit einer Verseuchung unendlich groß und wird um so kleiner, je unregelmäßiger die Zysten verteilt sind. Mit abnehmendem Verseuchungsgrad soll die Größe k ebenfalls kleiner werden.

Bei der Annahme von 0,5 Zysten je Gramm Boden, 100 g untersuchten Bodens und $k = 2$ ist der Variationskoeffizient:

$$100 \sqrt{\frac{1}{2\,N} + \frac{1}{50}}$$

Werden $N = 25$ Einstiche genommen, so beträgt der Fehler in diesem Falle 20%. Bei $N = 50$ würde der Fehler 17 % betragen. Eine Verdoppelung der Einstichzahl bei gleichbleibender Menge untersuchten Bodens bringt praktisch keine Vorteile.

Sollen geringe Verseuchungen um 0,01 Zysten je Gramm Boden erkannt werden, so sind bis 5 acres 50 Einstiche und auf Flächen bis 10 acres 100 Einstiche zu entnehmen und 250 g lufttrockener Boden zu untersuchen. Bei $N = 50$, $n = 250$ g von einem 5 acres großen Feld beträgt der Fehler, bezogen auf den geringen Wert, für m 66 %. Eine Reduzierung des Fehlers kann in diesem Falle nur durch die Erhöhung von n erwartet werden.

Auf die Praxis übertragen bedeutet dies, daß nach abgeschlossener Untersuchung der dem Ergebnis anhaftende Fehler errechnet werden kann. Zweifellos wäre es vorteilhafter, die Probeentnahme und die zur Untersuchung gelangende Bodenmenge auf die Fehlerberechnung zu orientieren. Theoretisch ist dies durchaus möglich. FENWICK (1961) empfiehlt vor der endgültigen Probeentnahme eine Voruntersuchung. Aus den erhaltenen Werten soll dann errechnet werden, welcher Aufwand (Einstichzahl, untersuchte Bodenmenge) für eine zuverlässige Aussage erforderlich ist. Ergibt die Voruntersuchung eine höhere Verseuchung, so genügen weniger Einstiche. Liegt eine nur geringe Verseuchung vor, so ist es erforderlich, mehr Einstiche zu entnehmen und die zur Untersuchung gelangende Bodenmenge zu erhöhen. Eine generelle Anwendung dieses Verfahrens ist doch recht problematisch. Aus nur wenigen Stichproben einer Voruntersuchung ist die ungefähre

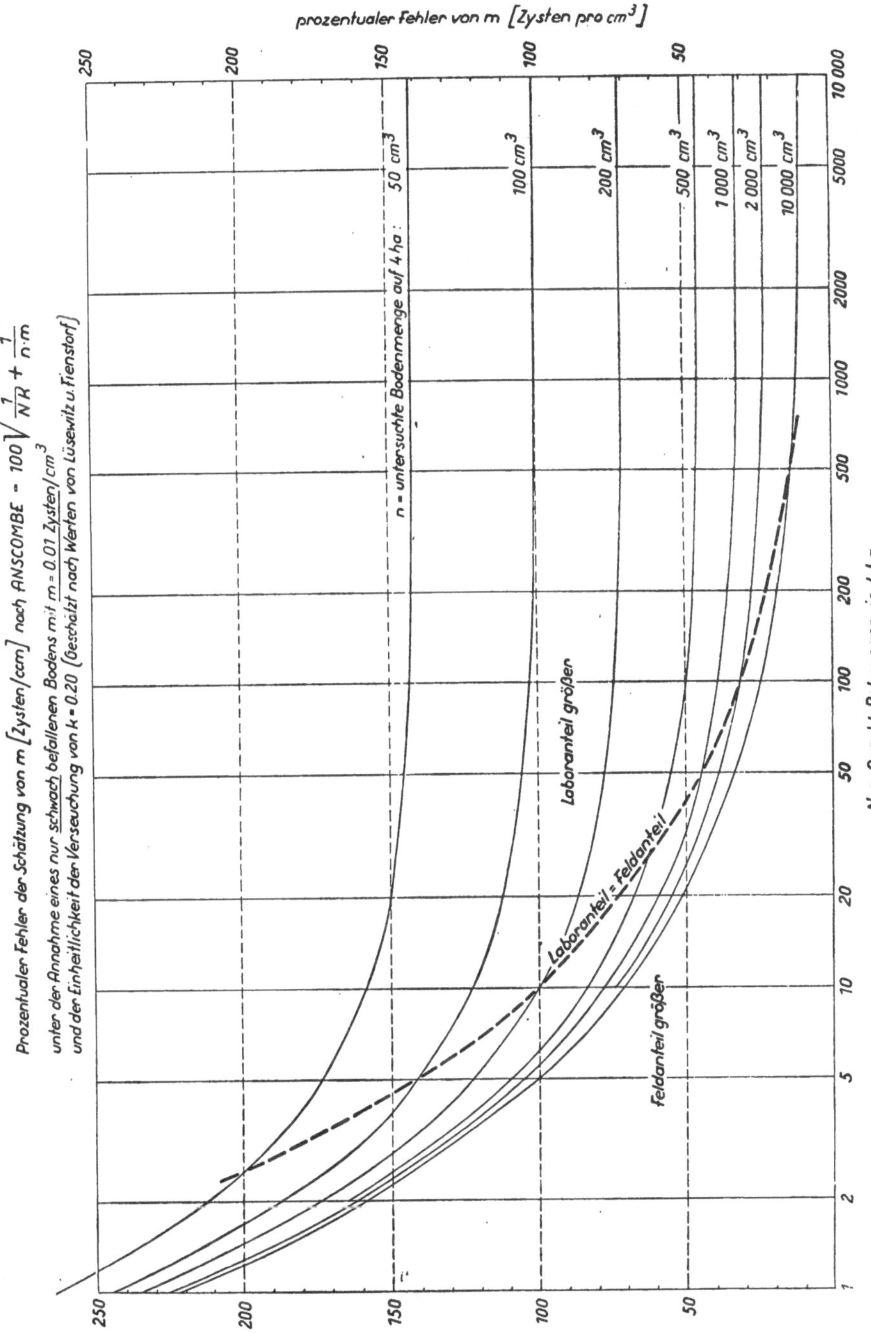

Abb. 29. Prozentualer Fehler der Schätzung von m (Zysten/cm³) nach ANSCOMBE unter der Annahme einer schwach verseuchten Fläche mit m = 0,01 Zysten/cm³ und der Einheitlichkeit der Verseuchung von k = 0,20, geschätzt nach Werten von 2 schwach verseuchten Flächen (Entnommen aus RAEUBER und STELTER, 1963 b)

Verseuchung eines Feldes nicht immer abzuleiten. Der erforderliche Arbeitsaufwand für eine Voruntersuchung und für die anschließende endgültige Untersuchung ist zudem auch wohl kaum geringer, als wenn die Entnahme der Proben gleich nach einer Methode erfolgt, durch die auch eine geringe Verseuchung mit genügender Sicherheit erkannt werden kann.

Unter Zugrundelegung der von ANSCOMBE vorgeschlagenen Formel haben STELTER und RAEUBER (1962) sowie RAEUBER und STELTER (1963b) für Verseuchungsdichten von 0,01 und 0,1 Zysten je cm^3 Boden Diagramme aufgestellt, nach denen der prozentuale Fehler in Abhängigkeit von der Einstichzahl (Feldanteil) und der untersuchten Bodenmenge (Laboranteil) abgeschätzt werden kann (Abb. 29, 30). Liegt eine Verseuchungsdichte von 0,01 Zysten je cm^3 vor, so beträgt der Fehler bei 50 Einstichen und 1000 cm^3 untersuchten Bodens etwa 54 %. Eine Verdoppelung der Einstichzahl und der untersuchten Bodenmenge hat eine Verringerung des Fehlers um nur etwa 10% zur Folge und ist daher wohl kaum mehr vertretbar. Handelt es sich um Verseuchungen um 0,1 Zyste/cm^3 Boden, so beträgt der Fehler bei gleichem Arbeitsaufwand nur etwa 20%. Eine Verdoppelung der Feld- und Laborarbeit bringt auch in diesem Falle nur geringe Vorteile, die in keinem Verhältnis zum Aufwand stehen.

Die Werte einer Stichprobenuntersuchung aus einer gut durchmischten Sammelprobe unterliegen den Gesetzmäßigkeiten der Poisson-Verteilung (ANSCOMBE, 1950; FENWICK, 1952a; 1959b; JONES, 1955a; 1955b; PETERS, 1951). Die Verteilung der Zysten in solch einer Sammelprobe, unabhängig von deren Größe, kann jedoch nicht ohne weiteres auf die Verteilung der Zysten im Feld übertragen werden. Von STELTER und RAEUBER (1962) sowie RAEUBER und STELTER (1963a; 1963b) wurde versucht, die Feldverteilung der Zysten — es lagen Untersuchungsergebnisse von drei Feldern vor, von denen im Abstand von 10 × 10 m Proben von je 100 cm^3 entnommen und untersucht wurden — mit theoretischen Verteilungen wie Poisson-Verteilung, negativer Binomial-Verteilung und der Neyman-Verteilung zu überprüfen. In allen Fällen entsprach die negative Binomial-Verteilung den gegebenen Verhältnissen am besten (Abb. 31), das heißt, daß die Zysten nicht unabhängig voneinander sind, also die Werte nicht dem Zufall unterliegen (s. auch FENWICK, 1961). Werden zur Vereinfachung der Rechnung die Zysten in Klassen zusammengefaßt, so wird die Reihe mit zunehmender Vergröberung nicht mehr durch die negative Binomial-Verteilung, sondern durch die Poisson-Verteilung am besten beschrieben.

Die Untersuchung von Mischproben von einer bestimmten Fläche hat den Nachteil, daß die Ergebnisse keine zuverlässigen Aussagen über die Verteilung der Zysten, die Lage der Herde und die tatsächliche Verseuchungsdichte der Herde gestatten. Es ist sehr unwahrscheinlich — abgesehen von Ausnahmefällen —, daß die Zysten auf einer Fläche auch nur annähernd gleichmäßig verteilt sind. In der Regel ist die Verseuchung auf mehr oder weniger große Teile eines Feldes beschränkt (RASINJA, 1967b). Mischproben setzen sich demzufolge aus Einstichen von unterschiedlich hoch verseuchtem Boden oder Boden ohne Zystenbesatz zusammen. Der ermittelte Wert ist also ein Durchschnittswert und schließt nicht

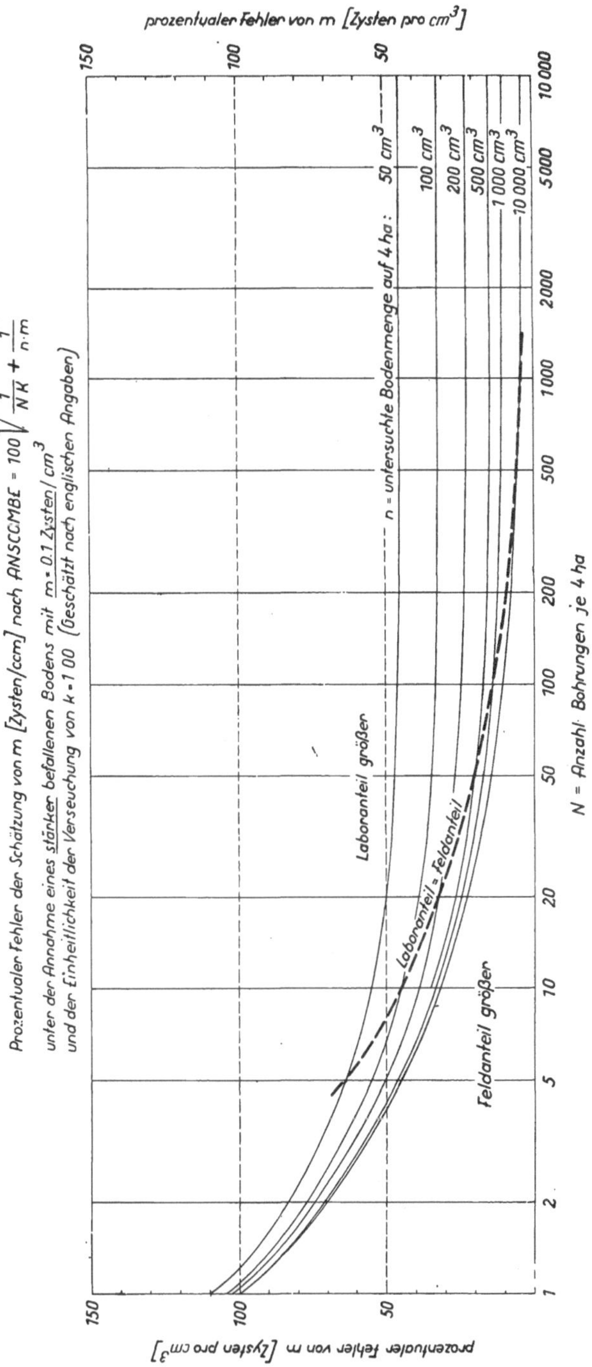

Abb. 30. Prozentualer Fehler der Schätzung vom m (Zysten/cm³) nach ANSCOMBE unter der Annahme eines stärker verseuchten Bodens mit m = 0,1 Zysten/cm³ und der Einheitlichkeit der Verseuchung von k = 1,00, geschätzter Wert nach englischen Angaben (Entnommen aus RAEUBER und STELTER, 1963 b)

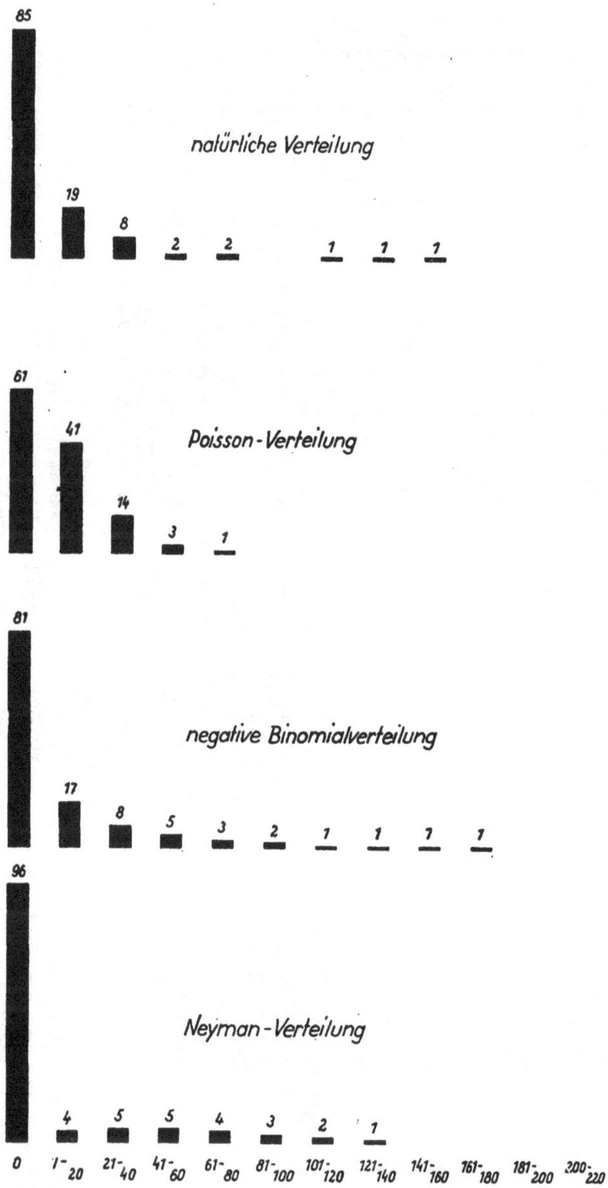

Abb. 31. Beobachtete und theoretische Häufigkeitsverteilung von Zystenzahlen innerhalb eines Feldes (Entnommen aus STELTER und RAEUBER, 1962)

aus, daß Herde vorhanden sind, deren Verseuchungsgrad weit über den gefundenen Zahlen liegt. Werden z. B. 3 Zysten in 100 cm³ Boden gefunden, so ist damit zu rechnen, daß Herde mit einem Besatz von 10 bis 30 Zysten je 100 cm³ vorkommen,

während andere Feldteile frei von Zysten sind. Je nach der Bodenart ist also örtlich schon mit sichtbaren Schäden zu rechnen (Abb. 32).
Die genannten Untersuchungen geben nur wenig Auskünfte darüber, von welchem Verseuchungsgrad an das Auffinden von Zysten überhaupt möglich ist. Oostenbrink (1950) nimmt als unterste Grenze eine Verseuchung von 0,05 Zysten je 100 cm³ an. Mai und Harrison (1959) halten eine Entdeckung von durchschnittlich 0,1 Zysten/100 cm³ für möglich. Stelter und Raeuber (1962) erkannten mit Sicherheit eine durchschnittliche Verseuchung von 0,8 Zysten/100 cm³ Boden.

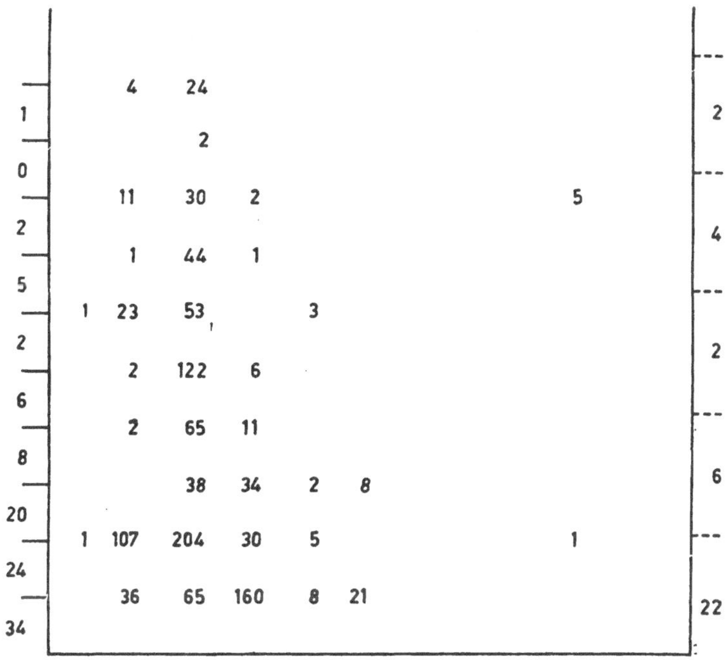

Abb. 32. Die Verseuchungslage eines Feldes und die durch eine Bodenuntersuchung ausgewiesene Verseuchungsdichte in Zysten/100 cm³ Boden
Zahlen im Feld: Zystenzahlen ermittelt aus Proben, die im Abstand von 10 × 10 m entnommen wurden.
Zahlen links: 400 Einstiche/ha = 8 Proben à 100 cm³ Boden
Zahlen rechts: 200 „ /ha = 4 „ à 100 cm³ Boden
(abgeändert aus Stelter und Raeuber, 1962 entnommen)

Anscombe sagt, daß eine Verseuchung unter 0,01 Zyste/g Boden mit keiner Methode sicher nachzuweisen ist. Das Vorhandensein von Zysten kann wohl festgestellt werden, es ist aber nicht nachzuweisen, daß keine Zysten vorhanden sind.
Fenwick (1952a; 1959b) und Peters (1951) stellen die Frage, was es bedeutet, wenn in 200 g Boden keine Zysten gefunden werden. Peters geht von der Poisson-Verteilung der Zysten in einer Sammelprobe aus. Wird diese Verteilung zugrunde gelegt, so werden bei einem durchschnittlichen Besatz von 0,7 Zysten/200 g

Boden in 50% der Proben und bei einem durchschnittlichen Besatz von 3 Zysten/200 g Boden in 5% der Proben keine Zysten nachgewiesen. Die gleichen Werte gelten auch für andere Maßeinheiten (100 oder 200 cm³ Boden).
Bei einer Einstichtiefe bis 20 cm ist für einen Hektar mit 20 Mill. Proben je 100 cm³ zu rechnen. Wenn nun in einer Probe à 100 cm³ keine Zysten gefunden werden, so heißt das nichts anderes, als daß ein Zystenbesatz von mehr als 60 Mill. (20 Mill. × 3) je Hektar (= 6000 Zysten/m²) unwahrscheinlich ist.
Zusammenfassend kann festgestellt werden, daß die Art der Probeentnahme und die Größe der untersuchten Bodenmenge von entscheidendem Einfluß auf die Aussagefähigkeit der Ergebnisse ist. Mit zunehmender Einstichzahl und Erhöhung der untersuchten Bodenmenge steigt die Aussagefähigkeit der Ergebnisse. Eine bestimmte obere Grenze des Arbeitsaufwandes kann jedoch aus ökonomischer Sicht nicht überschritten werden. Die Beschränkung sollte so gewählt werden, daß die den praktischen Erfordernissen Rechnung trägt. Die Ergebnisse und Vorstellungen der einzelnen Autoren sind zwar in mancher Hinsicht nicht übereinstimmend, es besteht jedoch eine weitgehend einheitliche Auffassung darüber, bei welcher Einstichzahl und untersuchter Bodenmenge ein etwa optimales Verhältnis zwischen Arbeitsaufwand und Aussagefähigkeit besteht. Mit 50 bis 200 Einstichen je Hektar und der Untersuchung von 200 bis 400 cm³ Boden wird den allgemeinen Belangen weitgehend Rechnung getragen.

5.2. Methoden zur Bodenuntersuchung

Die Gewinnung der Zysten aus vorbereiteten Bodenproben erfolgt mit eigens zu diesem Zweck entwickelten Methoden. Diese in Einzelheiten oftmals erheblich voneinander abweichenden Techniken sowie die jeweils verwendeten Gerätschaften oder Apparaturen sind ohne Ausnahme nach dem Prinzip des Ausschwemmens ausgerichtet. Die lufttrockenen Zysten des Kartoffelnematoden sind leichter als Wasser. In einer Bodenaufschwemmung sammeln sie sich auf der Wasseroberfläche, während die schwereren Bodenbestandteile auf den Grund sinken.
Einige der gebräuchlichsten Untersuchungsmethoden wurden in früheren Zusammenfassungen erläutert (Goodey, 1957; Hahn, 1954; Williams und Winslow, 1955b; Goffart, 1958; 1962c; Oostenbrink, 1960a; Jones, 1955a; 1955b). Die heute angewendeten Verfahren sind größtenteils Weiterentwicklungen früherer Techniken.
Eine der ältesten Methoden ist die von Baunacke (1922) beschriebene und von Reinmuth und Engelmann (1941b) abgeänderte Schalenaufschwemmung. Lufttrockener Boden wird in einer mit Wasser gefüllten weißen Schale aufgeschwemmt und mehrmals umgerührt. Nachdem sich die schweren Bestandteile abgesetzt haben, können die auf der Wasseroberfläche schwimmenden Zysten gezählt oder abgesammelt werden. Auf diese Weise ist es ohne besondere Vorkenntnisse oder kostspielige Geräte auch ungeübten Kräften möglich, sich einen orientierenden Überblick zu verschaffen. Zur genaueren Untersuchung schwemmt Baunacke etwa einen Liter Boden mehrfach in Wasser auf und gießt das überstehende Was-

ser durch einen Siebsatz, bestehend aus drei Sieben. Die Zysten sammeln sich im zweiten und dritten Sieb an und werden zum Zählen in eine weiße Schale gespült. Nach dem gleichen Prinzip verfährt KEMNER (1929b), HELLINGA (1942), GOFFART (1934; 1942; 1951a) sowie TYKTIN (1959).
AHLBERG (1939) gewinnt die Zysten auf kontinuierliche Weise mit einem Gerät, in dem die leichten Bestandteile von lufttrockenem Boden durch einen von unten eingeführten Wasserstrom getrennt und von einem Sieb aufgefangen werden.
Die heute gebräuchlichste Methode wurde von FENWICK (1940) entwickelt. Das unter dem Namen „Fenwick-Kanne“ bekannte Gerät ist im Laufe der Zeit in mancher Hinsicht verändert oder verbessert worden, wobei jedoch die Grundprinzipien gewahrt blieben. Es besteht aus einer runden, nach oben enger werdenden offenen Kanne, in der ein schräg verlaufendes Blech angebracht ist. Im oberen Drittel befindet sich außen ein nach einer Seite geneigter Kragen zum Auffangen und Ableiten des Überlaufs. Eine auf der Kanne angebrachte Halterung nimmt einen Siebtrichter mit 2 mm Maschenweite auf (Abb. 33).

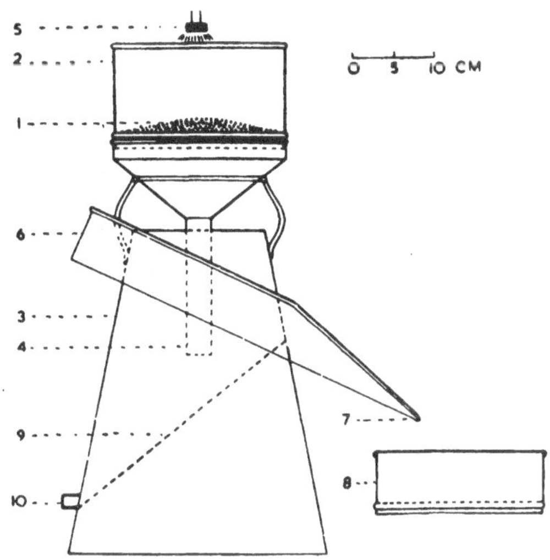

Abb. 33. Spülapparat (etwas abgeänderte Fenwick-Kanne) zur Gewinnung von Zysten aus trockenem Boden
1 = Boden; 2 = oberes Sieb; 3 = Kanne; 4 = Trichter; 5 = Düse; 6 = Kragen; 7 = Auslauf; 8 = 0,18 mm Sieb; 9 = in der Kanne angebrachte Schrägung; 10 = Öffnung zur Entleerung der Kanne (Entnommen aus OOSTENBRINK, 1960 a)

Der Arbeitsgang ist folgender: Die Kanne wird bis zum Überlauf mit Wasser gefüllt und dann der Boden auf das Sieb gebracht. Durch eine über dem Sieb angeordnete Brause wird der Boden mit mäßigem Wasserdruck in die Kanne gespült. Zysten sowie leichte Bodenbestandteile werden mit dem Wasserstrom nach oben gespült und gelangen über den Kragen in ein unter diesem stehendes Sieb mit 0,18 bis 0,25 mm Maschenweite. Der Spülvorgang wird unterbrochen, wenn das überlaufende Wasser klar ist. Die in dem Sieb aufgefangenen Teile werden nun in eine weiße Schale gespült und auf eventuell vorhandene Zysten durchgesehen. An der rückwärtigen Seite der Kanne, an der tiefsten Stelle der innen angebrachten Schrägung, ist ein Auslauf, durch den die in der Kanne abgesetzten Bodenbestandteile nach jeder Probe abgelassen werden. Der Wasserverbrauch liegt etwa bei 4 bis 5 l/Min. Der Spülvorgang für eine Probe ist von der Bodenart abhängig und beträgt etwa 3 bis 5 Min. Nach den Feststellungen von FENWICK ist nach dieser Methode mit einer maximalen Zystenausbeute zu rechnen, wenn lufttrockener Boden verwendet wird. Bei einem Wassergehalt des Bodens von 20% bzw. 5 bis 10% werden nur 40% bzw. 70% der Zysten im Vergleich zu lufttrockenem Boden erhalten.

Der Feuchtigkeitsgehalt des Bodens wirkt sich außerdem auf den Larvengehalt der gewonnenen Zysten aus. ELLIS (1966) wies nach, daß mit zunehmendem Wassergehalt die ausgespülte Zystenzahl und der Eigehalt der Zysten abnimmt. Dies hängt mit dem Schwimmvermögen der unterschiedlich gefüllten Zysten zusammen. Die Untersuchung feuchten Bodens nach dieser Methode muß demnach zu beträchtlichen Fehleinschätzungen führen.

Die Fenwick-Kanne üblichen Ausmaßes eignet sich zur Untersuchung von Proben bis 200 g Boden. Bei größeren Bodenmengen (400 bis 1 000 g) werden die Ergebnisse laufend ungenauer (GREEN und PARROTT, 1967).

Eine Vereinfachung der Zystengewinnung wird von CHAMBERLAIN (1952/54) dadurch erreicht, daß der Inhalt des unteren Siebes nicht in eine Schüssel, sondern durch einen mit Filterpapier ausgeschlagenen Trichter gespült wird. Auf dem ausgebreiteten Filterpapier können die Zysten bequemer gezählt oder abgesammelt werden als aus Wasser. Die Arbeitsleistung beim Zählen der Zysten wird wesentlich durch die Beleuchtung bestimmt. Sehr vorteilhaft ist die von SIMON (1956) verwendete indirekte Beleuchtung der Schalen oder des Filterpapiers.

Der zeitaufwendigste Teil der Untersuchungen mit der Fenwick-Apparatur liegt bei der Beurteilung der Probe oder der Gewinnung der Zysten. Wird die von KORT (1960) verwendete Aceton-Methode mit der Untersuchung nach FENWICK kombiniert, so können die Leistungen bei gleichzeitig besseren Arbeitsbedingungen erheblich gesteigert werden. TOBAR und MARTINEZ (1965) wendeten diese Methode mit Erfolg zur Untersuchung der Böden auf Besatz mit *H. schachtii* an. STELTER (1968) trocknet die mit der Fenwick-Kanne im Feinsieb aufgefangenen Fraktionen bei 30 °C und bringt das mit einem Pinsel im Sieb zerriebene Gut über einen Trichter in ein Gefäß (10 cm hoch, 4 cm Durchm.) mit Aceton, dessen Wandung mit einem Filterstreifen ausgeschlagen ist. Die Zysten sammeln sich in einem schmalen Streifen am Filterpapier, während die Masse der Humusbestandteile niedergeschlagen wird. Unter Verwendung eines Stereomikroskopes kann der schmale Streifen in einem Blickfeld beurteilt werden, wobei vorhandene Zysten mit einer Lanzettnadel leicht zu entnehmen sind. Die Zystenausbeute (*H. rostochiensis*) nach diesem Verfahren ist auch bei Serienuntersuchungen höher als nach anderen Methoden.

HRABE (1953) verwendet zur Gewinnung der Zysten eine Absaugflasche von etwa 900 ml Fassungsvermögen, in der 100 cm³ trockener Boden mit 0,5 l Wasser etwa eine Minute gut verrührt wird. Nach weiteren zwei bis drei Minuten wird nochmals kräftig umgerührt und nun mittels eines bis auf den Grund der Flasche reichenden Rohres für etwa 10 Minuten ein Wasserstrom eingeführt. Durch den im oberen Drittel der Flasche befindlichen Stutzen werden mit dem überlaufenden

Wasser die schwimmenden Bestandteile in einem Siebsatz aufgefangen, auf Filterpapier gebracht und hier auf vorhandene Zysten untersucht.
Neben diesen Methoden, die die Verwendung von Sieben zur Voraussetzung haben, sind Techniken entwickelt, bei denen Siebe nicht benötigt werden. MORGAN (1925) beschrieb die „Flaschenmethode", bei der 20 g oder 10 g Boden (O'BRIEN und PRENTICE, 1930) in einer langhalsigen Flasche mit wenig Wasser gut durchschüttelt werden. Danach wird die Flasche bis zum Rande mit Wasser gefüllt. Wenn sich alle schwimmbaren Teile oben angesammelt haben, werden sie mit einer kurzen Drehung der Flasche auf Filterpapier gebracht und gezählt.

Abb. 34. Beleuchtungseinrichtung zum Auszählen von Nematodenzysten. (Foto Benke)

Das gleiche Verfahren liegt der „Papierstreifenmethode" (BUHR, 1954) zugrunde. Diese Methode eignet sich zur Untersuchung von 100 cm³ lufttrockenen Bodens, der zur Entfernung der gröberen Teile durch ein Sieb von 2 mm Maschenweite gebracht wurde. Etwa einen Liter fassende parallelwandige Glas- oder Metallgefäße von 12 cm Durchmesser werden mit einem Filterstreifen ausgeschlagen und etwa drei Viertel mit Wasser gefüllt. Danach wird der Boden eingeschüttet und der Bodensatz kurz umgerührt, damit die eventuell mitgerissenen Zysten an die Oberfläche gelangen können. Die schwimmenden Teile sammeln sich an der Wasseroberfläche am Papierstreifen, dieser wird herausgezogen und zum Zählen der Zysten auf einer Glasplatte ausgebreitet. Wird der Streifen langsam aus dem Gefäß gezogen, so sammeln sich eventuell noch auf der Wasserfläche schwimmende Zysten am Papier. Zur Beschleunigung dieses Vorganges genügt es, wenn ein Tropfen eines Entspanners auf die Wasseroberfläche gebracht wird.

Zur Beleuchtung des ausgebreiteten Papierstreifens sind drei bis vier hinter Milchglas angeordnete Leuchtstoffröhren (Abb. 34) den normalen Tischlampen vorzuziehen. Die Platte wird hierdurch in ganzer Länge gleichmäßig beleuchtet, überdies fällt die von Tischlampen ausgehende Wärmeeinwirkung fort.

Kirchner (1954; 1955) beschrieb ein Trichterverfahren (Trichtertisch) für die Untersuchung von 40 cm³ Boden. Diese Methode ist mit der Nährstoffuntersuchung des Bodens gekoppelt, so daß eine gesonderte Probeentnahme nicht erforderlich ist. Die Bodenmenge wird in einem etwa 400 cm³ fassenden rauhwandigen Trichter gefüllt und mit Wasser aufgespült. Nachdem sich der Boden abgesetzt hat, wird der im Auslauf steckende Pfropfen entfernt und mit dem ablaufenden Wasser durch den gebogenen Auslauf der am Grunde abgesetzte Boden mitgerissen, während die schwimmenden Bestandteile sich an der Wandung absetzen und dort auf eventuell vorhandene Zysten untersucht werden.

Ein Zusatzgerät zu diesem Trichter erlaubt die Untersuchung von 200 cm³ Boden. Dieses Gerät besteht aus einer abgeänderten und umgekehrt orientierten Kanne, die anstelle des Bodens mit einem Sieb (2 mm Maschenweite) versehen ist und an deren Halsöffnung ein kegelförmiges Sieb (0,25 mm Maschenweite) angebracht ist. Wie bei der Fenwick-Kanne wird der Boden durch das obere Sieb gespült. Die sich im unteren kegelförmigen Sieb sammelnden Teile werden dann nach dem Trichterverfahren weiter untersucht (Schmidt, H. A., 1959). Bei einem Feuchtigkeitsgehalt des Bodens von 16,5% bzw. 7 bis 10% sollen 85% bzw. 96% der Zysten gefunden werden. Wie sich der zweimalige Spülvorgang auf das Ergebnis auswirkt, ist nicht bekannt.

Schmidt, J. (1959) beschrieb zur Gewinnung der Zysten eine Zentrifugiermethode. Er verwendete eine Zentrifuge mit 2500 bis 3000 U/Min. und Halterungen für vier Gläser à 15 cm³.

Die mit 5 cm³ Boden und 10 cm³ Wasser gefüllten Gläser werden zur gleichmäßigen Verteilung von Boden und Wasser kräftig geschüttelt und ehe sich der Boden absetzt zentrifugiert. Die Zysten schwimmen auf dem Wasser und werden zum Zählen in Schalen gespült. In einem Arbeitsgang können so 4×5 cm³ $= 20$ cm³ Boden untersucht werden. Decker (1962) gebraucht eine Zentrifuge mit 6000 U/Min. und größere Gläser, die 10 cm³ Boden und 10 cm³ Wasser aufnehmen. Zur Gewährleistung eines gleichmäßigen Laufes ist es vorteilhaft, die gefüllten Gläser zu tarieren.

Vergleiche mehrerer Untersuchungsmethoden erfolgten von Borovkova (1967), Rasinja (1967b) sowie Mende und Lutze (1968). Es wird nicht in jedem Falle einer bestimmten Methode der Vorzug gegeben.

Die Untersuchung des nach den verschiedenen Methoden erhaltenen Boden-Zysten-Konzentrats erfolgt entweder mit Hilfe von Kopflupen oder mit unbewehrtem Auge. Zur sicheren Beurteilung ist die Verwendung von optischen Geräten erforderlich. Unnötige Arbeitsvorgänge vermeidet Fenwick (1940) durch die Verwendung einer Zählplatte, auf der die im 0,25 mm Sieb aufgefangenen Teile unter einem Stereomikroskop untersucht werden.

Ähnliche, demselben Zweck dienende Schalen wurden von FERRIS et al. (1956) und FIDLER (1963) beschrieben.
Zur Trennung der Zysten von Bodenpartikelchen entwickelte HESLING (1952) einen etwas veränderten Aspirator. Dieser besteht aus einem Probeglas, das mit einem Korken, in dem sich zwei Glasröhrchen befinden, verschlossen ist. Das eine Glasrohr ist mit einer Filterpumpe verbunden, die an der Wasserleitung angeschlossen wird. Durch den entstehenden Sog werden die Zysten durch das zweite Glasröhrchen aufgenommen und im Probeglas gesammelt. Voraussetzung für diese Art der Zystengewinnung ist eine Rücktrocknung der von den Bodenproben durch die Fenwick-Kanne oder eine andere Methode abgespülten Teile.
COOPER (1955b) konstruierte eine Apparatur, mit der die Zysten durch ständiges Vibrieren von organischen Bestandteilen getrennt werden. Auch für diesen Arbeitsgang muß das in den Sieben gewonnene Zysten-Boden-Gemisch getrocknet werden.
GÜNTHER (1968, mit Abb.) konstruierte eine Apparatur, mit der in kurzer Zeit beliebige Zystenmengen sowohl aus feuchtem, wie auch aus trockenem Spülgut von Bodenbeimengungen getrennt werden können.
Die vorher genannten Methoden eignen sich zur Gewinnung ausgereifter Zysten. Sollen noch nicht ausgereifte Zysten, die schwerer als Wasser sind, aus Boden oder von Wurzeln ausgespült werden, so ist die Verwendung von Salzlösungen, wie Magnesium- oder Zinksulfat (FENWICK, 1940; FENWICK und REID, 1951; BUHR, 1954) oder Zuckerlösungen (FENWICK, 1940) erforderlich. Infolge des höheren spezifischen Gewichtes derartiger Lösungen wird der größte Teil der weißen und gelben Zysten erfaßt. Die Filterpapiermethode nach BUHR ist für diesen Zweck geeignet.
Als Bezugsgröße für die zu untersuchende Bodenmenge wird entweder das Bodenvolumen (u. a. MORGAN, 1925; KEMNER, 1929b; REINMUTH, 1929; SCHMIDT, 1952; BUHR, 1954; KLEIJBURG, 1958; LOBANOWA, 1962) oder das Gewicht (z. B. HELLINGA, 1942; JONES, 1945; ANSCOMBE, 1950; GOFFART, 1951a; PETERS, 1951; TYKTIN, 1959) zugrunde gelegt.
KEMNER und SCHMIDT sowie HRABE (1953) ziehen wegen des unterschiedlichen spezifischen Gewichtes der einzelnen Bodenarten das Volumen als Bezugsgröße vor.
Alle hier erwähnten Methoden eignen sich vornehmlich zur Untersuchung kleinerer Proben. Zur Gewinnung großer Zystenmengen, wie sie für Versuche benötigt werden, sind Methoden zum Auswaschen größerer Bodenpartien entwickelt worden. An die Genauigkeit dieser Methoden werden nicht so hohe Anforderungen gestellt. Entscheidend ist lediglich, in relativ kurzer Zeit und ohne großen Arbeitsaufwand die erforderliche Zystenmenge zu gewinnen.
FENWICK (1940) benutzte ein nach dem Prinzip der Fenwick-Kanne konstruiertes Milchfaß, mit dem in zwei Stunden etwa 50 kg Boden durchgespült werden konnten. Die mit dem überlaufenden Wasser mitgespülten Zysten und Bodenteilchen werden in einem Siebsatz aufgefangen. LOWNSBERY (1950b; 1951) verwendete einen auf einer Stirnseite stehenden, oben offenen, 2 × 3 feet großen Tank mit Wasserzufluß vom Boden. An der oberen Kante des Tanks befindet sich ein Überlauf und darunter eine Vorrichtung zur Aufnahme von Sieben, in denen

die Zysten aufgefangen werden. Mit diesem Gerät können in einem Arbeitsgang bis zu 60 pound Boden ausgespült werden.

Eine recht einfache Vorrichtung zur Gewinnung größerer Zystenmengen von *H. schachtii* verwendete DEN OUDEN (1954). Er spült den Boden in einem Benzinfaß aus, von dessen Mantel in ganzer Länge ein Stück herausgenommen wurde. Durch einen Überlauf auf einer Stirnseite wird das Wasser auf einen Siebsatz geleitet, in dem die Zysten aufgefangen werden. Auf diese Weise können in 45 Minuten die Zysten aus $^1/_{12}$ m^3 gewonnen werden.

GREEN und PARROTT (1967) konstruierten eine halbautomatisch arbeitende Anlage. An der Luft getrockneter, zerkleinerter und gesiebter Boden (unter 0,6 mm Teilchengröße) wird aus einem darüberliegenden Raum durch einen Trichter über einen Schüttelrost automatisch in einen Wasserbehälter gebracht. Die schweren Bodenteilchen setzen sich hier ab, die leichten werden mit dem Wasserstrom durch einen Überlauf auf zwei Siebe von 813 und 230 μm gespült, wobei die Zysten in dem kleineren Sieb aufgefangen werden. Im Wasserbehälter ist eine Absauganlage eingebaut, durch die der Bodensatz ohne Unterbrechung des Spülvorganges abgesaugt werden kann. Bei Probengrößen von 200 g ist der Fehler mit dieser Apparatur etwa so groß wie bei der Fenwick-Kanne, mit zunehmender Probengröße (bis 23 kg) werden mit der neuen Apparatur je Bodeneinheit mehr Zysten gewonnen als mit der Fenwick-Kanne.

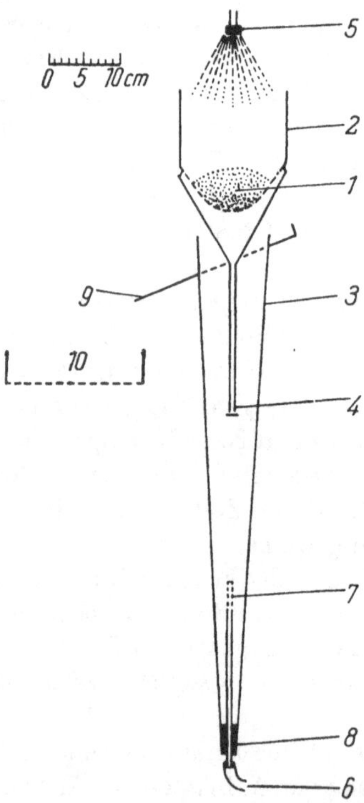

Abb. 35. Spülapparat nach OOSTENBRINK zur Gewinnung von Zysten aus feuchtem Boden 1 = Boden; 2 = oberes Sieb; 3 = Kanne; 4 = Trichterspitze mit Hemmplatte; 5 = Düse für etwa 700 ml Wasser pro Minute; 6 = Wasserzufuhr für den Aufwärtsstrom; 7 = durchlöcherte Düsenspitze; 8 = Korken; 9 = Überlaufkragen; 10 = 0,18 mm Sieb (Entnommen aus OOSTENBRINK, 1960 a)

Die vorher genannten Untersuchungsmethoden sind nur für lufttrockenen Boden anwendbar. Zur Gewinnung von Zysten aus feuchtem Boden benutzt OOSTENBRINK (1954; 1960a) eine Apparatur, die zur Gewinnung wandernder Bodennematoden Verwendung findet (Abb. 35). Zur Trennung der Heterodera-Zysten vom Boden ist für diesen Zweck ein Aufwärtsstrom von 4 l Wasser pro Minute erforderlich. Die schwimmenden Bestandteile gelangen über einen Siebsatz, aus dem die Zysten dann auf beliebige Weise gewonnen werden.
Verbesserungen zu dieser Methode entwickelte KORT (1960). Das in den Sieben aufgefangene Boden-Zysten-Gemisch trocknet er (*H. avenae* bei 4 °C) und bringt es in eine mit Aceton gefüllte 100 ml-Flasche. Die Zysten schwimmen jetzt oben und werden zum Zählen oder Absammeln auf Filterpapier gespült. Eine nach dem gleichen Prinzip arbeitende Apparatur entwickelte SEINHORST (1964), (Abb. 36). Die in Sieben aufgefangenen Zysten und organischen Teile werden, nachdem sie getrocknet sind, nach der von BUHR (1954) beschriebenen Methode weiter verarbeitet. Diese Methoden sind speziell zur Gewinnung von Zysten des Hafernematoden gedacht, können aber ebenso zur Untersuchung feuchten Bodens auf andere *Heterodera*-Arten verwendet werden.

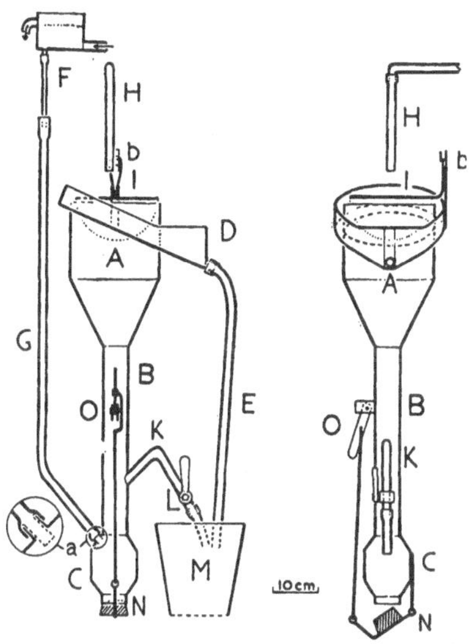

Abb. 36. Spülapparatur nach SEINHORST zur Gewinnung von Zysten aus feuchtem Boden A = Oberteil; B = Tube (5 cm weit); C = Schlammfang; D = Kragen; E = Ablaufrohr; F = Wasserbehälter; G = Fallrohr; H = Wasserzufluß; I = Sieb (2 mm); K = Siphon; L = Verschluß; M = Eimer mit Siebboden (100 μm oder 250 μm weit); N = Stopfen; O = Verschlußmechanik; a = Sieb aus Metallgaze 250 μm; b = Halterung für Sieb I (Entnommen aus SEINHORST, 1964)

Eine beliebige Bodenpopulation setzt sich aus leeren, teilweise gefüllten und vollen Zysten zusammen. Zysten ohne Inhalt sind bedeutungslos. Je mehr Larven in einer Zyste enthalten sind, um so höher ist ihr biologischer Wert. Der Anteil einer dieser Kategorie zuzuordnenden Zysten ist von Fall zu Fall verschieden und weitgehend abhängig vom Alter der Population (KLEIJBURG, 1958) und dem Abstand zum letztmaligen Kartoffelanbau. Die Zystenzahl ist also nicht als Bewertungsmaßstab für die Höhe einer Bodenverseuchung anzusehen. Hierauf haben schon SMITH und PRENTICE (1929); AHLBERG (1939); GOFFART (1942); CARROLL und

McMahon (1944) sowie Jones (1945) hingewiesen. Die Zyste ist lediglich als Träger einer Verseuchung anzusehen, während mit der Larvenzahl die Populationsdichte ausgedrückt wird.
Im folgenden Abschnitt werden die hierzu entwickelten Methoden dargestellt.

5.3. Die Bestimmung der Larvenzahl

Zur Feststellung der Larvenzahl sind Methoden erforderlich, mit denen in möglichst kurzer Zeit bei vertretbarem Arbeitsaufwand die Eier und Larven aus den Zystenhüllen entfernt und mit möglichst geringen Fehlern gezählt werden können. Erste Arbeiten in dieser Richtung erfolgten von Fenwick (1942). Die auflösende Wirkung von Hypochloritlösungen (Smedley, 1936) wurde von ihm für diese Zwecke weiter ausgebaut. Kalzium-Hypochlorit erwies sich am geeignetsten, Zystenhülle und Eischalen lösen sich auf, während die Larven — zumindest bei kurzfristiger Einwirkungszeit — nicht merklich angegriffen werden. Die Hülle, von 24 Stunden in Wasser vorgeweichten Zysten löst sich in einer Kalzium-Hypochlorit-Lösung mit 1 % freien Chlorinen in drei bis fünf Stunden auf. In diesem Zeitraum werden die Larven nur wenig geschädigt. Anders ist die Wirkung von Natrium-Hypochlorit. Die auflösende Wirkung dieser Verbindung erstreckt sich auf Zystenhülle und Larven, während Eischalen nicht angegriffen werden.
Es zeigte sich später, daß es vorteilhafter ist, vor der Zugabe von Hypochloriten die Zysten zu zerquetschen (Fenwick und Franklin, 1942; Fenwick, 1952b) oder mit Nadeln zu halbieren — Reid (1952) verwendete hierzu sogenannte „Hagedorn-Nadeln" — und die freien Eier mit den zertrümmerten Zystenhüllen für 30 Min. einer Lösung mit 1 % freien Chlorinen auszusetzen. Die so gewonnenen Larven werden mit Wasser verdünnt und von der gleichmäßig verteilten Suspension bestimmte Mengen zur Bestimmung der Larvenzahl entnommen.
Die Hypochlorit-Methode befriedigte in mancher Hinsicht nicht. Oft blieben die Eier zusammengeballt, und die Eischalen lösten sich nur sehr unvollständig auf. Die Zählungen wurden dadurch ungenau. Beim kombinierten Quetsch-Hypochlorit-Verfahren waren die Ergebnisse infolge der auflösenden Wirkung des Hypochlorits auf geschädigte Larven ungenau.
Eine weitere Möglichkeit, die Larvenzahl festzustellen, besteht darin, die Zysten zwischen zwei Objektträgern zu zerquetschen und den Inhalt ohne weitere Arbeitsgänge unter einem Präpariermikroskop zu zählen (Fenwick und Franklin, 1942; Fenwick, 1952b; Goffart, 1951a; Tyktin, 1959).
Oostenbrink (1950) verwendet hierfür die von ihm entwickelten Druckgläschen. Beide Methoden sind jedoch sehr arbeitsaufwendig, und bei dichter Lage der Eier sind die Zählungen nicht sehr genau.
Für die Pflanzenschutzpraxis bietet die letzte Methode jedoch einige Vorzüge. Eine genaue Feststellung der Larvenzahl ist hier nicht immer möglich und auch nicht erforderlich. Für beratende Zwecke ist es meist ausreichend, wenn eine Trennung in leere und gefüllte Zysten erfolgt (Ahlberg, 1939; Tyktin, 1959). Carden (1965) wertet volle und halb gefüllte (< 50 Eier) Zysten. Er fand, daß

enge Beziehungen zwischen der tatsächlich vorhandenen Larvenzahl und seiner Bezugsgröße bestanden.
Diese Quetschmethoden sind sehr arbeitsaufwendig und für Serienuntersuchungen wenig geeignet. REID (1955) erreichte eine Vereinfachung mit der Verwendung einer Perspexplatte zum Zerquetschen der Zysten. Die Platte ist entweder an beiden Längsseiten mit einem Zelluloidstreifen beklebt oder in der Längsrichtung leicht ausgehöhlt, so daß eine Vertiefung von 0,12 mm entsteht. In dieser Vertiefung können beliebige Zystenmengen mit wenig Wasser durch einen darüberrollenden Glasstab zerquetscht werden. BIJLOO (1954a; 1955b) entwickelte zwei Methoden. Nach der ersten werden mit Nadeln halbierte Zysten einige Stunden in Wasser gebracht und anschließend die Eier und Larven mit einem CEKA-Homogenisator (3 Min. bei 10000 Umdrehungen) aus den Zystenhälften gespült.
Diese Methode ist jedoch ebenfalls sehr arbeitsaufwendig. Bei der zweiten Methode werden die Zysten mit wenig Wasser in einem Perspexröhrchen durch die rotierende Spindel eines Rührwerks an der Wandung des Röhrchens zerdrückt. Dieser Arbeitsgang wird auf 7 bis 10 Sek. verkürzt, wenn die Spindel mit einem spiralförmig verlaufenden dünnen Stahldraht umwickelt ist (SEINHORST und DEN OUDEN, 1966). Außerdem soll mit dieser Modifizierung das Zerquetschen der Larven weitgehend ausgeschaltet sein. Nach dem gleichen Prinzip arbeitet HUIJSMAN (1957; 1959a). Anstelle der routierenden Spindel eines Rührwerkes verwendet er einen Kunstharzstab mit kleinerem Durchmesser als das Röhrchen, in dem die Zysten nach Zugabe von 1 bis 2 ml Wasser durch mehrmaliges Drehen des Stabes zerquetscht werden (Abb. 37). Diese Quetschmethoden erfordern jedoch einige Geschicklichkeit. Durch zu starken Druck oder zu häufige Drehung des Stabes werden die Larven oft erheblich beschädigt oder auch vollständig zermalmt.
In einem weiteren in Groß-Lüsewitz angewendeten Verfahren, das in mancher Hinsicht dem von BIJLOO (1954a) entwickelten entspricht, können die Zysten ohne Vorbehandlung verarbeitet werden. Die vorgesehene Zystenzahl (meist 500) wird mit einem Homogenisator (Homogenisator f. wiss. Zwecke; Fa. Bühler, Tübingen, Abb. 38) bei etwa 30000 Umdr./Min. und einer Laufzeit von drei Minuten verarbeitet. Bei dieser hohen Tourenzahl werden die Zysten in winzige Teile zerschlagen, Eier und Larven jedoch nur selten beschädigt (s. auch BIJLOO). Der Vorteil dieses Gerätes besteht darin, daß jegliche Vorbehandlung der Zysten entfällt und der Anteil zerstörter Larven von der verarbeitenden Person nicht beeinflußt werden kann. Der mit diesem Arbeitsgang verbundene Fehler dürfte immer gleichbleibend sein. DECKER (1962a) prüfte die Lebensfähigkeit so behandelter Larven nach dem Chrysoidin-Vitalitätstest und stellte 6 Tage nach der Behandlung 66% abgestorbene Larven fest (Kontrolle 28,6 %). Diese Vitalitätsminderung ist vermutlich auf die zu inneren Schäden führende Belastung der Tiere durch die hohe Tourenzahl zurückzuführen.
Vorgeweichte Zysten werden gleichmäßiger und in kürzerer Zeit zerschlagen als trockene Zysten.
Die nach einer der beschriebenen Methoden erhaltene konzentrierte Ei-Larven-Suspension muß zum Bestimmen der Larvenzahl verdünnt werden. WILLIAMS

und WINSLOW (1955) füllen auf 32 ml auf. Zweckmäßiger erscheint die von BIJLOO und BOOGAERS (1956) vorgeschlagene Verdünnung auf einheitlich 200 ml. Zur gleichmäßigen Verteilung der Eier und Larven in der Suspension eignet sich ein auf niedrigen Touren laufendes Rührwerk (REID, 1955). ANDERSEN (1956) schüttelt die Suspension für etwa 40 Sek. in einer Flasche und erreicht dadurch ebenfalls eine gleichmäßige Verteilung.

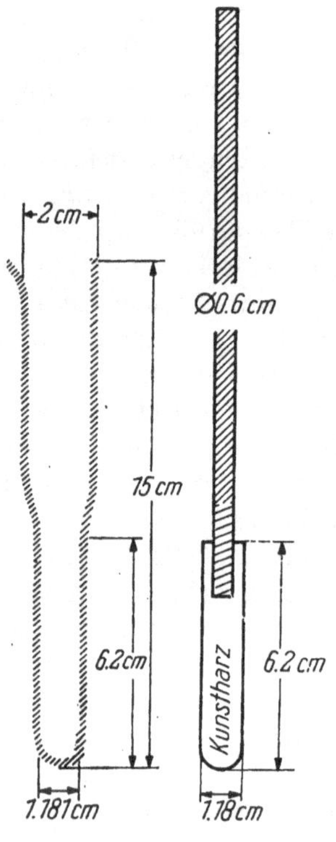

Abb. 37. Glastube und Plastikstöpsel zum Zerquetschen von Zysten (Entnommen aus HUIJSMAN, 1957)

Für das Auszählen der Eier und Larven sind Zählplatten oder Zählkammern entwickelt worden. FENWICK (1942; 1951 c) verwendet eine etwas abgeänderte „McMaster"-Zählplatte, deren Kammern je 1 ml Flüssigkeit aufnehmen. Eine Anleitung zur Herstellung derartiger Zählplatten gaben DONCASTER et al. (1966). PETERS (1955) gebrauchte zu demselben Zweck eine Zählplatte (Abb. 39), bei der 1 ml der Suspension auf 24 Felder verteilt wird. Neuerdings beschrieb DONCASTER (1962) eine Zählschale mit konzentrisch angeordneten Erhöhungen auf der Bodenfläche, die bis zu 40 ml Suspension aufnimmt. Den gleichen Zweck erfüllen in Felder unterteilte Glasplatten von etwa der doppelten Größe eines Objektträgers, die 1 ml Flüssigkeit aufnehmen.

Fehlerkritische Betrachtungen und Untersuchungen über die Art der theoretischen Verteilung von Eiern (Larven) tierparasitärer Arten, bei Verwendung von McMaster-Zählplatten, erfolgten von PETERS (1941).

Zur Bestimmung der Larvenzahl von Heterodera-Arten genügt es, wenn 4 ml (BIJLOO und BOOGAERS, 1956) oder 5 ml (DECKER, 1962) der gut durchmischten Suspension ausgezählt werden. Die hierbei entstehenden Fehler werden von MORIARTY (1960) als gering angesehen.

Abb. 38. Bühler-Homogenisator für wissenschaftliche Zwecke (Foto Benke)

Abb. 39. Zählplatte nach Peters (Entnommen aus PETERS, 1955)

Erhebliche Unterschiede sind jedoch gelegentlich zwischen mehreren Wiederholungen einer einheitlichen Zystenherkunft zu verzeichnen. Dies kann mit dem unterschiedlichen Larvenbesatz der Zysten erklärt werden. Zur Gewinnung eines zuverlässigen Durchschnittswertes wird es immer vorteilhaft sein, eine möglichst große Zystenzahl (500 bis 1000) für die Larvenbestimmung zu verwenden. Aus der in einem Milliliter gefundenen Larvenzahl läßt sich nun leicht die durchschnittliche Larvenzahl je Zyste bzw. Bodeneinheit errechnen.

Die genannten Methoden bieten jede für sich Vor- und Nachteile. Das Zerquetschen der Zysten führt nicht selten zu Beschädigungen der Larven, und es bedarf einiger Geschicklichkeit, die Zysten hinreichend zu zerstören, Beschädigungen oder ein vollständiges Zermalmen der Larven jedoch weitgehend zu vermeiden. Die zur Zeit für Serienuntersuchungen vorteilhafteste Methode setzt die Verwendung eines hochtourigen Homogenisators voraus. Mit diesem Gerät können in einem Arbeitsgang ohne besondere Vorbehandlung beliebige Zystenmengen verarbeitet werden. Beschädigungen der Larven sind auf ein Mindestmaß beschränkt und damit verbunden der Untersuchungsfehler vermindert.

Eine biologische Methode zur Feststellung von Zysten mit lebensfähigem Inhalt im Boden beschrieb SPRAU (1966). Er verglich aus Portionen gut durchmischten Bodens die mit der Fenwick-Kanne (200 cm³) erhaltenen Ergebnisse mit dem Wurzelbefall in 8 cm-Tontöpfen (ca. 200 cm³ Inhalt). In den Wintermonaten waren die Abweichungen zwischen beiden Methoden gering, während in den Sommermonaten die Ergebnisse mit der Fenwick-Kanne deutlich zuverlässiger waren. Nachteilig bei dieser Methode ist, daß der Wurzelbefall keine zuverlässigen Rückschlüsse auf die Höhe der Bodenverseuchung zuläßt.

Diese Methode wurde von BEHRINGER (1967a; b) entscheidend verbessert. Den zu prüfenden Boden bringt er in durchsichtige Kunststoffgefäße (5 × 5 × 12 cm), die durch diagonal verlaufende Trennwände in 4 Kammern (je etwa 40 cm³ Inhalt) unterteilt sind, und setzt darauf einen Augensteckling. Auf Grund des Wurzelbefalls in den einzelnen Kammern wird eine grobe Einschätzung der Verseuchungsdichte ermöglicht. Werden z. B. von einem Hektar 8 Proben (= 8 Gefäße mit 32 Kammern) untersucht und sind die Wurzeln in nur wenigen Kammern befallen, so wird ein geringerer Verseuchungsgrad angenommen, als wenn sich der Befall auf eine größere Zahl von Kammern erstreckt. Vorteilhaft an dieser Methode ist der tatsächlich zu erbringende Nachweis für die Lebensfähigkeit einer Larvenpopulation sowie der geringe personelle und technische Aufwand, nachteilig ist die lange Frist zwischen Probeentnahme und Beurteilung, die Beanspruchung von Gewächshausraum und die Begrenzung der Untersuchung auf nur einen Teil des Jahres.

5.4. Pflanzenkontrolle im Bestand

Die Bodenuntersuchung zur Feststellung von Zysten kann während der Vegetationsperiode durch Pflanzenkontrollen ergänzt werden (GOFFART, 1951b). Die Pflanzen werden vorsichtig mit einem Spaten aus dem Boden entnommen und die an den Wurzeln befindlichen Zysten gezählt. Der günstigste Zeitpunkt hierfür ist kurz vor oder während der Blüte, wenn die Zysten noch nicht ausgereift sind. Sie heben sich dann gut von den Wurzeln und dem Boden ab. Der günstigste Termin für diese Untersuchungen in der Lettischen SSR ist für frühe Sorten die Juni/Juli-Wende und für spätreifende Sorten um den 15. August (Šilova, 1958). Trotz vorsichtiger Arbeit wird auf diese Weise jedoch nur ein Teil der tatsächlich an den Wurzeln haftenden Zysten erfaßt. Der größte Teil der Wurzeln bleibt im Boden, und trotz schonender Entnahme fallen unkontrollierbare Zystenmengen ab.

Die Pflanzenkontrolle eignet sich nicht zur Bestimmung der Verseuchungsdichte eines Bodens. Je nach der Schwere des Befalls ist lediglich eine grobe Einschätzung möglich (Goffart, 1942).

Trotz dieser Nachteile kann auf die Pflanzenkontrolle in manchen Fällen nicht verzichtet werden, so z. B. bei der Saatgutanerkennung. Auf Flächen mit geringer Verseuchungsdichte können durch die Pflanzenkontrolle Herde erkannt werden, die infolge begrenzter Ausdehnung durch die mehr zufällige Probeentnahme für die Bodenuntersuchung nicht erfaßt werden.

Die für eine Befallsfeststellung benötigte Pflanzenzahl wird von Lobanowa (1962) nach der Feldgröße gestaffelt. Sie empfiehlt, von Flächen bis 0,05 ha 15 Pflanzen, von 0,05 bis 0,10 ha 30 Pflanzen und von 1 bis 5 ha 75 Pflanzen zu untersuchen. Von größeren Flächen sollen für jeweils weitere 5 ha 25 Pflanzen zusätzlich kontrolliert werden.

Geskina und Šilova (1959) empfehlen die Untersuchung von 6 bis 8 Pflanzen je 100 m^2.

In besonderen Fällen kann die Pflanzenkontrolle durchaus ein brauchbarer Ersatz für die Bodenuntersuchung sein. So wird z. B. in Holland seit 1959 von der Staudenkontrolle in größerem Maße Gebrauch gemacht (anonym, 1961d). Voraussetzung hierfür dürfte jedoch die gründliche Kenntnis der Verseuchungslage des Gebietes aus Bodenuntersuchungen früherer Jahre sein. In Gegenden, in denen der Kartoffelnematode noch nicht nachgewiesen ist, kann durch die Pflanzenkontrolle die wesentlich kostspieligere Bodenuntersuchung für wenigstens einige Jahre ersetzt werden.

In Gebieten, in denen mit dem Kartoffelnematoden gerechnet werden muß, ist durch eine derartige Befallsfeststellung kein Vorteil zu erblicken. Der schwerwiegendste Nachteil besteht darin, daß wirksame vorbeugende Maßnahmen für den betreffenden Kartoffelbau nicht mehr in dem erforderlichen Umfange möglich sind.

Wenn die Vor- und Nachteile der Pflanzenkontrolle kritisch betrachtet werden, so wird sie kaum mehr als eine Hilfsmaßnahme zu werten sein, was nicht ausschließt, daß sie in besonders gelagerten Fällen einen festen Platz in einem Untersuchungsschema einnehmen kann.

Als Bewertungsgrundlage empfehlen Chitwood und Feldmesser (1948) drei Verfahren:

a) Bestimmung des Befalls nach Wurzellänge oder Wurzelgewicht,
b) Feststellung der in 1 Min. zu zählenden Zysten und
c) Konservierung der Wurzeln in Formalin zur späteren Bestimmung der Zystenzahl in je 5 Kubikzentimetern.

5.5. Vitalitätsbestimmung

Die Larvenzahl je Bodeneinheit wird in der Regel als Maß für die Verseuchungsdichte gewertet, obgleich bekannt ist, daß nicht alle Individuen lebensfähig sind. Für die Unterscheidung vitaler und infektionsfähiger Larven von abgestorbenen oder nur noch bedingt lebensfähigen Tieren, soweit sie nicht schon deutlich erkennbare Auflösungserscheinungen zeigen, wurden mehrere Verfahren in Vorschlag gebracht:

1. morphologische Merkmale an Larven,
2. Larvenschlupf in Kartoffel-Wurzeldiffusaten,
3. Wurzelbefall sechs Wochen nach dem Pflanzen,
4. Reaktion gegenüber Farbstoffen,
5. Anzahl neugebildeter Zysten (Larven).

Baunacke (1922) unterscheidet lebende von toten Larven anhand der Strukturierung des ersten Körperdrittels. Ist dieser Teil hyalin, so hält er die Tiere für vital, Granulierungen weisen auf den Tod oder zumindest auf nicht reversible Schädigungen hin (s. auch Boyd, 1941; Kämpfe, 1954). Durch Druck aus den Eiern befreite Larven werden als lebensfähig angesprochen, wenn sie sich strecken; bleiben sie wie in der Eiablage geknickt, kann ihr Tod angenommen werden (Jones, 1955b; Kämpfe, 1954). Fenwick (1952b) diskutiert die Letalitätskriterien von Bracey, wonach geschlüpfte Larven und klare Eier lebensfähig, undurchsichtige und dunkle Eier hingegen abgestorben sind. Auf strukturelle Veränderungen zwischen Kutikula und Darm sowie in der Oesophagealregion abgestorbener Tiere weisen Feldmesser und Feder (1954) hin.

Als ein zuverlässiges Vitalitätskriterium wird allgemein der Larvenschlupf angesehen (Fenwick, 1952b; Jones, 1955b; v. d. Laan und Bijloo, 1955). Die jahreszeitliche Abhängigkeit der Schlüpfbereitschaft, der Arbeitsaufwand sowie der sich über einen längeren Zeitraum hinziehende Schlupf schränken den Anwendungsbereich jedoch erheblich ein.

Kämpfe (1954) und Peachey (1962) beurteilen die Lebensfähigkeit auch nach der Höhe des Wurzelbefalls. Hierzu ist zu bemerken, daß nur ein Teil der tatsächlich vitalen Larven jemals in die Nähe von besiedlungsfähigem Wurzelgewebe gelangt und so auch diese Werte nicht unbedingt zuverlässig zu sein brauchen. Die Beweglichkeit der Larven ist ein ebensowenig brauchbares Merkmal, da nach mehr oder weniger langer Zeit auch vitale Larven in einen Starrezustand verfallen (u. a. Kämpfe, 1954).

Insgesamt sind nach diesen Verfahren zuverlässige Ergebnisse nicht immer zu erwarten. Nachteilig wirkt sich außerdem der in der Regel hohe Arbeitsaufwand aus. Überdies sind die Kriterien mangels scharfer Grenzen in hohem Maße mit Fehlern belastet und von den nie völlig übereinstimmenden Auffassungen der jeweiligen Bearbeiter abhängig.

Boyd (1941) weist auf die Brauchbarkeit von Farbstoffen zur Unterscheidung toter und lebender Tiere hin. Er verwendet Jod-Jod-Kalium; tote Tiere färben sich in 10 bis 20 Minuten gelblich oder braun, während lebende Larven ungefärbt bleiben. Gerade abgestorbene Tiere färben sich nicht. Längerer Aufenthalt in der Färbelösung führt zum Tod der Larven. FENWICK (1942) fand mit dieser Methode sehr widersprechende Ergebnisse und hält sie für wenig geeignet.

Zur Unterscheidung toter und lebender Tiere von *Ditylenchus dipsaci* und *Aphelenchoides ritzemabosi* hat sich die Färbung mit Acridinorange bewährt (HOMEYER, 1953a; b). Erforderlich ist hierzu eine fluoreszenzoptische Einrichtung. In Verdünnung von 1 : 500 fluoreszieren tote Tiere nach 20 bis 30 Minuten gelb bis rot und lebende grün. Auch verletzte Tiere sind an der mehr oder weniger lokalen Rotfärbung zu erkennen, die sich mit zunehmender Gewebeschädigung schließlich auf den ganzen Körper ausdehnt. Mit Chemikalien extremer pH-Werte behandelte Tiere müssen vor der Färbung zur Erzielung eines eindeutigen Farbeffektes in abgestuften Pufferlösungen gründlich gewaschen werden (HOMEYER, 1953c). BUDZIER (1954a; b) prüfte die Brauchbarkeit dieses Farbstoffes an *Heterodera rostochiensis* und beobachtete bei natürlich abgestorbenen, durch Hitze abgetöteten oder verletzten Larven die charakteristische Rotfluoreszenz. Auf andere Weise oder durch Chemikalien abgetötete Larven wiesen indifferente Färbungen auf und waren nicht eindeutig zu charakterisieren. Ebenso bestanden Schwierigkeiten bei der Definition der Übergangsstadien. v. D. LAAN und BIJLOO (1955) stellten eine deutliche Rotfluoreszenz an Larven fest, die von Pilzen parasitiert waren. In Übereinstimmung mit BUDZIER eignet sich auch nach ihren Beobachtungen Acridinorange nicht zur Vitalitätsanalyse von *H. rostochiensis*, wenn Behandlungen mit Chemikalien vorausgingen.

DOLIWA (1955/56) empfiehlt die Anfärbung mit Chrysoidin in Verdünnungen von 1 : 20000 bis 1 : 50000. Nach 24 bis 48 Stunden weist der Körper toter Tiere eine intensive diffuse Gelbfärbung auf. KÄMPFE (1956) fand in abgestorbenen Larven von *H. schachtii* gelegentlich rotbraune Farbtöne. Lebende Tiere unterscheiden sich durch eine weitgehend auf den Darmbereich beschränkte orangefarbene Granulafärbung. Nicht selten sind Doppelfärbungen (schwache gelbe Diffusfärbung verbunden mit Granulafärbung) zu beobachten. Eine sichere Charakterisierung dieser Larven ist schwierig. KÄMPFE (1956) nimmt an, daß es sich um nicht voll lebensfähige Tiere handelt. GOFFART (1958) stellte fest, daß die Färbeintensität temperaturabhängig ist. Die besten Resultate erzielte er bei 26 °C. Auf die gute Übereinstimmung zwischen Larvenschlupf und Chrysoidintest weist MORIARTY (1964) hin, wenn Zysten unterschiedlichen Alters (verschieden hoher Anteil auf natürliche Weise abgestorbener Tiere) oder durch Hitze abgetötete Larven verwendet werden. Die Vitalitätsbestimmung bei Tieren, die mit Chemikalien behandelt waren, ist nach GOFFART (1958) und MORIARTY (1964) nicht zuverlässig, während KÄMPFE (1963) die Wirksamkeit von Versuchspräparaten gerade nach der Chrysoidinfärbung beurteilt. In Konzentrationen von 1 : 10000 oder höher wirkt Chrysoidin toxisch auf Nematoden.

Mit gutem Erfolg verwendet SHEPHERD (1962c) Neublau R in 0,05%iger Konzentration. Zur Färbung enzystierter Larven werden die Zysten für sieben Tage der Farblösung ausgesetzt und danach in Wasser zerquetscht oder auf andere

Weise zertrümmert. Nach wenigen Stunden ist die Beurteilung möglich. Tote Tiere sind rot – nach GOFFART (1965) mauvefarben bis tiefpurpur – gefärbt, lebende ungefärbt. Neublau R ist nicht toxisch. Von weniger guten Ergebnissen berichtet MORIARTY (1964) bei *H. schachtii*. Mit Chemikalien nicht behandelte Feldpopulationen waren kaum eindeutig zu differenzieren. Lebende Larven wiesen oft Granulafärbungen auf. Von der gerade verwendeten optischen Vergrößerung wird die Beurteilung ebenfalls beeinflußt. Vorteilhaft erwies sich Neublau R bei Tieren, die entweder mit Hitze oder mit Chemikalien behandelt waren.

Eine dem Neublau R ähnliche Wirkung erzielte GOFFART (1965) mit Meldola-Blau. Vor dem Anfärben ist es vorteilhaft, die Zysten 24 bis 96 Stunden in dest. Wasser einzuweichen. Leitungswasser eignet sich hierzu nicht, es besteht die Gefahr des Ausflockens des Farbstoffes. Die Färbung mit Meldola-Blau muß ebenfalls auf etwa sieben Tage ausgedehnt werden. GOFFART (1964c; 1965) weist besonders auf die Brauchbarkeit dieses Färbeverfahrens zur Vitalitätsbestimmung von Nematoden aus Nematizidversuchen hin. HOLMQUIST (1968) differenziert die Färbung in Abhängigkeit von der Behandlung. Durch Hitze abgetötete Tiere werden für 10 Min. in 0,05% Malachitgrün (Wasserlösung) und mit Formalin behandelte für 36 Stunden in 0,025% Chrysoidin (Wasserlösung) gefärbt.

Die einzelnen Verfahren weisen jedes für sich Vor- und Nachteile auf. In der Anwendung ist Neublau R und Meldola-Blau infolge der langen Färbezeit sehr umständlich. Die Verwendung von Acrodinorange wiederum setzt eine fluoreszenzoptische Einrichtung voraus.

Chrysoidin eignet sich lediglich für Vitalitätsbestimmungen von Populationen, die nicht mit Chemikalien behandelt sind, während Neublau R gerade zur Beurteilung von Nematizidbehandlungen verwendet werden kann.

Zur Erfolgskontrolle nach Bodenbehandlungen mit Nematiziden empfiehlt HAGUE (1960) die Feststellung der neugebildeten Zysten oder Larven je 200 g Boden, nachdem in dem behandelten Boden eine Wirtspflanze kultiviert war. Dem Kriterium „neue Zysten“ wird der Vorzug eingeräumt, zumal auch der Arbeitsaufwand zu deren Feststellung geringer ist.

Eine absolut sichere Bestimmung der Vitalität wird mit keiner dieser Methoden erreicht. Die Wahl einer beliebigen Technik wird im wesentlichen von der Vorbehandlung der Zysten abhängig sein. Eine einfache und wenig arbeitsaufwendige Methode, die allen Anforderungen genügt, ist bis jetzt nicht bekannt.

RAO und PEACHEY (1964) verglichen mehrere Vitalitätskriterien mit Zystenmaterial einheitlicher Vorbehandlung. Die zuverlässigsten Werte erhielten sie nach Anfärbung der Larven mit Neublau R und anhand der Wurzelinvasion (mazeriert und gefärbt).

6. Auswirkungen des Befalls auf Wachstumsverlauf und Ertragsbildung der Wirtspflanzen

Auf stark verseuchten Flächen sind die von den Parasiten verursachten Schadsymptome schon bald nach dem Auflaufen der Kartoffeln deutlich erkennbar. Die Pflanzen bleiben im Wachstum zurück, die Blätter sind kleiner, stehen in der Regel aufrechter und sind nicht selten etwas starrer als die von nicht befallenen Pflanzen. Auf Grund dieser Symptome schlug FINKENBRINK (1933) für den Nematodenschaden die Bezeichnung „Kartoffelschwindsucht" vor.

In der Literatur findet man gelegentlich den Vermerk, daß die Blattränder befallener Pflanzen gebräunt oder leicht gerollt sind. Nach unseren Beobachtungen sind diese Erscheinungen nicht unbedingt mit Nematodenbefall in Zusammenhang zu bringen.

Erstes Anzeichen für Nematodenbefall ist das nesterweise Zurückbleiben der Pflanzen in einem sonst gleichmäßig stehenden Bestand. Derartige Wachstumsdepressionen sind je nach Ausdehnung der Bodenverseuchung oft auf nur wenige Stauden beschränkt oder ziehen sich über größere Flächen hin. Die Randzonen dieser Schadstellen können scharf abgesetzt sein oder gehen allmählich zu normal entwickelten Pflanzen über. Wachstumsdepressionen sind allerdings keine typischen Symptome für Nematodenbefall, sie erwecken lediglich den Verdacht. Eine sichere Aussage ist nur nach Untersuchung der Wurzeln möglich. Der günstigste Zeitpunkt hierfür liegt um die Juni/Juli-Wende. Die Zysten sind dann überwiegend weiß oder gelb und heben sich gut vom Boden und den Wurzeln ab. Zu späteren Terminen sind die Zysten größtenteils gebräunt und fallen leicht von den Wurzeln ab, so daß der Befall oft nicht mehr mit Sicherheit nachgewiesen werden kann.

Nicht immer sind die Symptome so deutlich ausgeprägt. Schwach befallene Pflanzen unterscheiden sich im Wachstum nur wenig oder überhaupt nicht von gesunden. Die Pflanzen reagieren erst dann mit Wachstumsdepressionen, wenn der Befall ihre Leistungsfähigkeit überschreitet. Das Fehlen jeglicher oberirdischer Symptome bei geringem Befall hat zur Folge, daß die Gefahr im Anfangsstadium leicht übersehen wird.

Wie sich der Befall entwicklungsphysiologisch auswirkt, zeigen MEINL und STELTER (1963; 1967). In Gefäßen unter teilweise kontrollierten Bedingungen betrug der tägliche Zuwachs bei der spätreifenden Sorte ‚Gerlinde' bis zur siebenten Woche bei gesunden Pflanzen 8 mm und bei stark befallenen Pflanzen 6,9 mm. Von der achten Versuchswoche an bis zur endgültigen Höhe verminderte sich der tägliche Zuwachs gesunder Pflanzen auf 2,6 mm, während bei befallenen der Zuwachs gleichbleibend bei 7 mm lag (siehe auch KÜHN, 1958a). Gesunde Pflanzen erreichten in 90 Tagen ihre endgültige Höhe von 53 cm, befallene in 112 Tagen mit 63 cm. Der Wachstumsrhythmus wird durch den Befall empfindlich gestört. Dies wird auch aus dem Blühverlauf ersichtlich. Befallene Pflanzen blühen unter Versuchsbedingungen etwa vier Wochen später als gesunde. Um etwa denselben

Zeitraum verzögert sich der Knollenansatz. Diese Entwicklungsverzögerungen sind eindeutig auf den parasitären Einfluß zurückzuführen.
Befallene Pflanzen frühreifender Sorten bleiben bis zum Absterben kleiner als nicht befallene. Entscheidend hierfür ist wohl das geringere Regenerationsvermögen.
Mit etwa ähnlichen Tendenzen, jedoch in anderen Zeiträumen, geht der Wachstumsablauf im Freiland vor sich. Nach der Zystenreife erholen sich etwa im Juli/August die bis dahin kümmernden Pflanzen spätreifender Sorten und können unter sonst günstigen Bedingungen nicht selten die Höhe gesunder Pflanzen erreichen. In Nestern später blühende Pflanzen erwecken jedoch immer den Verdacht eines vorausgegangenen Nematodenbefalls. Ausgenommen von dieser veränderten Rhythmik sind die Fälle, in denen durch überhöhten Befall das Leistungsvermögen der Pflanzen überfordert ist. Symptome sind dann häufig bis zur Ernte nachweisbar. Die Auswirkungen des Befalls sind auffällig und für den einzelnen Fall bestimmbar. Schadursachen und Schadmechanismen sind jedoch nur erst in groben Zügen zu übersehen. Seinhorst (1963) faßt die auf Nematoden zurückzuführenden Schäden in den folgenden 4 Gruppen zusammen:

1. Nahrungsentzug;
2. Schäden von Schwächeparasiten, die im Gefolge eines Nematodenbefalls auftreten;
3. Schäden durch Begleitparasiten;
4. Schäden durch übertragende Viren.

Diese Vorstellung befriedigt nicht ganz. Die in den Bereich der Stoffwechselvorgänge der Pflanzen fallenden Auswirkungen des Befalls sind nicht berücksichtigt. Gerade bei den Heteroderen sind diese aber von entscheidender Bedeutung. Nach dem Eindringen der Larven und den damit verbundenen mechanischen Beschädigungen der Wurzeln laufen in den Pflanzen Veränderungen ab, die sich wesentlich von den in nicht befallenen unterscheiden. Die Bildung der Riesenzellen ist ein sichtbarer Ausdruck dieser Veränderungen. Die diese Bildungsabweichung auslösenden Faktoren sind im einzelnen nicht bekannt. Die Vorstellung, daß von den Nematoden ausgeschiedene toxische Substanzen die Riesenzellenbildung auslösen, muß wohl aufgegeben werden. Offenbar vollziehen sich in der befallenen Pflanze Vorgänge, durch die der gesamte Stoffwechsel in andere Bahnen gelenkt wird. Auslösende Faktoren hierfür sind entweder von den Nematoden zugeführte oder unter dem Einfluß der Nematoden in den Wurzeln gebildete Stoffe. Für diese Annahmen fehlt es, zumindest bezogen auf den Kartoffelnematoden, noch an Beweisen.
Die in neuerer Zeit durchgeführten Untersuchungen zur Klärung der Wechselbeziehungen zwischen *Meloidogyne*-Arten und ihren Wirten eröffnen völlig neue Gesichtspunkte. Sie sollen hier skizziert werden, da vermutlich ähnliche Auswirkungen bei den von *H. rostochiensis* befallenen Pflanzen zu erwarten sind. Bird (1962) fand in Wurzelgallen von *M. javanica* eine wachstumsfördernde Substanz, die mit Indolylessigsäure nahe verwandt ist, in den die Galle umgebenden Geweben jedoch nicht nachgewiesen wurde. Er läßt die Herkunft oder Entstehung

dieser Wachstumsregulatoren offen. Nach LEFKOWITZ (1961) ist der Gehalt an Wachstumsregulatoren in gesundem und von *M. incognita acrita* vergalltem Wurzelgewebe von Tomaten und Tabak jedoch nicht unterschiedlich. YU und VIGLIERCHIO (1964) wiesen wachstumsregulierende Substanzen in Larven und Eimassen von *M. hapla*, *M. javanica* und *M. incognita* nach. Gleiche oder ähnliche Stoffe fanden sie in den von den einzelnen Arten verursachten Gallen und vermuten, daß die von Nematoden in die Pflanzen abgegebenen Stoffe die Riesenzellen- und Gallenbildung direkt auslösen. Für die L_2 von *M. hapla* wurden überdies wuchsstoffzerstörende Stoffe nachgewiesen, die auch für das geringe Vergallungspotential dieser Art verantwortlich sein sollen (VIGLIERCHIO und YU, 1965). Unter diesen Gesichtspunkten ist die Gallenbildung von *M. hapla* schwer verständlich, es sei denn, daß neben den von Nematoden ausgeschiedenen Stoffen noch solche anderen Ursprungs wirksam sind.

Im Gegensatz hierzu werden nach den Beobachtungen von SANDSTEDT und SCHUSTER (1966a; b) von *M. incognita* weder Auxine noch Cytokinine abgegeben. Sie wiesen dies in Infektionsversuchen mit Tabakmark nach. Nur wenn das Nährmedium Indolylessigsäure und Kinetin enthielt, konnten sich die Nematoden bei gleichzeitiger Bildung von Riesenzellen im Tabakmark entwickeln.

In Ausscheidungen freier Larven von *M. javanica* fand BIRD (1967) in biologischen Nachweisverfahren weder Auxine, Kinine oder Gibberelline, ebenfalls fehlten Hinweise für das Vorhandensein von Amylase, Zellulase und Pepsin. BIRD vermutet, daß die Larven wachstumsregulierende Substanzen und Enzyme erst unter dem Einfluß der Wirtspflanze während der parasitären Phase ausscheiden.

SETTE und WHEELER (1968) fanden in Tomatenwurzeln, die von *Meloidogyne*-Arten befallen waren, die gleiche Auxinkonzentration wie in nicht befallenen Wurzeln. Für die Auslösung der Gallenbildung werden zwei Möglichkeiten berücksichtigt: Die Larven geben Auxine in die Wurzeln ab (geringe Auxinmengen wurden in den Larven nachgewiesen) oder die Larven beeinflussen die Stoffwechselvorgänge in Richtung einer gesteigerten Auxinproduktion. Für den letzten Fall nehmen sie die Bildung von Auxinen aus Proteinen über Tryptophan unter Beteiligung endogener Phenolsäuren an.

Diese Befunde sind in bezug auf die Herkunft der wachstumsregulierenden Substanzen recht gegensätzlicher Natur. In jedem Falle wird jedoch vorausgesetzt, daß die nach dem Befall ablaufenden histologischen Veränderungen in den Pflanzen letzten Endes auf wachstumsregulierende Substanzen zurückzuführen sind. Verbunden mit dem Befall sind außerdem tiefgreifende Veränderungen, die sich auf den gesamten Chemismus der Pflanzen ausdehnen (BERGESON, 1966; OWENS und SPECHT, 1966; OWENS und RUBINSTEIN, 1966). Die biochemischen Aspekte der parasitären Wechselbeziehungen zwischen *Heterodera*-Arten bzw. *Meloidogyne*-Arten und Wirtsgeweben wurden von SEMBDNER (1968a; b) zusammenfassend dargestellt.

Für den Kartoffelnematoden erfolgten derartige Untersuchungen noch nicht. Alle Anzeichen deuten jedoch darauf hin, daß die Befallsauswirkungen sich nicht allein mit mechanischen Schäden, toxischen Einflüssen oder Nährstoffentzug erklären lassen (MEINL und STELTER, 1967).

GRAINGER (1951) weist darauf hin, daß im Kohlenhydrat- und N-Gehalt befallener und nicht befallener Pflanzen der frühreifenden Sorte ‚Epicur' nur geringfügige Unterschiede bestehen und der Aschegehalt aller Organe während der gesamten Entwicklung in befallenen Pflanzen niedriger ist, in den Knollen sogar um 50%, als in nicht befallenen.

Hiervon abweichende Ergebnisse fanden STELTER und MEINL (1969) sowohl bei den einzelnen Organen als auch bei den Relationen der Organe zueinander im Laufe der Entwicklung. Von Pflanzen aus Gefäßversuchen mit verschiedenen Böden und Anfangsverseuchungen von 600 bis 40000 Larven/100 cm^3 Boden wurde zu den Terminen 35, 70, 110 und 160 Tage nach dem Pflanzen der Aschegehalt in der Trockenmasse der einzelnen Organe ermittelt. Zum ersten Termin, wenn die Pflanzen mit besonders starken Wachstumsdepressionen auf den Befall reagieren und noch keine Knollen gebildet hatten, erhöhte sich der prozentuale Ascheanteil mit steigender Verseuchung, während die absolute Menge abnahm. Zu den späteren Terminen lag der Ascheanteil in Blatt und Sproß nicht befallener Pflanzen höher. Bei den Knollen dagegen war, abgesehen vom höheren Aschegehalt der verseuchten Variante zum zweiten Termin, die Differenz unbedeutend. Bei Bewertung der Gesamtpflanze wiesen die befallenen Varianten jedoch immer den höchsten Aschegehalt auf. Diese Umkehrung wird bedingt durch die unterschiedlichen Organanteile an der Gesamttrockenmasse der Varianten zu den Terminen. Auf Grund dieser Ergebnisse wird vermutet, daß durch den Nematodenbefall eine direkte Störung der Nährstoffaufnahme nicht verursacht wird.

6.1. Mechanische Beschädigungen

Die Larven dringen dicht oberhalb der Wurzelspitze in das Gewebe ein und durchwandern eine mehr oder weniger große Strecke, bis sie ihre endgültige Lage eingenommen haben. Die während dieser Phase entstehenden Gewebeschäden sind bei vereinzeltem Befall sicher nur von geringer Bedeutung. Anders bei stärkerem Befall, vor allem, wenn der laufende Wurzelzuwachs in den ersten Entwicklungswochen in gleichbleibender Stärke besiedelt wird. Obgleich die Larven verhältnismäßig klein sind und die Fortbewegung in den Wurzeln ebenfalls nur beschränkt ist, so sind bei massiertem Befall die Funktion der Wurzel beeinträchtigende Schäden doch sehr wahrscheinlich.

Die Wundstellen in den Wurzeln bieten zudem günstige Voraussetzungen für den Befall weiterer bodenbewohnender Organismen, von denen angenommen wird, daß sie das Schadausmaß erhöhen. Welche Ausdehnung der Befall durch Sekundärparasiten annimmt und welcher Art die Wechselbeziehungen zwischen diesen und den Larven bzw. deren hinterlassenen Spuren sind, ist zunächst unbekannt.

Eine interessante Beobachtung teilte REINMUTH (1955) mit. In Agarkulturen beobachtete er gelegentlich Larven in engem Kontakt mit Wurzelhaaren und vermutet eine zumindest zeitweilige ektoparasitische Phase.

6.2. Wasser- und Nährstoffaufnahme befallener Pflanzen

Von Kartoffelnematoden hervorgerufene Wachstumsdepressionen werden zum Teil auf Störungen in der Wasser- und Nährstoffaufnahme zurückgeführt. In neuerer Zeit wiesen STELTER und MEINL (1962) und MEINL und STELTER (1963) jedoch nach, daß der Wasserverbrauch umgerechnet auf 100 cm^2 Blattfläche befallener und nicht befallener Pflanzen etwa gleich hoch ist. Dagegen benötigen befallene Pflanzen zur Produktion von 1 g Trockenmasse von Versuchsbeginn bis zum 50. Tag 300 ml Wasser, in nicht verseuchtem Boden kultivierte etwa 170 ml Wasser. Dies läßt darauf schließen, daß die Wasseraufnahme während der Befallsphase nicht beeinträchtigt, sondern im Gegenteil erhöht ist.

Eine Erklärung hierfür kann in der durch den Befall ausgelösten gesteigerten Regeneration des Wurzelwerkes und der damit verbundenen Vergrößerung der Wurzeloberfläche gesehen werden. Es ist sicher nicht so, daß befallene Wurzeln mehr Wasser aufzunehmen vermögen, eher ist zu vermuten, daß durch die relativ größere Wurzelmasse die eventuell nachlassende Aufnahmefähigkeit der Einzelwurzel ausgeglichen wird.

Wenig ist von der Nährstoffaufnahme bekannt. Aus den Werten des Gasstoffwechsels kann entnommen werden, daß befallene Pflanzen während der Hauptbefallszeit deutlich mehr CO_2 aufnehmen als nicht befallene. Hieraus kann geschlossen werden, daß auch die Nährstoffaufnahme nicht wesentlich beeinträchtigt ist. Die höhere Assimilationsleistung wirkt sich jedoch nicht in einer höheren Stoffproduktion aus. Im Gegenteil, diese ist im Vergleich mit nicht befallenen Pflanzen um etwa 1/3 herabgesetzt. Trotz des angeregten Stoffwechsels kommt also kein höherer Reinertrag zustande. Die Ursache hierfür wird in den höheren Atmungsverlusten, die nach den Messungen des Gasstoffwechsels wesentlich über denen gesunder Pflanzen liegen, und dem Nahrungsentzug durch die Nematoden gesehen.

6.3. Nahrungsentzug durch die Nematoden

Wie hoch der Nährstoffbedarf der sich entwickelnden Männchen und Weibchen einschließlich der neuen Larvengeneration ist, kann nur schwer abgeschätzt werden. Es ist nicht bekannt, welcher Art die den Pflanzen entzogenen Stoffe sind und in welcher Menge und Zusammensetzung sie zur Entwicklung benötigt werden. OOSTENBRINK (1950) fand in einjährigen Zysten etwa 59% eiweißartige Stoffe und 29% Fette. Bezogen auf die Entwicklung von rund 50000 Zysten an einer Pflanze entspricht dies einer Eiweißmenge von etwa 1536 mg, deren Baustoffe der Pflanze entzogen werden. Dieser Wert bezieht sich nur auf die vorhandene Substanz. Wie hoch der tatsächliche Verbrauch an Nährstoffen insgesamt zur Produktion der Nematodenmasse ist, kann nicht abgeschätzt werden.

6.4. Einfluß von Sekundär- und Folgeparasiten auf das Schadausmaß

Der Entdecker des Kartoffelnematoden führte den Schaden ausschließlich auf den Befall durch diesen Parasiten zurück. Er bemerkte an den Wurzeln befallener Pflanzen zwar häufig reichliches Mycel von *Rhizoctonia solani*, räumt diesem Pilz aber bestenfalls die Rolle eines Nebenschädigers ein (ZIMMERMANN, 1920; 1921 a). Später wurden vor allem von englischer Seite einige Bedenken hinsichtlich des schaderregenden Einflusses von *H. rostochiensis* geäußert, die sich darauf stützten, daß die Höhe des Wurzelbefalls nicht immer mit der Höhe des verursachten Schadens korrelierte.

So vermutet MORGAN (1925), daß *Rh. solani* wesentlich zur Erhöhung des Schadens beiträgt. Später (MORGAN, 1926) lehnt er die Kartoffelnematoden als primäre Schadursache überhaupt ab und betrachtet Bodenfaktoren als vornehmliche Schadursache. Ähnliche, in Einzelheiten voneinander abweichende Vorstellungen vertraten EDWARDS (1929), SMITH und MILES (1929), MILES (1930) sowie JENKINS (1934).

BLENKINSOP (1935) hält unausgeglichene Nährstoffversorgung der Pflanzen für die alleinige Schadursache.

Dagegen sehen MORGAN und PETERS (1929), O'BRIEN und PRENTICE (1930), BUCKHURST und FRYER (1931), TRIFFITT (1931b) sowie ROBERTSON (1937) in dem Kartoffelnematoden die primäre Schadursache. Sie schließen jedoch nicht aus, daß durch Sekundärparasiten, weniger günstige Bodenverhältnisse oder ungenügende Nährstoffversorgung das Schadausmaß erhöht wird. Der damals ausgetragene Meinungsstreit ist verständlich, wenn die zu der Zeit übliche Bewertung berücksichtigt wird. Abgesehen von wenigen Ausnahmen wurden Beziehungen zwischen Wurzelbefall und Schadausmaß vermutet. Wir wissen heute, daß eine derartige Bewertung zu Irrtümern führen kann. Von mäßigen Bodenverseuchungen, die sich nicht unbedingt in Wachstumsdepressionen auswirken, geht nicht selten ein sehr hoher Wurzelbefall aus. Wenn das Leistungsvermögen der Pflanzen nicht überschritten ist, erscheinen die Wurzeln auch noch weitgehend funktionsfähig. Anders ist es bei hohen Verseuchungen. Infolge des ungewöhnlich dichten Wurzelbefalls durch die Larven bräunen und vermorschen Wurzelteile oder ganze Wurzeln frühzeitig. Bodenpilze der verschiedensten Art siedeln sich, wie schon von ZIMMERMANN (1914) erwähnt, an, so daß der Eindruck entsteht, als ob der Schaden nur durch eine Kombination von Pilz und Nematode oder auch von Bodenpilzen allein verursacht wird.

SMITH und PRENTICE (1929), CARROLL (1933), CARROLL und McMAHON (1935) sowie GOFFART (1939) wiesen dann auch darauf hin, daß der Kartoffelnematode als der primäre Schaderreger anzusehen ist, auch wenn zwischen der Verseuchungsdichte des Bodens (Zystenzahl!) und der Schadhöhe nicht immer deutliche Beziehungen zu erkennen sind.

In neuerer Zeit wird diese heute allgemein akzeptierte Vorstellung wieder in Zweifel gezogen. So berichten GRAINGER und CLARK (1963; 1965) und GRAINGER (1964) von Ergebnissen aus Topfversuchen, in denen sich deutliche Ertragsschäden

nur dann abzeichneten, wenn die Pflanzen von *H. rostochiensis* und *Rh. solani* befallen waren. *H. rostochiensis* oder *Rh. solani* allein verursachten weder Wachstumsdepressionen noch traten Ertragsminderungen ein. Eine Erklärung dieser Ergebnisse ist nicht ohne weiteres möglich. Ohne die Befunde in Frage zu stellen, muß jedoch eine Verallgemeinerung zunächst abgelehnt werden.
Von ähnlichen Ergebnissen berichten DUNN und HUGHES (1967). Sterilisierten John-Innes-Kompost verseuchten sie mit *H. rostochiensis* (20 L./g), *Rh. solani* und *Oospora pustulans* allein oder in jeder Kombination und beurteilten vornehmlich das Längenwachstum von Jungpflanzen. Der Befall durch Kartoffelnematoden oder *Rh. solani* allein hatte nur geringfügige Wachstumsdepressionen zur Folge. Hohe Schäden wurden durch *O. pustulans* allein oder in Kombination dieses Pilzes mit anderen Schaderregern verursacht.
Völlig anders geartete Ergebnisse erhielten STELTER und MEINL (1967). Sie kultivierten die Sorte ‚Gerlinde' in Gefäßen mit gedämpftem Boden, dem Mycel von *Rh. solani* oder Zysten von *H. rostochiensis* (43500 L./100 cm³ Boden) oder beide zugegeben waren, und verglichen das Wachstum bis zum Absterben der Pflanzen. Nennenswerte Ertragsverluste und Abweichungen im Streckungswachstum registrierten sie nur in den mit Kartoffelnematoden verseuchten Varianten unabhängig davon, ob *Rh. solani* zugegen war oder nicht. Die von *Rh. solani* allein verursachten Ertragsverluste und Wachstumsabweichungen lagen im Fehlerbereich. Es darf jedoch nicht übersehen werden, daß die im Vergleich zu Mitteleuropa völlig anderen klimatischen Bedingungen in Schottland auch andersgeartete Wechselbeziehungen zwischen den Organismen möglich erscheinen lassen.

6.5. Verseuchungsdichte und Schadhöhe

Die so oft gestellte Frage nach dem tatsächlich zu erwartenden direkten Schaden ist ebenso oft unbefriedigend beantwortet worden. Zuverlässige Ergebnisse können nur dann erwartet werden, wenn alle übrigen, den Wachstumsverlauf und den Ertrag beeinträchtigende Faktoren ausgeschaltet werden. Im Freiland ist dies so gut wie ausgeschlossen. Am ehesten kann diese Forderung in Topfversuchen im Gewächshaus realisiert werden. Durch die in diesem Falle mehr oder weniger künstlichen Bedingungen wird der Wachstumsablauf sowie die Reaktion der Pflanzen jedoch verändert, so daß derartige Ergebnisse nicht ohne weiteres verallgemeinert werden können (MEINL und STELTER, 1963).
Zu berücksichtigen ist ferner der in den einzelnen Jahren unterschiedliche Witterungsablauf, durch den die Entwicklung von Pflanze und Parasit in wechselnder Weise beeinflußt wird. Es ist daher nicht überraschend, wenn die Beziehungen zwischen Verseuchungsdichte und Schadausmaß nur in groben Umrissen charakterisiert werden können und eine Verallgemeinerung nur mit Vorbehalten erfolgen kann (WEISCHER, 1964).
PETERS (1950a) fand Schadsymptome bei einem Verseuchungsgrad von 9 Zysten je 100 cm³ Boden. In Irland ist mit erheblichen Schäden schon von 4 Zysten mit Inhalt/100 cm³ zu rechnen (CARROLL und McMAHON, 1935). Nach HEY

(1954) ist bei einem Besatz von 30 bis 40 Zysten je 100 cm³ Boden in der Regel mit deutlichen Wachstumsdepressionen zu rechnen. SCHMIDT (1952) gibt in Mecklenburg Schäden bei Bodenverseuchungen von 5 bis 10 Zysten/100 cm³ an.
Nach BROWN (1963) ist mit mäßigen Schäden bei einem Besatz von 5 bis 10 Zysten mit Inhalt bzw. 200 bis 700 Larven und mit schweren Schäden bei > 50 Zysten mit Inhalt bzw. > 3000 Larven je 100 cm³ Boden zu rechnen.
Etwas eingehender haben sich BROWN (1961a; 1961b; 1968; 1969), JONES (1966), OOSTENBRINK (1966; 1968) sowie STELTER und RAEUBER (1968) mit dieser Frage beschäftigt. Nach BROWN bestehen lineare Beziehungen zwischen Verseuchungsgrad und Ertrag. Von ihm wurden durchschnittlich für je 10 Zysten mit Inhalt/100 g Boden Ertragsminderungen von 1,16 to/acre und für je 2000 Larven/100 g Boden Verluste von 0,85 bzw. 1,14 to/acre errechnet. Die niedrigste Verseuchung, bei der ein Kartoffelanbau gerade noch rentabel ist, wird von BROWN mit 2700 Larven/100 g Boden angegeben.
JUSTESEN und TAMMES (1960), JONES (1966) und OOSTENBRINK (1966) weisen jedoch eindeutig nichtlineare Zusammenhänge zwischen Verseuchungsdichte und Erträgen nach (siehe auch EGLITIS und KAKTINA, 1950).

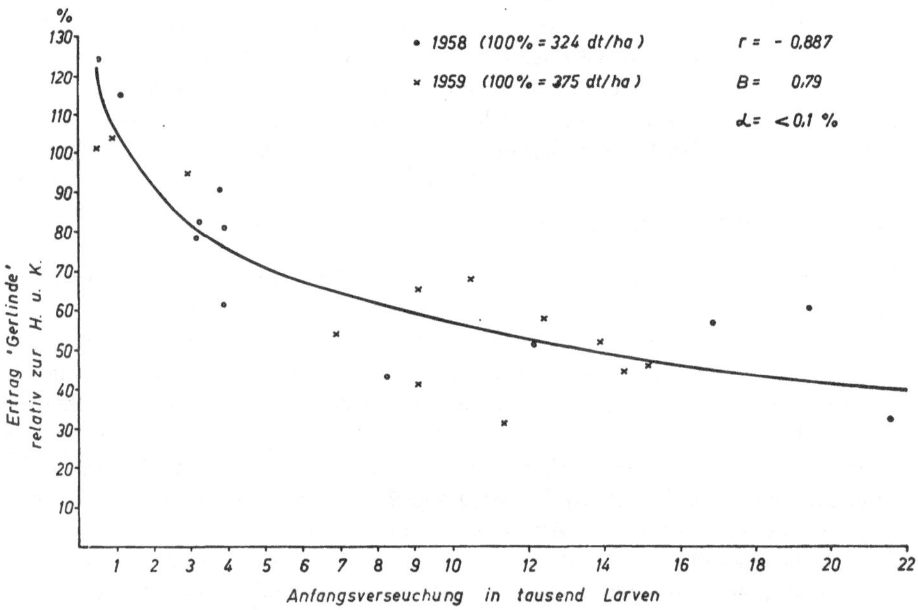

Abb. 40. Relativerträge der anfälligen spätreifenden Sorte ‚Gerlinde' auf Böden mit unterschiedlicher Verseuchungsdichte. Verseuchung in Larven/100 cm³ Boden (Entnommen aus STELTER und RAEUBER, 1968)

STELTER und RAEUBER verglichen die Erträge von nicht verseuchten mit den von unterschiedlich stark verseuchten Flächen und stellten ebenfalls fest, daß die Ertragsabnahme mit zunehmendem Verseuchungsgrad keinesfalls linear, sondern nichtlinear verläuft (Abb. 40). Unter den gegebenen Bedingungen beträgt der Ernteverlust bei einer Verseuchung von 2000 Larven/100 cm^3 Boden 10% und bei 4000 Larven etwa 25%. Mit zunehmender Verseuchungsdichte um jeweils 2000 Larven wird die Ertragsminderung geringer. So sind z. B. die Verluste bei 3000 Larven um 10% höher als bei 2000 Larven, während eine Verseuchungszunahme von 10000 auf 11000 Larven lediglich 2% Mehrverluste zur Folge hat. Offenbar wird das Schadausmaß durch Witterungseinflüsse nicht wesentlich beeinflußt. Die rel. Ertragsverluste sind in den zwei Versuchsjahren mit sehr unterschiedlichem Witterungsablauf weitgehend übereinstimmend.

Aus diesen im Feldbestand vorgenommenen Untersuchungen geht außerdem hervor, daß Ertragsminderungen schon dann zu verzeichnen sind, wenn die Pflanzen noch symptomlos reagieren (siehe auch BROWN, 1969).

Werden diese beiden Auffassungen über den Verlauf der Ertragsminderung mit den Überlegungen von SEINHORST (1965a) verglichen, so ist eine nichtlineare Abhängigkeit zwischen Verseuchungsgrad und Ertragsminderung wahrscheinlicher. SEINHORST stellt fest, daß selbst bei höchsten Verseuchungsdichten immer ein gewisser, allerdings sehr niedrig liegender Ertrag gebildet wird.

Die Erträge einer Sorte werden bestimmt von der Knollenzahl je Staude und dem durchschnittlichen Knollengewicht. Der Nematodenbefall wirkt sich auf beide Komponenten aus. ROTHACKER und STELTER (1959) fanden an befallenen Pflanzen weniger Knollen als an nematodenfrei angezogenen; PETERS (1961) erhielt in Topfversuchen mit steigender Anfangsverseuchung eine laufende Verminderung der Knollenzahl je Staude. Ebenso hat der Befall eine Verminderung des durchschnittlichen Knollengewichtes zur Folge (KEMNER, 1929; ROTHACKER und STELTER, 1959). Es ist nichts darüber bekannt, ob eine der beiden Komponenten bestimmend für die Ertragsminderung ist oder beide von gleicher Größenordnung wirksam werden.

Die Verminderung des Knollengewichtes befallener Pflanzen ist mit der Erhöhung des Anteils kleiner Knollen verbunden. Bei maschineller Ernte führt dies zu größeren Ernteverlusten, auf jeden Fall jedoch, infolge des geringeren Anteils verkaufsfähiger Ware, zu finanziellen Verlusten.

Neben der gewichtsmäßigen Ertragsminderung fanden GOFFART (1939b), ROTHACKER und STELTER (1959) sowie CARLSSON und VIDEGÅRD (1970) bei Knollen von befallenen Pflanzen eine Minderung des Stärkegehaltes um etwa 1%. Dies ist etwas überraschend, weil gerade der Stärkegehalt der einzelnen Sorten bei uns ein sehr wenig variierendes Merkmal ist.

6.6. Kritische Verseuchungsdichte

Von welcher Verseuchungsdichte ab etwa mit Ertragsschäden zu rechnen ist, kann generell nicht angegeben werden. Je nach den örtlichen Bedingungen wird der Schwellenwert von Klima, Bodenart, Bodenqualität und dem Kulturzustand des Bodens erheblich differieren. Auf leichten, nährstoffarmen Böden sind Schäden bereits bei geringerer Populationsdichte zu erwarten als auf nährstoffreichen

Böden besserer Qualität. So ist verständlich, daß die Angaben der einzelnen Autoren immer in Abhängigkeit von den jeweiligen Wachstumsbedingungen verstanden werden müssen.

Chitwood und Feldmesser (1948) fanden in 4in. Blumentöpfen bei einem Verseuchungsgrad von 40 bis 80 Zysten mit Inhalt je Topf noch keinerlei Ertragsminderungen. Nach Johnson und Thompson (1945) liegt die kritische Verseuchungsdichte im Bereich von 50 bis 100 Zysten mit Inhalt je 100 g Boden. Später wird in England mit einem Schwellenwert für sandige Lehmböden etwa um 1000 Larven je 100 g Boden und für Moorböden im Bereich von 1000 bis 2000 Larven je 100 g gerechnet (Williams, 1958b; Jones, 1966).

Auch Seinhorst (1963; 1965b) hält im Bereich niedriger Verseuchungen Schäden für unwahrscheinlich. Er rechnet mit einer Toleranzgrenze für Kartoffeln etwa um 2000 bis 5000 Larven je 500 g Boden. Grainger (1951) nimmt für schottische Verhältnisse bereits Schäden bei einem Besatz unter zwei Zysten mit Inhalt je 100 g Boden an. Den Ouden (1966) fand in Topfversuchen unter bestimmten Bedingungen bereits Schäden ab 100 Larven/100 g Boden. Die von den einzelnen Autoren mitgeteilten Werte weichen zwar zahlenmäßig voneinander ab, sie bewegen sich insgesamt jedoch etwa in Bereichen, die mit den heutigen routinemäßigen Untersuchungsmethoden gerade noch erfaßt werden. Außerdem ist zu berücksichtigen, daß die umgebenden Bedingungen (Boden, Düngung usw.) nicht ohne Einfluß auf die Grenzwerte sind.

Von interessanten Beobachtungen berichtet Peters (1961). In Topfversuchen mit steigender Nematodenpopulation (226, 905, 3620, 14500, 57900 L./100 g Boden) war das Längenwachstum der Pflanzen in den zwei schwach verseuchten Varianten während der gesamten Entwicklungszeit den nicht befallenen Kontrollpflanzen überlegen. Das Pflanzengewicht der drei am schwächsten verseuchten Varianten lag deutlich über der Kontrolle; erst ab 14500 Larven/100 g Boden zeichneten sich Gewichtsverluste ab.

Grainger (1962c) fand bei einem Zystenbesatz von 0,1 bis 0,2 je in. Wurzellänge ebenfalls Ertragssteigerungen und vermutet, daß die als Folge des Befalls gebildete größere Wurzelmasse hierfür den Ausschlag gibt.

Seinhorst (1958b) entwickelte unter der Annahme von zwei unabhängigen Auswirkungen des Nematodenbefalls auf die Pflanze, nämlich Anregung bzw. Förderung des Wachstums durch schwachen Befall und steigende Ertragsverluste durch höheren Befall, ein mathematisches Modell, mit dem beide Reaktionen erfaßt werden können.

Wenn eine derartige Reaktion auch nicht gänzlich auszuschließen ist, so sollte, ehe Verallgemeinerungen zu voreiligen Schlußfolgerungen führen, dieses Phänomen einer gründlichen Untersuchung unterzogen werden.

Wahrscheinlicher ist, daß bei geringem Befall das Ertragsvermögen nicht wesentlich beeinflußt wird (Brown, 1961b; Jones, 1966), nach Überschreitung des jeweils unterschiedlich gelagerten Schwellenwertes Ertragsschäden bei anfänglich symptomlos reagierenden Pflanzen eintreten und schließlich mit steigender Verseuchung deutliche Symptome und Verluste zu verzeichnen sind.

6.7. Sortenreaktion

Schon frühzeitig wurde festgestellt, daß die durch den Kartoffelnematoden verursachten Ertragsverluste nicht bei allen Sorten gleich sind. In England und Mitteleuropa werden frühreifende Sorten stärker geschädigt als spätreifende (Zimmermann, 1920; Morgan, 1925; Edwards, 1929; Goffart, 1933; 1947; Robertson, 1937; Schmidt, 1952; Sprau, 1959). Stelter und Vogel (1961) verglichen in dreijährigen Versuchen die Erträge von verseuchten mit den von nicht verseuchten Flächen und fanden folgende Ertragsverluste: Frühsorte = 64%, mittelfrühreifende Sorte = 55% und mittelspät bzw. spätreifende Sorten = 30%.

Es ist ungeklärt, ob diese Sortenunterschiede lediglich Auswirkungen der unterschiedlich langen Entwicklungszeit sind oder ob es sich um davon unabhängige spezifische Reaktionen handelt. Frühreifende Sorten stehen während ihrer gesamten Entwicklungszeit unter dem Einfluß des Kartoffelnematoden. Anders bei spätreifenden Sorten. Wenn von der Mehrzahl der im Frühjahr in die Wurzeln eingewanderten Nematoden die Entwicklung abgeschlossen ist, sind diese Sorten infolge ihres Regenerationsvermögens in der Lage, im August/September einen Teil der Schäden auszugleichen. Es kann auch daran gedacht werden, daß spätreifende Sorten über ein ausgedehnteres Wurzelwerk verfügen und aus diesem Grunde den Befall besser überstehen. Sorten einer Reifegruppe unterscheiden sich in der Regel nur wenig. In Versuchen wie in der Praxis hat sich allerdings des öfteren gezeigt, daß die Sorte Capella (= Gerlinde) auf verseuchten Flächen anderen Sorten der gleichen Reifezeit überlegen ist (Schmidt, 1952; Stelter, 1955). Ähnliches beobachteten Huijsman et al. (1969) für die Sorten ‚Fortuna', ‚Panther' und besonders deutlich für ‚Multa'. Die Erträge dieser Sorten lagen auf verseuchten Flächen über denen von ‚Libertas' und ‚Maritta'. Weitere Untersuchungen mit den Sorten ‚Multa' und ‚Libertas' erfolgten in Töpfen mit gestaffelter Verseuchung von 10 bis 320000 Larven/100 g Boden. Bis zu 5000 Larven/100 g Boden waren die Ertragsverluste (Trockenmasse/Pflanze) bei beiden Sorten etwa gleich hoch. In den höheren Verseuchungen fiel der Ertrag der Sorte ‚Libertas' dann deutlich stärker ab als bei der Sorte ‚Multa'. Die höchste Verseuchung führte zu Ertragsverlusten von 86% bei der Sorte ‚Libertas' und 62% bei der Sorte ‚Multa'. In den Wurzeln der toleranten Sorte ‚Multa' wurden im Bereich der Befallsstellen weniger Nekrosen festgestellt als in Wurzeln der intoleranten Sorte ‚Libertas'. Dies läßt auf bessere Entwicklungsbedingungen für die Nematoden in der Sorte ‚Multa' schließen. Nach der Zystenreife bildet sich bei der Sorte ‚Multa' in der Umgebung der Riesenzellen Kallusgewebe, das den Raum der Riesenzelle ausfüllt. Derartige Gewebereaktionen fehlten in Wurzeln nichttoleranter Sorten. Siehe Nachtrag (Seite 285).

Durch frühzeitiges Pflanzen wird nach Peters (1950b) das Schadausmaß herabgesetzt. Vorgekeimtes Pflanzgut dagegen soll auf verseuchten Flächen im Vergleich zu nicht vorgekeimten Knollen zu höheren Ertragsverlusten führen (Goffart, 1933; Szulc, 1959; Wasserburger, 1969).

Die dargestellte Sortenreaktion ist nicht unveränderlich, sondern wird in erheblichem Maße von klimatischen Faktoren mitbestimmt. Im südschottischen Kartoffelanbaugebiet werden im Februar gepflanzte Frühkartoffeln weniger geschädigt als im April gepflanzte. Die Bodentemperaturen von Mitte Februar bis Mitte März sind sehr gleichmäßig um 5,5 °C, erreichen Ende März etwa 6 °C und Anfang April 7 °C. Bis 6 °C sind die Larven des Kartoffelnematoden noch weitgehend inaktiv, Wurzelbefall in merklichem Umfange setzt erst ab etwa 7 °C ein. Im Februar gepflanzte und bei den niedrigen Temperaturen wachsende Kartoffeln — die Voraussetzung besitzt offenbar die Sorte ‚Epicur' — bleiben etwa 40—50 Tage von Nematoden unbeeinflußt. Die Ernteverluste sind daher gering und betragen etwa 30%, während bei Pflanzzeiten im April/Mai, bedingt durch die nun höheren Bodentemperaturen, mit wesentlich höheren Verlusten gerechnet werden muß (O'Brien und Prentice, 1930; 1932). Auf Long Island liegen die Verhältnisse etwa ähnlich. Auch hier werden frühreifende Sorten bei Temperaturen gepflanzt, die unter dem Aktivitätsminimum der Nematoden liegen. Bei früher Pflanzung der spätreifenden Sorte ‚Green Mountain' und der frühreifenden Sorte ‚Irish Cobbler' auf verseuchten Flächen ist immer bei der spätreifenden Sorte mit höheren Ertragsverlusten zu rechnen (Chitwood, 1951; Chitwood und Buhrer, 1946a; 1946b; Mai, 1950; Mai et al., 1951).

Leiper (1940) erhielt in Topfversuchen ähnliche Wirkungen, wenn er die Pflanzen anfänglich in nematodenfreiem Boden anzog und sie später in verseuchte Erde umtopfte.

In neuerer Zeit hat Grainger (1952; 1955; 1962a; 1962b) den Einfluß der Temperatur auf Wachstum und Ertragsbildung von Kartoffeln auf verseuchten Flächen in Schottland genauer untersucht und dargestellt (Abb. 41). Mit dem Terminus „Sortenwirtschaftlichkeit" werden die physiologischen Sortenreaktionen zusammengefaßt, die für das Schadausmaß auf verseuchten Flächen mitbestimmend sind (Grainger, 1962b). Die geringsten Ertragsverluste sind bei Sorten mit folgenden Fähigkeiten zu erwarten:

1. Große Teile der Trockengewichtskomponenten in die Knollen abzuleiten
2. Beginn der Knollenbildung bei niedrigen Temperaturen und kurzen, trüben Tagen
3. Fortsetzung der Knollenbildung bei höheren Temperaturen und längeren Tagen

Diese Voraussetzungen besitzt im weitesten Maße die Sorte ‚Epicur'.

Eine Schätzung der durch den Kartoffelnematoden verursachten Ernteverluste setzt die Kenntnis einer Reihe von Einzelheiten voraus. Die jeweils ermittelten Zahlen sind daher nur als grobe Schätzwerte aufzufassen, die nur eine Vorstellung vermitteln können, in welchen Größenordnungen sich der Schaden bewegt. Thompson (1959) schätzte die Ernteverluste für England und Wales im Jahre 1959 auf rund 200000 t mit einem Wert von 2000000 Pfund Sterling. Spears (1959) nimmt auf stark verseuchten Flächen von Long Island Verluste von 30% bis 80% an. Für Westdeutschland errechnete Goffart (1960b) Ertragsverluste von wenigstens 60500 t, ein Wert, der sicher zu niedrig veranschlagt ist. In Schweden wird bei hohen Verseuchungen mit Mindererträgen bis 80% gerechnet (VIDEGÅRD, 1967). Für die Gesamtverluste wird ein Betrag von 10 Mill. Kronen angenommen, wobei die höchsten Schäden, nämlich 7 Mill. Kronen, auf Fabrikkartoffeln entfallen (VIDEGÅRD, 1966; CARLSTRÖM, 1966). Vermutlich sind dies die Folgen der Konzentration des Kartoffelanbaues in Nähe der verarbeitenden Industrie.

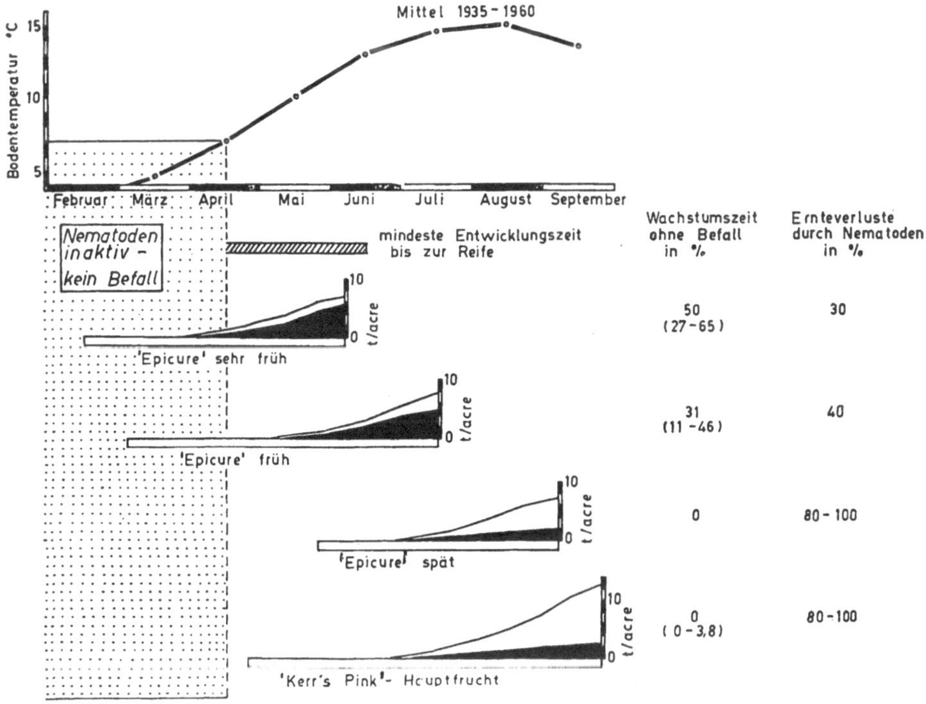

Abb. 41. Wachstumsverlauf und Ertragsbildung auf verseuchten Flächen in Abhängigkeit von der Bodentemperatur im schottischen Frühkartoffelanbaugebiet (Entnommen aus GRAINGER, 1962 b)

Aufschlußreiche Berechnungen erfolgten von BROWN und COPPOCK (1968) für die Insel Ely. Sie wiesen nach, daß Flächen kleiner Betriebe (5–20/20–100 acres) stärker verseucht sind als von größeren Betrieben (100–300/> 300 acres). Von Beispielsflächen ausgehend veranschlagen sie die Ernteverluste getrennt nach Verseuchungsdichte und Betriebsgröße für die gesamte Anbaufläche mit 17000 bis 18000 t (= 3–4% der Gesamternte).

Bei der Schätzung des Schadens muß außerdem berücksichtigt werden, daß die Knollen befallener Pflanzen kleiner bleiben und damit der Handelswareanteil von der Gesamternte zusätzlich vermindert ist (STELTER und RAEUBER, 1968). Die wirtschaftlichen Verluste sind auf jeden Fall höher als die reinen Ertragseinbußen.

6.8. Folgeschäden

Mit den Ertragsverlusten allein sind die tatsächlich durch den Kartoffelnematoden verursachten Schäden nicht vollständig erfaßt. Auf stärker verseuchten Flächen kommt es nicht immer zu geschlossenen Beständen, besonders wenn frühreifende Sorten angebaut werden. Eine oft ungehinderte Unkrautentwicklung auf diesen Stellen ist die Folge. Nicht selten werden dadurch in der Nachfrucht zusätzliche Bekämpfungsmaßnahmen erforderlich. Die von guten Kartoffelbeständen hinterlassene günstige Bodenstruktur bleibt aus, so daß der Vorfruchtwert beeinträchtigt wird (Schick und Stelter, 1963). Diese Folgeschäden sind in ihrer Größenordnung, verglichen mit den tatsächlich verursachten Ertragsschäden, kaum abzuschätzen. Die Auswirkungen dieses Parasiten sind also nicht auf die an einer Pflanzenart verursachten Schäden beschränkt.

6.9. Auswirkungen des Befalles auf Wachstum und Ertrag bei Tomaten

Tomaten reagieren auf den Befall durch *Heterodera rostochiensis* besonders empfindlich. Auf die Auswirkungen wird erstmalig von Johnson und Thompson (1936) hingewiesen. Wenige Wochen nach dem Auspflanzen nematodenfrei angezogener Tomaten in verseuchtes Land blieben die Pflanzen deutlich im Wachstum zurück. Der Befall wirkte sich neben der geringeren Wachstumsfreudigkeit besonders auf die Blüte aus. Die Knospen fallen entweder vorzeitig ab oder öffnen sich nicht oder nur zögernd.

Kühn (1958a) berichtet von einer starken Anthozyanverfärbung befallener Pflanzen. Er weist ferner nach, daß der Längenzuwachs befallener Pflanzen bis zur neunten Woche geringer ist als von nicht befallenen Pflanzen, von der 10. Woche ab sich die Verhältnisse jedoch umkehren.

Reinmuth und Engelmann (1941a) fanden bei der Überprüfung eines größeren Tomatensortimentes beträchtliche Befallsunterschiede. Neben schwach befallenen, mit 0,1 Zyste je Zentimeter, fanden sie Sorten mit einem Besatz bis 1,2 Zysten je Zentimeter Wurzellänge. Die Erträge aller Sorten waren in verseuchtem Boden gering. Mit höchsten Ertragsverlusten reagierten überraschend die Sorten mit der geringeren Wirtseignung. Über die Höhe der von Kartoffelnematoden verursachten Ertragsausfälle ist wenig bekannt. Graham (1966) erhielt von Pflanzen in 10 in. Blumentöpfen in nematodenfreiem (gedämpftem) Boden und bei Verseuchungen von 25 bzw. 135 Larven je Gramm Boden Durchschnittserträge von 1670, 450 bzw. 320 g je Pflanze.

Neuerdings werden in England und Holland ertragreiche Sorten auf Unterlagen gepfropft, die gegenüber einigen parasitischen Bodenpilzen, speziell einem Grauschimmel, resistent sind. Diese gepfropften Pflanzen sind bevorzugt zum Anbau auf nematodenverseuchten Flächen geeignet. Mit Ertragsverlusten ist bei diesen nach Graham (1966) erst von Verseuchungsdichten über 135 Larven je Gramm Boden zu rechnen. Aus diesen Befunden kann abgeleitet werden, daß bei Befall der üblichen Sorten durch mehrere Parasiten das Schadausmaß ansteigt und der

Anteil des einzelnen Schaderregers am Gesamtschaden nicht mehr deutlich zu erkennen ist.
Auf einer mit parasitischen Bodenpilzen und Kartoffelnematoden verseuchten Fläche lag der Ertrag von 20 herkömmlichen Pflanzen bei etwa 29 kg, während von Pflanzen auf resistenten Unterlagen 51 bis 61 kg geerntet wurden.
Auf interessante Wechselbeziehungen weisen DUNN und HUGHES (1964) hin. Sie stellten Wachstumsdepressionen nur fest, wenn Tomaten entweder von *H. rostochiensis* und *Rhizoctonia solani*; *Rh. solani* und *Colletotrichum atramentarium* oder den drei Parasiten befallen waren. *H. rostochiensis* allein war ohne Einfluß auf die Entwicklung der Pflanzen. Die Beobachtungen erfolgten an Sämlingen und nur über einen Zeitraum von drei Wochen. In einer späteren Arbeit (DUNN, 1967) wird jedoch vermerkt, daß mit Schäden durch *H. rostochiensis* in sterilem Boden in Gewächshäusern bereits ab 20 Larven/g Boden zu rechnen ist (s. Abschn. 6.4.).

7. Die Bekämpfung des Kartoffelnematoden

Seit der Entdeckung des Kartoffelnematoden hat es nicht an Bemühungen gefehlt, wirksame und wirtschaftlich tragbare Bekämpfungsverfahren zu entwickeln. Wenn diese Arbeiten auch heute — nach mehr als 50jähriger Forschungsarbeit — noch nicht zu einem allseits befriedigenden Ergebnis geführt haben, so sind daran die Schwierigkeiten zu ermessen, die diesen Arbeiten entgegenstehen.
Eine der wesentlichsten Ursachen für die schwierige Bekämpfung hängt mit dem Lebensraum dieses Parasiten zusammen. Die gesamte Lebensweise vollzieht sich im Boden und hier nicht nur in der Ackerkrume, sondern mit zunehmendem Verseuchungsalter bis tief in den Untergrund. Die Zysten sind also über eine unterschiedlich mächtige Bodenschicht verteilt. Bekämpfungsverfahren, gleich welcher Art, führen nur dann zu einem befriedigenden Erfolg, wenn der Besiedlungsraum gleichmäßig und in ganzem Umfange betroffen wird.
Eine weitere Schwierigkeit ergibt sich aus der Schutzfunktion der Zyste. Die weitaus längste Zeit verharren die Larven in den Zysten. In diesen sind sie den äußeren Einwirkungen, wie z. B. schädigenden Witterungseinflüssen (Kälte und Trockenheit), und chemischen Präparaten weitgehend entzogen. Ob allerdings die größere Widerstandsfähigkeit enzystierter Larven auf die mechanische Schutzfunktion der Zystenhülle allein zurückzuführen ist, erscheint doch etwas zweifelhaft. Vielmehr kann angenommen werden, daß während der Ruhephase der Larven eine physiologisch bedingte größere Widerstandsfähigkeit vorliegt. Der geringe Sauerstoffverbrauch enzystierter Larven zeigt deutlich, daß der Stoffwechsel in diesem Zustand auf ein Minimum reduziert ist. Geringe Lebensäußerungen sind gleichzeitig mit nachlassender Sensibilität verbunden. Daß die direkte Schutzfunktion der Zystenhülle spezifischen Charakters und nicht umfassender Natur ist, geht aus dem gleichsinnig verlaufenden Schlupf der Larven aus freien und enzystierten Eiern hervor. Die schlupfauslösenden Substanzen werden von der Zystenhülle nicht zurückgehalten. ELLENBY (1965) wies zudem nach, daß der

Aziditätsgrad in der Zyste nach wenigen Minuten dem des umgebenden Mediums entspricht, die Zystenhülle also auch in diesem Falle nicht als Sperre wirkt. Was für die aktiven Substanzen der Wurzeldiffusate und der Azidität nachgewiesen ist, sollte auch für nematizid wirkende Stoffe zutreffen. Die gesamte Schutzeinrichtung ist offenbar komplexer Natur und heute noch sehr unvollständig zu übersehen. Die Auswirkungen werden aber gerade bei der Bekämpfung sehr deutlich.

Nicht allein die hohe Widerstandsfähigkeit enzystierter Larven gegenüber äußeren Einflüssen macht die Bekämpfung dieses Parasiten so problematisch. Wenn z. B. durch eine Bodenbehandlung mehr als 95% der Larven in der Ackerkrume vernichtet werden — eine Abtötung, die mit den heute zur Verfügung stehenden Kontaktnematiziden erreicht wird — so sind für einen folgenden Kartoffelbau Ertragsverluste kaum zu befürchten oder doch nur von geringem Ausmaß. Von dem im Boden verbleibenden Restbestand entwickelt sich nach dem zweiten, oft schon nach dem auf die Behandlung folgenden Kartoffelbau wieder eine hohe schaderregende Population. Da der Kartoffelnematode zu den besonders beachteten Quarantäneschädlingen gerechnet wird, ist nach den heute gültigen Bestimmungen durch eine derartige Bekämpfung nicht auch gleichzeitig die Voraussetzung für den Anbau von Kartoffeln für den Export oder zur Vermehrung gegeben. Die Forderungen, an die der Handel mit Kartoffeln gebunden ist, können nicht erfüllt werden, da ja immer noch mit der Verschleppung von Zysten mit lebensfähigem Inhalt gerechnet werden muß.

Im Laufe der Zeit ist eine Vielzahl der verschiedenartigsten Bekämpfungsverfahren vorgeschlagen und deren Wirksamkeit untersucht worden. Beginnend mit Fruchtfolgemaßnahmen bis zur Anwendung von Chemikalien oder des elektrischen Stromes wurden alle nur denkbaren Möglichkeiten berücksichtigt. In neuerer Zeit sind mit der Entwicklung wirksamer Kontaktnematizide und durch die Erfolge auf dem Gebiete der Resistenzzüchtung aussichtsreiche und auf verschiedenartige Weise wirkende Bekämpfungsverfahren erarbeitet, mit denen bis dahin nicht bekannte Abtötungserfolge erzielt werden. Die älteren, mehr vorbeugenden Maßnahmen sind damit jedoch keinesfalls überflüssig geworden. Kontaktnematizide oder der Anbau resistenter Kartoffeln führen nach einmaliger Anwendung bestenfalls zu einer Abtötung um etwa 95%. Der Einsatz von Kontaktnematiziden ist jedoch infolge des hohen Preises begrenzt und wird sich z. Z. kaum spürbar auswirken. Der Anwendungsbereich resistenter Kartoffeln wiederum wird durch die in den letzten Jahren festgestellten „aggressiven Rassen" des Kartoffelnematoden eingeschränkt.

Eine über längere Zeiträume wirkende Abtötung ist von Einzelmaßnahmen kaum zu erwarten. Nachhaltige Erfolge sind in Abhängigkeit von der Verseuchungslage und den örtlichen Bedingungen nur durch eine sinnvolle Kombination mehrerer Vrfahren unter Einbeziehung der vorbeugenden Maßnahmen zu erreichen.

Die immer wieder geforderten Fruchtfolgeeinschränkungen sind auch heute noch nicht überflüssig. In Verbindung mit einer aktiven Bekämpfung tragen sie wesentlich zur Reduzierung der Nematodenpopulation bei.

Die bisher zur Anwendung gekommenen Bekämpfungsmaßnahmen können in folgenden Punkten zusammengefaßt werden:

1. Agrotechnische Maßnahmen
   Hierunter werden vorbeugende und verseuchungsmindernde Faktoren verstanden, im wesentlichen also passive Maßnahmen.
2. Biologische Bekämpfungsverfahren
3. Anwendung von Chemikalien (Nematizide)
4. Sonstige Maßnahmen, mit denen eine Abtötung angestrebt wird.

7.1. Agrotechnische Maßnahmen zur Bekämpfung des Kartoffelnematoden

7.1.1. Der Einfluß der Fruchtfolge

Die Veränderungen, denen Nematodenpopulationen unterworfen sind, werden von den aufbauenden (Vermehrung) und den abbauenden Faktoren bestimmt. Zu den abbauenden Faktoren rechnet der spontane Schlupf, die Parasitierung sowie die auf andere Weise dezimierend wirkenden Einflüsse. In der Praxis bestimmt also hauptsächlich der Anbauwechsel zwischen Wirtspflanzen und Nichtwirten (Neutralpflanzen), in welcher Richtung sich der Populationsablauf bewegt. Während die Auswirkungen auf eine Population beim Anbau von Wirtspflanzen im allgemeinen recht gut bekannt sind, ist dies in gleichem Maße für die reduzierenden Einflüsse beim Anbau von Neutralpflanzen nicht der Fall.

Die in der Praxis gegebenen Empfehlungen gehen weit auseinander. Neben einigen allgemein gehaltenen Angaben (z. B. O'Brien und Prentice, 1930; Morgan, 1926; Goffart, 1936a; Miles und Miles, 1945; Hollnagel, 1964) werden wenigstens 2 kartoffelfreie Jahre u. a. von Goffart (1933), Ext und Goffart (1937; 1942) und Lange (1953; 1954) vorgeschlagen. Werden Kartoffeln nur jedes 4. oder 5. Jahr angebaut, so halten Peters (1949 b; 1950 b), Sprau (1957; 1959), Goffart (1947; 1961 b), Duggan (1961) und Herold (1964) weder einen Anstieg der Populationen noch Ertragsverluste für wahrscheinlich (s. auch anonym, 1965 d). Scheibe (1958) hält den Anbau von Kartoffeln nur in jedem 4. Jahr für erstrebenswert. Peters (1948/49), Whitehead (1948), Mai und Lownsbery (1952), Bruel (1950) sowie Scheibe (1956) weisen darauf hin, daß mit zunehmendem Verseuchungsgrad des Bodens eine längere Anbaupause anzustreben ist. Je stärker ein Boden verseucht ist, eine um so längere Anbaupause ist zur Reduzierung der Population auf ein für den Anbau unbedenkliches Maß erforderlich. Empfehlungen über die Länge der Anbaupause sind jedoch nur dann möglich, wenn die Populationsdichte bekannt ist (Peters, 1948/49; Jones, 1958 a).

Wesentliche Voraussetzungen für derartige Empfehlungen sind ausreichende Kenntnisse über die Höhe der jährlichen Reduzierung und der Vermehrung, wenn Neutralpflanzen oder Wirtspflanzen angebaut werden (Peters, 1949 b).

Die Zystenzahl vermindert sich nach Goffart (1933) im Laufe von zwei Jahren nach dem letzten Kartoffelanbau um wenigstens 70% bis 83% (s. auch Goffart, 1953). Bei Bewertung der Larvenzahl fand Oostenbrink (1950) im ersten

Jahr nach dem Kartoffelanbau 46% und im zweiten Jahr 23% der anfänglichen Verseuchungsdichte. Beide stellten fest, daß die Verminderung in den ersten auf einen Kartoffelanbau folgenden Jahren höher ist, als in späteren Jahren.
Ausgehend von seinen Untersuchungsergebnissen nimmt OOSTENBRINK (1950) an, daß bei Einhaltung eines dreijährigen Fruchtwechsels weder Schäden entstehen, noch ein nennenswerter Populationsanstieg zu erwarten ist. Diese Vorstellung, die im wesentlichen nicht über die Auffassung von ZIMMERMANN (1914) hinausgeht, findet sich im späteren Schrifttum häufig wieder. So berichten SPRAU (1957; 1959), GOFFART (1961 b) und DECKER (1962 b), daß bei 4- bis 5jährigem Kartoffelanbau mit einer Verseuchungszunahme nicht zu rechnen ist. SPRAU (1959; 1964 c) nimmt bei 4jährigem Anbau eine allmähliche Reduzierung an, und PETERS (1950 a) sah darin eine Lösung des Problems.
Im Gegensatz hierzu stellte AHLBERG (1964) in Schweden und neuerdings DE BRUIN (1968) in Holland fest, daß in 3jähriger Fruchtfolgestellung keinesfalls mit einer Reduzierung des Verseuchungsgrades gerechnet werden kann, und KEMPER (1958) vermutet auch bei Anbau in jedem 4. oder 5. Jahr noch eine allmähliche Verseuchungszunahme. Die von EFREMENKO (1959 b) mitgeteilten Werte lassen eine ähnliche Auslegung zu. BEHRINGER und FÜRST (1968) halten langjährige Anbaupausen für ungeeignete Bekämpfungsmaßnahmen. Die einmalige Kultivierung anfälliger Kartoffeln nach 7jähriger Anbaupause führt wieder zur ursprünglichen Verseuchungsdichte. MILES und MILES (1942) fanden nach 7jährigem Anbau von Neutralpflanzen etwa 20% der ursprünglichen Zystenzahl mit Inhalt. Nach anschließendem zweimaligem Anbau von Kartoffeln in jeweils 3jähriger Fruchtfolge lag die Population wieder in Nähe der Anfangsverseuchung.
Zuverlässige Ergebnisse sind nur von langjährigen Fruchtfolgeversuchen zu erwarten. An solchen Beobachtungen mangelt es jedoch bisher. COOPER (1954) beobachtete die Populationsveränderungen auf 389 Feldern in Ostengland über einen Zeitraum von 12 Jahren und stellte fest, daß die jährliche prozentuale Reduzierung, unabhängig von der Höhe der Anfangsverseuchung, etwa gleich ist. Im Durchschnitt der 12 Jahre gingen die Populationen jährlich um etwa 32% zurück. Über ähnliche Ergebnisse berichter HUIJSMAN (1961) von Flächen, die fünf Jahre hintereinander mit Bohnen bestellt waren. Durchschnittlich betrug die Verminderung in Holland 33% jährlich. Im Laufe der fünf Jahre war die Larvenpopulation auf 1/8 der Anfangsverseuchung gesunken.
WINFIELD (1965) fand in Lincolnshire im ersten Jahr nach Kartoffeln einen Populationsrückgang von 50%; in den folgenden Jahren wurde die Abnahme geringer. Nach 5 Jahren betrug die Population noch 17% des Anfangswertes.
Aus Schottland berichtet GRAINGER (1951; 1959) von Topfversuchen im ungeheizten Gewächshaus. Er fand eine jährliche Reduzierung von etwa 30%. Unter Zugrundelegung dieses Wertes ist bei einer Population von 4 Zysten mit Inhalt je Gramm Boden erst nach 16 Jahren die Verseuchungsdichte soweit reduziert, daß der Anbau von Kartoffeln gerade noch rentabel ist. Werden Kartoffeln jedes vierte oder achte Jahr angebaut, so ist in Schottland mit einem laufenden Populationsanstieg zu rechnen. Im Freiland betrug die jährliche Verminderung bei

Anbau von Neutralpflanzen etwa 18 bis 20%. Bei einer derart geringen Reduzierung ist der Wert von Fruchtfolgemaßnahmen als verseuchungsmindernder Faktor ein sehr geringer. Im Experiment wies er nach, daß die Populationsabnahme in hohem Maße von der Durchschnittstemperatur und dem Feuchtigkeitsgehalt des Bodens abhängig ist. Bei konstanter Temperatur von 10 °C und einer Bodenfeuchte von 20% bzw. 14% betrug die Reduzierung 17% bzw. 29%, bei Temperaturen von 21 °C lagen die entsprechenden Werte bei 42% bzw. 55%. Wieweit diese bei konstanten Temperaturen gewonnenen Ergebnisse übertragbar sind, kann nicht entschieden werden. Der Temperatureinfluß tritt hier als dominierender Faktor deutlich in Erscheinung. In wärmeren Gebieten ist demnach mit einem schnelleren Populationsabbau zu rechnen, wie dies ja auch von COOPER (1954) für Ostengland und HUIJSMAN (1961) für Holland festgestellt wurde. GRAINGER (1959) legt allerdings zugrunde, daß die jährliche Abnahme unabhängig von dem Alter der Population etwa gleichbleibend ist.

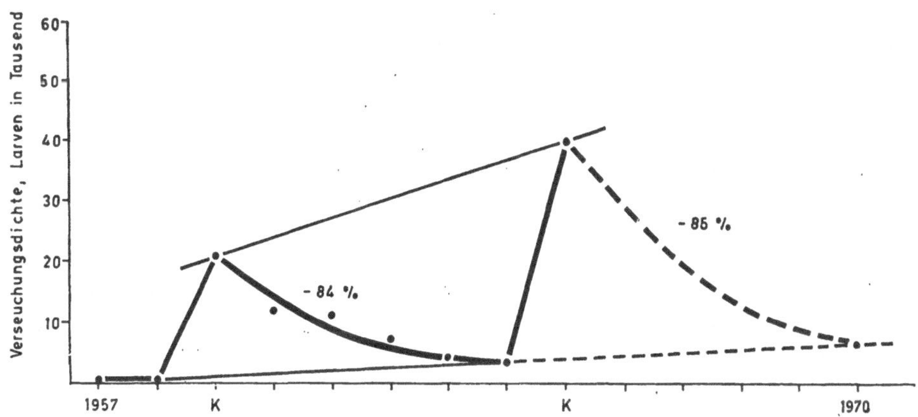

Abb. 42. Die Veränderung einer Nematodenpopulation in sechsjährigen Rotationen (Larven/100 cm³ Boden) (Entnommen aus STELTER, 1967)

In Mecklenburg beträgt die jährliche Verminderung im Durchschnitt mehrerer 6-Jahreszeiträume etwa 30%, bezogen auf die Larvenzahl je Bodeneinheit (STELTER, 1965; 1967; 1970 b). Mit zunehmendem Abstand vom letzten Kartoffelanbau wird die Populationsabnahme, wie schon von GOFFART (1933), OOSTENBRINK (1950) und WINFIELD (1965) nachgewiesen, geringer. Im ersten und zweiten Jahr nach dem letzten Kartoffelanbau beträgt die Verminderung etwa 35 bis 40% und sinkt im fünften Jahr auf etwa 20 bis 25%. Im Laufe von fünf Jahren erfolgt ein Rückgang von rund 85%, ein Wert, der etwa dem von HUIJSMAN (1961) und WINFIELD (1965) gefundenen entspricht (Abb. 42).

Aus der Abbildung geht hervor, daß die Reduzierung im Laufe von 5 Jahren geringer ist als die Zunahme nach einmaligem Anbau von Kartoffeln. Es ist also auch in diesem Falle keine Populationsminderung, sondern von Rotation zu Rotation eine beachtliche Zunahme der Bodenpopulation zu erwarten.

Aus diesen wenigen über längere Zeiträume durchgeführten Untersuchungen ist zu entnehmen, daß die Überlebensfähigkeit der Larven wesentlich größer ist, als auf Grund der meisten vorher genannten Empfehlungen erwartet werden konnte. Wie lange enzystierte Larven überhaupt lebensfähig bleiben, ist kaum bekannt. Die gelegentlich geäußerten Zeitangaben beruhen meist auf Annahmen. Lediglich aus Nordirland (anonym, 1964c) wird von einem langjährigen Versuch berichtet. Lebensfähige Larven wurden hier noch nach 20 Jahren auf Flächen nachgewiesen, die in diesem Zeitraum mit Wirtspflanzen nicht bepflanzt waren.

Wenn einmal Nematoden eingeschleppt sind, so erfolgt in Mittel- und Nordeuropa unabhängig von der örtlichen Fruchtfolgestellung der Kartoffel eine von Rotation zu Rotation ständig zunehmende Verseuchung, die zumindest bei enger Stellung der Kartoffel (jedes dritte oder vierte Jahr) einmal zu Ertragsausfällen führen muß. Unterschiedlich sind nur die Zeiträume, wann dies eintrifft: bei häufig wiederkehrenden Kartoffeln früher, bei größeren Abständen zwischen 2 Kartoffelkulturen später. Ob in sechs-, sieben- oder achtjährigem Kartoffelanbau auch noch mit Ertragsverlusten gerechnet werden muß, bleibt abzuwarten. EMPSON und JAMES (1966) rechnen nur mit geringen Ertragsverlusten, wenn Kartoffeln jedes sechste Jahr auf der gleichen Fläche angebaut werden. STRACHAN und TAYLOR (1929) halten auf Grund ihrer Feldbeobachtungen siebenjährige Fruchtfolgen zur Vermeidung von Ertragsverlusten für ausreichend.

Eine Eindämmung des Kartoffelnematoden ist mit dieser Einzelmaßnahme praktisch überhaupt nicht möglich. Unter diesen Gesichtspunkten, bei Berücksichtigung der Vermehrung und der jährlichen Verminderung, ist es nur eine Zeitfrage, wann in Gebieten mit regelmäßig wiederkehrendem Kartoffelbau Zysten des Kartoffelnematoden festgestellt werden. Die Einschleppung ist nicht gänzlich auszuschließen und — wenn diese erfolgt ist — die laufende Vermehrung nicht mehr aufzuhalten. Für schottische Verhältnisse rechnet GRAINGER (1964) mit einem jährlichen Zugang an verseuchten Flächen von etwa 2%, wenn nicht wirksame Gegenmaßnahmen getroffen werden.

Unter anderen Gesichtspunkten sind wirtschaftliche Vorteile auch von Fruchtfolgemaßnahmen zu erwarten, und zwar dann, wenn es darum geht, lediglich finanzielle Verluste zu vermeiden. Von diesen Überlegungen gehen EMPSON und JAMES (1966) aus. Sie unterstellen, daß die Verseuchung mit dem Kartoffelnematoden laufend zunimmt und wirtschaftliche Nachteile nur noch vermieden werden können, wenn der Kartoffelanbau auf den Nematoden orientiert wird. Auf Grund der bekannten Werte des Massenwechsels (Vermehrung/Reduzierung) und den bei bestimmten Verseuchungsdichten zu erwartenden Ertragsverlusten errechnen sie „optimale" Fruchtfolgen. Hierfür berücksichtigen sie neben den Kartoffelerträgen bei unterschiedlicher Verseuchungsdichte alle Produktionskosten und den Reingewinn der Ausgleichsfrucht, die bei Verminderung der Kartoffelfläche anstelle von Kartoffeln angebaut wird. Mit zunehmendem Abstand der Kartoffel in einer Fruchtfolge werden die durch *H. rostochiensis* verursachten Ertrags-

verluste geringer. Trotz kleinerer Kartoffelfläche wird bei umfassender Verseuchung unter Berücksichtigung aller Faktoren ein höherer Reingewinn erzielt.
Hiervon ausgehend ist unter ostenglischen Bedingungen bei Voraussetzungen für mögliche Erträge (auf nicht verseuchten Flächen) von 10 t/acre der Anbau von Kartoffeln in jedem sechsten Jahr und bei Voraussetzungen für Erträge von 15 t/acre der Anbau in jedem fünften Jahr am vorteilhaftesten.
Ist für ein beliebiges Gebiet die jährliche Reduzierung bei Anbau von Neutralpflanzen bekannt, so kann leicht errechnet werden, welcher Zeitraum erforderlich ist, um eine beliebige Population auf ein gefordertes Maß zu reduzieren.
Es bedarf genauer Kalkulationen, ehe ein Entscheid über die Art der „Bekämpfung" getroffen wird. Die von EMPSON und JAMES vorgeschlagene Lösung bietet sich für Gebiete an, die einen überdurchschnittlich hohen Verseuchungsgrad mit „aggressiven Rassen" aufweisen. In allen anderen Fällen wird der direkten Bekämpfung der Vorzug zu geben sein, zumindest solange der Kartoffelnematode auf der Liste der Quarantäneschädlinge steht. Mit resistenten Kartoffeln sind die dabei entstehenden Kosten gering und durchaus vertretbar.
In mehreren Ländern wurden Verordnungen erlassen, nach denen auf stark verseuchten Flächen der Anbau von Kartoffeln und Tomaten für wenigstens fünf Jahre verboten ist. Bei Berücksichtigung der Daten über die Höhe der natürlichen Reduzierung in den einzelnen Klimagebieten kann leicht errechnet werden, daß Anbausperren von dieser Dauer kaum langfristig wirkende Vorteile mit sich bringen. In der Regel wird nach ein- oder zweimaligem Anbau von Wirtspflanzen die Population wieder ein schaderregendes Ausmaß erreicht haben. Die Nematodengefahr wird durch eine fünfjährige Anbausperre nicht beseitigt, sondern nur eine zeitlich recht begrenzte Populationsminderung bewirkt. Eine Verlängerung der Sperrfrist ist in manchen Fällen sicher vertretbar, dürfte aber in Großbetrieben oder bei überdurchschnittlich hoher Kartoffelfläche auf Schwierigkeiten stoßen.

7.2. Bedeutung des Wildauflaufs

Der ständig zunehmende Einsatz von Erntemaschinen hat zur Folge, daß eine größere Knollenzahl — meist Untergrößen — auf dem Acker bleibt. Bei entsprechend tiefer Lage, milder Winterwitterung oder hoher Schneelage wird nur ein Teil der Knollen durch Frosteinwirkung vernichtet, so daß eine mehr oder weniger große Staudenzahl durch die folgende Fruchtart weitgehend verdeckt — im nächsten Jahr aufläuft.
Nach WASSERBURGER (1969) wird die Durchwuchsgefahr durch tiefere Bodenbearbeitung und der damit verbundenen Verlagerung der Knollen in frostfreie Bodenschichten erhöht. Auf verseuchten Flächen sind damit günstige Voraussetzungen für eine örtlich begrenzte Vermehrung des Kartoffelnematoden gegeben. Schon STRACHAN und TAYLOR (1929) sowie PETERS (1950b) wiesen auf die Folgen des unkontrollierbaren Wildauflaufs hin. MEYER-BAHLBURG (1965) und

BEHRINGER (1967c) stellten auf Moorböden und Sandkuppen noch nach mehreren Jahren Wildauflauf fest und sprechen von „ewigem Kartoffelbau“, der sich naturgemäß verseuchungsfördernd auswirken muß. Von gleicher Bedeutung sind nach MEYER-BAHLBURG die noch mehrere Jahre nach dem letzten Kartoffelanbau auflaufenden Sämlinge. KÜHN (1967) weist auf die Schwierigkeiten der Durchwuchsbeseitigung in den Kulturen hin, die nicht mehr mechanisch bearbeitet werden (Mais).

DEN OUDEN (1965; 1967; 1968a) stellte auf schwach verseuchten Parzellen und einem Wildauflauf von 4—16 Stauden/m² eine Vermehrung, auf stärker verseuchten Parzellen jedoch eine Abnahme der Larvenzahl fest.

In der Versuchsanordnung wurden 4 bzw. 16 20 mm große Knollen je Quadratmeter in 20 cm Tiefe ausgelegt und als Hauptfrucht Hafer gesät. Der Durchwuchs führte nur dann zu einem Anstieg der Population, wenn die Anfangsverseuchung bei 4 bzw. 16 Durchwuchspflanzen nicht über 1000 bzw. 4000 L./100 g Boden lag. Je weniger Durchwuchspflanzen je Flächeneinheit stehen, um so niedriger wird demnach auch die maximale Anfangsverseuchung zu veranschlagen sein, bei der noch ein Populationsanstieg zu verzeichnen ist. Lagen die Anfangspopulationen über den genannten Werten, so erfolgte im Laufe der Vegetationsperiode eine Verminderung um 30 bis 40%, die etwa der natürlichen Abnahme unter Neutralpflanzen ohne Durchwuchs entspricht. Dies deutet darauf hin, daß von dieser Art Durchwuchs der Larvenschlupf nicht wesentlich beeinflußt wird. Außerdem ist die Zahl neugebildeter Larven an diesen aus tiefen Lagen treibenden Pflanzen geringer als die Anzahl aus den Zysten geschlüpfter Larven. Diese Verminderung darf jedoch nicht darüber hinwegtäuschen, daß die Population auf jeden Fall eine Verjüngung erfahren hat, die nicht ohne Einfluß auf die Überlebensdauer sein wird.

Je nach Größe der Knollen und der Tiefe, in der sie liegen, wird der Einfluß auf eine Nematodenpopulation unterschiedlich sein. Die verstärkte Herbizidanwendung führt zwar im Frühjahr zu einer weitgehenden Vernichtung der Stauden, es ist jedoch immer mit einem erneuten Austrieb zu rechnen, wenn die Triebkraft nicht völlig erschöpft ist. DEN OUDEN (1967) fand auf den mit DNOC behandelten Parzellen keinerlei andersgelagerte Populationsveränderungen als auf den unbehandelten Kontrollen.

Die pflanzenbaulichen Maßnahmen haben sich zur Bekämpfung als wenig wirksam erwiesen. Es sollten daher die Vorsichtsmaßnahmen zur Vermeidung von Zystenverschleppungen mehr beachtet werden (MILES und MILES, 1945). Hierzu einige Bemerkungen, auf welchem Wege Zysten verschleppt werden und welche der Verschleppungsmöglichkeiten von wesentlicher Bedeutung sind.

7.3. Die Verschleppung von Zysten

Im Laufe von nur wenigen Jahrzehnten hat der Kartoffelnematode eine Verbreitung gefunden, die zwar nicht ganz unerwartet, für einen bodenbewohnenden Organismus in so kurzer Zeit jedoch etwas überraschend ist. Die von freien Larven im Laufe eines Jahres im Boden zurückgelegte Entfernung beträgt nur wenige Dezimeter und ist damit als Verbreitungsfaktor auch auf kleinstem Raum von untergeordneter Bedeutung. In ungleich größerem Maße wird die Verbreitung von Zysten auf andere Weise begünstigt.

7.3.1. Verwehungen durch Wind

Durch stärkere Luftbewegungen können die rel. leichten Zysten verweht werden. Die Gefahr ist besonders nach längerer Trockenheit und in welligem oder hügeligem Gelände groß. Schon STRACHAN und TAYLOR (1929), GOFFART (1933), JOHNSON und THOMPSON (1945) sowie neuerdings OOSTENBRINK (1955) wiesen auf Verschleppungen durch stärkere Winde hin. Nach einem Sturm fand CHITWOOD (1951) in 115 g verwehter Erde etwa 175 m von einem Nematodenherd entfernt 78 Zysten, von denen 3 mit lebensfähigem Inhalt waren. In 285 m Entfernung befand sich in 15 g Boden noch eine Zyste mit Inhalt. Über diese Entfernung hinaus war der verwehte Boden nematodenfrei. WHITE (1953) untersuchte die ungefähre Flughöhe der Zysten. An einem mäßig stark verseuchten Feld (8 Zysten/25 g Boden) stellte er 38 × 38 cm große Fangtafeln in 34 cm, 77 cm und 120 cm Höhe auf. Nach einem schweren Sturm hafteten an der unteren Tafel 13545 Zysten (71% ohne Inhalt), an der mittleren Tafel 3668 (72% ohne Inhalt) und an der oberen Tafel 678 Zysten (62% ohne Inhalt). Die Masse der Zysten wird, wie bereits CHITWOOD bemerkte, in geringer Höhe über dem Boden verweht. Die auf den Fangtafeln festgestellte Zystenzahl vermittelt einen Eindruck von der durch einen Sturm verwehten unwahrscheinlich hohen Zystenzahl. Die Menge ist in hohem Maße von der Windstärke, der Häufigkeit stärkerer Winde, dem Bodenzustand (naß/trocken), der Bodenart und nicht zuletzt vom Verseuchungsgrad abhängig. Von nicht geringem Einfluß ist neben der Geländestruktur die Nutzungsart der Flächen. Von Flächen ohne Pflanzenbewuchs sind Verwehungen eher und in größerem Ausmaße zu befürchten als von bewachsenen Flächen. Feldraine und besonders Feldhecken sind ein sehr guter Schutz gegen Verwehungen, vor allem, wenn der Bewuchs dicht und hoch genug ist. In offenem Gelände dürften Zystenverschleppungen durch stärkere Winde von erheblichem Ausmaße sein. Nach THOMPSON (1959) ist die Verbreitung von einem Feld zum anderen hauptsächlich auf Windeinwirkungen zurückzuführen.

7.3.2. Verschleppung durch Wasser

In hängigem Gelände werden nach stärkeren Regengüssen mit dem abfließenden Wasser größere Zystenmengen mitgerissen. Nach THOMPSON et al. (1949) treiben vornehmlich leere oder teilweise gefüllte Zysten mit dem Wasserstrom. Volle Zysten sinken sehr bald zu Boden.
THOMPSON et al. (1949) fanden in den an der Randzone fließenden Wassers abgelagerten Humus- und Schlammteilen mehr Zysten als in den mitgerissenen

Bodenteilen. Nach CHITWOOD (1951) wurden in einer Regenperiode Zysten mit dem Wasserstrom bis zu 260 m mitgerissen.
Auf Verschleppungen von Zysten durch Überstauungen weist GOFFART (1933) hin. Auch Bewässerungssysteme kommen für Verschleppungen in Frage (FAULKNER und BOLANDER, 1967). In zwei Kanälen für Bewässerungszwecke fanden sie während der Sommermonate erhebliche Nematodenmengen. Die Fangergebnisse lassen deutlich drei Maxima erkennen, und zwar Mitte Mai, Ende Juli und Ende August. Der Anteil an pflanzenparasitischen Arten (u. a. Heterodera-Arten) betrug etwa 10 bis 20% von der Gesamtmenge mit einem ausgeprägten Maximum, bis zu 25 Tieren je Gallone, Ende Juli. Bei den Heterodera-Arten handelte es sich nur um Larven. Aus diesen Untersuchungen geht hervor, daß die Verschleppung von Larven durch Wasser nicht unterschätzt werden darf, vielleicht sogar von größerer Bedeutung ist als die Verschleppung von Zysten, die eher auf den Grund sinken.
Im allgemeinen wird der Verbreitung durch fließendes Wasser nicht die Bedeutung beigemessen, wie der durch Windverwehungen. Welcher Faktor in einem Gebiet von größerem Einfluß ist, wird im Einzelfall von der Bodenart, der Geländeform, der Niederschlagsmenge sowie deren jahreszeitliche Verteilung und nicht zuletzt von der Nutzungsart des Bodens abhängig sein.

7.3.3. *Verschleppung mit Knollen, Zwiebeln u. dergl. sowie mit bewurzelten Pflanzenteilen*

Erhebliche Zystenmengen werden mit Pflanzkartoffeln verschleppt. Schon STRACHAN und TAYLOR (1929), LEIPER (1940) und PETERS (1950b) wiesen auf diese Möglichkeit hin. Es handelt sich um Zysten, die sich entweder an Knollen entwickelt haben und mehr oder weniger tief im Gewebe sitzen oder mit Bodenteilchen an den Knollen haften. GOFFART (1933) fand an 100 Knollen 6 Zysten und KEMPER (1958) durchschnittlich 6 Zysten mit Inhalt an einer Knolle. O'BRIEN und PRENTICE (1931) stellten je Knolle 15 Zysten fest. JOHNSON und THOMPSON (1945) erhielten von 5 lb. Knollen 18 Zysten und SCHMIDT (1953/54) berichtet von 189 Zysten an 8 kg Knollen.
MACHMER (1946) sowie STEINER et al. (1951) fanden Zysten in verschifften Knollenpartien, und MARTIN (1947) entdeckte in Rhodesien Zysten in Kartoffelimporten schottischen Ursprungs.
Die Menge der an den Knollen haftenden Zysten wird wesentlich von der Bodenart des Aufwuchsortes, dem Wetter während der Erntezeit, den Aufbereitungsmethoden und dem Verseuchungsgrad des Bodens beeinflußt. Die Auswirkungen der auf diese Weise verschleppten Zysten sind von dem Verwendungszweck, dem die Knollen zugeführt werden, abhängig. Zysten an Speisekartoffeln führen im Empfängerland wohl nur in Ausnahmefällen zu neuen Flächenverseuchungen, da diese in der Regel Verbraucherzentren zugeleitet werden. Anders verhält es sich mit Pflanzkartoffeln. In diesem Falle sind mit Knollen verschleppte Zysten nicht selten der Ausgang neuer Verseuchungen. CHITWOOD (1951) ist allerdings

unter dem Eindruck der von Wind und Wasser verschleppten Zysten der Ansicht, daß die an Knollen haftenden Zysten nicht von großer Bedeutung für die Entstehung neuer Herde sind. Handelt es sich um Knollenverlagerungen über nur kurze Entfernungen, in denen der Windeinfluß noch wirksam ist, so mag diese Annahme zutreffen. Über größere Entfernungen jedoch, besonders wenn die Knollen in noch nicht verseuchte Gebiete gelangen, sind die anhaftenden Zysten eine nicht zu unterschätzende Gefahr für den zukünftigen Kartoffelbau.

Ähnlich wie die Verschleppung von Zysten durch Knollen ist die durch bewurzelte Pflanzenteile, wie Blumenzwiebeln und andere Gärtnereierzeugnisse, einzuschätzen. Auf Verschleppungen durch Baumschulerzeugnisse weist AFSCHARPOUR (1966) hin. RICHARDSON und SPRUYT (1951) berichten aus den USA von Zysten an importierten Maiblumenkeimen. Die Verschleppung auf diesem Wege wird u. a. auch von STRACHAN und TAYLOR (1929), KEMPER (1958) und GOFFART (1961 b) erwähnt. Selbst an gewaschenen Meerrettichstangen wurden noch Zysten des Kartoffelnematoden gefunden (GOFFART, 1956). In Säcken und sonstigem Verpackungsmaterial fanden WHEELER (1949) und CHITWOOD (1951) Zysten des Kartoffelnematoden. STEINER et al. (1951) nehmen an, daß die Einschleppung in die USA auf einem dieser Wege erfolgt ist.

7.3.4. *Verschleppung mit Ackergeräten, Maschinen u. dergl.*

Die Ausbreitung von Herden oder die Verschleppung der Zysten von einem Feld zum anderen erfolgt überwiegend durch die Bodenbearbeitung. CHITWOOD (1951) rechnet mit einer Herdvergrößerung in Richtung der Bodenbearbeitung im Laufe einer Saison von etwa 120 m und im Laufe von vier Jahren von etwa 300 Meter. Die seitliche Ausdehnung betrug im Laufe eines Jahres etwa 30 m. Die Verlagerung ganzer Herde erfolgt durch die Bodenbearbeitung jedoch nicht (HOLLNAGEL, 1966). Nach einer Zusammenstellung von GRAINGER (1951) werden beträchtliche Zystenmengen mit Traktoren, Ackergeräten, Handarbeitsgeräten und Schuhen verschleppt (s. PETERS, 1949b). Bei feuchtem Boden fand er an Traktorenreifen über 20000 und bei trockenem Boden bis 5000 Zysten. CHITWOOD erhielt aus 19 lb. von einem Traktor herrührenden Boden 3200 Zysten. Begünstigt wird die Verschleppung von Betrieb zu Betrieb durch gemeinschaftlich genutzte Vorratsroder und Vollerntemaschinen. KEMPER (1958) fand bei siebfähigem Boden an Traktor und Vorratsroder 1 dt Boden mit durchschnittlich 44 Zysten je 100 cm^3 Boden. Die neuerdings oft festzustellenden Bodenverseuchungen am Feldanfang können sehr wahrscheinlich auf Verschleppungen dieser Art zurückgeführt werden. In arrondierten Betrieben ist die Verschleppungsgefahr von einem Feld zum anderen größer als in Betrieben mit getrennt liegenden Flächen. An Schuhsohlen und Hufen stellte SCHMIDT (1953/54) in 100 cm^3 Boden 400 Zysten fest.

7.3.5. *Verschleppung mit Stallmist, Kompost, Faulschlamm aus Klärgruben und Klärwasser*

In Betrieben mit verseuchten Schlägen fanden Strachan u. Taylor (1929), Goffart (1933) und Kemper (1958) unterschiedlich große Zystenmengen im Stallmist und Kompost. Mit der an Futterpflanzen, Knollen, Rüben und dergl. anhaftenden Erde gelangen die Zysten als Abfall oder über den Tiermagen in den Stallmist. Kemper stellte fest, daß der Zysteninhalt den Tiermagen weitgehend ungeschädigt passiert, während Goffart in Infektionsversuchen mit Kot von Kaninchen, denen Zysten verabreicht waren, keinen Befall feststellte. Die Überlebensdauer des Zysteninhaltes ist nach Kemper im Stallmist nur gering. In im Heiß- bzw. Kaltgärverfahren zubereitetem Mist (72 °C bzw. 32 °C) waren die Larven im Laufe von 40 Tagen abgestorben. Er führt dies neben dem Temperatureinfluß auf die im Mist ablaufenden Gärungsvorgänge zurück.
In Städten und bei der kartoffelverarbeitenden Industrie gelangen Zysten in Klärgruben und mit dem Klärwasser auf Rieselfelder oder über die Verregnung auf Ackerflächen. In frischem Klärschlamm fand Grainger (1951) gelegentlich Zysten mit lebensfähigem Inhalt, während in abgelagertem Klärschlamm der Zysteninhalt abgetötet war. Nach den Untersuchungen von Lücke (1965) ist der Zysteninhalt in vorschriftsmäßig behandeltem Faulschlamm spätestens nach 90 Tagen restlos abgetötet. In den Münchener Kläranlagensystemen älterer Art (Emscher Brunnen) ist in dem dort drei Monate aufbereiteten Faulschlamm nach 43 Tagen der Zysteninhalt abgestorben; in der Faulturmanlage, mit einer Aufbereitungszeit von 14 bis 16 Tagen bei 32° bis 34 °C, waren enzystierte Larven schon nach sieben Tagen nicht mehr lebensfähig (Sprau, 1967 a). In Klärteichen von Stärkefabriken fand Šedivý (1966) nach 30 Tagen nur noch Zysten mit abgestorbenem Inhalt, gleichgültig, ob sich die Zysten im Schlamm, im Wasser oder auf der Wasseroberfläche befanden. Auch nimmt er Gärungsprozesse (Milchsäuregärung) als die wesentlichste Absterbeursache an. Wird Klärschlamm unter Luftabschluß aufbereitet, so ist der Zysteninhalt nach acht Tagen größtenteils und nach 16 Tagen vollständig abgestorben (Southey und Glendinning, 1966). Derartige Aufbereitungsprozesse erstrecken sich in der Regel über 30 Tage. Die Verschleppung von Zysten mit lebensfähigem Inhalt mit dem Faulschlamm oder anderweitig aufbereiteten Klärgrubenrückständen scheint demnach von geringer Bedeutung zu sein, vor allem wenn berücksichtigt wird, daß der Faulschlamm vor der Verwendung noch einige Monate lagern muß. Größere Bedeutung ist sicher den mit dem Ablaufwasser treibenden Zysten beizumessen. Je nach der Strömungsrichtung und der Strömungsgeschwindigkeit des Wassers gelangt eine mehr oder weniger große Zahl in den Abfluß und unterliegt hier nicht mehr in dem Maße den Zersetzungsvorgängen. Grainger (1951) und Kemper (1958) fanden dann auch gelegentlich in Abwässern von Großstädten oder der Industrie Zysten mit lebensfähigem Inhalt. Das Vorkommen von Zysten auf Rieselflächen (Abwässer aus einer Großstadt), die seit Jahrzehnten weder mit Kartoffeln noch Tomaten bestellt waren (Stelter, unveröffentl.), kann auf diese Weise erklärt werden.

7.3.6. Verschleppung von Zysten auf andere Weise

In Müllabfällen wurden Zysten von Goffart (1933) und Chitwood (1951) festgestellt. Neue Verseuchungen sind auf diese Weise jedoch kaum zu erwarten, da derartige Abfälle aus Großstädten entweder auf gesonderte Plätze gelangen oder aber verascht werden.
Über kurze Entfernungen können Zysten auch von Regenwürmern verschleppt werden. Wie Schmidt (1952) nachwies, ist der Inhalt von Zysten, die von Regenwürmern ausgeschieden wurden, voll lebensfähig.
Die moderne Lagerhaltung birgt neue Probleme. So ist bis heute noch nicht geklärt, wie Erdanteile und Lagerhausabfälle zu behandeln sind, um den Inhalt eventuell vorhandener Zysten abzutöten.
Diese vielfältigen Verschleppungsmöglichkeiten lassen erkennen, wie schwierig es ist, einzelne Herde zu isolieren oder eine weitere Verbreitung zu verhindern. Soweit Verschleppungen durch menschliche Tätigkeit erfolgen, sind sie sicher auf ein Mindestmaß zu beschränken, die Verbreitung durch Witterungsfaktoren kann jedoch kaum unterbunden werden.
Ähnlich ist es mit der Wirksamkeit von Quarantänemaßnahmen. In Sendungen jeglicher Art kann ein höherer Zystenanteil sicher festgestellt werden, vereinzelt an Produkten oder Verpackungsmaterial haftende Zysten entgehen jedoch meist der Beachtung. Die ständig zunehmende weltweite Verbreitung ist ein beredtes Beispiel hierfür. Die Verschleppungsgefahr wird auf ein Minimum reduziert, wenn die Verkaufsware auf Flächen aufwächst, die als nematodenfrei befunden wurden und wenn eingeführte Waren frei von Verunreinigungen sind (Bingefors, 1967).
Durch die mehr oder weniger passiven Maßnahmen der inneren und äußeren Quarantäne kann, bezogen auf den Kartoffelnematoden, eine Gefahr nicht abgewendet, sondern der Ausbruch einer Kalamität nur verzögert werden. Dieser Zeitgewinn sollte genutzt werden, um alle Möglichkeiten einer aktiven Bekämpfung zu untersuchen und Vorbereitungen zu deren Anwendung zu treffen.
Dies ist beim Kartoffelnematoden in dem erforderlichen Umfange nicht gelungen, und zwar bedingt durch die Schwierigkeiten, die der wirksamen Bekämpfung viele Jahrzehnte entgegenstanden.

7.4. Maßnahmen zur Einschränkung von Zysten-Verschleppungen

Im Abschnitt Vermehrung wird zum Ausdruck gebracht, daß die betriebseigenen Vorbeugungsmaßnahmen nicht genügen, um den Populationsaufbau von einmal eingeschleppten Zysten zu unterbinden. Unter diesem Gesichtspunkt betrachtet, gewinnen die Maßnahmen, mit denen Einschleppungen verhindert oder doch zumindest eingeschränkt werden, besondere Bedeutung.
Die vielfältige Weise, in der die Zystenverbreitung vor sich gehen kann, schränkt den Wirkungsbereich der vorbeugenden Maßnahmen allerdings ein. So ist vor allem den Verwehungen durch Wind, vornehmlich in offenen und ungeschützten Lagen, kaum zu begegnen. Verschleppungen auf andere Weise als durch Witte-

rungseinflüsse können jedoch weitgehend eingeschränkt werden. Allein schon die betriebshygienischen Maßnahmen, wie die gründliche Reinigung von Ackergeräten, Traktoren und Vollerntemaschinen, können sich vorteilhaft auswirken. Über größere Entfernungen werden Zysten fast ausschließlich mit landwirtschaftlichen Produkten oder Gärtnereierzeugnissen wie Knollen, Rüben, bewurzelten Pflanzenteilen oder auch Verpackungsmaterial verschleppt. Mengenmäßig stehen Kartoffelsendungen von verseuchten Flächen oder Partien, die auf verseuchten Mietenplätzen (Lagerhäusern) lagerten, an erster Stelle. Der Reinigung von Knollen ist daher in den letzten 10 Jahren erhebliche Aufmerksamkeit zugewendet worden. Die Mehrzahl der Zysten haftet mit Bodenteilen an den Knollen, besonders in den Vertiefungen und Augen. Die Verschleppung kann durch eine gründliche Reinigung der Knollen eingeschränkt oder durch die Abtötung des Zysteninhaltes sogar bedeutungslos werden. Beide Möglichkeiten wurden bisher in Betracht gezogen.

7.4.1. Knollenwäsche

Bijloo (1955a; 1960) überprüfte einige Geräte auf deren Brauchbarkeit und fordert von einer Waschmaschine eine Stundenleistung von 6 bis 8 t, so daß sie in das Maschinensystem einer Aufbereitungsanlage angeschlossen werden kann, ohne deren Leistung zu beeinträchtigen. Er verwendet eine Maschine, auf der dieKnollen durch schnell laufende Rollen transportiert und dabei von seitlich angebrachten Düsen mit einem Wasserdruck von 4 bis 6 Atm. abgespritzt werden. Die mit diesem Gerät gereinigten Knollen von leichten oder mittleren Böden waren frei von Erdbestandteilen und von Zysten, während dies bei Knollen von schweren Böden nicht der Fall war. Mabbott (1956; 1960) berichtet von einer in Schottland geprüften Waschanlage, mit der zufriedenstellende Ergebnisse erzielt wurden. Die Knollen werden zweimal mit scharfem Wasserstrahl abgespritzt, müssen jedoch zwischen den Behandlungen für etwa 15 Minuten im Wasser lagern. Das Verfahren mag sich für kleinere Partien eignen, ist jedoch für Großanlagen kaum leistungsfähig genug. Von weniger günstigen Ergebnissen wird aus Irland berichtet (anonym, 1962a). Durch eine Knollenwäsche wurden nicht alle Zysten entfernt; im Durchschnitt verblieben an je 50 kg noch 5 bis 28 Zysten. Ebenso fand Machmer (1946) an gewaschenen oder trocken gebürsteten Knollen noch etwa 14% der ursprünglichen Zystenzahl. Selbst unter Druck abgespritzte Partien wiesen noch immer rund 10% des ursprünglichen Besatzes auf. Er erwartet von einer verbesserten Technik günstigere Ergebnisse.
Für die Überprüfung eventuell in Kartoffelpartien vorhandener Zysten entwickelte van Schreven (1953) eine Spülapparatur. Ein mit einem 3 mm-Sieb nach unten abgeschlossener 50 × 50 × 25 cm großer Kasten dient zur Aufnahme der Knollen. Der Kasten steht lose auf einem Gestell, das mit einem nach unten gerichteten Trichter versehen ist. Unter dem Trichter sind zwei weitere Siebe (1 mm und 0,25 mm) zur Aufnahme der Zysten angeordnet. Die Knollen werden mit scharfem Wasserstrahl abgespritzt. Van Schreven empfiehlt bei Partien bis 6 t die Unter-

suchung von 60 bis 90 kg Kartoffeln. Ähnliche, in Einzelheiten abweichende Vorrichtungen werden vor allem in den Quarantänedienststellen verwendet.

Mit der Knollenwäsche verbunden sind jedoch einige weitere Probleme, besonders im Hinblick auf die Einlagerung. Gewaschene Kartoffeln müssen vor der Einlagerung wieder getrocknet werden. Auf einige technische Verfahren weist Bijloo (1960) hin. Die Trocknung kann durch Kaltluft oder Warmluft erfolgen, setzt jedoch im letzteren Fall erhebliche Energien voraus. Außerem ist für die Lagerung gewaschener Knollen ein leistungsfähiges Belüftungssystem erforderlich.

Auf Folgeerscheinungen gewaschener Knollen weisen Calvert (1963) und Graham (1963) hin. Nach Graham ist mit erheblichen Lagerfäulen und Auflaufschäden durch *Erwinia atroseptica* zu rechnen, wenn die Pflanzknollen unter Druck gewaschen wurden. Durch den Wasserdruck werden Bakterien in Wunden oder in feine Schalenrisse gedrückt und somit der Lagerfäule Vorschub geleistet. Eine an den Waschvorgang anschließende Desinfektion mit organischen Quecksilberverbindungen war nicht immer mit dem erwarteten Erfolg verbunden. Die Bakterienfäule wurde nur dann weitgehend ausgeschaltet, wenn die Desinfektion vor und nach dem Waschen erfolgte. Einer Anwendung dieses Verfahrens stehen die nicht völlig auszuschließenden Knollenschäden durch das Desinfektionsmittel entgegen. Aus desinfizierten Knollen aufwachsende Stauden zeichnen sich durch erhöhtes Krautwachstum und höhere Stengelzahl aus. Die Knollen derartiger Stauden sind im Durchschnitt kleiner, wobei das Gesamtgewicht jedoch nicht beeinflußt wird. Bijloo (1955a) erzielte gute Ergebnisse, wenn gewaschene Knollen in 0,5%ige Lösungen organischer Quecksilberverbindungen (Aardisan, Aretan) getaucht wurden. Die Präparate wirken sich jedoch erst dann voll aus, wenn die Knollen nicht plötzlich zurückgetrocknet werden, sondern der Trocknungsprozeß über 8 bis 10 Stunden ausgedehnt wird. Er empfiehlt, die Knollen im Frühjahr und nicht im Herbst zu waschen. Die Knollenwäsche befindet sich, zumindest für den hier in Frage kommenden Zweck, noch im Versuchsstadium. Ob sie einmal allgemeinere Bedeutung erlangt, hängt davon ab, ob es gelingt, die biologischen und technischen Probleme in einer wirtschaftlich vertretbaren Weise zu lösen.

7.4.2. *Abtötung der an Knollen haftenden Zysten mit Chemikalien*

Franklin (1939a; 1940b) untersuchte die Verwendbarkeit von Formalin, Quecksilberchlorid und Phenol. In 2%igem Formalin ist nach 5stündiger Einwirkung der Zysteninhalt restlos abgetötet. Knollenschäden waren bei folgenden Behandlungen nicht nachweisbar: 1% = 8 Std.; 2% = 5 Std.; 5% = 5 und 6 Std. Die Einwirkungsdauer konnte wesentlich verkürzt werden, wenn die Behandlung in einem Heißwasserbad mit 0,5% Formalin erfolgte. Bei 130 °F (= 54,4°C) war der Zysteninhalt in 5 bis 10 Min., bei 120°F (= 48,9°C) in 30 Min. abgetötet. Diese Verfahren hatten jedoch Knollenschäden und bei Pflanzkartoffeln geringere Erträge des Aufwuchses zur Folge. Auf Sortenunterschiede in der Hitzeverträglichkeit wird hingewiesen. Im allgemeinen war die Behandlung im Herbst günstiger als im Frühjahr. Nach ein- bis zweistündiger Einwirkung von 5%igem Phenol war der Zysteninhalt wohl abgetötet, es traten jedoch erhebliche Knollenschäden auf. Quecksilberchlorid 0,2% war gegen Nematoden unwirksam. Im Anschluß an diese Behandlungen ist immer eine gründliche Knollenwäsche erforderlich.

Von mehreren Bearbeitern wurde die Anwendbarkeit von Methylbromid untersucht. Nach FRANKLIN (zit. nach LUBATTI und BLACKITH, 1950) und HAGUE (1959a) sind zur Abtötung enzystierter Larven Dosierungen von 500 bis 600 mg h/l (Konzentration-Zeit-Produkt/K.Z.P) erforderlich.

Gegenüber Methylbromid ist der Zysteninhalt im Frühjahr empfindlicher als im Herbst (FELDMESSER et al., 1951; HAGUE, 1959c). Die amerikanischen Autoren erhielten mit einem K.Z.P. von 250 mg h/l eine vollständige Abtötung, HAGUE erreichte denselben Effekt mit 432 mg h/l. Der Inhalt trockener Zysten ist gegen Methylbromid widerstandsfähiger. GOFFART (1952b) benötigte zur vollständigen Abtötung Dosierungen von wenigstens 600 mg h/l; HAGUE erhielt bei trockenen Zysten in Abhängigkeit vom Zysteninhalt mit einem K.Z.P. von 648 mg h/l Abtötungsraten von 99,9% (244 Larven/Zyste) bzw. 90,8% (420 L./Z.). Mit Knollenschäden ist nach LUBATTI und BLACKITH bei einem K.Z.P. von mehr als 400 mg h/l zu rechnen. Im Frühjahr sind die Knollen empfindlicher als im Herbst, mit Auflaufschäden ist dann schon bei Dosierung von 200 mg h/l zu rechnen (LUBATTI und BLACKITH, 1950; GOFFART, 1952b). Zur Behandlung trockener Knollen kann Methylbromid nicht empfohlen werden.

Der Behandlungserfolg kann entweder nach der Zahl geschlüpfter Larven oder der Anzahl neugebildeter Zysten errechnet werden (Abschn. 8.5). Nach HAGUE (1959c) ist der Schlupf aus Zysten einen Tag nach der Behandlung am höchsten; mit zunehmendem Abstand zur Behandlung (2 bis 32 Tage) vermindert sich der Schlupf laufend. Diese Reaktionsweise erschwert die Beurteilung erheblich.

Wenig erfolgversprechend ist auch die Knollenbegasung mit Schwefeldioxyd. Die zur Abtötung des Zysteninhalts erforderlichen Konzentrationen sind zumindest für trockene Knollen stark phytotoxisch (HAGUE, 1959b).

Eine ausreichende Abtötung des Zysteninhaltes wird durch Tauchbehandlung für 40 Min. in Chlorbrompropen (C.B.P.) 200 bis 400 p.p.m. erreicht (v. D. BRANDE, 1955; 1959), während Äthylendibromid, 1,2-dibrom-3-chlorbrompropen (Nemagon) und 1,2-dichlorpropen, 1,3-dichlorpropen (D—D) weniger befriedigten (HAGUE, 1964; HAGUE und PURNELL, 1964). Die Triebkraft der Knollen wird durch diese Nematizide, wenn überhaupt, so doch nur geringfügig beeinflußt.

7.4.3. *Heißwasserbehandlung*

Für die Abtötung enzystierter Larven ist nach TRIFFITT und HURST (1935) eine Behandlungszeit von wenigstens 30 Min. bei einer Wassertemperatur von 118 °F bis 120 °F (= 47,8 °C bis 48,9 °C) erforderlich. Für feuchte Zysten fanden STELTER und MÖLLER (1961) den gleichen Wert, sie wiesen jedoch darauf hin, daß der Inhalt trockener Zysten auch bei 90 °C nach 30 Min. noch nicht restlos abgestorben ist. Du Mond (1949) fordert die Einwirkung von 55,6 °C für wenigstens 5 Min. Die zur Abtötung des Zysteninhaltes erforderlichen Temperaturen liegen jedoch über der für die Knollen verträglichen Grenze. Nach Kalina (1966) wird die Keimfähigkeit beeinträchtigt, wenn die Oberflächentemperatur der Knollen über 35 °C steigt.

7.4.4. *Desinfektion bewurzelter Pflanzenteile*

Die Feststellung von Zysten des Kartoffelnematoden in den USA an importierten Maiblumenkeimen und Blumenzwiebeln war Anlaß, geeignete Desinfektionsverfahren zur Bekämpfung der auf diese Weise verschleppten Zysten zu entwickeln. Feldmesser et al. (1951) überprüften verschiedene Chemikalien für die Tauchbehandlung, einige Begasungsmittel sowie die Heißwasserbehandlung auf deren Anwendbarkeit. Aussichtsreich erschien die Tauchbehandlung in einer Dowicide 2-Lösung (1 : 2000). Nach einer Tauchzeit von 5 Min. war der Zysteninhalt abgetötet, ohne daß die Triebkraft in erwähnenswertem Maße beeinträchtigt wurde. Richardson und Spruyt (1951) fanden jedoch nach einer Behandlungszeit von 5 Min. in 0,05%iger Konzentration erhebliche Schäden, die sich auf die Triebkraft und die Blütenausbildung auswirkten, auch wenn die Keime nach der Behandlung mit klarem Wasser abgespült waren. Von diesen Autoren wird die Heißwasserbehandlung bei etwa 48 °C für 30 Min. noch am günstigsten beurteilt, obgleich auch durch diese Behandlung Schäden nicht völlig auszuschließen waren. Das Schadausmaß bzw. die Verträglichkeit gegenüber hohen Temperaturen ist in Abhängigkeit von der Herkunft der Keime unterschiedlich und auch von den Lagerungstemperaturen vor und nach der Behandlung abhängig. Pape (1952) beschäftigte sich eingehend mit den Wirkungen der Heißwasserbehandlung und stellte fest, daß im Bereich von 47 °C bis 50 °C (30 Min.) die Anzahl verkaufsfähiger Blüten erheblich herabgesetzt wird. Mit steigenden Temperaturen erhöhen sich die Schäden. Die einzige Möglichkeit, nematodenfreie Maiblumenkeime auf den Markt zu bringen, besteht in der Anzucht auf nematodenfreien Flächen. Bijloo (1954b) und Goffart (1956) untersuchten die Anwendbarkeit von einigen Nematiziden sowie organischen Quecksilberverbindungen. In jedem Falle wurden die Keime im Bereich der für die Nematoden tödlichen Dosierung geschädigt.

Günstiger verliefen die Behandlungen von Blumenzwiebeln (Narzissen, Hyazinthen, Iris, Krokus, Tulpen und Gladiolen). Mit organischen Quecksilberverbindungen (Aabulba oder Aaventa 0,25% = 6 Std.; 0,5% = 3 Std.; 1% = 1 Std.) wurde bei Tauchbehandlungen ohne Schädigung der Zwiebeln eine ausreichende Abtötung der Nematoden erreicht (Oostenbrink und Stofmeel, 1953).[1] Nicht brauchbar waren die Präparate Aretan und Blumenzwiebelgermisan. Nach Goffart (1956) führte die Behandlung mit Aabulba und Ceresan zu nicht vertretbaren Auflaufverzögerungen und Wachstumsstörungen (Blüte) an Tulpen und

[1] Feldmesser und Shafer (1955) halten Aabulba für wirksamer, sagen jedoch nichts über die Pflanzenverträglichkeit.

Traubenhyazinthen (*Muscaria sp.*). Aaventa wird günstiger beurteilt. Nach VAN DEN BRANDE et al. (1955; 1959) eignet sich Aabulba nicht zur Behandlung von Gloxinien- und Begonienknollen. Sehr wahrscheinlich ist neben Unterschieden in der Empfindlichkeit der einzelnen Arten auch der augenblickliche Zustand zur Zeit der Behandlung von Einfluß auf die Verträglichkeit der Präparate.
Die restlose Entfernung oder Abtötung enzystierter Larven von Knollen oder Maiblumenkeimen ist ein noch nicht gelöstes Problem. Alle Behandlungsmaßnahmen tragen nur zur Reduzierung der Zystenzahl bei. Zweifellos ist dies schon ein Erfolg. Es darf jedoch nicht übersehen werden, daß Reinigungs- und Bekämpfungsmaßnahmen zusätzliche Aufwendungen erfordern, die nicht ohne Rückwirkungen auf die Preisgestaltung bleiben dürften. Die beste Gewähr für nematodenfreie Produkte ist deren Anzucht auf nematodenfreien Flächen, eine Forderung, die schon jetzt Voraussetzung für den Vertrieb von Baumschulerzeugnissen ist (AFSCHARPOUR 1966).
Wesentlich günstiger liegen die Verhältnisse für die Entseuchung von Verpackungsmaterial.

7.4.5. *Entseuchung von Verpackungsmaterial*

Zur Entseuchung von Ackergeräten oder Verpackungsmaterial, wie gebrauchte Säcke und dergl., ist vornehmlich die Anwendbarkeit von Methylbromid untersucht worden. In Begasungskammern verschiedener Größe war der Inhalt zwischen Leinwandsäcken deponierter Zysten mit Dosierungen von 6 ml je ft^3/16 Std., oder 12 ml ft^3/2 Std. abgetötet (LEAR und MAI, 1950). Die Wirkung war unabhängig davon, ob die Zysten trocken, feucht oder in Bodenproben verteilt waren. GOFFART (1952b) erreichte in Gaskammern die völlige Abtötung des Zysteninhaltes in lufttrockenem Boden erst oberhalb eines Gramm-Stunden-Wertes von 600. Maschinen und dergl. sind unter gasdichten Planen mit Dosierung von 10,4 kg Methylbromid je 28 m^3 in 16 Std. oder 20,8 kg/28 m^3 in 2 Std. ausreichend zu entseuchen (LEAR und MAI, 1952; LEAR, 1953). Unterschiede in der Wirksamkeit wurden im Temperaturbereich von 50 °F bis 80 °F (= 10 °C bis 26,7 °C) nicht festgestellt. Es ist vorteilhaft, die Geräte vor der Behandlung gründlich zu reinigen (LEAR, 1953). Auf die Sicherheitsvorkehrungen bei der Anwendung dieses Gases wird besonders von MAI und LEAR (1953), LEAR (1953) sowie MAI und HARRISON (1959) hingewiesen. FISCHER (1966) prüfte mehrere Plastefolien auf ihre Eignung für Begasungszelte und hält 0,1 mm dicke Polyamid- und Misch-Polyamid-Folien, 0,15 mm Polyäthylen-Folie und PVC-beschichtetes Polyestergewebe für brauchbar. In Zelten von 40 bis 50 m^3 Fassungsvermögen aus Polyäthylen-Folie verringerte sich die Gaskonzentration im Laufe von 24 Std. lediglich um etwa 10%.
HOLMQUIST (1968) empfiehlt das Absprühen von Verpackungsmaterial mit einem Dampfstrom, wobei die Stellung der Düsen zur Unterlage von Bedeutung ist. Tauchbehandlungen selbst in 10%igem Formalin brachten nicht den gewünschten Erfolg; nach 60 Minuten Behandlungszeit war der Inhalt von Zysten an Verpackungsmaterial nicht vollständig abgetötet.

7.5. Biologische Bekämpfung

Unter biologischen Bekämpfungsmaßnahmen werden solche verstanden, bei denen Organismen zur Niederhaltung bestimmter Schaderreger verwendet werden. In dem Bestreben, die Bekämpfung des Kartoffelnematoden möglichst wirksam zu gestalten und großräumig durchführen zu können, wurden schon frühzeitig biologisch wirksame Verfahren in Betracht gezogen. Analog zur Entdeckung von Feindpflanzen des Rübennematoden wurde zu verschiedenen Zeiten das Feindpflanzenproblem für den Kartoffelnematoden diskutiert. Nebel (1926a; b) verwendet für die Pflanzenarten, die die Nematoden anlocken, ihnen aber keine Entwicklungsmöglichkeiten bieten, den Terminus „Feindpflanze". In den zurückliegenden Jahren wurden immer wieder Pflanzenarten erwähnt, die von populationsmindernder Wirkung auf den Kartoffelnematoden sein sollen.
Neben den „Feindpflanzen" ist die Aufmerksamkeit auch bald auf Nematodenparasiten, wie z. B. einige im Boden lebende Pilze, räuberisch lebende Nematoden, Urinsekten und eine Amöbenart gelenkt worden. Die mit diesen Organismen durchgeführten Arbeiten sind im wesentlichen über das Stadium des Experimentes nicht hinausgekommen. Die Anwendung in der Praxis kann noch nicht empfohlen werden. Dies ist nicht überraschend. Bisher sind weder Nematodenparasiten noch räuberisch lebende Arten bekannt, die auf nur eine Nematodenart oder doch nur wenige Arten spezialisiert sind. Hierdurch wird die Wirksamkeit der einzelnen Parasiten und Räuber gegenüber einer Nematodenart erheblich eingeschränkt. Am ehesten ist zu erwarten, daß die im Inneren der Zyste an Eiern und Larven schmarotzenden Pilze von einiger Bedeutung für die Bekämpfung der *Heterodera*-Arten sein könnten. Aber gerade diesen Pilzen ist von der Forschung bisher wenig Aufmerksamkeit entgegengebracht worden.

7.5.1. *Feindpflanzen (außer resistenten Kartoffeln)*

Die Reaktionsweise für Feindpflanzen kann in zwei Richtungen erfolgen:

1. Von den Wurzeln werden Stoffe abgegeben, durch die
   a) nur freie Larven oder
   b) freie und enzystierte Larven abgetötet werden
2. Von den Wurzeln werden schlupfaktivierende Stoffe abgegeben. Die Larven dringen jedoch nicht in die Wurzeln ein oder eingedrungene Larven können sich nur in Ausnahmefällen zu Geschlechtstieren und zu Zysten mit infektionsfähigem Inhalt entwickeln.

Die Vernichtung der freien Larven bietet bei der Bekämpfung zystenbildender Nematoden wenig Vorteile, da lediglich die spontan geschlüpften Tiere, die nach mehr oder weniger langer Zeit sowieso absterben, betroffen werden. Für die Abtötung enzystierter Larven durch Wurzelausscheidungen sind bisher keine Anhaltspunkte gegeben. Die unter 2 genannte Reaktionsweise ist die bekanntere und bei resistenten Kartoffeln besonders ausgeprägt.

Morgan (1925) berichtet von geringem Befall, wenn Kartoffeln zusammen mit Senf kultiviert werden. Diese Ergebnisse wurden später von Triffitt (1929a; 1930a) und Goffart (1933) bestätigt. In der gleichen Richtung liegen die Beobachtungen von O'Brien und Prentice (1930), die eine geringe Populationszunahme feststellten, wenn Kartoffeln nach Senf angebaut wurden, wobei sie allerdings von unterschiedlichen Anfangsverseuchungen ausgingen (Kartoffeln nach Senf = 46 Zysten/10 cm^3 und Kartoffeln ohne Senf = 7 Zysten/10 cm^3 Boden). Sie stellten ferner fest, daß in Senf-Wurzeldiffusaten weder schlüpffördernde noch auf die Larven tödlich wirkende Substanzen enthalten sind. In Gemischen von Senf- und Kartoffel-Wurzeldiffusaten schlüpften lediglich weniger Larven als in reinen Diffusaten von Kartoffelwurzeln. Triffitt (1930a) und Goffart (1933) vermuten, daß die schlupffördernden Substanzen durch Senf-Wurzeldiffusate neutralisiert werden. Diese Angaben bestätigte Ellenby (1945a; 1946/47) und wies gleichzeitig nach, daß der gleiche Effekt mit Allyl-Isothiocyanat erreicht wird. Untersuchungen über die Nutzung dieser Befunde zu Bekämpfungszwecken bzw. zur Erzielung höherer Erträge auf verseuchten Flächen führte Ellenby (1945c; 1946/47; 1951) durch. Die Bodenbehandlung mit reinem Senföl hatte nur geringe Ertragssteigerungen zur Folge. Die beste Wirkung (um 100% höhere Erträge) erzielte er, wenn Senföl mit Torfmull gemischt dem Boden zugeführt wurde. Talg wirkte als Trägerstoff nicht so günstig. Die Ertragssteigerungen waren mit abnehmendem Befall verbunden.

Senföl wirkt demnach nicht nematizid, nicht einmal ausgesprochen schlüpfhemmend, es erfolgt lediglich die Inaktivierung oder Festlegung der in Kartoffel-Wurzeldiffusaten enthaltenen schlupffördernden Substanzen. Dies kann auch aus den Beobachtungen von Grainger (1964) abgeleitet werden. Auf Senfparzellen war die natürliche Reduzierung geringer als auf den mit anderen Pflanzen bestellten Flächen. Lediglich Whitehead (1948) fand nach Senfgründüngung auch eine höhere Absterberate bei Nematoden. Aus diesen weitgehend übereinstimmenden Beobachtungen geht hervor, daß von Senf wohl spezifische Einflüsse auf den Kartoffelnematoden ausgehen, die jedoch keinesfalls einer Feindpflanzenwirkung im gebräuchlichen Sinne entsprechen.

Vorteilhaft sollen sich auch einige Gräser als Vorfrüchte zu Kartoffeln auswirken. Von günstigen Ergebnissen berichtet Triffitt (1934) unter anderen für *Poa trivialis*, *P. pratensis* und *Lolium perenne*. Schmidt (1953/54) erhielt nach Schafschwingel eine Reduzierung der Zystenzahl (?) um rund ein Drittel. Renius (1959) hebt die gute Vorfruchtwirkung besonders von Rotschwingel, Schafschwingel und Roggen hervor, während Reinmuth (1964) Schafschwingel, Hafer und Kleegrasgemische erwähnt. Kämpfe (1959) hält einige Gräser für gute Vorfrüchte. Oostenbrink (1950) sowie Mai und Lownsbery (1952) fanden dagegen keine Anhaltspunkte für populationsmindernde Wirkungen der verschiedensten Gräser. Die nach Grasvorfrucht erzielten höheren Kartoffelerträge führen sie auf bodenverbessernde Einflüsse in Verbindung mit einer besseren Humusversorgung zurück.

Mit den Leguminosen Erbse, Lupine und Esparsette erhielt Efremenko (1967) eine jährliche Reduzierung von 52 bis 59%, bei Anbau von Weizen, Gerste,

Buchweizen, Hirse, Mais und Futterrüben lagen die Werte zwischen 30 und 40%. Schwarzbrache wirkte sich in einem Rückgang von 67% aus.

Franklin (1937a) fand nach dem Anbau von Mais eine höhere Reduzierung der Zystenzahl mit Inhalt als nach Lupinen. Diese auch heute noch gelegentlich geäußerte Meinung erwies sich in späteren Versuchen (u. a. Oostenbrink, 1950; Stelter, 1958; Mai und Lownsbery, 1952; Zesewitz, 1960) als nicht zutreffend.

Günstige Ergebnisse erhielt Reinmuth (1929) mit dem Anbau von Steinklee (*Melilotus albus*). Nach Steinklee-Vorfrucht waren die Wurzeln deutlich schwächer befallen und die Erträge wesentlich höher (s. auch Schmidt, 1953/54; Reinmuth, 1964). Es wuchs ein praktisch befallsfreier Bestand heran, wenn zusätzlich Kartoffelkraut und Tieröl in den Boden eingearbeitet wurde. O'Brien und Prentice (1930) sowie Goffart (1933) bestätigten wohl die Ertragssteigerung, wenn Kartoffeln nach Steinklee angebaut wurden, sie fanden jedoch keine Anhaltspunkte für geringeren Wurzelbefall, gleichgültig, ob Steinklee allein oder in Kombination mit Krautdüngung und/oder Tieröl angewendet wurde.

Der Nachweis des Larvenschlupfes in Wurzeldiffusion von *Solanum nigrum* veranlaßte Winslow (1955), den Feindpflanzencharakter dieser Pflanzen zu untersuchen. Die Kultivierung als Untersaat oder Hauptfrucht wirkte jedoch nicht in dem Maße populationsmindernd, daß ein Anbau empfohlen werden konnte.

Für die von v. d. Berg-Smit (1953) und Slootweg (1956) festgestellte günstige Vorfruchtwirkung der Studentenblume (*Tagetes erecta*, *T. patula*) zu Zwiebelgewächsen erbrachten Oostenbrink et al. (1957) den Nachweis, daß es sich um eine ausgesprochen spezifische Feindpflanzenwirkung gegen die von *Pratylenchus penetrans* und *Pr. pratensis* hervorgerufene Wurzelfäule handelt. Es lag nahe, diese Pflanzenarten auch hinsichtlich des Einflusses auf den Kartoffelnematoden zu überprüfen. Schon Oostenbrink et al. (1957) sowie Oostenbrink (1960b) erkannten, daß zumindest enzystierte Larven von Tagetes nicht beeinflußt wurden. Omidvar (1961; 1962) stellte bezogen auf *H. rostochiensis* für *Tagetes minuta*, *T. signata* und *T. florida* weder schlüpfhemmende noch nematizide Wirkungen auf enzystierte Larven fest. Von im Prinzip ähnlichen Beobachtungen berichten Wilski (1963a; 1963b) und Grainger (1964). Letztgenannter bemerkt jedoch, daß unter besonderen Kulturbedingungen die jährliche Reduzierung in Schottland die beachtliche Höhe von etwa 50% betragen kann. Uhlenbroek und Bijloo (1959) konnten nachweisen, daß das vornehmlich in den Wurzeln vorhandene a-Terthienyl von nematizider Wirkung ist. Diese Substanz wirkt in bestimmten Dosierungen tödlich auf freie Larven des Kartoffelnematoden, ist jedoch ohne Wirkung auf enzystierte Larven.

In der Literatur wird noch von weiteren Feindpflanzen oder zumindest doch von guten Vorfrüchten, die nicht ganz ohne Einfluß auf den Kartoffelnematoden sein sollen, berichtet, so u. a. Buchweizen (Goffart, 1933; Reinmuth, 1964), Hanf (Schmidt, 1953/54), Betarüben (Renius, 1959; Kämpfe, 1959) und Unkräuter, im besonderen *Senecio vulgaris* (Grainger, 1964).

Den Anbau von Topinambur als Ersatz für Kartoffeln auf stärker verseuchten Flächen schlägt Lindemuth (1935) vor. Goffart (1955) wies nach, daß von dieser Pflanze Nematodenpopulationen in keiner Weise beeinflußt werden und die Anbauwürdigkeit von anderen Gesichtspunkten (Verwendung) bestimmt wird.

Keine der hier erwähnten Pflanzenarten hat bisher praktische Bedeutung erlangt. Es muß bezweifelt werden, ob ein über die normale Absterberate hinausgehender Effekt, und sei er auch noch so gering, überhaupt vorliegt. Die höheren Kartoffelerträge nach den einzelnen empfohlenen Pflanzenarten sind vermutlich auf eine bessere Nährstoffversorgung der Pflanzen und/oder auf den von der Vorfrucht hinterlassenen guten Bodenzustand (Betarüben) zurückzuführen.

Die Verwendung von Kartoffeln als Fangpflanzen wurde von Carroll und McMahon (1937; 1939) sowie Vinickas und Rimkute (1959) überprüft. Anfänglich schien dieses Verfahren vorteilhaft zu sein, vor allem dann, wenn Kartoffeln zweimal hintereinander angebaut wurden. In der Praxis erwies sich diese Art der Bekämpfung doch als zu unsicher, weil auch bei rechtzeitiger Vernichtung der Pflanzen — wenn die Weibchen gerade an den Wurzeln erkennbar werden — die Entwicklung von Zysten nicht immer gänzlich unterbunden werden kann. Erfolgte die Vernichtung der Pflanzen zu früh, blieb wieder der Entseuchungserfolg zu gering. Überdies war das Verfahren zu kostspielig. Die genannten Autoren empfehlen schließlich die Zwischenkultur von Kartoffeln zu Betarüben und Raps. Im Zuge der Pflegearbeiten sollten die Kartoffeln vernichtet werden. Insgesamt gesehen messen sie diesem Verfahren, das schon von Strachan und Taylor (1929) angedeutet wurde, eine nur begrenzte Bedeutung bei.

In ähnlicher Richtung bewegen sich die Vorschläge von v. d. Brande und D'Herde (1964), s. auch anonym, 1964b). Sie empfehlen den möglichst frühen Anbau frühreifender Sorten, die jedoch vor dem 20. Juni geerntet werden müssen. Im Laufe von sechs Jahren konnte auf diese Weise eine Nematodenpopulation von rund 100000 Larven/100 g Boden auf ca. 500 Larven/100 g Boden vermindert werden. Die Erträge stiegen während der ersten vier Jahre laufend bis auf 500 g/Staude an, waren in den letzten Jahren, möglicherweise als Folge des ständigen Kartoffelanbaues, jedoch rückläufig. Mit spätreifenden Sorten wird bei gleichem Erntetermin ein derartiger Effekt nicht erzielt. Dieses Verfahren dürfte sehr wahrscheinlich nur in klimatisch begünstigten Gebieten anwendbar sein, es sei denn, es stünden Sorten zur Verfügung, die bei gleichen Erträgen noch früher reifen als die Sorte ‚Erstling'.

Im nordholländischen Frühkartoffelgebiet wird ein ähnliches Verfahren praktiziert. Es wird dort die Genehmigung zum Anbau von Frühkartoffeln in jedem zweiten Jahr erteilt, wenn die letztmalig angebauten Kartoffeln vor dem 20. Juli geerntet wurden (Leendertz, 1962). Nachteilige Folgen, wie z. B. die Vermehrung einmal eingeschleppter Zysten, werden offenbar nicht befürchtet.

Fassen wir die einzelnen Vorschläge zusammen, so ist festzustellen, daß sich keine der genannten Feindpflanzen oder guten Vorfrüchte zur Bekämpfung in der Praxis bewährt hat. Die Abtötungsrate, mag sie auch von Pflanzenart zu Pflanzenart einige Unterschiede aufweisen, bewegt sich in der für Neutralpflanzen bekannten Größenordnung. Das von den belgischen Forschern vorgeschlagene Verfahren der

Frührodung bedarf noch der weiteren Prüfung, ehe es in geeigneten Gebieten empfohlen werden kann.

Es muß berücksichtigt werden, daß auch die beste Feindpflanze nur dann von Bedeutung ist, wenn sie ohne Schwierigkeit in ein beliebiges Fruchtfolgesystem aufgenommen werden kann und von ökonomischem Wert ist. Diesen Forderungen entsprechen in idealer Weise die nematodenresistenten Kartoffeln.

7.5.2.1. Resistente Kartoffeln (Vererbung der Resistenz)

Neben der Suche nach Feindpflanzen unter den in Europa kultivierten Pflanzenarten wurde auch eine größere Anzahl von Kartoffelsorten auf ihre Reaktionsweise gegenüber dem Kartoffelnematoden geprüft. Unter den vielfältigen Merkmalen, die das Kulturkartoffelsortiment bot, war zwar keine ausgesprochene Resistenz zu erwarten; das Bestreben ging dahin, Sorten zu finden, die entweder geringere Wirtseignungen besaßen oder doch zumindest nutzbare höhere Toleranzeigenschaften aufwiesen. Es stellte sich sehr bald heraus, daß die relativ geringen Befallsunterschiede und die bei einzelnen Sorten zweifellos vorhandene höhere Verträglichkeit zur Lösung des Problems wenig geeignet waren (siehe Abschn. 6.7). Wenn auch mit diesen Untersuchungen praktisch ins Gewicht fallende Resultate nicht erzielt wurden, so sind sie doch als Vorläufer der Arbeiten anzusehen, die später für die Bekämpfung des Kartoffelnematoden von so entscheidender Bedeutung werden sollten.

Mit den von ELLENBY im Jahre 1941 begonnenen Untersuchungen setzte eine neue Phase ein. Zur Untersuchung stand ihm das Sortiment der Empire Potato Collection (später Commonwealth Potato Collection = C.P.C.) in Cambridge mit mehr als 1500 Klonen von etwa 150 Arten zur Verfügung. Die ersten Erfolge zeichneten sich 1943 ab. In diesem Jahre fand er Resistenz gegenüber dem Kartoffelnematoden in der 24chromosomigen Wildkartoffel *Sol. pampasense* Hawk. (ELLENBY, 1945b). Dieser Mitteilung wurde damals weder die gebührende Aufmerksamkeit geschenkt, noch setzten Arbeiten zur Nutzung der Resistenz ein. Allerdings ist diese Art auch heute — soweit wie bekannt — nicht in ein Züchtungsprogramm aufgenommen. Im Jahre 1945 fand er in *Sol. vernei* (= *ballsii*) eine weitere resistente Art, deren Resistenzcharakter sich in den folgenden Jahren bestätigte (ELLENBY, 1948). Auch die Resistenz dieser diploiden Art blieb anfänglich ungenutzt.

Von ungleich größerer Bedeutung war das Auffinden einiger resistenter Formen von der in Südamerika kultivierten Art *Sol. tuberosum* subsp. *andigenum* (hier nur *Sol. andigenum* genannt). Bereits 1948 wurde dies für die C.P.C. Nummern 1673, 1685, 1692, 1595 sowie 1647 festgestellt und durch wiederholte Untersuchungen in den folgenden Jahren bestätigt (ELLENBY, 1952). Die Nr. C.P.C. 1647 ist steril, die übrigen sind, ebenso wie Kulturkartoffeln, tetraploid mit einem Chromosomensatz von $2n = 48$. Mit diesen *andigenum*-Formen bestanden nun ausnehmend günstige Voraussetzungen für die Züchtung anbauwürdiger resistenter Kulturkartoffeln. Eine das gesamte untersuchte Material der C.P.C. umfassende Zusammenstellung wurde 1954 veröffentlicht (ELLENBY, 1954a).

Untersuchungen größerer Sortimente von Primitiv- und Wildkartoffeln erfolgten überdies von v. d. Brande et al. (1952), Goffart und Ross (1954), Huijsman (1957), Rothacker (1957), anonym (1959a), Michnova (1959), Ponin (1967). Die zehnjährigen Prüfungsergebnisse des in Groß-Lüsewitz kultivierten Sortimentes sind neuerdings von Rothacker et al. (1966) zusammengestellt worden. Insgesamt sind bisher resistente Herkünfte von 29 Arten bekannt geworden, deren Verbreitungsgebiet sich über Nordargentinien—Peru—Bolivien erstreckt (Tab. 12).

TABELLE 12

Species mit Resistenz gegenüber der Normalform (Typ A) des Kartoffelnematoden

Species	Literatur
Sol. chacoense	+ Rothacker et al. (1966)
(*S. boergeri, S. caldasii, S. subtilius*)	
Sol. tarijense	+ Rothacker u. Stelter (1961)
	— Ellenby (1954a)
Sol. boliviense	+ Rothacker et al. (1966)
Sol. megistacrolobum	+ Rothacker et al. (1966)
	— anonym (1959 a)
Sol raphanifolium	+ Rothacker et al. (1966)
	— anonym (1959 a)
Sol. sanctae rosae	+ anonym (1959 a)
	+ Rothacker et al. (1966)
Sol. toralapanum	+ Rothacker et al. (1966)
Sol. brachycarpum	+ Rothacker et al. (1966)
Sol. bukasovii	+ Rothacker et al. (1966)
Sol. canasense	+ Rothacker et al. (1966)
Sol. gourleyi	+ Rothacker et al. (1966)
Sol. kurtzianum	+ Huijsman (1957)
(*S. macolae*)	+ Stelter u. Rothacker (1965)
Sol. leptophyes	+ Huijsman (1964a)
	+ Rothacker et al. (1966)
Sol. microdontum	+ Goffart u. Ross (1954)
	+ Rothacker et al. (1966)
Sol. gigantophyllum (*S. simplicifolium*)	+ Rothacker et al. (1966)
Sol. multibissectum	+ anonym (1959a)
	+ Huijsman (1964a)
	+ Stelter u. Rothacker (1965)
	— Dunnett (1960b)
	— Cole u. Howard (1962a)
Sol. neohawkesii	+ Rothacker et al. (1966)
	— anonym (1959a)
Sol. oplocense	+ Huijsman (1964a)
	+ Rothacker et al. (1966)
Sol. soukupii	+ Rothacker et al. (1966)

Species	Literatur
Sol. sparsipilum	+ TYKTIN (1961)
(*S. aracc papa, S. cathartrum*)	+ ROTHACKER et al. (1966)
Sol. spegazzinii	+ HUIJSMAN (1957)
(*S. famatinae*)	+ anonym (1959a)
	+ GOFFART u. ROSS (1964)
	+ ROTHACKER et al. (1966)
Sol. sucrense	+ MAI u. PETERSEN (1952)
	+ HUIJSMAN (1957)
	+ ROTHACKER et al. (1956)
Sol. vernei	+ ELLENBY (1948)
(*S. ballsii*)	+ MAI u. PETERSEN (1952)
	+ GOFFART u. ROSS (1954)
	+ DUNNETT (1957b)
Sol. venturii	+ ROTHACKER et al. (1966)
Sol. ssp. andigenum	+ ELLENBY (1952)
(*S. subandigenum*)	+ TOXOPEUS u. HUIJSMAN (1952)
	+ GOFFART u. ROSS (1954)
Sol. juzepczukii	+ COLE u. HOWARD (1962a)
	+ ROTHACKER et al. (1966)
	— STELTER u. ROTHACKER (1965)
Sol. capsicibaccatum	+ GOFFART u. ROSS (1954)
Sol. pampasense	+ ELLENBY (1945b)
Sol. infundibuliforme	+ HAWKES (1959)

\+ = resistent
— = anfällig

Die züchterische Bearbeitung beschränkte sich bisher auf nur wenige Arten u. a. *Sol. vernei, Sol. multidissectum, Sol. kurtzianum, Sol. sanctae rosae, Sol. sparsipilum, Sol. spegazzinii.* Überragende Bedeutung erlangten jedoch die von ELLENBY gefundenen *andigenum*-Herkünfte.

Erste Kreuzungsexperimente wurden von TOXOPEUS und HUIJSMAN (1952; 1953) vornehmlich mit den C.P.C. Nummern 1673 und 1685 durchgeführt. Sie stellten fest, daß die Nematodenresistenz tetrasomisch dominant durch ein Gen H vererbt wird (HUIJSMAN 1955; 1956; 1957; 1958; TOXOPEUS, 1959; HOWARD, 1955; VIDNER, 1967). Nach dieser Hypothese sind bei resistenten Pflanzen folgende Gen-Kombinationen möglich:

Hhhh	simplex
HHhh	duplex
HHHh	triplex
HHHH	quadruplex

In Kreuzungen mit anfälligen Kultursorten sind 50% resistente F_1-Pflanzen zu erwarten, wenn der resistente Elternteil simplex (H) veranlagt ist, und von 6 F_1-Pflanzen sind 5 resistent, wenn der resistente Elternteil duplex ist. Sind jedoch

3 oder 4 H-Gene vorhanden, so müssen alle Nachkommen resistent sein. Diese Vorstellungen wurden in späteren Untersuchungen bestätigt (u. a. ROTHACKER und STELTER, 1957; COLE und HOWARD, 1957; VIDNER, 1968b; c). Für die Züchtung ist es vorteilhaft, für das Gen H duplexe oder triplexe Formen zu verwenden.

Die nächste Aufgabe bestand darin, die Nematodenresistenz des *Sol. andigenum* mit den erforderlichen Qualitätseigenschaften einer anbauwürdigen Sorte zu koppeln. Die vor allem in Holland, England und Deutschland einsetzenden Arbeiten ließen bald erkennen, daß dieses Ziel erreichbar war. Bereits aus der F_1 wurden Klone selektiert, die in manchen Eigenschaften die der zugelassenen anfälligen Sorten erreichten (ROTHACKER, 1958; 1960; MÖLLER et al., 1959; ROTHACKER und STELTER, 1959; HUIJSMAN, 1958). Schon nach zweimaliger Rückkreuzung mit Kulturkartoffeln konnten Klone ausgelesen werden, die etwa den Standardsorten entsprachen. Wie schnell es gelingt, leistungs- und anbaufähige Sorten zu züchten, hängt lediglich von der Wahl der Kreuzungspartner ab. Schon jetzt sind in mehreren Ländern nematodenresistente Sorten, die sich sowohl im Habitus wie auch in sonstigen Merkmalen von anfälligen Sorten nicht mehr unterscheiden, zugelassen (s. anonym, 1970).

Die Züchtung mit anderen resistenten Arten war nicht so erfolgreich wie mit *Sol. andigenum*. Dies ist im wesentlichen auf den noch weitgehend unbekannten Erbgang der Resistenz und die Schwierigkeiten bei der Einkreuzung mit Kulturkartoffeln zurückzuführen. Für *Sol. vernei* sind die Ansichten weitgehend übereinstimmend. ROTHACKER (1959) wies einen polygen bedingten dominanten Erbgang nach (s. auch GOFFART und ROSS, 1954; DUNNETT, 1960a). FOCKE (1959) vermutet, daß die Resistenz von zwei dominanten, voneinander unabhängig wirkenden Genen gesteuert wird, und PLAISTED et al. (1962) nehmen an, daß die Resistenz in dieser Art von 2 selbständig wirkenden Hauptgenen (B.C.) bedingt ist und in resistenten Genotypen zusätzlich durch das Gen A verstärkt wird. Die Resistenz von *Sol. kurtzianum* führt HUIJSMAN (1960; o. J.) auf 2 dominante Gene zurück. Nach ROSS (1962) wird die Resistenz von *Sol. spegazzinii* (= *famatinae*) vermutlich von 2 selbständig wirkenden Genen gesteuert.

Wirtschaftliche Bedeutung haben die mit diesen Resistenzträgern angezogenen Bastarde bisher nicht erlangt. In der praktischen Resistenzzüchtung werden nach wie vor die verschiedenen *andigenum*-Herkünfte bevorzugt verwendet. Diese Subspezies besitzt nach den bisher vorliegenden Untersuchungsergebnissen jedoch nur Resistenz gegen die Normalrasse (Rasse A) des Kartoffelnematoden.

7.5.2.2. Resistente Tomaten

In den Untersuchungen von MAI (1952a) und PALO (1968) zeichneten sich Herkünfte der Arten *Lycopersicon peruvianum* (L.) Mill., *Lyc. glandulosum* C. H. Mull. und *Lyc. pimpinellifolium* (Jusl.) Mill. durch äußerst geringen Befall mit dem Kartoffelnematoden aus. ELLIS (1968) sowie HESLING und ELLIS (1968) stellten Resistenz außerdem in *Lyc. hirsutum var. glabratum* C. H. Mull. und *Lyc.*

esculentum var. *cerasiforme* (Dun) A. Gray fest. Die besten Voraussetzungen für die Resistenzzüchtung bietet nach Ellis *Lyc. peruvianum*. Von resistenten wie von anfälligen Tomaten werden schlupfauslösende Stoffe ausgeschieden. In der Höhe des Larvenbefalls können signifikante Unterschiede ebenfalls nicht nachgewiesen werden. In den resistenten Arten entwickeln sich nur selten Weibchen, während die Entwicklung von Männchen kaum beeinträchtigt ist. Es liegen somit etwa die gleichen Abstufungen vor, wie sie von resistenten und anfälligen Kartoffeln bekannt sind.

7.5.3. Resistenz gegen „aggressive Rassen" (Vererbung der Resistenz)

Nach dem Auffinden von Nematodenrassen mit abweichendem Verhalten von der Rasse A („aggr. Rasse (n)") setzte die Suche nach resistentem Ausgangsmaterial auch gegen diese Populationen ein. Bisher sind in diesem Zusammenhang die folgenden Arten genannt: (Tab. 13). Brücher (1960/61) sieht in *Sol. famatine* und *Sol. vernei* die wertvollsten Kreuzungspartner.

TABELLE 13:
Species mit Resistenz gegen aggressive Rassen

Sol. canasense	+	Dunnett, 1959
Sol. demissum	+	Dunnett, 1959
Sol. juzepczukii	+	Cole u. Howard, 1962a
	–	Stelter u. Rothacker, 1965
Sol. kurtzianum	+	Huijsman, 1959b; 1960; McKenna et al., 1964
	–	anonym, 1963b; Stelter u. Rothacker, 1965
Sol. megistacrolobum	+	Dunnett, 1959; anonym, 1959a; 1962a; McKenna et al., 1964
Sol. multidissectum	+	Cole u. Howard, 1962a; Dunnett, 1959; 1960b; anonym, 1959a; 1961c; 1962a; 1963b
	–	Stelter u. Rothacker, 1965
Sol. neohawkesii	+	anonym, 1959a; 1962a; Dunnett, 1959
Sol. raphanifolium	+	anonym, 1959a
Sol. sanctae rosae (= *catamarcae*)	+	Dunnett, 1959; 1960b; 1964; McKenna et al., 1964; anonym, 1959a; 1962a; 1963b
Sol. simplicifolium	+	Dunnett, 1959
Sol. spegazzinii	+	Ross, 1962
(= *famatinae*)	–	anonym, 1963b
Sol. vernei (= *ballsii*)	+	Dunnett, 1957b; 1959; 1960a; Rothacker, 1962; McKenna et al., 1964

Bei einigen Arten handelt es sich um vorläufige Ergebnisse, die durch weitere Prüfungen der Bestätigung bedürfen. So hat sich z. B. die in *Sol. juzepczukii* vermutete Resistenz nicht auf die Nachkommen (*Sol. juzepczukii* × *Sol. andigenum*) vererbt. Alle Pflanzen wurden stark befallen (Howard, 1962). Die Resistenz gegenüber den abweichenden Rassen scheint nicht das Ausmaß zu erreichen wie die von *Sol. andigenum* gegenüber Normalpopulationen. Pflanzen mit einem

Besatz bis zu 10 Zysten je Topfballen werden von Dunnett (1960b) noch zu den resistenten gerechnet.
Nach den Angaben im Scot. Plant Breed. Stat. Rec. 1959, S. 13–14, und 1963, S. 19–21, sowie von Dunnett (1960a; 1961) ist *Sol. multidissectum* nur resistent gegen Rasse B, jedoch nicht gegenüber der Normalrasse (A). Die gleichen Reaktionen werden auch für *Sol. neohawkesii, Sol. megistacrolobum* und *Sol. raphanifolium* (anonym, 1959a) mitgeteilt. Huijsman (1960) berichtet für *Sol. kurtzianum* ebenfalls nur B-Resistenz. Mit den Resistenzeigenschaften von *Sol. andigenum* und *Sol. kurtzianum* ausgestattete Bastarde sollten nach dem letztgenannten Autor widerstandsfähig gegen die überwiegende Mehrzahl der Nematodenpopulationen sein. Die oft gegensätzlichen Auffassungen lassen sich bei Berücksichtigung von 2 Momenten erklären:

1. die von den einzelnen Autoren geprüften Arten waren von unterschiedlicher Herkunft
2. bestehen in der Beurteilung der von der Normalform abweichenden Rassen in den einzelnen Ländern unterschiedliche Ansichten, so daß eine eindeutige Rassencharakterisierung zur Zeit noch nicht möglich ist.

Dieser Umstand ist naturgemäß nicht nur erschwerend für die Verständigung, sondern beeinflußt überdies entscheidend die Züchtungsarbeit. Nur wenn eine zu Zweifeln keinen Anlaß gebende Definition sowohl des Züchtungsmaterials wie auch der verwendeten Parasitenpopulationen vorliegt, kann eine auf internationaler Zusammenarbeit basierende Züchtung die angestrebten Ziele erreichen.
Unter dem Eindruck der in vielen Gebieten aufgetretenen Rassengemische hält Huijsman (1964b) in den Ländern, in denen gesetzliche Beschränkungen für den Anbau resistenter Sorten nicht erlassen sind, die Verwendung „toleranter" Sorten für vorteilhafter. Er bemerkt jedoch, daß „tolerante" oder „feldresistente" Sorten wohl weniger stark geschädigt werden, durch sie der Verbreitung aller Rassen jedoch Vorschub geleistet wird (Huijsman, 1964a). Mit dem Begriff „Feldresistenz" soll eine geringe Wirtseignung ausgedrückt werden, die sich bis zu einem gewissen Grade auch populationsmindernd auswirkt. Es bleibt abzuwarten, ob es gelingt, Sorten mit solchen Eigenschaften zu selektieren.

7.5.4. Methoden zur Resistenzprüfung

Obgleich die Nematodenresistenzprüfung ein noch recht junges Arbeitsgebiet ist, wurden doch schon eine ganze Reihe voneinander abweichender Methoden entwickelt; wobei die Abwandlungen sich in der Regel auf die Prüftechnik beschränken. Die Beurteilung erfolgt immer nach der Anzahl neugebildeter Zysten. Als erster hat wohl Goffart (1939a) auf eine Methode hingewiesen. Er übernahm die von Spickermann und Kotthoff (1924) für die Krebsprüfung entwickelte Methode in etwas abgewandelter Form und erwähnt, daß die Prüfarbeiten bereits im Januar beginnen können. Die Beurteilung der zu prüfenden Sorten war nach diesem Verfahren etwas problematisch. Da mehrere Pflanzen in einem Behälter

(Kiste) aufwuchsen, war eine genaue Bestimmung der Anzahl neuer Zysten an einer Pflanze von mancherlei Zufällen abhängig. GEMMELL (1943) zog die Pflanzen einzeln in Tontöpfen an, gab zu jedem Topf eine bestimmte Larvenzahl und bestimmte den Bodenzystenbesatz, nachdem die Pflanzen abgestorben waren. Die genannten Autoren untersuchten auf diese Weise das derzeitige Kulturkartoffelsortiment auf Befallsunterschiede.

Eine Resistenzprüfung im eigentlichen Sinne erfolgte erst von ELLENBY (1945b; 1948; 1952; 1954a). Er kultivierte die zu prüfenden Pflanzen anfänglich in verseuchtem Boden im Freiland und später in 8—10 in.-Tontöpfen, die im Freiland aufgestellt wurden. Die Befallsermittlung (Zystenzahl an Wurzeln) erfolgte im Herbst und wurde teilweise an abgestorbenen Pflanzen durchgeführt. Für Serienuntersuchungen wurde diese Methode in unterschiedlich abgewandelter Form von späteren Autoren übernommen. Die von den einzelnen Versuchsanstellern verwendeten Topfgrößen variieren erheblich. STELTER (1955) sowie STELTER und ROTHACKER (1965) benutzten 7 cm-Töpfe, DUNNETT (1957b) 4 in.-Töpfe und HUIJSMAN (1957; 1958) und SPRAU (1967) 13 cm- bis 16 cm-Tontöpfe. Es ist jedoch kaum anzunehmen, daß bei gutwüchsigen Pflanzen der Befall durch die erwähnten Topfgrößen beeinflußt wird. Kleinere Töpfe (7 cm bis 10 cm) sind jedoch in mancher Hinsicht vorteilhafter als größere (11 cm bis 17 cm). Auf gleichem Raum können mehr Pflanzen untergebracht werden, und die Bonitierung kann früher erfolgen, weil in kleineren Töpfen der Topfballen schneller durchwurzelt wird (MAI, 1951). Es ist vorteilhaft, für kleinere Töpfe ein nährstoffreicheres Bodengemisch zu verwenden, anderenfalls besteht die Gefahr, daß die Entwicklung der Pflanzen zu früh abgeschlossen wird. Nachteilig ist die etwas aufwendigere Pflege. Die Pflanzen müssen regelmäßiger und vorsichtiger gegossen werden, vor allem in geheizten Häusern und bei direkter Sonneneinstrahlung. Serienuntersuchungen erfolgen in der Regel mit nematodenverseuchtem Boden. Die Bonitur wird am zweckmäßigsten dann vorgenommen, wenn die Zysten den gelben Farbton erreicht haben; sie heben sich in diesem Reifestadium gut vom Boden und den Wurzeln ab. Es bleibt dem Versuchsansteller überlassen, bis zu welcher Höhe der Befall genauer bekannt sein muß. In der Regel genügt es, wenn die Zystenzahl je Pflanze nur bis zu einer bestimmten Höhe gezählt und stärkerer Befall grob geschätzt wird (STELTER, 1955; HUIJSMAN, 1957). Auf diese Weise kann die Arbeit erheblich beschleunigt werden. DUNNETT (1957b; 1959) stellt die Zystenzahl von einer bestimmten Oberfläche des Topfballens fest und verwendet hierzu sogenannte Lochtöpfe ('perforated can'). Diese sind aus Metall oder Kunststoff gefertigt, mit $^1/_4$ in. großen Löchern versehen und so groß, daß ein Topfballen aus einem 4 in.-Tontopf gerade hineinpaßt. Er berücksichtigt nur die in den Löchern sichtbaren Zysten. Diese Beurteilung ist jedoch zeitaufwendig, ohne daß nach Meinung des Verfassers dadurch Vorteile entstehen.

SPRAU (1967b) berücksichtigt die Zahl neugebildeter Zysten je Bodeneinheit. Für Serienuntersuchungen ist diese Methode zu arbeitsaufwendig und bei Verwendung natürlich verseuchten Bodens auch zu ungenau.

Umaerus und Videgård (1967) empfehlen für die Prüfung 90 × 130 mm-Kunststoffbeutel mit einem Fassungsvermögen von etwa 200 cm³ Boden, die nur einmal verwendet werden. Manchen Vorteilen der Kunststoffbeutel steht jedoch der für Serienuntersuchungen höhere Arbeitsaufwand als bei Verwendung von Tontöpfen gegenüber.

Zur Gewinnung genauerer Unterlagen genügen die genannten Verfahren jedoch nicht. Auch wenn sich bei Verwendung von 7 cm- oder 8 cm-Tontöpfen die Masse der Wurzeln und damit der Zysten an der Außenseite des Topfballens befindet, so bleibt der Befall im Innern des Ballens weitgehend unerkannt, auch dann, wenn der Ballen geöffnet wird. Zudem ist bei Verwendung von natürlich verseuchtem Boden die Anfangsverseuchung je Topf nur in groben Umrissen bekannt, so daß Vergleiche zwischen Anfangs- und Endverseuchung nicht möglich sind.

Im Bedarfsfalle werden andere Infektionsmethoden erforderlich sein. Ellenby (1955c) und Huijsman (1959b) deponieren Zysten in engmaschiger Stahlgaze oder Kunststoffgaze und versenken diese in zystenfreie Topferde. Die nach dem Absterben der Pflanzen ermittelte Zystenzahl je Bodeneinheit erlaubt eine eindeutige Beurteilung der Wirtseignung oder des Resistenzgrades, ohne daß die zur Verseuchung verwendeten Zysten die Aussage beeinträchtigen. Der gleiche Vorteil wird erreicht, wenn die Verseuchung mit Eiern oder Larven erfolgt (Gemmell, 1943; den Ouden, 1963a; McKenna und Winslow, 1962). Der Wurzelbefall wird durch die unterschiedlichen Verseuchungsmethoden nicht oder nur unwesentlich beeinflußt (McKenna und Winslow, 1962; den Ouden, 1963a).

Oostenbrink (1950) verwendete anfänglich unterteilte Porzellanschalen, die die Beurteilung von Einzelpflanzen zuließen. Nicht oder schwach befallene Pflanzen kultivierte er in größeren Tontöpfen für eine zweite Beurteilung weiter. Zur Vorselektion von Sämlingen empfiehlt Oostenbrink (1950) die Verwendung einer mageren, jedoch stark verseuchten Bodenmischung. Damit ein hoher Anfangsbefall erreicht wird, begießt er den Boden einige Tage vor der Aussaat mit Wurzeldiffusaten. Infolge des hohen Befalls im frühen Sämlingsstadium sterben viele Pflanzen ab. Oostenbrink nimmt an, daß diese anfällig sind. Die den Befall überlebenden Pflanzen werden einer zweiten Prüfung unterzogen. Bei dieser Methode wird von der Annahme ausgegangen, daß schon durch den Larvenbefall über Resistenz oder Anfälligkeit entschieden werden kann.

Eine sehr spezielle Prüfmethode entwickelten Oostenbrink (1952b) und Winslow (1954). Sie verwendeten Reagenzgläser mit etwa 20 bis 25 mm Durchmesser. Der Wurzelbefall ist durch die Glaswandung ohne Störung der Pflanze beliebig oft zu beurteilen. Zur besseren Durchlüftung ist es vorteilhaft, den Boden der Gläschen mit grobem Kies zu versehen. Demselben Zweck dienen kleine Röhrchen, die gleichzeitig mit dem Füllen bis auf den Grund der Gläser eingesetzt werden (Oostenbrink) oder Öffnungen im Boden der Gläser (Winslow). Goffart und Ross (1954) empfehlen ein ähnliches Verfahren. Die Verwendung von Reagenzgläsern ist jedoch recht arbeitsaufwendig und für Serienuntersuchungen nicht geeignet. Für die Kultivierung von Einzelzysten oder zur Klärung strittiger Wirtspflanzenbereiche bieten sie Vorteile. Neuerdings ist diese Methode in etwas abgewandelter Form zur Prüfung bewurzelter Blätter von McKenna et al. (1964) empfohlen worden.

Williams (1963) berichtet von einer Methode, nach der die Zystenzahl an Schnittflächen von Knollen der Bewertung zugrunde gelegt wird. Die auf verschiedene Weise mit Larven versehenen Schnittflächen werden auf gewaschenen Sand gelegt und die sich daran entwickelnden Zysten nach einer bestimmten Zeit gezählt. Im Durchschnitt fand er an Knollen anfälliger Kartoffeln mehr Zysten als an Knollen von resistenten Pflanzen; in Einzelfällen waren die Unterschiede jedoch nicht eindeutig.

Neben den erwähnten wurden noch folgende Bonitierungsverfahren angewendet: Mai und Lownsbery (1948) sowie v. d. Brande et al. (1951; 1952) fixieren die Wurzeln in 15% Formalin, wenn die Zysten gerade beginnen sich gelb zu färben und bestimmen die Anzahl Zysten oder Weibchen später, und zwar im Verhältnis zur Wurzelmasse. Goffart (1939), Reinmuth und Engelmann (1941b) und Goffart und Ross (1954) bewerten den Befall nach der Zystenzahl je Einheit Wurzellänge.

Für Sämlinge wie auch für Knollenmaterial hat sich das von Ellenby angewendete Verfahren bewährt. Die Prüfung erfolgt in der Regel in kleineren Blumentöpfen in natürlich verseuchtem, stark humosem Boden oder Kompost.

Prüfung von Knollenstecklingen:

Knollenstecklinge werden, nachdem die Schnittflächen verkorkt sind, in verseuchten Boden gebracht. In nährstoffreichem Kompost entwickeln sich die Pflanzen gut, gleichgültig, ob sie anfällig oder resistent sind. Etwa 7 bis 8 Wochen nach dem Topfen werden die Pflanzen bonitiert, nachdem an Kontrollpflanzen die Masse der Zysten gelb gefärbt ist. Die Wurzelballen werden durch einen leichten Schlag bei umgekehrtem Topf herausgenommen und die an der Außenseite des Ballens sichtbaren Zysten gezählt. Die Einstufung erfolgt nach folgendem Bewertungsschema:

Klasse	Bewertung	Bewertungsschema nach Huijsman (1957) Befall	nach Stelter (1955) Befall
1	kein Befall	kein Befall	kein Befall
2	sehr leichter Befall	einzelne Zysten	1 bis 3 Zysten
3	leichter Befall	5 bis 20 Zysten	4 bis 10 Zysten
4	mäßiger Befall	20 Zysten und mehr	11 bis 20 Zysten
5	starker Befall	sehr viele Zysten	21 bis 30 Zysten
6	sehr starker Befall		30 Zysten und mehr (30+)

Aus diesem weitgehend willkürlichen Bewertungsschema ist zu entnehmen, daß die Resistenz keine feststehende und unveränderliche Größenordnung ist (siehe auch GRAF, 1969). In umfangreichem Zuchtmaterial, z. B. auf der Basis von *Sol. andigenum*, ist mit allen Übergängen von fast befallsfreien bis zu hoch anfälligen Zuchtklonen zu rechnen, wobei die Befallsstufen 3 bis 5 jedoch nur ausnahmsweise vorkommen. In der Regel werden diese nicht weiter vermehrt, oder sie erweisen sich in späteren Prüfungen als hoch anfällig.

Für die weitere züchterische Bearbeitung sind nur die Pflanzen der Klassen 1 und 2 und vielleicht in gewissem Umfange die der Klasse 3 von Bedeutung.

Solange nicht nachgewiesen ist, von welchem durchschnittlichen Zystenbesatz je Pflanze die Feindpflanzenwirkung tatsächlich beeinträchtigt ist, wird die Auslese nach diesen Gesichtspunkten erfolgen.

Es ist vorteilhaft, die Prüfung im Laufe des Zuchtaufbaues wenigstens zweimal mit einer größeren Pflanzenzahl zu wiederholen und auf Feldversuche auszudehnen. Nach diesem Verfahren bereitet die Beurteilung des Zuchtmaterials keine Schwierigkeiten.

Die für die Prüfung in den Herbst- und Wintermonaten notwendige Keimstimulierung erfolgt zweckmäßig nur durch Wärme und gelegentliches Anfeuchten der Knollen. Rindite-Behandlungen, wie sie HUIJSMAN (1955) vorschlägt, haben sich bei dem sehr heterogenen Material nicht immer bewährt; sie ist zudem bei der Vielzahl unterschiedlich reagierender Zuchtstämme auch zu aufwendig. Eine zusätzliche Beleuchtung ist in den lichtschwachen Monaten nicht unbedingt erforderlich. Das gesteigerte Längenwachstum der Pflanzen wird in Kauf genommen und durch vorsichtige Temperaturregelung in erträglichen Grenzen gehalten.

Wesentlich mehr Schwierigkeiten verursacht die Prüfung mancher Wildkartoffelarten und Sämlingspopulationen. Die Durchwurzelung des Topfballens ist bei einzelnen Arten nicht selten ungenügend; oft werden nur wenige und sehr kurze Wurzeln gebildet. In diesen Fällen ist es dem Fingerspitzengefühl des Prüfers überlassen, wann der Topfballen vorsichtig geöffnet werden muß. Oft sind dann die kurzen und wenigen Wurzeln mit Zysten dicht besetzt. Wird mit dem Öffnen des Ballens zu lange gewartet, so werden die Zysten braun, und eine Beurteilung ist dadurch erschwert. Umfangreiche Wiederholungen oder Irrtümer sind die Folge. Schwachwüchsige Arten, Formen und Herkünfte oder stark viruskrankes Material lassen sich besser in kleineren Töpfen (6 oder 6,5 cm) prüfen. Vorteilhaft ist es, für diese Pflanzen den Verseuchungsgrad auf wenige tausend Larven zu reduzieren.

Arten mit starker Stolonenbildung werden zweckmäßiger in größeren Töpfen geprüft. Stolonen und Wurzeln verteilen sich in diesen über einen größeren Raum und überlagern sich nicht so häufig.

Prüfung von Sämlingen:

In Saatschalen angezogene Sämlinge werden bald nach dem Auflaufen pikiert und, nachdem die Pflanzen etwa 5 bis 8 cm groß sind, in 7 cm-Tontöpfe in verseuchten Boden getopft. Die Bonitierung erfolgt in der Regel 7 bis 8 Wochen nach dem Pflanzen.

Toxopeus und Huijsman (1953) sowie Huijsman (1957; 1958) bringen die pikierten Pflanzen erst in 6 cm bis 8 cm große Töpfe in nematodenfreien Boden. Nachdem die Pflanzen ein ausreichendes Wurzelwerk gebildet haben, kommen sie mit dem Ballen in 13 cm- bis 16 cm-Töpfe in verseuchten Boden. Für schlechtwüchsige Pflanzen dürfte sich dieses Verfahren ebenfalls gut eignen.

Für Routineprüfungen sind einfache Prüfverfahren in der Regel ausreichend. Werden genauere Aussagen von der Wirtseignung oder dem Resistenzgrad verlangt, so sind andere Verfahren vorzuziehen. Hierzu eignen sich die von Ellenby (1955c) und Huijsman (1959b) oder Gemmel (1943) und den Ouden (1963a) vorgeschlagenen Prüfmethoden. Anstelle der außen am Topfballen sichtbaren Zysten wird durch eine Bodenuntersuchung die tatsächliche Anzahl der an den Pflanzen gebildeten Zysten ermittelt. Diese Art der Prüfung ist jedoch wesentlich aufwendiger und setzt eine Einschränkung des zu prüfenden Materials voraus. Für Pflanzen mit geringer Wurzelbildung dürfte die von McKenna et al. (1964) empfohlene Prüfung bewurzelter Blätter angebracht sein.

Vom Versuchsziel hängt es ab, welcher Methode der Vorzug gegeben wird. Zur Gewinnung eines Überblickes werden Serienmethoden (Topfballenbonitierung), die zur Bearbeitung eines größeren Materials geeignet sind, vorteilhafter sein. Werden genauere Ergebnisse benötigt, so sind andere, jedoch aufwendigere Prüfverfahren vorzuziehen. Einige Prüfmethoden sind in der Tabelle 14 zusammengestellt.

TABELLE 14

Einige Methoden zur Resistenzprüfung

Methode	Bonitur	Autor
In verseuchtem Boden in Tontöpfen unterschiedlicher Größe (7–16 cm) (Gewächshaus/Frühbeet/Freiland)	Wurzelbefall/ Topfballen	Ellenby, 1945b; 1954a; Stelter, 1955; Huijsman, 1957; 1958b
In verseuchtem Boden in 4 in.-Tontöpfen (Gewächshaus/Frühbeet/Freiland)	Wurzelbefall/ Lochtopf*	Dunnett, 1957b; 1959
In verseuchtem Boden in Reagenzgläsern von 20–25 mm Weite. Wiederholte Beurteilung ohne Störung der Pflanzen möglich (Gewächshaus)	Wurzelbefall	Oostenbrink, 1952; Winslow, 1954b; Goffart u. Ross, 1954; McKenna et al. 1964
In nematodenfreiem Boden, Zugabe der Zysten in Gazebeuteln (Gewächshaus)	Bodenverseuchung	Ellenby, 1955c; Huijsman, 1959b
In nematodenfreiem Boden, Zugabe von Eiern und Larven (Gewächshaus)	Bodenverseuchung	Gemmell, 1943; den Ouden, 1963a; McKenna u. Winslow, 1962

* = durchlöcherte 4 in.-Topfattrappen, nur die in den Löchern sichtbaren Zysten werden gezählt

Der Larvenschlupf ist als Resistenzkriterium nicht geeignet (Abschnitt 7.5.5.). Weischer (1968) wies außerdem nach, daß Diffusate der resistenten Wildarten *Solanum oplocense* und *Sol. spegazzinii* den Larvenschlupf in etwa gleichem Umfange förderten wie Diffusate anfälliger Kultursorten, während Wurzelausscheidungen der anfälligen Arten *Sol. acaule*, *Sol. stoloniferum* und *Sol. demissum* nur geringfügig schlupffördernd wirkten.

Die Zeit für die Durchführung von Prüfungen ist von der Wüchsigkeit der Pflanzen und der Vitalität der Nematoden abhängig. Als sehr günstig haben sich die Monate Januar bis Mai erwiesen. Spätere Pflanzzeiten, etwa im Juni oder sogar im Juli, sind in der Regel nicht so vorteilhaft. Der Zystenbesatz ist dann auch an anfälligen Pflanzen geringer. Vidner (1967; 1968a) berichtet allerdings noch von guten Ergebnissen, wenn die Pflanzen Anfang Juli getopft wurden.

Ergänzend zu den Prüfungen im Blumentopf ist es vorteilhaft, aussichtsreiche Zuchtstämme zusätzlich auf verseuchten Feldparzellen zu prüfen. Während im Blumentopf die Beurteilung ausschließlich nach der Anzahl neugebildeter Zysten erfolgt, stehen im Feldversuch die Erträge und der Entseuchungseffekt im Vordergrund (Stelter, 1955). Arenz und Hunnius (1966) sowie Sprau (1967) berücksichtigen auch im Freiland den Wurzelbefall. Derartige Feststellungen sind jedoch so fehlerhaft und von Zufälligkeiten der verschiedensten Art (u. a. Bodenart, Feuchtigkeitsgehalt des Bodens, Zeitpunkt der Bonitur) abhängig, daß diesen Werten kaum größere Bedeutung beizumessen ist. Auch bei vorsichtigster Arbeit fällt immer eine unkontrollierbare Zystenzahl von den Wurzeln und entgeht der Beurteilung.

Die Problematik der Feldversuche wird im wesentlichen durch die ungleichmäßige Verteilung der Zysten im Boden bestimmt. Aus diesem Grunde empfehlen Stelter (1955) und Nolte (1959) die Anlage in Form einer Mosaikpflanzung mit doppeltem Pflanzenabstand nach jeder Richtung. Obgleich bei dieser Anlage der wechselnden Verseuchung Rechnung getragen wird und dieselbe für Ertragsfeststellungen einige Vorteile aufweist, sind jedoch keinerlei verwertbare Aussagen über die Beeinflussung der Bodenpopulation möglich. Die Anlage kleiner Parzellen in mehrfacher Wiederholung, die wenigstens zwei Pflanzreihen umfassen, dürften dem Versuchsziel besser entsprechen. Von nicht unerheblicher Bedeutung ist jedoch die Wahl der Versuchsflächen. Es hat sich als vorteilhaft erwiesen, derartige Prüfungen auf „ständigen Versuchsflächen", auf denen die Verseuchungsdichte trotz aller Schwankungen doch ein gewisses Maß an Einheitlichkeit aufweist, durchzuführen.

Mit diesen beiden Prüfungen, der im Blumentopf zur Feststellung der Zystenbildung und der im Feld für Ertragsbestimmungen und zur Beurteilung der Feindpflanzenwirkung, ist eine ausreichende Charakterisierung der Zuchtstämme möglich.

7.5.5. *Die Natur der Resistenz von Solanum andigenum*

Bald nach dem Auffinden der resistenten Primitivkartoffeln setzten Untersuchungen zur Feststellung der Resistenzursachen ein. Diese beschränkten sich im wesentlichen auf die Fakten der biologischen Wechselbeziehungen zwischen Pflanze und Parasit, die dem Zustandekommen der parasitären Phase vorausgehen. Schon TOXOPEUS und HUIJSMAN (1953) stellten fest, daß Wurzeldiffusate den Larvenschlupf fördern, die Resistenzursache also nicht einem Mangel an stimulierenden Substanzen zuzuschreiben ist (s. auch HUIJSMAN, 1956; 1957; o. J.; JONES, 1954; GOFFART, 1959b). Nach WILLIAMS (1958a) und STELTER (1959a) ist der Larvenschlupf in Wurzeldiffusaten der einzelnen *andigenum*-Herkünfte nicht einheitlich, prinzipielle Unterschiede im Vergleich mit Wurzeldiffusaten von Kulturkartoffeln bestehen jedoch nicht. Der gelegentlich geringere Schlupf ist vermutlich mit der oft wesentlich geringeren Durchwurzelung der *andigenum*-Pflanzen, die nicht selten stark viruskrank sind, zu erklären. Wurzeldiffusate von anfälligen und resistenten *andigenum*-Herkünften unterscheiden sich in ihrer stimulierenden Wirkung nicht. Ebenso erfolgt in Wurzeldiffusaten von F_1- und F_2-Nachkommen resistenter *andigenum*-Eltern immer ein hoher Schlupf.

7.5.5.1. Larvenbefall resistenter Pflanzen (Resistenzkriterien)

TOXOPEUS und HUIJSMAN (1953) stellten fest, daß Larven vom Typ A in Wurzeln resistenter Pflanzen eindringen und sich dort vereinzelt auch zu Zysten mit infektionsfähigem Inhalt entwickeln können. Nach JONES (1954) ist die Besiedlungsdichte, bezogen auf Larven je Gramm Wurzelgewicht, in resistenten Pflanzen schwächer als in anfälligen Pflanzen. In Selbstungsnachkommen der C.P.C.-Herkünfte 1652; 1690; 1685 bzw. 1673 entwickelten sich von den eingedrungenen Larven 5,8; 0,6; 6,5 bzw. 2,2% der Larven zu Männchen. Weibchen stellte er nicht fest. HUIJSMAN (1956; 1957) fand keine Unterschiede in der Besiedlungsdichte anfälliger und resistenter Kartoffeln. WILLIAMS (1958a) verglich in Abständen von je 10 Tagen die Einwanderung in resistente und anfällige Kartoffeln. In beiden erreichte der Befall am 20. Tage ein Maximum (anfällige = 2100 L./resistente = 1600 L./g Wurzeln). Vom 30. Tage an war die Besiedlung rückläufig, bei resistenten Pflanzen jedoch ausgeprägter als bei anfälligen. Die Abnahme fällt mit der Reife der Männchen zusammen, die nach abgeschlossener Entwicklung die Wurzeln verlassen. Nach STELTER (1959a) und SCHICK und STELTER (1963) ist vier Wochen nach Versuchsbeginn (das entspricht etwa der von WILLIAMS angegebenen Zeit) der Wurzelbefall (alle Stadien) in anfälligen und resistenten Kartoffeln gleich hoch. Der zahlenmäßige Anteil der einzelnen Stadien (Larven, Weibchen, Männchen) weist jedoch erhebliche Unterschiede auf (Tab. 15). Wenn die Entwicklung in der Vergleichssorte ‚Aquila' als normal angesehen wird, so ist in resistenten Pflanzen die Invasion über einen längeren Zeitraum ausgedehnt und die Entwicklung der Männchen verzögert. Eine typische Erscheinung ist dies offenbar nicht, denn SCHICK und STELTER (1963) und MÖLLER und STELTER

(1965) fanden derartige Tendenzen nicht. Es ist nicht ausgeschlossen, daß die voneinander abweichenden Ergebnisse auf unterschiedliche Wachstums- und Entwicklungsabläufe der jeweils verwendeten resistenten Pflanzen zurückzuführen sind. Der Männchenanteil ist bezogen auf die Gesamtsumme der Tiere in anfälligen und resistenten Pflanzen nicht wesentlich verschieden. Ob allerdings von den Männchen in resistenten Pflanzen auch immer die Sexualreife erlangt wird, ist nicht bekannt (HUIJSMAN, 1956). Sehr deutlich wird der Resistenzcharakter, wenn die Anzahl zur Entwicklung kommender Weibchen und Zysten berücksichtigt wird.

TABELLE 15
Die Entwicklung der Larven des Kartoffelnematoden
in anfälligen und resistenten Kartoffeln in 7 cm-Blumentöpfen*
(Versuchsbeginn: 12. Mai 1957/Ernte in 14tägigen Intervallen)
etwas verändert aus STELTER, 1959a

Erntedatum	Larven	Männchen	Weibchen	Zysten	Gesamtbefall	Weibchen u. Zysten %
anfällige Sorte ‚Aquila'**						
27. 5. 1957	393	–	–	–	3,3	–
10. 6. 1957	76	477	590	4	1147	51,8
24. 6. 1957	38	65	65	365	533	
8. 7. 1957	3	2	16	306	327	
5. 8. 1957				1216		
resistenter Zuchtstamm**						
27. 5. 1957	125	–	–	–	–	
10. 6. 1957	698	367	25	–	1090	2,3
24. 6. 1957	436	203	5	–	644	0,7
8. 7. 1957	119	41	3	2	165	
5. 8. 1957				9,5 (5 – 14)		

* Jeder Topf erhielt 10 Zysten à 530 Larven
** Mittelwerte von 5 Pflanzen

Aus den dargestellten und in den wesentlichsten Merkmalen weitgehend übereinstimmenden Beobachtungen geht hervor, daß der herausragende Unterschied zwischen anfälligen und resistenten Kartoffeln in der Befallsreaktion liegt und soweit erkennbar, vornehmlich die Entwicklung der Weibchen betroffen wird. Der Resistenzfaktor kann nach HUIJSMAN (1956) verschiedener Natur sein. Er zieht Stoffe in Betracht, die entwicklungshemmend oder sogar tödlich auf die Tiere wirken. Als weitere Faktoren führt er die Qualität der Nahrung an, der es in resistenten Pflanzen an lebenswichtigen Stoffen für die Nematoden mangeln könnte.

Mit diesen Beobachtungen werden die eigentlichen Resistenzursachen nicht berührt, es handelt sich im wesentlichen lediglich um deren Auswirkungen.

Etwas deutlicher werden die komplizierten Zusammenhänge bei Berücksichtigung der in den Wurzeln anfälliger und resistenter Pflanzen ablaufenden histologischen Veränderungen (KÜHN, 1958a; 1958b; SEMBDNER, 1963b). In den Wurzeln resistenter Pflanzen bilden sich nach dem Eindringen der Larven nur in Ausnahmefällen kleine Riesenzellensysteme; und dann meist nur im Zusammenhang mit sich entwickelnden Männchen. WILLIAMS (1956) fand allerdings auch wenige Riesenzellen in Verbindung mit den vereinzelt zur Reife kommenden Weibchen. Typisch für resistente Pflanzen sind Nekrosebildungen in den Geweben, in denen bei anfälligen Pflanzen Riesenzellensysteme entstehen. In diesen nekrotischen Zellen ist der pH-Wert um 2,0 niedriger als in gesunden Zellen (PIEGAT et al., 1966). Um den Kopf der Larven und längs des Wanderweges im Wurzelparenchym sind die Zellen hypertrophiert, so daß es gelegentlich zu äußerlich sichtbaren Anschwellungen kommt. Bei älteren Stadien sind die Gewebeteile zwischen dem Kopf und der primären Nekrose im Zentralzylinder weitgehend zerstört oder doch zumindest stark geschädigt. Die Resistenz beruht also auf einer typischen Abwehrnekrose, für die SEMBDNER enzymatische Einflüsse annimmt. Auf Grund der unterschiedlichen Gewebereaktion in Verbindung mit Männchen einerseits und Weibchen oder nicht zur Entwicklung kommenden weiblichen Tieren andererseits nimmt er an, daß die geschlechtlich differenzierten Larven auch unterschiedliche Reaktionen im Wirtsgewebe auslösen. Die von STELTER (1959a) mitgeteilten Werte erlauben ebenfalls diese Auslegung.

Die nach dem Befall in Wurzeln resistenter Kartoffeln ablaufenden Prozesse scheinen anderer Art zu sein als die in einer nichtanfälligen Herkunft von *Solanum nigrum* (DONCASTER, 1953). Mit dem Befall in diesen Pflanzen gingen äußerlich sichtbare und weit in die Wurzeln reichende Nekrosen einher. Die Entwicklungszeit der wenigen Männchen war enorm verlängert.

Hiermit werden gleichzeitig die bis jetzt noch ungenügend bekannten Faktoren der Geschlechtsdifferenzierung berührt. WILLIAMS (1956) berücksichtigt für diesen speziellen Fall zwei mögliche Erklärungen: entweder sterben die weiblich differenzierten Larven vorzeitig in den Wurzeln resistenter Kartoffeln ab, oder die geschlechtlich nicht differenzierten Larven entwickeln sich unter dem Einfluß resistenter Pflanzen fast ausnahmslos zu Männchen. Für den ersten Fall ist eine genetische Fixierung anzunehmen, im zweiten liegt eine exogen bedingte und damit in Abhängigkeit von der Umgebung jeweils veränderbare Geschlechtsausbildung vor.

Die Annahme von SEMBDNER entspricht der erstgenannten Möglichkeit nach WILLIAMS (1956).

ELLENBY (1954b) vertritt eine von Umweltbedingungen — in diesem Falle Lebensraum- und Nahrungskonkurrenz — veränderbare Geschlechtsausbildung. In feineren Wurzeln oder bei stärkerer Besiedlungsdichte überwiegt der Männchenanteil. In ähnlicher Weise, jedoch mit Vorbehalten, äußern sich KÄMPFE und KERSTAN (1964) bei der Interpretation ihrer Ergebnisse mit dem Rübennematoden. Der Männchenanteil erhöhte sich vornehmlich in Pflanzen, die in N- und K-Mangellösungen gehalten wurden (s. hierzu Abschn. 4.3.3.).

Es bliebe noch eine Annahme von SEMDNER, nach der die Männchen ihre Entwicklung auch bei nur geringfügiger Vergallung, die keinesfalls die Entwicklung von Weibchen erlaubt, durchlaufen können. Diese Erklärung berührt jedoch nicht den Modus der Geschlechtsbestimmung.

Aus Kartoffelwurzeln isolierten WILSKI et al. (1968) papierchromatographisch 32 Phenolverbindungen. In Wurzeln resistenter Pflanzen auf der Basis von *S. andigenum* war die Zahl der Phenole und Flavanole höher als in Wurzeln anfälliger Pflanzen. Einige dieser Verbindungen waren nur in Wurzeln resistenter, andere nur in Wurzeln anfälliger Pflanzen nachzuweisen.

Neuerdings stellten GIEBEL et al. (1966) fest, daß den Wurzeln zugeführte β-Glukosidase die Riesenzellenbildung auslöst. WILSKI und GIEBEL (1966) wiesen β-Glukosidase in Larvenhomogenisaten und in Speichelsekreten der Larven vom Typ A nach. Sie stellten die Hypothese auf, daß die Resistenz von der Gegenwart phenolischer Glukoside abhängig ist, die sie auch in Wurzeln resistenter Kartoffeln nachweisen konnten, nicht aber in Wurzeln anfälliger Pflanzen. Durch β-Glukosidase werden von phenolischen Glukosiden freie Polyphenole abgespalten, die die bekannten Nekrosen auslösen. Diese Annahmen haben den Vorzug klarer und übersichtlicher Wechselwirkungen; bei der Interpretation ist jedoch einige Vorsicht geboten. Phenolverbindungen sind im Pflanzenreich nicht selten und werden auf Grund ihrer fungitoxischen Eigenschaften oft als ein Resistenzfaktor gegen Mykosen angesehen (siehe hierzu ROHRINGER und SAMBORSKI, 1967).

Zur Charakterisierung der Resistenzursachen reichen die bisherigen Kenntnisse nicht aus. Abgesehen von den Ergebnissen der letztgenannten Autoren, die allerdings noch der Bestätigung bedürfen, beziehen sich alle Befunde lediglich auf Auswirkungen der Resistenz, nicht aber auf deren Ursachen. Sehr wahrscheinlich muß ein Faktorenkomplex angenommen werden. Betrachten wir abschließend die von JONES (1954) anhand der Symptome aufgestellten und als Arbeitshypothesen gedachten Resistenzkriterien, so ist die Resistenz von *Sol. andigenum* der Kategorie 2c (partielle Resistenz/siehe auch WILLIAMS, 1956) zuzuordnen. Es trifft jedoch nicht zu, daß die von resistenten *andigenum*-Herkünften stammenden Zysten von geringerer Fruchtbarkeit (entweder geringere Larvenzahl je Zyste oder/und Minderung der Vitalität) sind.

Resistenzkriterien nach JONES:

1. Absolute Resistenz, Larven dringen nicht in die Wurzeln ein
2. Partielle Resistenz, die Wurzeln werden befallen
   a) Larven entwickeln sich nicht
   b) die Entwicklung beschränkt sich nur auf die ersten Stadien, die Larven erreichen nicht die Geschlechtsreife
   c) die Geschlechtsreife wird erreicht, die zahlenmäßig nur gering vertretenen Weibchen sind zudem von geringerer Fruchtbarkeit
3. anfällige Pflanzen mit normaler Entwicklung beider Geschlechter.

Die in Wurzeln resistenter Pflanzen zur Entwicklung gelangenden Zysten werden hinsichtlich ihrer biologischen Wertigkeit unterschiedlich beurteilt. Während

Toxopeus und Huijsman (1953) sowie Schaper (1958) von kleinen Zysten bzw. von Zysten mit verhältnismäßig geringer Larvenzahl berichten, fanden McDonald (1956) und Goffart (1959b) keine Unterschiede, sowohl in der Größe wie auch im Eibesatz und dem Befallsvermögen dieser Larven vergleichsweise zu Zysten von anfälligen Kartoffeln. Aus den Beobachtungen in der Praxis sowie den vielfältigen Prüfungsergebnissen geht ebenfalls hervor, daß die wenigen an resistenten Pflanzen zur Reife gelangenden Zysten vom Typ A den von anfälligen Pflanzen gleichzusetzen sind. Verschiedentlich wird die Meinung vertreten, daß sich an resistenten Pflanzen mit der Abstammung von C.P.C. 1685 häufiger Zysten entwickeln als an Pflanzen mit der Resistenz von C.P.C. 1673 (Huijsman, 1955; 1956; Jones, 1957). In Einzelfällen mag dies durchaus zutreffen, aber kaum eine generelle Einstufung rechtfertigen. Die Nachkommen von einer beliebigen C.P.C.-Herkunft reagieren nämlich keineswegs einheitlich. Goffart (1963) wies z. B. an 15 von C.P.C. 1673 abstammenden Sorten erhebliche Befallsunterschiede nach. Im Durchschnitt von 5 Pflanzen fand er bei einigen Sorten 1 bis 3 neugebildete Zysten je 1000 cm³ Boden, bei anderen lag der Zystenbesatz zwischen 20 und 30 und betrug im Höchstfall sogar 77 Zysten je 1000 cm³. Von unterschiedlich häufiger Zystenbildung an resistenten Zuchtstämmen berichten auch Arenz und Hunnius (1966) sowie Kort (1966b).

Stelter (unveröffentl.) fand ebenfalls Zuchtstämme von einer C.P.C.-Herkunft, die sich durch unterschiedlichen Zystenbesatz auszeichneten. An einem Beispiel (Tab. 16) soll gezeigt werden, daß auch resistente Zuchtstämme einer Kreuzungskombination erhebliche Befallsdifferenzen aufweisen.

Zweifellos ist der unter Nr. 1 vermerkte Stamm resistent, er genügt aber nicht mehr den Anforderungen, die an eine resistente Sorte gestellt werden müssen. Die Ursachen der unterschiedlichen Befallshäufigkeit sind nicht bekannt.

TABELLE 16

Befallswerte von 4 res. Zuchtklonen einer Kreuzungskombination im 7cm-Blumentopf (Stelter, unveröffentl.)

	Zystenzahl je Pflanze	Durchschnitt je Pflanze
Nr. 1	–, –, 6, 4, 5, 8, 1, 2, 1, 4, 1, 3, 1, 8, 5, 1, –, 1, 1, 3	2,8
Nr. 2	1, 1, 2, –, –, 4, –, 1, 1, 1, 1, –, –, 2, 1, 1, 1, 4, 3, 2	1,3
Nr. 3	–, –, –, –, 1, –, –, –, –, 1, 1, –, –, –, –, –, –, 1,–, –,	0,2
Nr. 4	–, –, –, –, –, –, –, –, 2, –, –, –, –, –, –, –, –, –, –, –	0,1

7.5.6. *Die Natur der Resistenz von Solanum vernei und Solanum kurtzianum*

Bisher sind nur wenige Untersuchungen zur Erklärung des Resistenzmechanismus dieser Arten durchgeführt. Nach Huijsman (1959b) und Stelter (1959a) entspricht der Larvenschlupf in Wurzeldiffusaten von *Sol. kurtzianum* (= *macolae*) etwa dem in Wurzeldiffusaten von Kulturkartoffeln. Für Wurzeldiffusate von *Sol. vernei* erwähnen JONES (1954) und WILLIAMS (1958a) nur geringe Aktivitäten, während STELTER (1959a) keine Unterschiede zu Kulturkartoffeldiffusaten fand. WILLIAMS fand außerdem bei dieser Art einen verhältnismäßig geringen Larvenbefall. Die den einzelnen Autoren zur Verfügung stehenden Pflanzen waren allerdings nicht einheitlicher Herkunft, so daß die Ergebnisse nicht unbedingt vergleichbar sind.

7.5.7. *Die Auswirkungen der von Solanum andigenum herrührenden Resistenz auf Freilandpopulationen des Kartoffelnematoden vom Typ A*

An resistenten Kartoffeln ist nicht nur die Entwicklung von Zysten weitgehend unterbunden, durch das Vorhandensein des Schlüpffaktors in den Wurzeldiffusaten wird außerdem der Larvenschlupf angeregt, so daß im Wurzelbereich eine zumindest teilweise Entleerung der Zysten erfolgt. Resistente Kartoffeln sind also gleichzeitig ausgesprochene Feindpflanzen des Kartoffelnematoden, mit denen die Bekämpfung auf biologischer Grundlage möglich ist.

Die ersten Ergebnisse aus Freilanduntersuchungen rechtfertigen die Erwartungen vollauf. Schon JONES (1954) erwähnt den populationsmindernden Einfluß und HUIJSMAN (1957) fand nach einmaligem Anbau eine Verminderung der Larvenzahl je Zyste bzw. je Bodeneinheit um etwa 70%. Wurden resistente Kartoffeln zweimal hintereinander angebaut, so betrug die Verminderung etwa 83%. Von etwa in der gleichen Größenordnung liegenden Werten berichtet WILLIAMS (1958a). ROTHACKER und STELTER (1959) erhielten nach einmaligem Anbau von F_1-Klonen mit 87% (Larven je Bodeneinheit) eine ausgesprochen hohe Reduzierung.

Die Dynamik der Populationsveränderungen bei anfälligen und resistenten Kartoffeln wurde von STELTER und RAEUBER (1959) dargestellt. In verseuchtem Boden in Töpfen angezogene Pflanzen wurden in laufend 10tägigen Abständen geerntet und der Verseuchungsgrad des Bodens (enzystierte Larven) bestimmt. Bis zum 60. Tage ging der Verseuchungsgrad sowohl bei anfälligen als auch bei resistenten Pflanzen laufend zurück. Vom 70. Tage an erhöhte sich die Population bei anfälligen und blieb bei resistenten bis zum Versuchsende (110 Tage) etwa auf gleicher Höhe (Abb. 43). Der Larvenschlupf dehnt sich demnach nicht auf die gesamte Wachstumsperiode aus, sondern endet im wesentlichen mit Abschluß der Jugendentwicklung (Blühbeginn). Offenbar fallen hier zwei Momente zusammen, nämlich die nachlassende Schlüpfbereitschaft der Larven (s. Abschnitt Larvenschlupf) und die mit zunehmendem Alter der Pflanzen nachlassende Produktion oder Abgabe der schlupfauslösenden Substanzen.

Die Veränderungen der Zystenpopulationen nehmen einen wesentlich anderen Verlauf. Bei Kultivierung resistenter Kartoffeln bleibt die Zystenzahl bis zum Versuchsende nahezu konstant, während bei anfälligen bereits vom 50. Tage an eine Zunahme zu verzeichnen ist (Abb. 44). Die Differenz von etwa 20 Tagen zwischen Zysten- und Larvenzunahme ist mit dem Zeitpunkt der Larvenreife zu erklären. Bei der am 50. und 60. Tag hinzukommenden Zystenzahl handelt es sich

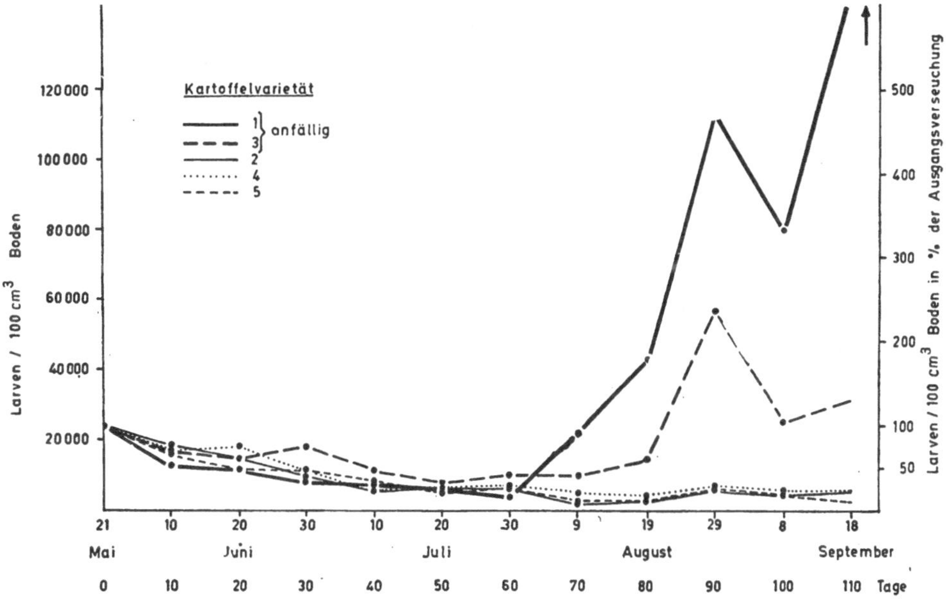

Abb. 43. Populationsveränderungen bei Kultivierung anfälliger und resistenter Kartoffeln in Blumentöpfen
Larven/100 cm³ Boden (Entnommen aus STELTER und RAEUBER, 1959)

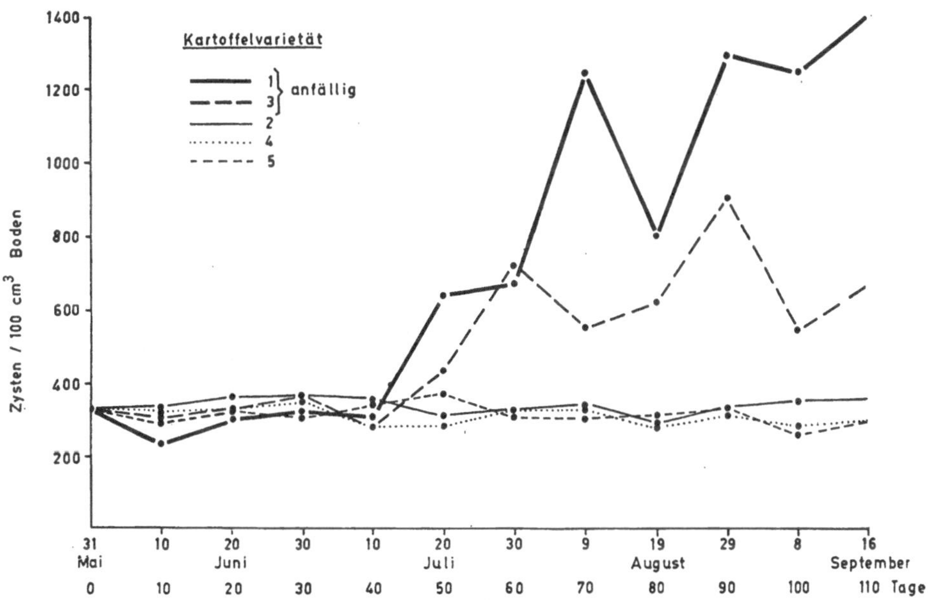

Abb. 44. Populationsveränderungen bei Kultivierung anfälliger und resistenter Kartoffeln in Blumentöpfen
Zysten/100 cm³ Boden (Entnommen aus STELTER und RAEUBER, 1959)

ausschließlich um weiße Zysten (Weibchen) mit weitgehend undifferenziertem Inhalt. Erst am 70. Tage waren Larven der neuen Generation ausgebildet. In späteren Untersuchungen bestätigte sich dieser Populationsverlauf (STELTER und RAEUBER, 1960).

In ähnlichen Größenordnungen bewegt sich der Populationsrückgang beim Anbau resistenter Kartoffeln auf verseuchten Flächen. Nach einmaligem Anbau wird von folgenden Populationsminderungen berichtet: GOFFART (1960a; 1961a) 90–96%, anonym (1961b) 78%, DERN (1964) 60%, SCHICK und STELTER (1963) sowie MÖLLER und STELTER (1965) 85 bis 90%, COLE und HOWARD (1962b) 81%, RADDATZ (1961) 96%, EGLITIS und KAKTYNJA (1967) 99%, RIJSPERE et al. (1968) 91%, HARRISON (1968b) 95%. ŠEDIVÝ (1965a) stellte eine Reduzierung der Zystenzahl mit Inhalt von 55% auf 33,5% fest. In Moorböden fand SPRAU (1961; 1964a) mit 45 bis 50% einen verhältnismäßig geringen Rückgang. Hiermit wird angedeutet, daß die Entseuchungsquote eine veränderliche Größe ist und in Abhängigkeit von einer Vielzahl von Faktoren erheblich variieren kann. NEYE et al. (1964) und STELTER (1965) sehen Abhängigkeiten der Entseuchungsquote von der Höhe der Bodenpopulation, der Pflanzzeit, dem Kulturzustand des Bodens, in Pflege- und Düngungsmaßnahmen und nicht zuletzt in der Bodenqualität. Bei etwa gleichem Verseuchungsgrad (25000 Larven/100 cm^3 Boden) betrug die Entseuchung auf leichtem Boden (Ackerzahl 18 bis 20) etwa 64%, auf einem guten Mittelboden (Ackerzahl 40 bis 45) dagegen um 87%. Nach KEMPER (1963) sind mit der Frühsorte „Antinema" hohe Entseuchungswerte nur bis Populationsdichten von 1500 bis 2000 Larven/100 cm^3 Boden zu erwarten. Die speziellen Sorteneigentümlichkeiten dürften demnach auch von Einfluß auf die Höhe der Feindpflanzenwirkung sein. Unabhängig hiervon kann angenommen werden, daß alle Maßnahmen, die sich entwicklungsfördernd auf die Pflanzen auswirken, auch gleichzeitig den Entseuchungseffekt erhöhen.

Wenn unter günstigen Bedingungen nach einmaligem Anbau einer resistenten Sorte die Reduzierung auch mehr als 80 oder 90% beträgt, so ist damit die Nematodengefahr für die betreffende Fläche nicht beseitigt. Schon der einmalige Anbau einer anfälligen Kartoffel auf derartigen Flächen genügt zum erneuten Aufbau einer wieder zu Schäden führenden Population. Obgleich heute, nach etwa zehnjähriger Versuchsarbeit, abschließende Ergebnisse für die zweckmäßige Handhabung der resistenten Kartoffeln zur Bekämpfung des Kartoffelnematoden noch nicht in dem notwendigen Umfange vorliegen, so geben die bisherigen Resultate doch zumindest einige Anhaltspunkte, auf welche Weise ein ausreichender Entseuchungserfolg erreicht werden kann. Der von GOFFART (1961a), RADDATZ (1961) und STUKE (1964) angenommene Idealfall einer kontinuierlich gleichbleibenden jährlichen Entseuchung von 90%, wenn in drei aufeinanderfolgenden Jahren resistente Kartoffeln angebaut werden, ist erwartungsgemäß nicht eingetreten. Schon aus Gründen der Fruchtfolgegestaltung ist eine derartige Monokultur nicht durchführbar. Aus den wenigen langfristigen Anbauversuchen geht folgendes hervor: HUIJSMAN (1961) fand nach drei- oder vierjährigem kontinuierlichem Anbau resistenter Kartoffeln keine weitere Populationsabnahme. Später bestätigte sich für diesen speziellen Fall die Annahme, daß die Versuchsfläche mit aggressiven Rassen verseucht war (HUIJSMAN, 1963). Weitere Ergebnisse sind in der Tabelle 17 zusammengefaßt. Der Populationsrückgang nach Anbau von Neutralpflanzen ist unter mitteleuropäischen Bedingungen offenbar recht einheitlich. Besonders deutlich wird in dieser Zusammenstellung die überlegene Feindpflanzenwirkung der resistenten Kartoffeln. Gleichzeitig ist jedoch zu entnehmen, daß deren Leistungsfähigkeit auch nicht überschätzt werden darf (COLE und HOWARD, 1962a). Sind in einer Feldpopulation aggressive Rassen vorhanden, so sinkt die Gesamtpopulation bis auf ein Minimum und steigt dann wieder an. Die Mindestgrenze wird von dem Anteil aggressiver Nematoden in der ursprünglichen Population bestimmt.

Die Veränderungen einer Nematodenpopulation durch Anbau resistenter Kartoffeln in unterschiedlich weiter Fruchtfolgestellung untersuchte STELTER (1964; 1965).

TABELLE 17

Populationsrückgang bei ständigem Anbau resistenter Kartoffeln (a) und Neutralpflanzen (b)

Autor(en)	Ei/Larvenpopulation in % der Anfangsverseuchung					Bemerkungen
a) resistente Kartoffeln	1. Jahr	2. Jahr	3. Jahr	4. Jahr	5. Jahr	
COLE und HOWARD (1959; 1962a)	48	23	14	15		aggr. Rassen vorhanden
COLE und HOWARD (1962b)	19	4	2	1		
TOXOPEUS (1959)	30	15	4	1		
	34	5	1			
GOFFART (1960a)	7	1				
STELTER (unveröffentl.)	22	8	2		0,7	
b) Neutralpflanzen						
COLE und HOWARD (1959; 1962a)	76		37	32		
COLE und HOWARD (1962b)	38	28	27	25		
TOXOPEUS (1959)	50	41	25	21		
	67	44	36			
STELTER (1967)	58		35	21	16	

Unabhängig von der Häufigkeit des Anbaues resistenter Kartoffeln betrug die Bodenpopulation nach acht Jahren 0,4 bis 1,2% der Anfangsverseuchung. Von etwa gleichen Ergebnissen berichten WILLIS und WINSLOW (1964). Die hohe Feindpflanzenwirkung war in diesen Versuchen nur im ersten Anbaujahr charakteristisch. Bei wiederholtem Anbau (gleichgültig ob fortlaufend oder in Rotationen mit Neutralpflanzen) war der Populationsrückgang geringer und näherte sich der natürlichen Reduzierung, wie etwa beim Anbau von Neutralpflanzen (Abb. 45).

Als mögliche Ursache wird die mit zunehmendem Alter der Nematodenpopulation einhergehende Trägheit der Larven (Schlupf), die räumliche Verteilung der Zysten im Boden, die Standraumdurchwurzelung (Dichte und Zeitraum) sowie die Entwicklung von Zysten (Typ A) an Wurzeln resistenter Pflanzen angenom-

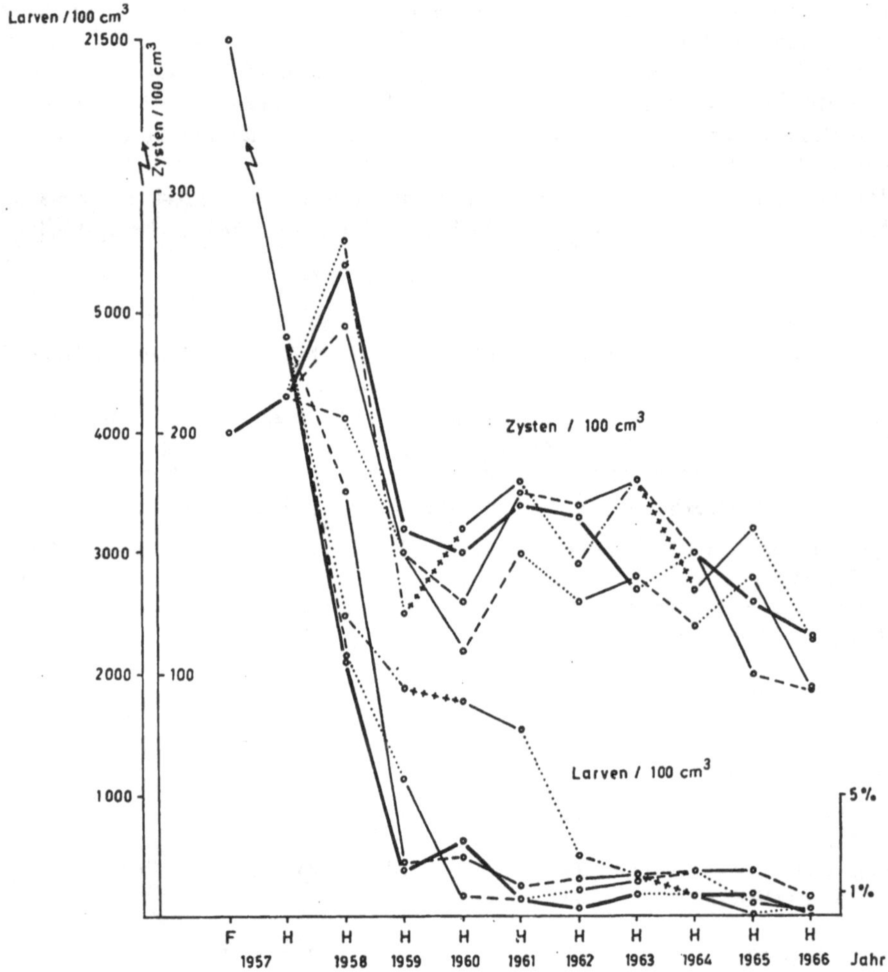

Abb. 45. Veränderung einer Nematodenpopulation beim Anbau resistenter Kartoffeln in unterschiedlich weiter Fruchtfolgestellung

—— = resistente Kartoffeln F = Frühjahr
- - - - = Hafer H = Herbst
· · · · · = Roggen
–·–·– = Zuckerrüben
+++ = Winterweizen
(Stelter unveröffentl.)

men (Stelter, 1964). Wie sich diese einzelnen Faktoren auf Nematodenpopulationen in zunehmender Entfernung von der Pflanzstelle auswirken, ist nicht bekannt. Es zeigt sich hier recht deutlich, wie mangelhaft unsere Kenntnisse von den tatsächlich ablaufenden Wechselwirkungen insgesamt und in den verschiedensten Durchwurzelungsräumen im einzelnen noch sind (s. Abschn. 5.1.).
Auf die Abhängigkeit der Entseuchung von der Durchwurzelungsdichte weist Goffart (1961a; 1962a; 1964a) hin. Mit Reihenentfernungen unter 50 cm erhöht sich die Entseuchungsquote. Auch Dern (1964) und Stuke (1964) halten Reihenabstände unter 62,5 cm zur Erzielung einer dichteren und gleichmäßigeren Durchwurzelung für vorteilhafter, wenn die Sorte ‚Antinema' angebaut wird. Kemper (1963) und Stuke (1964) erhielten die höchste Entseuchung bei Reihenabständen von 40 bis 45 cm. Die Bodenbearbeitung im Bestand sollte auf ein Mindestmaß eingeschränkt werden, damit die Wurzelbildung nicht gestört oder unterbrochen wird. Ohne Zweifel wird mit zunehmender Durchwurzelungsdichte der Entseuchungseffekt erhöht. Es ist jedoch undenkbar, daß im Feldbestand mit den heute zur Verfügung stehenden Maschinen und Geräten Reihenentfernungen unter 62,5 cm überhaupt in Erwägung zu ziehen sind. Sehr wahrscheinlich werden die Reihenabstände zukünftig noch vergrößert. Dies bedeutet auch bei geringerem Abstand der Pflanzstellen in der Reihe u. a. eine weitläufigere Durchwurzelungsdichte an den Berührungsstellen in der Furche.
Ein Ausgleich könnte erreicht werden, wenn es gelänge, Pflanzen mit überdurchschnittlicher Wurzelmasse und gutem Durchwurzelungsvermögen zu selektieren, die auch größere Standräume lückenlos ausfüllen. Bisher ist jedoch wenig darüber bekannt wie die Durchwurzelung im Feldbestand überhaupt abläuft, sowohl mengenmäßig wie auch zeitlich und ob Unterschiede zwischen den Sorten bestehen. Offenbar ist die absolute Wurzelmasse auch gar nicht von so entscheidender Bedeutung; eine dichte und sehr weitreichende Durchwurzelung besonders während der Jugendzeit ist sehr wahrscheinlich von größerer Wirkung auf die Populationsdynamik des Kartoffelnematoden. Neben der Durchwurzelungsdichte dürfte auch der Wurzelstärke Bedeutung beizumessen sein. Viele dünne Wurzeln beeinflussen Nematodenpopulationen wesentlich nachhaltiger als wenige, aber stärkere Wurzeln. Diese Überlegungen haben jedoch weitgehend hypothetischen Charakter.
Die Auswirkungen von Fremdbesatz mit anfälligen Sorten werden von Goffart (1964a) erörtert. Bei Reihenentfernungen von 40 cm hatten 5% Fremdbesatz keinen Einfluß auf die Entseuchungshöhe, bei geringerer Reihenentfernung oder höherem Fremdbesatz (10%) nahm die Entseuchung ab. Bei Feststellungen dieser Art wirkt sich die Unzulänglichkeit der gebräuchlichen Untersuchungsmethoden deutlich aus. Unabhängig von der Höhe des Fremdbesatzes ist in dem engeren Durchwurzelungsraum einer anfälligen Staude immer ein Populationsanstieg zu erwarten, gleichgültig, ob dies durch die Bodenuntersuchung zum Ausdruck kommt oder nicht. Jeder noch so geringe Fremdbesatz anfälliger Kartoffeln wird auf begrenztem Raum einen Populationsanstieg zur Folge haben.

7.5.8. *Erträge resistenter Kartoffeln auf verseuchten Flächen*

Die Wirtschaftlichkeit resistenter Kartoffeln ist heute wohl nicht mehr umstritten, dies wird auch mit der Zulassung einiger Sorten zum Anbau ausgedrückt. Auf nicht verseuchten Flächen sind sie im Ertrage den anfälligen Vergleichssorten ebenbürtig. Die Qualität mag für dieses oder jenes Merkmal noch Mängel aufweisen, die jedoch bei Berücksichtigung der heute sehr hohen Anforderungen kaum von so entscheidender Bedeutung sein dürften. Auch werden bei zukünftig zum Anbau zugelassenen resistenten Sorten mit längerem Zuchtaufbau und nach besserer Kenntnis der Erbeigenschaften der verwendeten Kreuzungspartner diese Mängel weitgehend beseitigt sein.
Da die Larven in die Wurzeln resistenter Kartoffeln eindringen und zumindest die Männchen zur Entwicklung gelangen, ist in gewissem Umfange mit Ertragsminderungen zu rechnen. Die Funktion der Wurzeln wird durch die mechanischen Zerstörungen beim Eindringen der Larven sowie durch die im Innern sich bildenden Nekrosen zumindest beeinträchtigt. Schon Huijsman (1957) berichtet von Ertragsverlusten, wenn resistente Kartoffeln auf stark verseuchten Flächen kultiviert werden. Zu gleichen Ergebnissen kamen Rothacker und Stelter (1959), Gooris und D'Herde (1962) und Kalnozols (1968). Goffart (1961a) berichtet von Wachstumsdepressionen, Weber (1962), Lücke (1964), Ihlemann und Lücke (1964), Möller und Stelter (1965) vermerken auf verseuchten Flächen Kümmerwuchs. Schließlich stellte Williams (1958a) mit zunehmender Bodenverseuchung auch bei resistenten Kartoffeln abnehmende Erträge fest. Auf stärker verseuchten Flächen (13000 Larven/100 cm^3 Boden) waren die Erträge der spätreifenden resistenten Sorten „Spekula" und „Sagitta" um 10 bis 15% geringer als auf nicht verseuchten Flächen, während unter gleichen Bedingungen die Verluste der anfälligen Sorte „Gerlinde" 53% betrugen (Schick und Stelter, 1963). Aus diesen wenigen Angaben, die zudem teilweise auf Schätzungen beruhen, können allgemeingültige Schlüsse nicht gezogen werden. Es liegen bisher keine Angaben vor über die Höhe der Ertragsminderungen in Abhängigkeit von der Reifezeit oder unter Berücksichtigung von Bodenart, Witterungsablauf und unterschiedlicher Verseuchungsdichte. Mit Sicherheit steht jedoch fest, daß die Ertragsminderungen resistenter Kartoffeln auf verseuchten Flächen nur einen Bruchteil der Ertragsverluste von anfälligen Kartoffeln betragen.

7.5.9. *Resistente Kartoffeln und aggressive Rassen*

Resistente Kartoffeln besitzen nur Feindpflanzencharakter gegen die Normalrasse (A) des Kartoffelnematoden, aggressive Rassen können sich ungehindert vermehren. Der Anbau auf Flächen, die mit diesen abweichenden Populationen verseucht sind, ist immer mit einem Risiko verbunden. Anstelle einer Entseuchung wird nach mehr oder weniger häufigem Anbau die Population wieder ansteigen. Eine der wesentlichsten Voraussetzungen für den Anbau auf verseuchten Flächen sind Kenntnisse über die Reaktionsweise der Population (Huijsman,

1964a). Sind aggressive Rassen in größerem Ausmaß vorhanden, so ist deren Nachweis durch Testmethoden in der Regel möglich. Geringe Anteile sind mit keiner Nachweismethode zu erfassen. Erst wenn die normale Befallshäufigkeit der verwendeten Testpflanzen überschritten wird, ist ein Verdacht gerechtfertigt. Dies setzt voraus, daß die Befallsfrequenz der Testsorte für die Normalpopulation bekannt ist. Varietäten, wie die in Tab. 17 unter Nummer 1 und 2 aufgeführten, sind als Testpflanzen denkbar ungeeignet. Wenn sich am Topfballen bis vier oder sogar bis 8 Zysten der Normalpopulation entwickeln können, ist eine sichere Beurteilung der zu prüfenden Nematodenpopulation nicht mehr möglich. Die Zuchtstämme unter Nummer 3 und 4 erfüllen zumindest hinsichtlich des Befalls die an Testpflanzen gestellten Anforderungen.

Mit zunehmender Verbreitung resistenter Kartoffeln werden diese immer häufiger auf Flächen angebaut, die Nematodenpopulationen mit einem sehr geringen und daher nicht feststellbaren B-Anteil aufweisen. Die Populationsveränderungen derartiger Mischpopulationen wurden von Cole und Howard (1959; 1962a) dargestellt. Bei einem angenommenen B-Anteil von 0,4% erfolgte bei drei- bzw. fünfmaligem kontinuierlichem Anbau noch eine laufende Populationsabnahme. Einer über zwei Jahre etwa gleichbleibenden Verseuchungsdichte folgte dann jedoch ein enormer Anstieg. Der geringe B-Anteil vermehrte sich anfänglich unerkannt, während die überwiegend vorhandene A-Population laufend abnahm. Erst nachdem die für die Vermehrung optimale B-Verseuchung erreicht und die A-Population weitgehend ausgeschaltet war, erfolgte der Populationsanstieg. Von ähnlichen Ergebnissen berichtet Huijsman (1961; 1963). Einen anderen Verlauf erwähnt Goffart (1960a). Schon nach einmaligem Anbau resistenter Kartoffeln schätzt er, auf Grund des geringen Entseuchungseffektes, einen B-Anteil von 10%.

Wie oft resistente Kartoffeln auf der gleichen Fläche angebaut werden können, ohne daß erneut eine Populationszunahme erfolgt, ist von der Zusammensetzung der Anfangspopulation abhängig. Diese Kenntnis ist eine der wichtigsten Voraussetzungen für den Anbau resistenter Kartoffeln überhaupt. Stelter (1967) wies nach, daß bei einer Anfangspopulation von 3000 Larven/100 cm^3 Boden und einem B-Anteil unter 1% der Populationsanstieg nach fünfmaligem Anbau resistenter Kartoffeln erfolgte, bei einer Verseuchung von 1500 Larven/100 cm^3 und einem B-Anteil von 5% jedoch schon nach dem zweiten Anbau. In Anbetracht des in der Regel nur geringen B-Anteils in Feldpopulationen hält Goffart (1960a) den einmaligen Anbau resistenter Kartoffeln für vertretbar. Nach Cole und Howard (1962a) erhöht sich der B-Anteil bei einer angenommenen Anfangsdichte von 0,4% der Gesamtpopulation erst nach viermaligem Anbau resistenter Kartoffeln merklich. Hieraus schließen sie, daß bei Anbau von Kartoffeln in jedem 5. Jahr etwa nach 20 Jahren mit einer gefahrdrohenden B-Verseuchung gerechnet werden kann. Diese Prognose erscheint doch etwas zu optimistisch, denn nicht immer beträgt der B-Anteil weniger als 1% der Gesamtpopulation.

Nachdem die Bekämpfung der Rasse A mit resistenten Kartoffeln erhebliche Fortschritte gemacht hat, gilt die besondere Aufmerksamkeit der Rasse B. In den betroffenen Ländern sind alle Maßnahmen darauf abgestimmt, die weitere Verbreitung zumindest einzuschränken. Dies gilt besonders für die Gebiete, in denen diese Rasse erst vereinzelt nachgewiesen ist. Wie von der Rasse A bekannt, so treten auch die abweichenden Rassen anfänglich nesterweise in kleinen Herden auf. Zur Bereinigung dieser Herde bieten sich zwei Möglichkeiten an: Entweder ist auf der betreffenden Fläche der gesamte Kartoffelanbau zu sperren, und zwar so lange noch Zysten mit lebensfähigem Inhalt nachzuweisen sind, oder die Herde werden mit einem Nematizid behandelt. Die Verwendung der sehr teuren Nematizide ist für diesen Zweck durchaus angebracht. Da es sich in der Regel nur um die Bereinigung kleinerer Flächen handelt, sind die Kosten erschwinglich. Die Bekämpfung der abweichenden Rassen ist in diesem noch recht frühen Stadium der Verbreitung sehr energisch zu betreiben, anderenfalls wird es schwierig sein, die Massenvermehrung aufzuhalten.

7.5.10. *Empfehlungen für den Anbau resistenter Kartoffeln*

Die Häufigkeit, mit der resistente Kartoffeln auf der gleichen Fläche angebaut werden können, ist im wesentlichen von drei Faktoren abhängig:

1. der Bodenart und den damit zusammenhängenden betriebswirtschaftlichen Überlegungen (Fruchtfolge)
2. der Verseuchungsdichte, von der im wesentlichen der Entseuchungszeitraum bestimmt wird
3. dem Vorkommen aggressiver Rassen, die den Anbau verbieten oder doch zumindest einschränken.

Wirtschaftliche Nachteile sind beim Anbau nur zu erwarten, wenn eventuell vorkommende aggressive Rassen nicht berücksichtigt werden. Diesem Umstand tragen auch alle Empfehlungen Rechnung. So wird für den Anbau resistenter Kartoffeln ein Abstand von wenigstens zwei, besser drei Jahren empfohlen (Huijsman, 1957; Goffart, 1961a; Ihlemann, 1966; Leendertz, 1962). Vom Plantenziektenkundigen Dienst Wageningen (anonym, 1961a) wird der Anbau auf verseuchten Flächen erst dann zugelassen, wenn auf den betreffenden Flächen wenigstens fünf Jahre keine Kartoffeln standen. Mit dieser Anordnung soll offenbar gleichzeitig möglichen Ertragsausfällen auf stärker verseuchten Flächen vorgebeugt werden. Schick und Stelter (1963); Stelter (1964; 1965) und Huijsman (1964b) sowie Behringer (1966) empfehlen den Anbau in einer den örtlichen Gegebenheiten angepaßten möglichst weitgestellten Fruchtfolge mit dem ausdrücklichen Hinweis, daß nur mit dieser Maßnahme unkontrollierbare Vermehrungen aggressiver Rassen in Grenzen gehalten werden können. Auf diese Weise sollen die Vorteile der resistenten Kartoffeln, nämlich die hohe Feindpflanzenwirkung, voll genutzt und gleichzeitig nachteilige Folgen ausgeschaltet oder doch zumindest hinausgeschoben werden.

Für die praktische Entseuchungsarbeit ergeben sich jedoch noch weitere Probleme, sowohl phytosanitärer wie auch betriebswirtschaftlicher Art. Nach welchen

Gesichtspunkten muß z. B. die Entseuchung in den Betrieben vorgenommen werden, in denen alle Flächen oder doch zumindest ein hoher Anteil mit Kartoffelnematoden verseucht sind? Ist in Betrieben, in denen neben verseuchten Flächen noch „nematodenfreie" Flächen (siehe Bodenuntersuchung) nachgewiesen sind, der Anbau anfälliger und resistenter Kartoffeln ratsam, bzw. wie wirkt sich ein derartiges Verfahren aus? Wie ist mit Hausgärten und sonstigen Kleinstflächen zu verfahren? Wie sind Kleinstflächen zu behandeln, die in der Feldmark von Großbetrieben eingestreut sind? Diese Fragen können heute nur sehr unvollständig beantwortet werden.

Für die Entseuchung landwirtschaftlich genutzter Flächen mit resistenten Kartoffeln bieten sich zwei Möglichkeiten an: der in Abhängigkeit vom Verseuchungsgrad wahlweise Anbau resistenter oder anfälliger Kartoffeln auf einzelnen Flächen des Betriebes oder die systematische Entseuchung aller Flächen unabhängig vom Verseuchungsgrad.

Die Wahl der Methode ist abhängig von der Verseuchungslage und dem Status des Kartoffelnematoden. In Gebieten mit nur gelegentlichem Auftreten des Kartoffelnematoden wird der Anbau resistenter Kartoffeln wohl hauptsächlich nur auf den verseuchten Flächen erfolgen, und zwar unter Beachtung aller Quarantänemaßnahmen, die zur Verhinderung der weiteren Ausbreitung erforderlich sind.

In Gebieten mit Verseuchungen größeren Ausmaßes ist es sicher vorteilhaft, resistente Kartoffeln auf allen Flächen unabhängig vom Verseuchungsgrad anzubauen, und zwar nicht dem mit Ziel, den Kartoffelnematoden auszurotten — dieses Unterfangen ist aussichtslos (Huijsman, 1961; Stelter, 1964; 1965) — sondern lediglich zur Reduzierung der Nematodenpopulation auf ein nicht mehr schädigendes Niveau. Stelter und Semmler (1957) sowie Stelter (1957) erbrachten den Beweis dafür, daß schon der einmalige systematisch durchgeführte Anbau resistenter Kartoffeln auf den Flächen eines Großbetriebes ausreichte, um die ursprüngliche mäßige Verseuchung auf ein nicht mehr feststellbares Maß zu reduzieren. Es liegt nahe, diese Flächen wieder mit anfälligen Kartoffeln zu bepflanzen, um die Selektion abweichender Rassen zu verzögern. Je nach der Häufigkeit des Kartoffelanbaues können zwei- oder dreimal anfällige Kartoffeln folgen, ehe wieder eine Rotation mit resistenten Kartoffeln erforderlich ist. Erste Vorstellungen für ein derartiges System entwickelte Stelter. Eine Bekämpfung nach diesen Vorstellungen, die nur dem Zweck dient, Aufwuchsverluste zu vermeiden, ist nur mit einer Revision des Quarantänestatus dieses Schädlings in Einklang zu bringen. Die Aufhebung mancher Quarantänevorschriften würde sicher dazu beitragen, überholte und nicht zu realisierende Vorstellungen zu beseitigen und die Bekämpfung nach wirtschaftlichen Gesichtspunkten vorzunehmen.

Etwas anders ist die Situation in Haus- und Kleingärten zu beurteilen. Diese Flächen gelten schon immer als besondere Verseuchungsschwerpunkte. Es wäre denkbar, auch hier den Anbau resistenter Kartoffeln in wenigstens jedem dritten Jahr zu empfehlen (Leendertz, 1962), wobei jedoch sichergestellt sein muß, daß nicht doch anfällige Kartoffeln zum Anbau kommen. Hausgärten und Kleinflächen sind jedoch schwer unter Kontrolle zu halten, erfordern zumindest in

keinem Verhältnis zum Erfolg stehende Kontrollarbeiten, so daß eine generelle Sperrung für jeglichen Anbau von Kartoffeln sicher vorteilhafter erscheint. In Vermehrungsgebieten hat sich diese Maßnahme weitgehend durchgesetzt und wird sicher auch in Entseuchungsgebieten durchführbar sein.
Mit der Sperrung der Kleinstflächen für jeglichen Kartoffelanbau soll in erster Linie die Selektion und Vermehrung abweichender Rassen verhindert werden. Infolge des häufigen und unkontrollierbaren Kartoffelanbaues waren diese Flächen schon immer Verseuchungsschwerpunkte für Rasse A. Bei mangelnder Aufmerksamkeit kann sich dasselbe leicht für die abweichenden Rassen wiederholen.
Die Verwendung dieses biologischen Bekämpfungsmittels stellt sowohl an Betriebsleitungen wie auch an die Organe des Pflanzenschutzdienstes sehr hohe Anforderungen und setzt ein erhebliches Maß an Kenntnissen und Erfahrungen voraus. Ob zukünftig der Vorteil der resistenten Kartoffeln, nämlich die Ausnutzung der Feindpflanzenwirkung, in hohem Maße zur Geltung kommt, wird davon abhängen, in welchem Umfange aggressive Rassen verbreitet sind und wie diese Situation in der Praxis bewältigt wird (siehe auch BEHRINGER, 1965).

7.6. Nematodenparasiten und Nematodenfeinde

Die im Boden lebenden Nematoden sind einer größeren Anzahl von Feinden und Parasiten ausgesetzt, denen sie, wenn auch nicht immer ausschließlich, so doch in mehr oder weniger großem Umfange als Nahrung dienen. Weder unter den Nematodenfeinden noch den Parasiten sind ausschließlich auf Nematoden spezialisierte Arten bekannt. Auch eine auf bestimmte Nematodenarten beschränkte Wirtswahl ist — abgesehen von vielleicht einigen in *Heterodera*-Zysten parasitierenden Pilzen — bisher nicht nachgewiesen. Von Raubmilben, Collembolen und anderen räuberisch lebenden Arten ist eine Spezialisierung auf Nematoden allgemein oder bestimmte Nematodenarten überhaupt nicht anzunehmen. Der in der Regel polyphage Charakter der Nematodenfeinde und Parasiten ist wohl mit ein Grund für die nicht sehr große Bedeutung hinsichtlich des populationsmindernden Einflusses auf pflanzenpathogene Nematodenarten.

7.6.1. Nematodenparasiten

Von einer größeren Anzahl Pilzen der verschiedensten Gattungszugehörigkeit ist eine wenigstens teilweise nematotrophe Lebensweise bekannt. Den ersten Nachweis eines in Nematoden parasitierenden Pilzes erbrachte m. W. LOHDE (1874). Diese Pilze kommen in vielen Böden vor und sind offenbar weit verbreitet (DUDDINGTON, 1954). Überraschend ist, daß manche schon lange vorher beschrieben waren, ehe ihr parasitärer Charakter erkannt wurde. Es können zwei Gruppen unterschieden werden, nämlich jene, die frei im Boden lebende Nematoden angreifen und jene, die auf den Zysteninhalt spezialisiert sind. Am bekanntesten und in der Literatur am häufigsten erwähnt sind die Vertreter der ersten Gruppe.

7.6.2. *Auf frei im Boden bewegliche Nematoden spezialisierte Pilze*

Während der parasitischen Phase bilden diese Pilze Schlingen oder anders geartete Fanghyphen. Schlingennetze mit einer klebrigen Substanz sind charakteristisch für *Arthrobotrys oligospora* Fres., *A. conoides* Dr. oder *Dactylaria thaumasia* Dr.; knötchenförmige Fanghyphen, die ebenfalls mit einer klebrigen Substanz versehen sind, haben u. a. die Arten *Dactylella ellypsospora* Dr., *D. cionopaga* Dr., *D. lobata* Dr. und *Dactylaria haptotyla* Dr. Eine weitere Gruppe ist für den Nematodenfang entweder mit nicht-kontrahierbaren oder mit kontrahierbaren Ringen ausgestattet, in denen sich die Tiere fangen. Zu den Pilzen mit nicht-kontrahierbaren Ringen gehören u. a. die Arten *Dactylaria candida* (Nees.) *Sacc.* und *Dactylella leptospora* Dr.; kontrahierbare Ringe, die bei Berührung an Volumen zunehmen und auf diese Weise ein Entweichen der Tiere verhindern, sind u. a. für *Arthrobotrys dactyloides* Dr., *Dactylella doedycoides* Dr., *D. heterospora* Dr. und *Dactylaria brochopaga* Dr. bekannt. Kommen Nematoden mit den Fangorganen in Berührung, so können sie sich in der Regel nicht mehr befreien. Sie werden von Pilzhyphen besiedelt, was ihren Tod zur Folge hat.

Die Bildung der Fanghyphen ist an bestimmte Voraussetzungen gebunden. So berichten u. a. LINFORD et al. (1938), DUDDINGTON und DUTHOIT (1960), DUDDINGTON et al. (1961), REINMUTH und DOWE (1966) in Versuchen von erhöhter Aktivität der Pilze, wenn der Boden mit organischer Substanz in Form von Stallmist oder Gründüngung angereichert wird. Es wird angenommen, daß die Humuszufuhr eine starke Vermehrung saprober Nematoden zur Folge hat, die nun ihrerseits eine Aktivitätssteigerung der Fangpilze auslösen. Nach einer andern Hypothese reichert sich die biologische Potenz des Bodens nach einer Humuszufuhr stark an und führt schließlich nach Verbrauch der pflanzlichen Substanz zu einem Konkurrenzkampf, dem die Fangpilze durch die Umstellung auf animalische Kost entgehen.

DUDDINGTON (1955) und DOWE (1964) beobachteten die Bildung von Fangorganen, wenn zu Pilzkulturen entweder Nematoden oder auch Nematodenfiltrate zugegeben wurden. Nach diesen Befunden gewinnt die erstgenannte Hypothese mehr an Wahrscheinlichkeit. Die parasitäre Phase ist im allgemeinen nicht von langer Dauer. Von Fangpilzen mit kontrahierbaren Ringen werden unter bestimmten Bedingungen Populationen freilebender Nematoden wirksamer reduziert als von Pilzen mit klebrigen Schlingennetzen (COOKE, 1963).

COOKE (1962) bemerkte eine Steigerung der räuberischen Aktivität auch nach Rohrzuckergaben von 1 bis 3 g je 250 g Boden. Höhere Dosierungen wirkten aktivitätsmindernd. Die parasitische Phase der Fangpilze ist nach Rohrzuckergaben über einen längeren Zeitraum ausgedehnt als nach Zufuhr organischer Substanz. Wie DOWE (1964) nachwies, ist die Wirkung der einzelnen Zuckerarten zumindest auf *Arthrobotrys conoides* verschieden.

Nach DUDDINGTON (1963) und SOPRUNOV (1964) werden von Fangpilzen alle Nematodenarten angegriffen, sofern sie sich nicht auf Grund ihrer Größe oder ihres Reaktionsvermögens dem Angriff entziehen können. Im Gegensatz hierzu nimmt Dowe (1964) ein „Wahlvermögen“ an. Aus einem Nematodengemisch von *Ditylenchus destructor*, *Pratylenchus penetrans* und Larven von *Heterodera schachtii* wurde die erstgenannte Art von mehreren Raubpilzen übereinstimmend sehr hoch (über 90%) parasitiert, während der Befall der Rübenälchen nur etwa 47% betrug (Reinmuth und Dowe, 1966). Von ähnlichen Befunden berichten Kondrakova (zitiert nach Dowe, 1964) und Pääsuke (1962). Es wäre zu überprüfen, ob neben den taktilen Reizen auch wirtsspezifische Faktoren die Häufigkeit, mit der einzelne Arten befallen werden, mitbestimmen.

Heterodera-Arten werden von Pilzen mit Fangorganen nur während des freien Larvenstadiums angegriffen. Sie sind in Abhängigkeit von Schlupfrhythmus und Generationsfolge im Vergleich zu wandernden Bodennematoden nur über eine relativ kurze Zeitspanne für diese Pilze zugänglich. Schon aus diesem Grunde sind populationsmindernde Einflüsse von ihnen kaum zu erwarten. Hutchinson und Mai (1954) überprüften die Vermehrungsfähigkeit von Larven des Kartoffelnematoden, die 3 Wochen einer Pilzkultur von *Dactylaria eudermata* (Dr.) ausgesetzt waren. In der anschließenden Vermehrung dieser Larven waren Befallsunterschiede im Vergleich zur Kontrolle nicht nachweisbar. Von ähnlichen Ergebnissen berichten Duddington et al. (1956) aus Versuchen in Kleinstparzellen, die mit Rüben- und Kartoffelnematoden verseucht waren. Die Zugabe des Raubpilzes *Dactylaria thaumasia* in Verbindung mit organischer Düngung hatte in beiden Fällen keinen Einfluß auf die abschließende Populationsdichte. Etwas günstiger wird die Wirkung von *Arthrobotrys oligospora* und *Dactylaria thaumasia* auf *Heterodera avenae* beurteilt. Der Wurzelbefall (Larven je Gramm Wurzelmasse) war nach Gründüngung und Zugabe von Pilzkulturen signifikant geringer als an Pflanzen der Kontrollparzellen. In gleichem Maße wie der Befall zurückging, nahm die Pflanzenhöhe zu (Duddington und Duthoit, 1960; Duddington et al., 1961). Duddington (1958) nimmt an, daß den Raubpilzen zukünftig in der Nematodenbekämpfung eine gewisse Bedeutung beizumessen sein wird. Weniger optimistisch sind Hams und Wilkins (1961). Sie sehen in der Abhängigkeit der parasitären Phase von bestimmten ökologischen Voraussetzungen einen wesentlichen wirkungsbegrenzenden Faktor. Eine Beeinflussung der Aktivität durch Kultur- und Düngungsmaßnahmen ist im Freiland nur in beschränktem Umfange möglich. Etwa im gleichen Sinne äußert sich v. d. Laan (o. J.).

7.6.3. Zystenparasiten

Den in den Zysten parasitierenden Pilzen ist bisher nur wenig Aufmerksamkeit geschenkt worden, obgleich ihnen, infolge ihrer Spezialisierung wohl größere Bedeutung zur Niederhaltung von *Heterodera*-Arten zukäme. Schon Kühn (1877; 1881) und Baunacke (1922) erwähnen in den Zysten parasitierende Pilze und nennen *Tarychium auxiliarium* Kühn, *Isaria destructor* (heute *Metarrhizium anisopliae* Sorokin), *Entomophthora calliphorae* und *E. radicans*. Nach Rademacher und Schmidt (1933) erreicht der Anteil von *M. anisopliae* parasitierter Zysten im sächsischen Rübenanbaugebiet teilweise 49%. Korab (nach Goffart, 1932) berichtet aus Südrußland eine bis 80%ige Parasitierung durch *Torula heteroderae* Jacz. (heute *Phialophora heteroderae* (Jacz.) v. Beyma). In der Tschechoslowakei fand ROZSYPAL (1934), ebenfalls in Zysten von *Heterodera schachtii*, neben *Olpidium nematodae* Skvortzow[1] und einer *Protomycopsis* sp. vornehmlich *Ph. heteroderae* (von ihm *Trichosporium populneum* L. et F. bezeichnet). GOFFART (1932) fand *Cylindrocarpum radiciola* Wr. häufiger in Zysten des Hafernematoden als in Zysten des Rüben- und Kartoffelnematoden.

TABELLE 18

Pilzliche Parasiten in Heterodera-Zysten

In Zysten festgestellte Pilzarten		Herkunft der Zysten
Tarychium auxiliarium Kühn		Deutschland (KÜHN, 1877; 1881)
Entomophthora calliphorae Giard		Deutschland (BAUNACKE, 1922)
Ent. radicans		Deutschland (BAUNACKE, 1922)
Olpidium nematodae Skvortzow		Mandschurei (SKVORTZOW, 1927)
		ČSSR (ROZSYPAL, 1934)
Protomycopsis sp.		ČSSR (ROZSYPAL, 1934)
Phialophora heteroderae (Jacz.) v. Beyma	+	UdSSR (KORAB, nach GOFFART, 1932)
(= *Torula heteroderae* Jacz. / *Trichosporium*		ČSSR (ROZSYPAL, 1934)
populneum L. et F.)	++	Peru (v. D. LAAN, 1956)
Metarrhizium anisopliae Sorokin	?	Deutschland (BAUNACKE, 1922)
(= *Isaria destructor* Metsch.)		Peru (v. D. LAAN, 1956)
Cylindrocarpon radicicola Wr.	?	Deutschland (GOFFART, 1932)
		Peru (v. D. LAAN, 1956)
Phoma tuberosa Melh., Rosenb. und	?	Holland (v. D. LAAN, 1956)
Schultz	++	
Colletotrichum atramentarium (Berk. et Br.) Taub.	?	Holland (v. D. LAAN, 1956)
Monotospora daleae Mason	?	Holland (v. D. LAAN, 1956)
		Dänemark (v. D. LAAN, 1956)
Pseudeurotium ovalis Stolk	+	Jersey (v. D. LAAN, 1956)
	++	
Penicillium vermiculatum Dangeard	+	Jersey (v. D. LAAN, 1956)
Anixiopsis stercoraria Hansen	+	Peru (v. D. LAAN, 1956)
Margarinomyces heteromorpha Mangenot	+	Peru (v. D. LAAN, 1956)
	++	
Scrophulariopsis sp.	+	Peru (v. D. LAAN, 1956)
Scopulariopsis brevicaulis (Sacc.), Bain	++	
Humicola grisea Traaen	++	

\+ = parasitärer Charakter im Experiment nachgewiesen (v. D. LAAN, 1956)
++ = parasitärer Charakter im Experiment nachgewiesen (SCOGNAMIGLIO, 1963)
? = parasitärer Charakter fraglich (v. D. LAAN, 1956)

[1] Diese Art fand SKVORTZOW (1927) in einer nicht genannten Nematodenart

Aus Italien berichtet SCOGNAMIGLIO (1963) von Experimenten, in denen der Zysteninhalt von *H. Schachtii* durch *Phialophora heteroderae* (Jacz.) v. Beyma, *Humicola grisea* Traaen, und *Phoma tuberosa* Melh., Rosenb. und Schultz nachhaltiger reduziert wurde als durch *Margarinomyces heteromorpha* Mangenot, *Scopulariopsis brevicaulis* (Sacc.) Bain oder *Pseudeurotium ovalis* Stolk.

In neuerer Zeit hat v. D. LAAN (1953a; 1956; 1959; o. J.) die Aufmerksamkeit wieder auf diese Pilze gelenkt und Versuche zur Klärung ihres parasitären Charakters durchgeführt. Er verwendete parasitierte Zysten des Kartoffelnematoden aus Holland, Peru und von den Kanalinseln. Diese Ergebnisse sind zusammen mit den Befunden älterer Autoren in Tab. 18 zusammengefaßt. Aus Zysten holländischen Ursprungs isolierte er *Colletotrichum atramentarium* und *Phoma tuberosa*. Beide sind als Schaderreger von Kartoffeln bekannt, und es ist fraglich, ob diese Arten tatsächlich als Parasiten des Zysteninhalts anzusehen sind. Die in Europa heimischen Parasiten hält v. D. LAAN für weniger bedeutsam. Sollten sich zukünftig Möglichkeiten einer biologischen Bekämpfung abzeichnen, so ist nach seiner Meinung den Pilzen aus der Heimat der Kartoffel und wahrscheinlich auch des Kartoffelnematoden der Vorzug einzuräumen. Der Parasitierungsgrad ist in gewissem Umfange offenbar von der Bodenart und der Düngung abhängig. In Sandböden war der Anteil parasitierter Zysten höher als in Lehmböden.

Mit den insektenpathogenen Pilzen *Metarrhizium anisopliae*, *Beauveria bassiana* (Bals.) Vuill. und *Paecilomyces farinosus* (Dicks. ex Fr.) Brown et Smith infizierten MÜLLER-KÖGLER und STEIN (1967) Zysten von *H. rostochiensis*. In keinem Falle wurden im Laufe von zwei Monaten parasitierte Eier oder Larven festgestellt. Sie diskutieren besonders im Hinblick auf *M. anisopliae* mögliche Veränderungen des Virulenzgrades durch die Kultivierung auf Nährböden.

7.6.4. Theratromyxa weberi

Aus Holland wird 1950 erstmals eine Amöbenart erwähnt, die Larven des Kartoffelnematoden verzehrt (WEBER et al., 1952). Im Experiment wurden in der Regel nur kleinere Arten wie *Meloidogyne* sp., *Ditylenchus dipsaci*, *Pratylenchus penetrans* u. a. angegriffen. Die Amöbe wurde von ZWILLENBERG (1953) mit dem Namen *Theratromyxa weberi* beschrieben. v. D. LAAN (1954) hat die Entwicklungs- und Lebensbedingungen der Amöbe näher untersucht. Unter sterilen Bedingungen gelingt die Vermehrung der Amöbe nicht. Das Temperaturoptimum liegt etwa zwischen 10° und 15°C. In Fütterungsversuchen wurden von einer großen Verdauungszyste einmal 128 Larven des Kartoffelnematoden in wenigen Tagen verzehrt. Die Amöbe vermehrte sich nur geringfügig im Boden, der mit *Heterodera rostochiensis* verseucht war. Kleine Exemplare der Amöben dringen in die Zysten ein und ernähren sich dort von geschlüpften Larven. Auf Grund des geringen Spezialisierungsgrades und der Abhängigkeit ihrer Entwicklung vom Feuchtigkeitsgehalt des Bodens wird dieser Amöbe keine nennenswerte Bedeutung als Parasit pflanzenschädigender Nematoden beigemessen. Die gleiche Amöbenart oder eine nahe Verwandte wurde auch in England und Canade in Zysten von *Heterodera rostochiensis* und *Heterodera schachtii* gefunden (WINSLOW und WILLIAMS, 1957).

7.6.5. *Milben*

In einer kurzen Notiz erwähnen MURPHY und DONCASTER (1957) Milbenfraß an Eisäcken von *Heterodera cruciferae*. Der Fraß beschränkte sich augenscheinlich nur auf die gelatinöse Matrix. Eingehender hat KARG (1960; 1962a; 1962b) die Beziehungen zwischen edaphischen Raubmilben zur Nematodenfauna untersucht. Das Artenspektrum in den mit Kartoffelnematoden verseuchten Flächen unterschied sich erheblich von dem in nicht verseuchten Flächen. Einige Raubmilben wie z. B. *Alliphis siculus* (Oudemans), *Rhodacarellus silesiacus* Willmann, *Dendrolaelaps rectus* Karg, *Hypoaspis aculeifer* (Can.), *Dendrolaelaps strenzkei* Hirschmann und *Arctoseius cetratus* (Sellnick) waren auf verseuchten Flächen in weitaus größerer Zahl vertreten. In Fütterungsversuchen u. a. mit Larven des Kartoffelnematoden wurden von *D. rectus* und besonders ausgeprägt von *A. siculus* fast ausschließlich Nematodenlarven verzehrt. Von diesen besonders auf Nematodennahrung spezialisierten Milben sind spürbare Populationsminderungen bei *Heterodera*-Arten — zumindest bei den in einer Generation auftretenden — jedoch kaum zu erwarten. In den Monaten April bis Juni, also während der Zeit, in der sich die Masse der in einer Generation auftretenden *Heterodera*-Larven frei im Boden befindet, sind die in Frage kommenden Milben zahlenmäßig noch sehr gering vertreten. Die Milbenpopulation steigert sich erst im Juni/Juli und erreicht ein Maximum etwa im August/September.

7.6.6. *Collembolen*

Während von Milben freie Larven offenbar bevorzugt als Nahrung aufgenommen werden, ist für Collembolen der Fraß an erwachsenen Weibchen bzw. an Zysten und deren Inhalt beobachtet worden. Nach MURPHY und DONCASTER (1957) ist *Onychiurus armatus* (s. lat.) Tüllb. die wichtigste Raubart. Es wurden Weibchen von *Heterodera trifolii*, *Heterodera schachtii* und *Heterodera cruciferae* befressen. Im Oktober vorgenommene Auszählungen ergaben bei der letztgenannten Art etwa 7% von Collembolen beschädigter Zysten. Neben *O. armatus* werden noch die Arten *Isotoma viridis* Bourlet, *Orchesella villosa* (Geoffroy) und *Hypogastrura* sp. erwähnt. KARG (1960; 1962a; 1962b) fand auf Flächen, die mit *Heterodera rostochiensis* verseucht waren, deutlich höhere Abundanzwerte für die Arten *Tullbergia krausbaueri* Börner und *Hypogastrura* sp. Er läßt jedoch offen, ob tatsächlich in jedem Falle die Nematodenverseuchung ausschlaggebend für den höheren Collembolenbesatz war oder nicht doch andere Faktoren wie Temperatur und Feuchtigkeit den Populationsanstieg begünstigten. Collembolen aus der Familie *Isotomidae* verzehren nach BROWN (1954) auch im Boden freilebende Nematodenarten.

7.6.7. *Räuberische Nematoden und Enchytraeiden als Feinde pflanzenparasitärer Nematoden*

In Zysten von *Heterodera schachtii* fand THORNE (1928a) häufig die Nematodenarten *Cephalobus oxyuroides* deMan und *Acrobeles bütschli* (deMan); in einem Falle bis 11 Exemplare in einer Zyste. Weniger häufig und in geringerer Zahl waren die Arten *Acrobeles ankyrus* Thorne, *A. complexus* Thorne, *A. contractus* Thorne, *A. ctenocephalus* Thorne, *A. minimus* Thorne, *A. symmetricus* Thorne, *Cephalobus elongatus* deMan, *C. persegnis* Bast., *C. striatus* Bast., *Dorylaimus obtusicaudatus* Bast., *Tylenchus* sp. und *Plectus* sp. vertreten. Für *D. obtusicaudatus* erwähnt er hauptsächlich Jugendstadien, von denen er in einigen Fällen Tiere mit dem Mundstachel in Eiern von *Heterodera schachtii* fand. *Dorylaimus*-Arten wurden auch von HESLING und SOUTHEY (zit. nach MURPHY und DONCASTER, 1957) in *Heterodera*-Zysten gefunden. Sie schließen zumindest nicht ganz aus, daß diese Tiere gelegentlich lebenden Zysteninhalt angreifen.
Mit dem Auffinden von Nematoden der verschiedensten Artzugehörigkeit in *Heterodera*-Zysten ist nicht gleichzeitig auch deren räuberische Lebensweise nachgewiesen. Manche dürften zufällig in die Zysten gelangt sein, andere wiederum wie z. B. *Acrobeles*- und *Cephalobus*-Arten ernähren sich vorwiegend von abgestorbener tierischer Substanz, die ja auch in den Zysten zu erwarten ist. Ausgesprochene Parasiten an *Heterodera*-Arten sind unter den räuberisch lebenden Nematoden nicht bekannt.
Auf Enchytraeiden als Nematodenfeinde weist SCHAERFFENBERG (1950; 1951) sowie SCHAERFFENBERG und TENDL (1951) hin. Von den Beobachtungen JEGEN's (1920a; 1920b) ausgehend, der den Nematodenbefall an Erdbeeren durch Zugabe von Enchytraeiden weitgehend unterbinden konnte, untersuchten sie die Wirkung von Arten der Gattungen *Fridericia* Mich. und *Enchytraeus* Henle an von *Heterodera schachtii* befallenen Rübenpflanzen. Der Erfolg war überraschend, stark geschädigte Pflanzen erholten sich bereits nach wenigen Wochen. Die Jugendstadien der Enchytraeiden dringen unter die Wurzelepidermis und verzehren die sich entwickelnden Larven vermutlich nach praeoraler Vorverdauung. Der Wurzelbefall nahm an den mit Enchytraeiden versehenen Pflanzen laufend ab. Im Boden befindliche Larven sowie Männchen und Zysten werden nicht angegriffen. Erwachsene Enchytraeiden sind Humusverzehrer.
Trotz der in großer Zahl festgestellten Nematodenparasiten und Nematodenfeinde — aus England (anonym, 1958) werden noch Staphyliniden und Myriapoden erwähnt, womit die Anzahl sicher nicht erschöpft ist — sind die Aussichten zu deren Verwendung für biologische Bekämpfungen noch sehr gering. Die Anforderungen an derartige Organismen sind außerordentlich hoch. Abgesehen von möglichst einfachen Verfahren zur Anzucht (Vermehrung) müßten sie unter den verschiedensten ökologischen Bedingungen hochwirksam sein. Bei *Heterodera*-Arten ist für Larvenparasiten während einer kurzen Zeitspanne eine sehr hohe Aktivität erforderlich, nämlich dann, wenn der Larvenschlupf einsetzt. Nach dem

Stand der heutigen Kenntnisse sind Nematodenparasiten und Nematodenfeinde, trotz der bei einzelnen Arten festgestellten Spezialisierung, kaum befähigt, den Populationsaufbau pflanzenschädigender Nematoden wesentlich zu beeinflussen.

8. Die Bekämpfung des Kartoffelnematoden mit chemischen Mitteln

Die Verwendung von Nematiziden zur Bekämpfung des Kartoffelnematoden gewinnt zunehmend an Bedeutung. Mit den resistenten Kartoffeln allein ist das Problem nicht zu lösen. So sind z. B. in Gärtnereibetrieben und Baumschulen oder für Flächen unter Glas die resistenten Kartoffeln nur bedingt für die Bekämpfung verwendbar. Bei diesem Verfahren ist der Bekämpfungserfolg von der Entwicklung der Pflanzen abhängig und damit die Anwendung weitgehend zeitgebunden. Außerdem scheidet in Betrieben mit Intensivkulturen schon aus wirtschaftlichen Überlegungen der Anbau von Kartoffeln aus. Mit den neuentwickelten Kontaktnematiziden stehen Präparate zur Verfügung, die trotz des hohen Preises in diesen Betrieben mit Erfolg angewendet werden können.

Vorteilhaft ist bei den Kontaktnematiziden der nicht termingebundene Anwendungszeitpunkt. Die Bodenbehandlung kann während des ganzen Jahres — Frostperioden ausgenommen — vorgenommen werden. Günstig erscheinen außerdem die verschiedensten Kombinations- und Variationsmöglichkeiten der Kontaktnematizide.

Die Wirkung von Nematiziden ist nicht auf bestimmte Nematodenrassen oder -herkünfte beschränkt. In landwirtschaftlichen Betrieben eignen sie sich somit gut zur Bekämpfung der Populationen, die mit resistenten Kartoffeln nicht beseitigt werden können.

Je nach der Art der Betriebe oder der besonderen Lage wird einmal der biologischen und einmal der chemischen Bekämpfung der Vorzug zu geben sein. Beide Verfahren schließen einander nicht aus, sondern ergänzen sich, wie es z. B. bei der kombinierten Bekämpfung gut zum Ausdruck kommt.

Wenn diese Präparate in landwirtschaftlichen Betrieben noch nicht in einem der Verseuchungssituation entsprechenden Umfange angewendet werden, so sind hierfür wirtschaftliche Überlegungen ausschlaggebend. Die hohen Mittelkosten schränken die Anwendung auf kleine Flächen ein. Die Entseuchung der heute in der Landwirtschaft üblichen großen Flächen ist noch zu kostenaufwendig. Die Ausbringung der flüssigen Präparate wird durch die erforderlichen Spezialgeräte zusätzlich verteuert.

Es ist in dieser Zusammenstellung nicht möglich, die ganze Skala der gegen *Heterodera rostochiensis* geprüften Präparate ausgiebig zu behandeln. Von den älteren, in den ersten Bekämpfungsversuchen verwendeten Präparaten und denen, die lediglich das Stadium der Feldprüfung erreichten, werden nur einige erwähnt. Es soll mit dieser Zusammenstellung gleichzeitig die Entwicklung in der Bekämpfung des Kartoffelnematoden veranschaulicht werden. Ausgiebiger sind die modernen Nematizide berücksichtigt.

Vollständigkeit konnte auch hier nicht erreicht werden und wurde auch nicht angestrebt. Allein die Fülle der Literatur macht Beschränkungen unvermeidlich, wenn der gesteckte Rahmen nicht weit überzogen werden soll. Diese Beschränkung war schon allein durch die neueren zusammenfassenden Arbeiten, hier besonders der Titelliste von PEACHEY und CHAPMAN (1966), in der alle in den Helminth. Abstr. von 1932 bis 1964 referierten Arbeiten aufgenommen sind, vertretbar.

Die ersten Bekämpfungsversuche wurden zu einem Zeitpunkt durchgeführt, als noch wenige Erfahrungen in der Bekämpfung bodenbewohnender Parasiten vorlagen. Sowohl in der Wahl der Mittel wie in der Versuchsanstellung konnte auf Vorbilder nicht zurückgegriffen werden. Jeder Versuch war ein Schritt in Neuland. Den beachtlichen Bemühungen dieser Zeit, vor allem in England und Schottland, sind weittragende Erfolge nicht beschieden gewesen. Aus diesen Versuchen resultiert jedoch die Erfahrung, daß der Kartoffelnematode ein schwer zu bekämpfender Parasit ist und nur hochwirksame Präparate Aussicht auf Erfolg haben.

Es ist bisher üblich die Präparate vornehmlich nach der Wirkung auf eine Nematodenpopulation zu beurteilen. JONES (1968) hält z. B. eine Abtötung von 99% und mehr für erforderlich, wenn der erneute Populationsaufbau empfindlich gestört werden soll. In einer Reihe von Untersuchungen bei mehreren Nematodenarten wurde nachgewiesen, daß trotz hoher Bekämpfungserfolge die Nematodenpopulationen sich schnell wieder erholten, wenn Wirtspflanzen zum Anbau kamen. Oft war schon nach wenigen Monaten die ursprüngliche Populationsdichte wieder erreicht oder sogar überschritten. Ähnliches gilt auch für den Kartoffelnematoden. Hohe Abtötungen führen lediglich zu beachtlichen Ertragssteigerungen bei Wirtspflanzen, nicht aber zu langfristig nachwirkenden Abtötungserfolgen.

In neuerer Zeit zeichnen sich Tendenzen ab, die sich auf diese Erfahrungen stützen. Es wird der Ertragssteigerung (-sicherung) der Vorzug vor der Abtötung gegeben. Die Wirtschaftlichkeit einer Bekämpfungsmaßnahme wird in den Vordergrund gestellt. So berichten LUSH et al. (1967) von ausgezeichneten Erfolgen im Tomatenbau mit 15 bis 20 g/m² Dazomet. BEHRINGER (zit. bei KRADEL et al., 1969) erhielt mit 150 bis 200 l DD/ha etwa gleiche Erträge wie mit 600 l/ha. Das Wirkungsspektrum so geringer Dosierungen auf Nematodenpopulationen ist nicht bekannt. Es ist anzunehmen, daß die Populationen so weit reduziert werden, daß der Befall während der empfindlichen Jugendphase der Pflanzen erheblich vermindert wird. Die Pflanzen erhalten somit bessere Startbedingungen. Ob geringe Dosierungen sich noch auf andere Phasen wie z. B. Schlüpfverzögerung, zeitweilige Störungen in der Beweglichkeit und Orientierung der Nematoden u. a. auswirken, kann vorerst nicht beantwortet werden.

Sollte sich diese Art der Beurteilung bewähren, so sind weitere Folgerungen u. a. auch für die Mittelindustrie, zumindest für Kontaktnematizide, zu erwarten. Es hätten dann auch die Präparate eine Chance, die lediglich eine zu Ertragssteigerungen führende Populationsminderung herbeiführen, vorausgesetzt sie sind so preiswert, daß vor jedem Kartoffelanbau eine Behandlung vertretbar ist.

ZIMMERMANN (1928) und REINMUTH (1929) prüften Gaswasser in Aufwendungen von 10 l/m² ohne Erfolg. Ammoniakwasser (3 l/m²) war nach REINMUTH (1929) ebenfalls ohne Wirkung, während PETERS (1953) bei 9000 gal./acre eine Abtötung von 35% fand. Mit Tieröl (200 ml/m²) erzielte REINMUTH (1929) gute Anfangserfolge, die sich später jedoch nicht bestätigten (O'BRIEN und PRENTICE, 1930; GOFFART, 1933). HURST und TRIFFITT (1935) untersuchten die Wirkung von Eisenchlorid, Kaliumäthyl-xanthat und Chinosol; HURST und FRANKLIN (1937) prüften Eisenoxyd. EDWARDS (1937) verwendete u. a. Paradichlorbenzol und Eisensulfat. SMEDLEY (1938) prüfte mehrere Chloracetate und erhielt mit Ammoniumchloracetat (10 bis 15 cwt./acre) recht gute Abtötungserfolge. Von guten Ergebnissen berichtet EDWARDS (1929) mit Creosotsalzen (8,5 cwt./acre), die jedoch nach BUCKHURST und FRYER (1931) ohne Wirkung sind. Nicht ausreichend oder völlig unwirksam waren Karbolineen der verschiedensten Formulierungen (REINMUTH, 1929; GOFFART, 1933) und Formalin (GOFFART, 1936a). Die Wirkung von Schwefelkohlenstoff reicht nach REINMUTH (1929) und GOFFART (1933; 1962a) für eine nachhaltige Bekämpfung nicht aus. CHITWOOD und BUHRER (1945) fanden Abtötungserfolge im Bereich von 19 bis 90%.

8.1.1. Dinitro-o-kresol [DNC] (Selinon)

Für Selinon stellte KRADEL (1959b) einen echten nematiziden Effekt fest. Die besten Erfolge erzielte er mit Dosierungen von 80 bis 150 g/m², wenn diese flach eingearbeitet wurden. Der Abtötungserfolg war in hohem Maße von der Bodenfeuchtigkeit (Löslichkeit) und in diesem Zusammenhang auch von der Bodenqualität abhängig. Temperaturabhängigkeiten stellte KRADEL nicht fest. Bei Dosierungen von 100 bis 200 g/m² fand HEY (1955) nur vereinzelt Zysten an den Wurzeln nachgebauter Kartoffeln. EFREMENKO (1958) prüfte Lösungen von 0,01 bis 5% und verabfolgte 10 l je Quadratmeter. Die höheren Dosierungen der festen Substanz oder Konzentrationen über 0,5% (10 l/m²) waren stark phytotoxisch. Das Mittel setzte sich nicht durch. Bei niedrigen Aufwandmengen war die nematizide Wirkung nicht ausreichend, bei den höheren und wirksamen Dosierungen waren wiederum Pflanzenschäden nicht ausgeschlossen.

8.1.2. Kalkstickstoff

Auf die Möglichkeit einer Bekämpfung des Kartoffelnematoden mit Kalkstickstoff wies bereits HILTNER (zit. bei ZIMMERMANN, 1928) hin. Die in den folgenden Jahren durchgeführten Versuche waren jedoch nicht immer überzeugend. ZIMMERMANN (1928) sowie O'BRIEN und PRENTICE (1930) fanden, allerdings bei niedrigen Aufwandmengen, keine Hinweise auf eine direkte Abtötung. EDWARDS (1929; 1937; 1939) erzielte mit Kalkstickstoff lediglich höhere Kartoffelerträge, die Bodenverseuchung verminderte sich nicht. Ab 40 cwt./acre machten sich Auflauf- und Wachstumsstörungen bemerkbar. Etwa die gleichen Ergebnisse erzielten HURST und FRANKLIN (1937). Von höheren Erträgen berichtet MILES (1930) bei Auf-

wandmengen von 10 cwt./acre. HURST und TRIFFITT (1935) wiesen nach, daß die Wirkung in hohem Maße vom Grad der Bodenfeuchtigkeit abhängig ist. Von einer direkten Abtötung berichten HURST und TRIFFITT (1937); es sind jedoch Aufwandmengen erforderlich, die bereits erhebliche Pflanzenschäden zur Folge haben. Kalkstickstoff in Pulverform ist wirksamer als in Form von Granulaten (HURST, 1938). v. D. BRANDE et al. (1951), v. D. BRANDE et al. (1956a) und v. D. BRANDE (1954) fanden zwar keine direkten nematiziden Effekte, sie schließen jedoch bei Aufwandmengen bis zu 4 t/ha gewisse Einflüsse auf Nematodenpopulationen nicht aus. DE GROTE (1960) schreibt die nematizide Wirkung den Beiprodukten und dem Ammoniumkarbonat zu. SZULC und JASINSKA (1963) erhielten mit 60 kg Reinstickstoff je Hektar, kurz vor dem Auflaufen verabfolgt, im Vergleich zur unbehandelten Kontrolle beachtliche Mehrerträge und geringere Zystenzahlen.
Eine nematizide Wirkung, die etwa den heutigen Vorstellungen entspricht, ist dem Kalkstickstoff sicher nicht beizumessen. Die günstigen Auswirkungen einer Kalkstickstoffgabe auf den Ertrag sind wohl eher dem N-Einfluß auf die Pflanzen zuzuschreiben als der Wirkung auf den Kartoffelnematoden.

8.1.3. Dimethyldithiocarbaminsäuremethylester [DMCM] (Cystogon, Cystogon F, Forbiat, Präparat Nr. 23)

Das Cystogon war eines der ersten Mittel, das speziell zur Bekämpfung von Nematoden entwickelt wurde. Das pulverförmige Präparat ist in der Anwendung äußerst einfach. Es wird breitflächig ausgestreut und in die Ackerkrume eingearbeitet. In den ersten Prüfungen beurteilt GOFFART (1941) das Mittel in Aufwandmengen von 100 bis 200 g/m² recht günstig. Die Behandlung wirkte sich in höheren Erträgen und einer geringeren Vermehrung des Kartoffelnematoden aus. Nach KRADEL (1959a) steigert sich die Wirkung, wenn 100 g/m² etwa 8 bis 10 Tage vor dem Pflanzen und weitere 50 g/m² 2 bis 3 Wochen später verabfolgt werden.
Die Wirkung beschränkt sich im wesentlichen auf freie Larven, enzystierte Tiere werden weniger betroffen. Ähnlich äußern sich v. D. BRANDE et al. (1956b). Selbst bei 200 g/m² war in ihren Versuchen die Wirkung zu gering. Die schlechteste Wirkung fanden sie auf Sandböden. In völligem Gegensatz hierzu berichtet DIETER (1961) von sehr guten Ergebnissen gerade auf leichten Böden. Mit zunehmendem Humusanteil vermerkt er einen Wirkungsabfall.
Wie sich später herausstellte, wirkt Cystogon mit zunehmender Aufwandmenge phytotoxisch. Die Symptome reichen von Auflaufverzögerungen bis zum völligen Verlust der Keimfähigkeit. Desgleichen sind Vielstengeligkeit und Blattschäden, die etwa den durch Wuchstoffherbizide verursachten Schädigungen ähnlich sind, beobachtet worden (HEY, 1955).
Das Präparat Nr. 23 wird von EFREMENKO (1959a; 1959b) und RASINJA (1961) günstig beurteilt. Die höchste Abtötung fand BOROZDINA (1960b) bei einem Wassergehalt des Bodens von 40 bis 80% der maximalen Wasseraufnahmefähigkeit. Beurteilt nach der Zahl der Zysten mit Inhalt fand BELOKURSKAJA (1958;

1960) eine Reduzierung von 68% bis 93%. CHLEBNIKOWA (1958) sowie VINISKAS und RIMKUTE (1959) berichten bei Aufwandmengen bis 2 t/ha nur von ungenügender Wirkung.

Bemerkenswert gute Ergebnisse erzielte WILSKI (1956) mit Forbiat. Die Wurzeln blieben völlig befallsfrei, wenn 1 t/ha 1 bis 2 Tage vor dem Pflanzen in den Boden eingearbeitet wurde. Eine deutliche Befallsminderung war noch mit 0,5 t/ha zu verzeichnen. Die Ertragssteigerungen variierten von 13% bis 471%. VINICKAS und RIMKUTE (1959) erhielten mit 1,5 t/ha ebenfalls befallsfreie Pflanzen.

8.1.4. Chlorpikrin (Larvazide)

GOFFART (1939c) berichtet von bemerkenswerten Ertragssteigerungen und nur von vereinzelter Zystenneubildung, wenn 40 g/m² eingearbeitet werden. Die Abtötung enzystierter Larven wird unterschiedlich beurteilt. Während GOFFART (1952c; 1953; 1962a) und BELOKURSKAJA (1959) von beachtlichen Erfolgen berichten, sind andere Beurteilungen nicht so überzeugend (CHITWOOD und BUHRER, 1945; AHLBERG, 1957; PEACHEY et al., 1963b). Zu trockener oder zu feuchter Boden wirkt sich nachteilig auf den Bekämpfungserfolg aus (v. D. BRANDE et al., 1954a).

EFREMENKO (1957) gibt Hinweise für die Ausbringung; unter 300 Zysten/100 cm³ Boden sind 960 l/ha ausreichend, über 300 Zysten/100 cm³ sollte die Dosis auf 1500 l/ha erhöht werden. In späteren Arbeiten (EFREMENKO, 1959b; BELOKURSKAJA (zit. bei BOROVKOVA, 1967) wird Chlorpikrin lediglich zur Herdbehandlung empfohlen, wobei nach BOROVKOVA in wenigstens 4 Jahren keine Kartoffeln angebaut werden sollten.

Obgleich mit Chlorpikrin durchaus brauchbare Ergebnisse erzielt wurden, hat es eine größere Bedeutung nicht erlangt. Dies ist hauptsächlich auf die hohen Kosten zurückzuführen. Außerdem ist Chlorpikrin sehr giftig und darf nur von Personen mit einer speziellen Ausbildung angewendet werden.

8.1.5. Quecksilberchlorid

Quecksilberchlorid in wäßriger Lösung 1 : 150 bis 1 : 500 wurde in Aufwandmengen von 1 gal./sq. yd. von JOHNSON und THOMPSON (1936) erfolgreich zur Bekämpfung des Kartoffelnematoden in Tomatenkulturen angewendet. Die Behandlung sollte jedoch wenigstens 3 bis 4 Monate vor dem Pflanzen erfolgen, da andernfalls noch mit Pflanzenschäden gerechnet werden muß (JOHNSON, 1936). GRAINGER, 1951; 1954) verwendete wäßrige Lösungen im Verhältnis von 1 : 1000 und gab davon 750 gal./acre. Die Anzahl der Zysten mit Inhalt wurde auf diese Weise um wenigstens 85% im Vergleich zur unbehandelten Kontrolle vermindert. Die Ertragsteigerungen betrugen etwa 40%. Später wurde anstelle wäßriger Lösungen pulverisiertes Quecksilberchlorid (5 lb./acre) verwendet (GRAINGER, 1958; 1959). Das mit einem Spezialgerät 7 in. tief eingebrachte Mittel muß sofort mit einer Fräse innig mit dem Boden vermischt werden. Die Abtötung liegt zwischen 80 und 90%. Eine Karenzzeit von 20 Tagen ist einzuhalten. Eine der wesentlichsten Voraussetzungen für den Erfolg ist die gleichmäßige Durchmischung des Bodens mit dem Präparat. Hierdurch verteuert sich die Bekämpfung erheblich, die von den reinen Mittelkosten her sehr preiswert ist.

8.1.6. *Chlorbrompropen* [*CBP*]

Dies Präparat wird vornehmlich für Tauchbehandlungen zur Abtötung des Zysteninhaltes empfohlen (u. a. v. d. Brande et al., 1953; 1954a; 1955; 1959; Hague, 1964). Im Boden ist die nematizide Wirkung nicht ausreichend (Hague, 1964; Hague und Omidvar, 1962). Peachey et al. (1963b) halten weitere Prüfungen jedoch für notwendig.

8.1.7. *Äthylendibromid*

Die nematizide Wirkung dieses Präparates wird übereinstimmend als zu gering beurteilt (v. d. Brande et al., 1954; 1956; Goffart, 1957b; Hague und Omidvar, 1962). Selbst bei Aufwendungen von 250 lb./acre war die Wirkung ungenügend (Lear et al., 1952). Von zufriedenstellenden Ergebnissen berichtet Goffart (1957b), wenn der Boden nach der Behandlung bedeckt wird. Äthylendibromid ist nach v. d. Brande et al. (1951) und v. d. Brande et al. (1956) phytotoxisch; Goffart (1957b) berichtet von Wachstumsverzögerungen.

8.1.8. *1,2-dibrom-3-chlorpropan* (*Nemagon*)

Dieses Mittel steht in flüssiger, granulierter und emulgierter Form zur Verfügung. Compton und Benedict (1956) berichten aus den USA von guten Erfolgen gegen *Heterodera*-Arten. Eine ausreichende Wirkung fanden auch Hague und Omidvar (1962). Einen völligen Fehlschlag erhielt Goffart (1957b) im Feldversuch mit Dosierungen von 15 g/m² gegen *H. rostochiensis* und *H. schachtii*, während im Gewächshaus gegen beide Arten ein voller Erfolg verzeichnet wurde.

8.1.9. *Methylbromid*

Methylbromid ist als ein vorzügliches Begasungsmittel bekannt. Infolge seiner hohen Giftigkeit wird es für Bodenbehandlungen im Freiland kaum verwendet. Außerdem ist die Wirkung ohne Bedeckung des Bodens zu gering (Goffart, 1952b). Ahlberg (1957) lehnt auch die Bodenbehandlung im Gewächshaus ab, da die Abtötung zu gering ist. Eine sehr hohe Abtötung ist zu verzeichnen, wenn der behandelte Boden mit einer gasdichten Plane bedeckt wird (Goffart, 1957b; Peachey, 1961; Peachey et al., 1963b).
Hague et al. (1964) beschrieben eine Apparatur zur genauen Dosierung und Bestimmung der Konzentration von Methylbromid unter gasdichten Planen. Neben den gebräuchlichen Dosierungen (16 bis 32 oz./100 sq.ft.) prüften sie auch ge-

ringere Mengen. Sie erhielten mit nur 4 oz./100 sq.ft. noch eine Wirkung bis 9 in. Tiefe und gute Abtötungserfolge. Sie weisen jedoch darauf hin, daß zwischen Dosierung (Konzentration—Zeit—Produkt) und Abtötung in den Probestellen keine Korrelation bestand. Zur Feststellung der Diffusionsgeschwindigkeit von Methylbromid im Boden entwickelte Drosihn (1968) eine Methode. Er stellte fest, daß das Gas innerhalb weniger Stunden bis 120 cm tief diffundiert. Mit zunehmender Tiefe verzögerte sich der Konzentrationsanstieg und die Maximalkonzentrationen blieben geringer. Je dichter die Abdeckfolie dem Boden anliegt, um so stärker wird die horizontale Ausbreitung verzögert; im Boden werden jedoch höhere Konzentrationen erreicht als bei größeren Zwischenräumen (25 cm).

In Versuchen mit Gewächshausböden erwiesen sich Aufwandmengen von 192 mg. hr/l an gegen den Kartoffelnematoden als ausreichend wirksam (James und Hague, 1967).

8.1.10. Allyl-isothiocyanat (Senföl)

Mit Senföl sowie weiteren Isothiocyanaten arbeiteten Smedley (1939) und Ellenby (1945c; 1946/47; 1951). Ertragssteigerungen bis 100% wurden erreicht, wenn Senföl (11 lb./acre) mit Torfmull gemischt zur Anwendung kam. Die abschließende Zystenzahl war im Vergleich zur unbehandelten Kontrolle jedoch nicht verschieden.

8.1.11. Methyl-isothiocyanat [MIC] (Trapex, Trapexide)

Mit diesen Präparaten wurden bei Aufwandmengen von 150 ml/m² Abtötungserfolge über 95% erreicht (u. a. Pieroh et al., 1959; Peachey, 1961; Raschke, 1962; Lewis und Stone, 1964)[1]. Die Karenzzeit ist relativ kurz und beträgt nach Schneider (1961) bei Bodentemperaturen (10 cm) von 0 °C bis 6 °C etwa 8 Wochen und bei Temperaturen zwischen 12 °C und 18 °C etwa 3 Wochen. Guile (1964) fand zwischen Herbst- und Frühjahrsbehandlung keine Unterschiede in der Wirkung und auf das Pflanzenwachstum. Frühjahrsbehandlungen werden von Raschke und Pieroh (1962) jedoch bevorzugt. Nach ihren Vorstellungen bleiben bei den tieferen Herbsttemperaturen die wirksamen Bestandteile zu lange im Boden und können aus den tieferen Schichten im Frühjahr nicht schnell genug entweichen, so daß Pflanzenschäden nicht immer ausgeschlossen sind. Lewis und Stone (1964) berichten von Pflanzenschäden auf den Parzellen, die nach der Behandlung abgedeckt wurden.

Auf schweren, weniger durchlässigen Böden ist die Wirkung nach Peachey et al. (1965) nicht so günstig. Düngergaben in Form von Stallmist, Gründüngung,

[1] Zur Bestimmung der Lebensfähigkeit nach Behandlung mit Trapex eignet sich Acridinorange nur bei Zysten, deren Behandlung mehrere Wochen zurücklag (Raschke, 1962).

Kalkstickstoff oder Kalk vor der Behandlung führen zur vorzeitigen Inaktivierung des Wirkstoffes und damit verbunden zu einer geringen Abtötung (RASCHKE und PIEROH, 1962; GOFFART, 1964c).
Auf behandelten Flächen wird von beachtlichen Ertragssteigerungen bei Kartoffeln (WILSKI et al., 1964) und bei Tomaten zusätzlich von einer Vorverlegung der Ernte (PEACHEY et al., 1963 a) berichtet.
In Anbetracht der hohen Kosten kann die Anwendung auf größeren Flächen nicht empfohlen werden. Zur Vermeidung von Ertragsverlusten wird die Behandlung der stärker verseuchten Nematodenherde vorgeschlagen (SCHMIDT, 1961; GOFFART, 1962a).

8.1.12. Na-methyl-dithiocarbamat (Vapam)

Vapam kann als Gießmittel auf die Bodenoberfläche ausgebracht und eingearbeitet oder als Injektionsmittel angewendet werden. Im ersten Falle wird die aufzuwendende Menge (100 bis 200 ml/m²) mit 4 bis 6 l Wasser verdünnt, im anderen Falle unverdünnt mit Bodeninjektoren oder in die Pflugfurche ausgebracht.
Über die Wirkung von Vapam sind die Meinungen geteilt. Die Ausbringung als Gießmittel wird allgemein besser beurteilt als das injizierte Präparat (GOFFART, 1957b; 1964; PEACHEY et al., 1963b; PEACHEY, GANDER et al., 1963; GUILE, 1964; GOLIGHTLY, 1964; DAVIES, 1964). Nach GOFFART (1957b) geht die Wirkung nicht über die Einbringungstiefe hinaus. KRADEL und FEYERABEND (1960) sowie BOROZDINA (1959) — hier als Gieß- und Injektionsmittel — halten die Wirkung gegen den Kartoffelnematoden für unzureichend. Von ungeteilt guten Ergebnissen berichten STACHERSKA und SZCZEPAŃSKA (1960), GUILE (1964) und RASINJA (1960), letztere mit 200 ml in 1,5 l Wasser je Quadratmeter. Dosierungen von 5 bis 30 ml/m² sind nach EFREMENKO (1958) unwirksam.

8.1.13. Dimenthyl-tetrahydrothiodiazin-thion (Dazomet) [DMTT] (Basamid, Mylone)

Das pulverförmige neuerdings granulierte Handelspräparat Basamid ist in Aufwandmengen von 40 bis 75 g/m² hochwirksam gegen enzystierte Larven (GOFFART, 1957b; KRADEL, 1963; PEACHEY et al., 1963b; PEACHEY und GREET, 1965; DAVIES, 1965; WILSKI, 1967). Für humusreiche Böden und für Moorböden sind nach KRADEL (1963) die höheren Dosierungen vorzuziehen, während GUILE (1964; 1965) auch auf derartigen Böden mit 400 lb. bzw. 200 lb./acre ausreichende Bekämpfungserfolge erzielte.
BIJLOO (1956) fand auf behandelten Flächen eine deutlich geringere Endpopulation als auf den unbehandelten Kontrollparzellen, wenn Kartoffeln kultiviert wurden. Frühjahrsbehandlungen werden von GUILE (1965) günstiger beurteilt als Herbstbehandlungen.
Die Karenzzeit ist temperaturabhängig. Im allgemeinen wird bei Bodentemperaturen von 5 °C bis 10 °C mit 5 bis 8 Wochen, von 10 °C bis 15 °C mit 3 bis 5 Wochen

und von 15 °C bis 20 °C mit 2 bis 3 Wochen gerechnet. PEACHEY und GREET (1965) vermerken sieben Wochen. Nach Ablauf dieser Zeit sind Pflanzenschäden nicht mehr zu befürchten. KRADEL (1963) empfiehlt vor der Bestellung den Kressetest, weil die Verflüchtigung des Präparates von Bodenart und Humusgehalt beeinflußt werden kann.

Das Präparat wird entweder in die Pflugfurche ausgebracht oder breitwürfig ausgestreut und danach eingearbeitet. Die Ausbringung ist also weniger aufwendig als bei den übrigen Mitteln. DERN (1960) erwähnt auch die Anwendung als Gießmittel (50 g/m² in 5 l Wasser). Diese Behandlungsweise wird sich kaum durchsetzen, da auch in diesem Falle die Einarbeitung in den Boden erforderlich ist. DERN (1969) weist auf die arbeitswirtschaftlichen Vorteile der Granulate hin und gibt Hinweise für die Ausbringung und Einarbeitung in den Boden.

Von guten Erfolgen mit niedrigen Aufwandmengen bei ständigem Anbau von Tomaten berichten LUSH et al. (1967). Dosierungen von 15 bis 20 g/m² brachten Mehrerträge bis 50%. Der Befall der Jungpflanzen wird erheblich vermindert und dadurch das Wachstum in dieser empfindlichen Phase gefördert.

8.1.14. Dichlorpropan-Dichlorpropen [DCP] (D-D)

Mit dem Nachweis der nematiziden Wirkung des 1,3-dichlorpropan-1,2-dichlorpropen durch CARTER (1943) begann eine neue Epoche in der Nematodenbekämpfung. Die vorher geprüften Präparate hatten sich letzten Endes als unwirksam erwiesen oder waren aus sonst einem Grunde nicht brauchbar. Das DD kann also an den Anfang der aktiven Nematodenbekämpfung gestellt werden. Auch heute, nach mehr als 25 Jahren, hat es von seiner Aktualität nur wenig eingebüßt.

Wohl kein Mittel wurde im Schrifttum so ausgiebig behandelt, so daß es nicht annähernd möglich ist, hier Vollständigkeit zu erreichen. Auch für den Sektor der *Heterodera*-Bekämpfung können nur die wesentlichsten Gesichtspunkte berücksichtigt werden.

Schon in den ersten Versuchen zur Bekämpfung des Kartoffelnematoden erreichten CHITWOOD und BUHRER (1945) mit 860 lb./acre eine sehr hohe Abtötung und enorme Ertragssteigerungen. Von Pflanzenschäden berichten sie erst mit Dosierungen über 1700 lb./acre. In den USA wird dieses Präparat zur *Heterodera*-Bekämpfung günstig beurteilt. HIGLEY (1952) erhielt schon mit 400 lb./acre eine ausreichende Abtötung und Nachwirkungen über 2 Jahre (siehe auch GRAINGER, 1952b). Mit 450 lb./acre betrug die Abtötung nach MAI und LEAR (1952) 99%. Die Wirkung ließ sich nach LEAR et al. (1952) und SPEARS (1953b) steigern, wenn das Mittel in zwei Gaben im Abstand von etwa 14 Tagen ausgebracht wurde. Die Aufwandmenge betrug in diesen Fällen etwa 450 lb./acre oder lag etwas höher. Eine nicht so günstige Beurteilung erfolgte durch SPEARS et al. (1956). Nach einmaliger Anwendung von 450 lb./acre verminderte sich die Zystenzahl mit Inhalt nur um etwa 30%. Noch nach neunjährigem Anbau von Neutralpflanzen wurden auf den behandelten Flächen Zysten mit Inhalt festgestellt.

Die Wirkung des DD wird in Europa nicht so übereinstimmend positiv beurteilt. In Gefäßversuchen fand PETERS (1948; 1949) eine hohe Reduzierung. Nach dem Absterben der im Anschluß an die Behandlung kultivierten Kartoffeln hatte die Population jedoch wieder die Anfangsdichte erreicht. PETERS und FENWICK (1949) fanden mit 200; 400 oder 800 lb./acre nur eine Abtötung um 50%, die mit ebenfalls 50% Ertragssteigerung verbunden war. Auch in diesem Falle hatte sich wieder eine hohe Population entwickelt, die etwa der in den nicht behandelten Kontrollen entsprach. Von ähnlichen Beobachtungen berichten GOFFART (1953) sowie BESEMER und OOSTENBRINK (1955) bei Aufwandmengen von 40 bis 60 ml/m². Die so unterschiedliche Wirkung wird auf klimatische Einflüsse zurückgeführt.

DONCASTER (1964) verglich einmalige Behandlungen, die ein, zwei, drei, vier oder fünf Jahre vor einem Kartoffelanbau erfolgten, mit vier- oder fünfmaliger Behandlung derselben Fläche im gleichen Zeitraum.

Die Nematodenpopulation auf den nur einmal behandelten Parzellen hatte sich nur geringfügig verändert und entsprach etwa der von den unbehandelten Kontrollen. Auf den mehrmals behandelten Flächen war die Abtötung sehr hoch. Unabhängig von der Häufigkeit oder dem Zeitpunkt der Behandlung lag nach einmaligem Anbau von Kartoffeln die Endpopulation wieder in Höhe der nicht behandelten Kontrolle.

DD ist in England den Methyl-isothiocyanaten deutlich unterlegen (PEACHEY et al., 1963b) und wird zur Bekämpfung des Kartoffelnematoden nur in wärmeren Böden empfohlen (THOMAS, 1961; PEACHEY et al., 1963b; PEACHEY, 1963). Nach DUNN (1967) wirken sich Bodentemperaturen unter 50 °F (= 10 °C) nachteilig auf den Bekämpfungserfolg aus. Infolge dieser Temperaturabhängigkeit ist DD im allgemeinen für Schottland weniger gut geeignet. HIJINK und LUGT (1969) fanden bei 6 °C Wirkungsverzögerungen von wenigstens 8 Tagen im Vergleich mit 19 °C bis 22 °C. Eine Bekämpfung ist nur dann zu empfehlen, wenn Nematodenpopulationen dadurch unter das schadenerregende Niveau reduziert werden (GRAINGER, 1952a).

Günstiger ist die Beurteilung von DD für Bodenbehandlungen im Gewächshaus, obgleich nicht immer die Wirkung von Dazomet oder MIC erreicht wird (PEACHEY, GANDER et al., 1963; PEACHEY et al., 1965). Unterschiedliche Abtötungserfolge fanden GOLIGHTLY et al. (1964). Sie halten eine jährliche Anwendung für zweckmäßiger und auch für rentabel.

Von hohen Abtötungserfolgen berichtet KRADEL (1964) aus Feldversuchen. Mit Aufwandmengen von 90 und 120 ml/m² erzielte er sowohl bei Anwendung im Herbst wie auch im Frühjahr Bekämpfungserfolge von mehr als 90%. Die höhere Dosierung wirkte sich nicht in einer höheren Abtötungsrate aus. Aus Italien berichtet VERNEAU (1965) mit 500 l/ha oder mit 760 l/ha in zwei Gaben Abtötungserfolge über 90%.

Sehr hohe Dosierungen (400; 500; 600 bzw. 200; 300 und 400 ml/m²) verwendete BOROZDINA (1958; 1959a). Bei Aufwandmengen von 400 ml/m² und mehr entwickelten sich an den Wurzeln von Kartoffeln keine Zysten; bei den niedrigeren

Dosierungen war der Besatz deutlich geringer als an den Kontrollpflanzen. Pflanzenschäden werden nicht erwähnt.

Von Abtötungserfolgen bis 99% berichtet HIETBRINK (1967), wenn DD entweder in zwei Gaben à 200 l/ha im Abstand von 14 Tagen oder einmalig mit 400 l/ha und anschließender Bedeckung des Bodens ausgebracht wurde. Ohne Bodenbedeckung war die Wirkung der hohen Dosierung ungenügend.

NOLLEN und MULDER (1967) halten 200 l/ha zur Ausschaltung von Schäden für ausreichend. Sie vermuten, daß durch den Kulturzustand des Bodens und umgebende Bedingungen die Wirkung nachhaltiger beeinflußt wird als bisher angenommen.

Die nematizide Wirkung des DD wird nach Ansicht einiger Autoren sehr wesentlich von der Bodenqualität und dem Humusgehalt des Bodens beeinflußt. FENWICK et al. (1953) sowie GOFFART (1954b) erhielten in Böden mit hohem Feinerde- oder Humusgehalt nur eine geringe Reduzierung. ALLEN und RASKI (1950) konnten in Kalifornien nachweisen, daß hoher Humus- oder Feinerdegehalt und ein hoher Wassersättigungsgrad die Diffusion des Wirkstoffes einschränkt. In Topfversuchen war die Bodenqualität ohne Einfluß (FENWICK, 1950).

Eingehende Untersuchungen über den Einfluß des Wassergehaltes und der Bodentemperatur auf die Wirkung erfolgten von ALLEN und RASKI (1950), V. D. BRANDE et al. (1951; 1953; 1954a; 1954b; 1956a; 1956b; V. D. BRANDE und D'HERDE (o. J.) und V. D. BRANDE (1954). In trockenen oder zu feuchten Böden beträgt die Abtötung oft nur 50% bis 75%. VAN ASCHE et al. (1969) weisen außerdem auf die mit zunehmender Feuchtigkeit abnehmende Durchdringung tieferer Bodenschichten hin. Mit 60 ml/m² und einem Wassergehalt von 40% bzw. 80% reichte die vollständige Abtötung bis 30 cm bzw. 23 cm Tiefe. Eine hohe Reduzierung, bis 99%, erhielten sie in Sandböden mit guter Krümelstruktur bei einem Wassergehalt von etwa 10 bis 12%. Die Durchdringung des Gases in Ton- oder Lehmböden oder in Böden mit einem hohen Anteil organischer Bestandteile ist weniger gut als in leichteren Böden. Dies wird jedoch auch auf Auswirkungen eines ungünstigen Wassergehaltes zurückgeführt (V. D. BRANDE et al., 1957).

Auf Nebenwirkungen des DD wird vor allem von GOFFART hingewiesen. Neben der Abtötung der Nematoden stellte er wachstumsstimulierende Effekte fest, die sich noch nach Jahren auf die Nachfrucht auswirkten (GOFFART, 1954b; 1964c; d; GOFFART und HEILING, 1958; IHLEMANN und LÜCKE, 1964). Bei Wurzelgemüse machten sich gelegentlich Geschmacksbeeinflussungen störend bemerkbar. Die Wasserverdunstung von DD-behandelten Böden war geringer und die Leitfähigkeit für elektrischen Strom erhöht (GOFFART, 1959c). In den nach einer DD-Behandlung angebauten Pflanzen war der Aschegehalt, vornehmlich in den Blättern, erhöht (GOFFART und HEILING, 1958).

Phytotoxische Wirkungen wurden von BESEMER und OOSTENBRINK (1955) nach 4 bis 6 Wochen und vereinzelt sogar bis zu einem halben Jahr bei Dosierungen von 40 bis 60 ml/m² beobachtet (s. auch GOFFARET, 1964d). Die Karenzzeit ist temperaturabhängig, dürfte im allgemeinen jedoch nicht mehr als 6 Wochen betragen.

Gersdorf (1963) führt die oft nicht genügende Wirkung auf die unregelmäßige Verteilung der geringen Aufwandmengen im Boden zurück. Er empfiehlt, anstelle von 60 ml/m² eine Menge von 70 ml/m² auszubringen.
Mit der Bezeichung Ditrapex und Vorlex stehen zwei Präparate mit den Komponenten DD und Methyl-isothiocyanat zur Verfügung. Peachey et al. (1965) prüften die Wirkung von Vorlex (20% Methyl-isothiocyanat und 80% DD) im Vergleich mit DD und Trapex. Auf leichten Böden wurde mit den drei Präparaten eine vollständige Abtötung erreicht; auf einem schweren Boden wirkte das Mischpräparat besser als Trapex.

8.2. Systemische Nematizide

Mit den systemischen Nematiziden bahnt sich in der Nematodenbekämpfung ein neuer Abschnitt an. Diese Wirkstoffe werden von den Pflanzen durch Wurzeln oder Blätter aufgenommen, in alle Organe weitergeleitet und für bestimmte Zeiten gespeichert.
Nach Peacock und Peachey (1965) ist für systemische Nematizide folgende Wirkungsweise denkbar: Der Befall pflanzlicher Organe wird unterbunden durch Inaktivierung der schlüpffördernden Substanzen, durch Abtötung der Nematoden vor dem Eindringen oder durch Repellentwirkung, oder die Präparate wirken therapeutisch, wobei entweder die in die Pflanzen eingedrungenen Nematoden abgetötet oder Resistenzreaktionen induziert werden.
Mit Maleinhydrazid verhinderte z. B. Nusbaum (1958) die Entwicklung von *Meloidogyne*-Arten in Tabakwurzeln. Peacock (1960) prüfte eine größere Zahl von Verbindungen, er fand jedoch nur Maleinhydrazid, Natriumfluorazetat und Fluorazetamid wirksam gegen *Meloidogyne*-Arten. Diese Präparate sind jedoch stark phytotoxisch (Peacock, 1963; Goffart, 1964c). Neuerdings wurden gute Bekämpfungserfolge, hauptsächlich gegen Stengelnematoden, mit organischen Phosphorverbindungen erzielt (u. a. Kaai und Pronk, 1965; Kaai und den Ouden, 1966).
Die letztgenannten Verbindungen sind auch gegen *Heterodera*-Arten wirksam. Nach einmaliger Anwendung einiger Präparate (u. a. 0,0-diethyl-0-2-pyrazinylphosphorthioat [Nemafos] und 0-(4-chlorphenyl)-N,N'-dimethylphosphordiamid) war die Vermehrung des Kartoffelnematoden deutlich geringer als an den nicht behandelten Pflanzen (den Ouden und Kaai, 1963; den Ouden und Seinhorst, 1964; Kaai und den Ouden, 1966). Steudel und Thielemann (1967) verwendeten 2-methyl-2-(methylthio)propionaldehyd-0-(methylcarbamoyl)-oxim [Temik] zur Bekämpfung des Rübennematoden. Es waren beachtliche Mehrerträge bei Blatt und Rüben zu verzeichnen. Die Nematodenpopulation hatte sich im Vergleich zur Kontrolle jedoch nicht verändert. Dies hängt sehr wahrscheinlich mit der Generationsfolge zusammen. Nachdem die Wirkung des Mittels abgeklungen ist, kann sich bei Arten, die in mehr als einer Generation auftreten, wenigstens die nächste Generation noch normal entwickeln.

In Topfversuchen gegen Kartoffelnematoden angewendet hatte Temik eine vorzügliche Wirkung. Die Nematodenpopulation war nach der Ernte auf unter 5% des Anfangswertes gesunken (Kaai und den Ouden, 1967).
In neuerlichen Versuchen (den Ouden, 1968b) wurde diese vorzügliche Wirkung nicht wieder erreicht. Mit 300 mg eines 10%igen Granulates zu 12 kg Boden in Töpfen angewendet, lag die Vermehrungsrate in Abhängigkeit von der Anfangsverseuchung bei 1 bis 2,5 (Kontrolle: 5 bis 25). Im Feldversuch betrug der Vermehrungsfaktor auf der mit 5 g Temik/m² behandelten Fläche bei einer Anfangsverseuchung von 150 Larven/kg Boden etwa 3,4 (Kontrolle 21). Köhler und Kampe (1969) erhielten bei einer Anfangsverseuchung von 9000 Larven/100 cm³ Boden mit 50 bzw. 80 kg eines 10%igen Granulates je Hektar eine Reduzierung auf 2400 bzw. 700 Larven/100 cm³ Boden. Unabhängig davon, ob eine Vermehrung des Kartoffelnematoden erfolgte oder nicht, war der Knollenertrag mehr als verdoppelt. Die Wirkungsweise von Temik behandeln Nölle und Schneider (1968), Dern (1969) gibt Hinweise für die Handhabung und Ausbringung.
Eine abschließende Beurteilung der systemischen Nematizide und deren Anwendungstechniken ist zur Zeit noch nicht möglich. Allein die Tatsache, daß behandelte Pflanzen für einen gewissen Zeitraum von Nematoden nicht befallen werden, ist ein beachtlicher Fortschritt. Die besten Bekämpfungsmöglichkeiten dürften sich bei den nur in einer Generation auftretenden Arten ergeben.
Das systemische Insektizid Disyston soll nach Arenz et al. (1963) auch wirksam gegen den Kartoffelnematoden sein. Sprau (1964) sowie Gersdorf und Lücke (1965) fanden dafür jedoch keine Anhaltspunkte. In Schlüpfversuchen wirkte Disyston schlüpfhemmend und tödlich auf die Larven des Kartoffelnematoden (Brzeski und Narkiewicz-Jodko, 1968). Auch Systox erwies sich unwirksam gegen *Heterodera rostochiensis* und *Meloidogyne*-Arten, wenn es auf die Blätter versprüht wurde (Sasser et al., 1951; v. d. Brande et al., 1953).

8.3. Bemerkungen zu weniger gebräuchlichen Präparaten

Auf der Suche nach brauchbaren Nematiziden wurden außer den genannten Präparaten weitere Verbindungen geprüft. Nur die positiv beurteilten finden hier Erwähnung.
Ehrenfelde (1968) erhielt gute Ergebnisse mit 200 g/m² Tiason im Temperaturbereich von 3 bis 11 °C. Die Wirkung dieses Präparates soll durch die Höhe der Bodenfeuchtigkeit nur wenig beeinflußt werden.
Terracur P ist nach Dern (1968) in Mengen von 30 g/m² von hervorragender Wirkung auf den Kartoffelnematoden. Behandelte Pflanzen waren befallsfrei und die Erträge um das 3fache angestiegen.
Gute Bekämpfungserfolge erzielte Giebel (1967a) mit Natriumazid. Dosierungen von 100 kg/ha führten in Topfversuchen zu fast befallsfreien Pflanzen und im Freiland zu beachtlichen Ertragssteigerungen.

8.4. Die kombinierte Bekämpfung

Obgleich eine ganze Reihe von Nematiziden mit hoher Wirkung auch gegen zystenbildende Nematoden zur Verfügung steht, wird von ihnen doch nur recht zögernd Gebrauch gemacht. Dies ist in erster Linie auf die hohen Kosten zurückzuführen. GOFFART (1964a) beziffert die Mittelkosten je Hektar für DD (60 ml/m²) mit 2000 Mark und für Trapex (150 ml/m²) mit 6000 Mark. Dieser Aufwand liegt für landwirtschaftliche Großbetriebe außerhalb der Rentabilität. In Gärtnereien oder bei Anbau von Intensivkulturen sind die Voraussetzungen für diese Mittel etwas günstiger.

Es wurden Bekämpfungsverfahren unter Einbeziehung von Nematiziden geprüft, die der Leistungsfähigkeit rein landwirtschaftlicher Betriebe etwas besser entsprechen. Günstige Anfangserfolge sind mit der kombinierten Bekämpfung — der Anwendung von Nematiziden und resistenten Kartoffeln — erzielt worden. Erste Überlegungen hierzu entwickelten IHLEMANN (1962) und BEHRINGER (1962). Sie gehen davon aus, daß *Heterodera rostochiensis* in der Regel nicht gleichmäßig über eine Fläche verteilt ist, sondern herdweise stärker auftritt, und auf den größeren Teilen eines Schlages nur in Spuren vorkommt. Bei diesem Verfahren werden nur die stärker verseuchten Herde mit einem Nematizid behandelt. Der günstigste Zeitpunkt hierfür ist nach BEHRINGER (1967d) im Herbst, nach der Kartoffelernte. Es werden von ihm Aufwandmengen von 50 ml Trapex, 90 ml DD oder 60 g Basamid je Quadratmeter empfohlen. Der ganze Schlag wird bei dem nächstfolgenden Anbau von Kartoffeln mit resistenten Sorten bepflanzt.

Auf diese Weise können Nematodenpopulationen sehr schnell auf ein Minimum reduziert werden. Die Behandlung der Herdflächen mit Nematiziden erfolgt hauptsächlich zur Vermeidung von Schäden an den später angebauten resistenten Kartoffeln. Wie bekannt, führt sehr starker Befall auch bei resistenten Kartoffeln zu Kümmerwuchs oder doch zumindest zu Wachstumsschäden. Daraus resultiert eine geringe entseuchende Wirkung. Durch die sich auf den behandelten Flächen weitgehend normal entwickelnden Kartoffeln erfolgt nun eine weitere Reduzierung der Nematodenpopulation. Die Erfolge mit diesem Verfahren werden günstig beurteilt.

Weitere Kostensenkungen sind möglich, wenn die Herdbehandlungen nicht mit der vollen Aufwandmenge, sondern mit geringeren Dosierungen erfolgen. In den Prüfungen wurden die folgenden Aufwandmengen berücksichtigt: Trapex: 30 bis 50 und 100 ml/m²; Basamid: 20 g/m² und DD: 30 bis 60 ml/m² (GOFFART, 1964b; IHLEMANN und LÜCKE, 1964; KRADEL, 1964). Für leichte bis mittlere Böden empfehlen IHLEMANN und LÜCKE (1964) und KRADEL (1964) im Zuge der kombinierten Bekämpfung 50 bis 75 ml/m² Trapex oder 60 ml/m² DD. EHRENFELDE (1968) berichtet von vorzüglichen Bekämpfungserfolgen mit der Kombination Tiason (25 g/m²) und anschließendem Anbau resistenter Kartoffeln.

Die Abtötung mit der Kombination 60 ml/m² DD und Anbau einer resistenten Kartoffel (Antinema) wird von KRADEL (1964) mit 87% bzw. 95% angegeben und liegt damit, bei Berücksichtigung des Aufwandes, zu niedrig.

Die kombinierte Bekämpfung wird auch bei Anwendung geringerer Dosierungen von GERSDORF (1963) günstig beurteilt. Er setzt jedoch voraus, daß die Mittel gleichmäßig verteilt werden und eine untere Grenze (für Trapex und Vapam: 50 ml/m²) nicht unterschritten wird. BEHRINGER und FÜRST (1968) und BEHRINGER (1968) sehen in der Kombination zweier Verfahren die Bekämpfungsmethode der Zukunft.

8.5. Methoden zur Beurteilung von Nematiziden

Der Erfolg einer Bekämpfungsmaßnahme kann auf verschiedene Weise berechnet werden. Die einzelnen vorgeschlagenen Methoden sollen hier nicht einer kritischen Betrachtung unterzogen werden; es wird lediglich auf besondere Vorzüge oder Nachteile hingewiesen. Es erscheint auch nicht zweckmäßig, einer ganz bestimmten Methode den Vorzug zu geben. Je nach dem Zweck der Untersuchung werden in manchen Fällen grobe Anhaltspunkte ausreichend zur Charakterisierung sein, während in anderen Fällen sehr genaue Werte erforderlich sind. Es stehen mehrere Methoden zur Verfügung, so daß immer eine Wahl getroffen werden kann. Hierbei sind die personellen und technischen Voraussetzungen zu berücksichtigen. In einem Punkt sind jedoch alle Methoden gleich: sie sind sehr arbeitsaufwendig und als Kriterium wird die Abtötung zugrunde gelegt.

Die folgenden Methoden wurden vorgeschlagen und auf ihre Zweckmäßigkeit untersucht:

1. Bestimmung der Zysten mit Inhalt vor und nach der Behandlung in Prozent von der Gesamtzahl.
   Auf diese Weise bestimmten SPEARS et al. (1956) und STANILAND (1959) die Wirksamkeit der geprüften Nematizide.
2. Zahl der lebenden Larven vor und nach der Behandlung bei Anwendung von Färbeverfahren.
   PEACHEY et al. (1963) bestimmten die Anzahl lebender Larven durch Anfärben des Zysteninhalts mit Neublau R und errechneten danach die Abtötungsrate. Die auf diese Weise erhaltenen Werte entsprechen denen von anderen Methoden.
3. Zahl der lebenden Larven vor und nach der Behandlung errechnet aus Schlüpfversuchen.
   Dieser Methode wird zur Bestimmung der Lebensfähigkeit eine hohe Aussagefähigkeit eingeräumt (BIJLOO und BOGAERS, 1956; v. D. BRANDE et al., 1955; PETERS und FENWICK, 1949). HAGUE (1959c; 1960) verwendet die folgende Formel für die Berechnung:

$$\% \text{ Abtötung} = \frac{(L)_K - (L)_B}{(L)_K} \times 100$$

$(L)_K$ = geschlüpfte Larven aus Kontrolle
$(L)_B$ = geschlüpfte Larven von behandelten Parzellen

Nach STANILAND (1959) und HAGUE und OMIDVAR (1962) soll der Zeitraum zwischen Behandlung und Schlüpfversuch wenigstens einige Wochen bis sechs Monate betragen. Es wird angenommen, daß nach Ablauf dieser Frist die vom Präparat eventuell ausgehenden schlüpfhemmenden Einflüsse oder Auswirkungen anderer Art auf den Schlupf abgeklungen sind, so daß aus dem Schlüpfverlauf die Abtötung errechnet werden kann. Bei dieser Art der Beurteilung muß jedoch der Schlupfrhythmus der Versuchsart berücksichtigt werden.

4. Larvenbefall von Wurzeln anfälliger Pflanzen im Laufe von 5 bis 6 Wochen. Dieses Kriterium wird vor allem von PEACHEY (1962; 1963), PEACHEY et al. (1963 a; b), PEACHEY, GANDER et al. (1963) und RAO und PEACHEY (1964) bevorzugt. Nach den genannten Autoren sollen mit dieser Methode die zuverlässigsten Ergebnisse erzielt werden. Es wird hierbei davon ausgegangen, daß geschlüpfte Larven nicht unbedingt auch infektionsfähig sein müssen, daß von den in die Wurzel eingedrungenen Tieren eine weitere Entwicklung jedoch sehr wahrscheinlich ist.
   Bei diesem Verfahren werden anfällige Kartoffeln in einer bestimmten Bodenmenge der behandelten und nichtbehandelten Variante für 5 bis 6 Wochen kultiviert und danach die Wurzeln zur Bestimmung der Larvenzahl gefärbt. Aus den Differenzen wird der Bekämpfungserfolg berechnet.
5. Zahl neugebildeter Zysten an 10 bis 13 Wochen alten Pflanzen, die in Töpfen mit Boden von behandelten und nichtbehandelten Flächen kultiviert wurden. HAGUE (1960), HAGUE und OMIDVAR (1962), HAGUE und SOOD (1963) und HOMEYER (1964) geben dieser Methode den Vorzug. HAGUE (1960) gebraucht hierfür die gleiche Formel wie für den Schlüpfversuch.
   Die Pflanzen werden entweder in einer bestimmten Menge behandelten Bodens angezogen und die Zystenzahl am Wurzelballen oder die Zystenzahl je Topf (Bodeneinheit) gewertet oder es wird nach Zugabe einer bestimmten Zystenzahl die Vermehrung nach dem Absterben der Pflanzen ermittelt. RASCHKE und PIEROH (1962) werten die Zahl neugebildeter Zysten aus 2,5 bis 3 kg Rhizosphärenboden.
6. Anzahl freier Larven im Boden.
   Diese Methode hat für die Erfolgskontrolle bei *Heterodera*-Arten keine Bedeutung.

In vergleichenden Untersuchungen geben PEACHEY (1962), PEACHEY et al. (1963) und PEACHEY, GANDER et al. (1963) der Larveninvasion den Vorzug, während HAGUE (1959; 1960), HAGUE und OMIDVAR (1962) und HAGUE und SOOD (1963) entweder den Larvenschlupf oder die Anzahl neugebildeter Zysten oder Larven bewerten.

Wie ersichtlich, hat jede Methode Vorzüge und auch Nachteile. Absolut zuverlässige Ergebnisse sind von keinem Verfahren zu erwarten. Zu jeder Methode kann nur eine beschränkte Bodenmenge oder Zystenzahl für die Untersuchung herangezogen werden. In dieser Beschränkung liegt zweifellos die größte Fehlerquelle jeder Methode.

Manche dieser Verfahren eignen sich nur für die Bewertung von Kontaktnematiziden. Für die Prüfung systemischer Nematizide fällt als Kriterium der Wurzelbefall weitgehend aus. Wie weit sich die übrigen hier genannten Methoden oder die Kombination mehrerer für die Bewertung dieser Nematizide eignen, muß sich erst erweisen.

Für die Bekämpfung der im Boden lebenden Nematoden, im besonderen der *Heterodera*-Arten, stehen wenige Verfahren und wenige Präparate zur Verfügung, wenn wir die vielfältigen Möglichkeiten der Insektenbekämpfung zum Vergleich heranziehen. Unter diesem Gesichtspunkt betrachtet, steht die Nematodenbekämpfung noch am Anfang.

Vergleichen wir jedoch die Bekämpfungsmöglichkeiten von heute mit den vor etwa 15 Jahren, so wird der enorme Fortschritt auf diesem Gebiet deutlich. Zur direkten Bekämpfung stand damals lediglich das DD zur Verfügung, ein Mittel, das in vielen Hauptschadgebieten nur ungenügend wirkte. Heute verfügen wir über brauchbare Kontaktnematizide, außerdem stehen mit den resistenten Kartoffeln wirksame Feindpflanzen zur Verfügung. Jedes dieser Verfahren hat allerdings Nachteile. Die resistenten Kartoffeln versagen dort, wo aggressive Rassen vorkommen und die Kontaktnematizide sind für Behandlungen großer Flächen zu teuer.

Mit der kombinierten Bekämpfung ist nun eine Möglichkeit gefunden, die Nachteile der einzelnen Verfahren zu reduzieren, deren Vorteile aber zu nutzen.

Der Kartoffelnematode bleibt nach wie vor ein sehr ernst zu nehmender Schädling. Seine Gefährlichkeit für den Ackerbau in der gemäßigten Zone ist in keiner Weise geringer geworden. Unsere Position gegenüber diesem Schädling hat sich in den letzten Jahren nur verändert. Wir sind heute in der Lage, diesen Parasiten aktiv zu bekämpfen. Die nächste Zukunft wird zeigen, ob die Bekämpfungsmöglichkeiten so genutzt werden bzw. genutzt werden können, daß sich eine deutliche Verseuchungsabnahme abzeichnet.

9. Literaturverzeichnis

Adam, W. (1932): Note sur *Heterodera schachtii* Schm. parasite des Cactus. Meded. koninklijk nat.-hist. Museum Belgie 8, 1—10.

Afscharpour, F. (1966): Der Kartoffelnematode in Baumschulen eine weltweite Gefahr. Gesunde Pflanzen **18**, 239—240.

Ahlberg, O. (1939): Undersökningar över potatisnematoden *Heterodera schachtii* Schmidt subsp. *rostochiensis* Woll. Statens Växtskyddsanstalt Medd. Nr. **29**, 29 S.

Ahlberg, O. (1952): *Heterodera rostochiensis*: Distribution in relation to climatic and geographical conditions. Proc. Int. Nematol. Symposium and Training Course, Harpenden 1951, 18—24.

Ahlberg, O. (1959): Einige Versuche mit Methylbromid und Chlorpikrin als Bodendesinfektionsmittel gegen Nematoden. Verh. IV. Int. Pflanzenschtz.-Kongr. Hamburg, 1957, 613 bis 614.

Ahlberg, O. (1964): Investigations on the potato root eelworm *Heterodera rostochiensis* Woll. III Control trials. Statens Växtskyddsanstalt Medd. **12: 96**, 315—356.

Allen, M. W. and Raski, D. J. (1950): The effect of soil type on the dispersion of soil fumigants. Phytopathol. **40**, 1043—1053.

Andersen, S. (1956): Collection of cysts of *Heterodera major* and estimation of the csyt content. Nematologica **1**, 303—306.

Anscombe, F. J. (1950): Soil sampling for potato root eelworm cysts, Report presented to the conference of advisory entomologists. Ann. appl. Biol. **37**, 286—295

Anonym (1935): Biochemical Investigations on the root eelworm disease of potatoes. Rep. Agric. Res. Inst. and certain other agric. Investigations in the United Kingdom 1934—1935, 291—292.

Anonym (1949 a): Gesunde Pflanzen **1**, S. 16

Anonym (1949 b): Gesunde Pflanzen **1**, S. 180

Anonym (1951): Potato root eelworm sampling in connection with the export of plants from England and wales. Rep. of Quarantine Working Party, EPPO Paris, 16 S.

Anonym (1953): *Heterodera rostochiensis* Woll., Europe — 1952. EPPO Paris, 12 S.

Anonym (1954 a): *Heterodera rostochiensis* Woll., Europe — 1953. EPPO Paris, 12 S.

Anonym (1954 b): Golden nematode control. U.S. Dep. of Agric., Progr. Rep. of golden nematode control project. Ann. Rep. 1954, 61 S.

Anonym (1954 c): Orden de 29 de julio de 1954 por la que se dictan normas para evitar o combatir la invasión defusión y propagatión de los nematodes parásitos perjudiciales a la producción agricola. B. O. de E. Num. **217**, 5427, Madrid

Anonym (1955 a): *Heterodera rostochiensis* Woll. Rep. Int. Conference on potato root eelworm, EPPO Paris, 19 S.

Anonym (1955 b): *Heterodera rostochiensis* Woll., Europe – 1954. EPPO Paris, 8 S.
Anonym (1956 a): Director's Rep., Scot. Plant Breeding Stat. Ann. Rep. 1956, 15–16.
Anonym (1956 b): *Heterodera rostochiensis* Woll., Europe Mediterranean Basin – 1955. EPPO Paris, 18 S.
Anonym (1957 a): Rep. Rothamsted Exp. Stat. for 1956, S. 124.
Anonym (1957 b): *Heterodera rostochiensis* Woll., Europe Mediterranean Basin – 1956. EPPO Paris, 16 S.
Anonym (1958): Rep. Rothamsted Exp. Stat. for 1957, S. 129.
Anonym (1959 a): Director's Rep., Scot. Plant Breeding Stat. Ann. Rep. 1959, 13–14.
Anonym (1959 b): Vorschlag zur Aufstellung eines einheitlichen Testsortimentes zur Identifizierung von Biotypen des Kartoffelnematoden und deren Bezeichnung. Tagungsber. der DAL, Nr. **20** S. 183.
Anonym (1959 c): *Heterodera rostochiensis* Woll., Europe Mediterranean Basin – 1958. EPPO Paris, 13 S.
Anonym (1960): Rep. Rothamsted Exp. Stat. for 1959. 111–116.
Anonym (1961 a): Bestrijding van de aardappelmoeheid, *Heterodera rostochiensis* Wollenweber. Versl. en Meded. Plantenziektenkundige Dienst Wageningen Nr. **135,** Jaarboek 1960, S. 157.
Anonym (1961 b): Ziekten en plagen in 1960 landbouwgewassen, aardappelen, *Solanum tuberosum* L. Versl. en Meded. Plantenziektenkundige Dienst Wageningen N. **135,** Jaarboek 1960, S. 29.
Anonym (1961 c): Rep. Rothamsted Exp. Stat. for 1960, S. 133.
Anonym (1961 d): Versl. en Meded Plantenziektenkundige Dienst Wageningen Nr. **135**, Jaarboek 1960, S. 157.
Anonym (1962 a): Res. and Exp. Rec. of the Min. of Agric. Northern Ireland **12,** Part 2, 154–156.
Anonym (1962 b): Director's Rep., Scot. Plant Breeding Stat. Ann. Rec. 1962, 21–22.
Anonym (1962 c): *Heterodera rostochiensis* Woll., Europe Mediterranean Basin – 1961. EPPO Paris, 7 S.
Anonym (1963 a): Director's Rep., Scot. Plant Breeding Stat. Ann. Rec. 1963, 19–21.
Anonym (1963 b): *Heterodera rostochiensis* Woll., Europe Mediterranean Basin – 1962. EPPO Paris, 8 S.
Anonym (1964 a): Director's Rep., Scot. Plant Breeding Stat. Ann. Rec. 1964, 9–10.
Anonym (1964 b): Activiteitsverslag 1964 van het Rijksstat. voor Insectenkunde, Wetteren, 9 S.
Anonym (1964 c): Ann. Progr. Rep. on Res. and technical work, Ministry of Agriculture, 1964. Belfast, H. M. Stationary Office, 227 S.
Anonym (1965 a): Rep. Rothamsted Exp. Stat. for 1964, 150–151.
Anonym (1965 b): *Heterodera rostochiensis* Woll., Europe Mediterranean Basin – 1964. EPPO Paris, 9 S.
Anonym (1965 c): Canada's golden nematode frightens U. S. growers. Am. Potato J. **42,** 348–349.
Anonym (1965 d): Living with potato root eelworm. Leaflet, N. A. A. S. Eastern Area.
Anonym (1966 a): Rep. Rothamstedt Exp. Stat. for 1965. S. **147.**
Anonym (1966 b): *Heterodera rostochiensis* Woll., Europe Mediterranean Basin – 1965. EPPO Paris, 8 S.
Anonym (1966 c): Plantesygdomme i Danmark 1965, 82. Arsoversigt. Tidsskr. Planteavl **70,** S. 305.

Anonym (1968 a): Nematology News, Nr. 13, S. 22.

Anonym (1969): Verbreitung und Ausbreitung des Kartoffelnematoden (*Heterodera rostochiensis*). Mitt. f. d. schweiz. Landw. **17**, 15–16.

Arenz, B. und Hunnius, W. (1966): Zur Nematodenresistenzzüchtung. Kartoffelbau **17**, 234–236.

Arenz, B., Hunnius, W. und Kollmer, G. (1963): Unterstützung der Erzeugungsmaßnahmen im Pflanzkartoffelbau durch systemisch wirkende Granulate. Der Kartoffelbau **14**, 29–30.

Asche, C. van, Broeck, H. v. d. und Vanachter, A. (1969): Einfluß der relativen Bodenfeuchtigkeit auf die Evolution chemischer Bodenentseuchungsmittel. Mitt. Biol. Bundesanst. Land.-Forstwirtsch., H. 132, 50–60.

Bates, G. H. (1945): An alien weed host of *Heterodera rostochiensis* in England. J. Helminth. **21**, 105–110.

Baunacke, W. (1922): Untersuchungen zur Biologie und Bekämpfung des Rübennematoden *Heterodera schachtii* Schmidt. Arb. Biol. Reichsanst. Land.-Forstwirtsch. **11**, 185–288.

Beck, K. (1948): Ein Beitrag zur Kenntnis des Kartoffelnematoden *Heterodera rostochiensis* Wr. Nachr'bl. f. d. dtsch. Pfl'schutzd. (Berlin) N. F. Jg. **2**, 183–186.

Behringer, P. (1962): Erfahrungen mit der chemisch-biologischen Nematodenbekämpfung. Der Kartoffelbau **13**, 138–139.

Behringer, P. (1965): Kartoffelnematoden in der Zange — Neue erfolgversprechende Wege durch chemisch-biologische Bekämpfung. Bayer. landw. Wochenbl. Nr. **51**, 16–17.

Behringer, P. (1966): Zur Nematodenbekämpfung im bayerischen Kartoffelbau. Der Kartoffelbau **17**, S. 236.

Behringer, P. (1967 a): Lebenduntersuchung auf Kartoffelnematoden in Einweggefäßen. Nachr'bl. d. dtsch. Pfl'schutzd. (Braunschweig), **19**, 21–23.

Behringer, P. (1967 b): Der Biotest — Nematodennachweis mit Zukunft. Der Kartoffelbau **18**, 168–169.

Behringer, P. (1967 c): Durchwuchsprobleme aus der Sicht der Nematodenbekämpfung. Der Kartoffelbau **18**, S. 146.

Behringer, P. (1967 d): Erfahrungen bei der chemischen Nematodenbekämpfung im Herbst 1966 — Der Kartoffelbau **18**, S. 120.

Behringer, P. (1968): Probleme der Nematodenbekämpfung im bayerischen Kartoffelbau. Gesunde Pflanzen **20**, 227–228/230–231.

Behringer, P. und Fürst, L. (1968): Mehrjährige Erfahrungen beim Anbau nematodenresistenter Kartoffelsorten in Bayern. Der Kartoffelbau **19**, 163–164.

Bell, F. H. and Segundo, A. B. (1955): Golden nematode and other potato diseases in Bolivia. Plant Dis. Rep. **39**, 407–408.

Belokurskaja, V. I. (1958):Vyjasnenie vozmožnosti obezzaraživanija počvi ot kartofel'noj nematody pri sočetanii chimičeskich i agrotechničeskich credstv bor'by. XI. planovo-metodičeskoe soveščanie po naučno-issledovatel'skoj rabote po zaščite rastenij v severo-zapadnoj zone SSSR, Riga, 69–70.

Belokurskaja, V. I. (1959): Chlorpikrini v bor'be s kartofel'noj nematodoj. Zaščita rastenij ot vreditelej boleznej **4**, Nr. 5, S. 48.

Belokurskaja, V. I. (1960): Primenenie plodosmena, preparata Nr. 23 i dichloretana v bor'be s kartofel'noj nematodoj. Materialy k pjatomu vsesojuznomu soveščaniju po izučeniju nematod — Izdatel'stvo Samarkandskogo gosudarstvennogo Universiteta imeniAlišera navoj 13–14.

Bergeson, B. G. (1966): Mobilization of plant nutrients to the infection site of root-knot nematodes. Nematologica **12**, 88 Abstr.

BERG-SMIT, J. v. d. (1953): Over het wortelrot bij narcissen. Weekbl. Bloembollencultuur Nr. **93/94**.

BESEMER, A. F. H. and OOSTENBRINK, M. (1955): Phytotoxische en nematicide nawerking van grondontsmettingen met DD. Meded. Landbouwhogesch. Opzoekingsst. Gent **20**, 279–290.

BIJLOO, J. D. (1954 a): A new method of estimating the cyst contents of the potato-root eelworm *Heterodera rostochiensis* Wollenweber. J. of Helminth. **28**, 123–126.

BIJLOO, J. D. (1954 b): Enige proeven ter bestrijding van cysten van *Heterodera rostochiensis* tussen de wortels van Convallariabloeikiemen. T. Pl. ziekten **60**, 199–202.

BIJLOO, J. D. (1955 a): Proven ter bestrijding van *Heterodera rostochiensis* door het wassen en ontsmetten van aardappelen. T. Pl. ziekten **61**, 47–51.

BIJLOO, J. D. (1955 b): Een eenvoudige methode voor het bepalen van de inhoud van grote aantallen cysten van Heterodera-Sorten. Meded. Landbouwhogesch. Opzoekingsst. Gent **20**, 291–300.

BIJLOO, J. D. (1956): De nematicide werking van N 244 (3–P–chloorphenyl–5–methyl-rhodanine) en van N 521 (3–5–dimethyltetrahydro–1–3–5–2 H thiadiazine–2–thion). Meded. Landbouwhogesch. Opzoekingsst. Gent **21**, 377–386.

BIJLOO, J. D. (1960): Het effect van wassen en ontsmetten van aardappelen. T. N. O., Werkgroep Onderzoek Bestrijding Aardappelcystenaaltje, 1950–1960, Resultaten van tien Jaar Onderzoek, 42–45.

BIJLOO, J. D. and BOOGAERS, P. A. M. (1956): Populations decrease of *Heterodera rostochiensis* after DD treatment of the soil. Nematologica **1**, 20–30.

BINGEFORS, S. (1967): International dispersal of nematodes. Neth. J. Pl. Path. **73**, Suppl. 1, 44–60.

BIRD, A. F. (1962): The inducement of giant cells by *Meloidogyne javanica*. Nematologica **8**, 1–10.

BIRD, A. F. (1967): Some observations on exudates from *Meloidogyne* larvae. Nematologica **12** (1966), 471–482.

BISHOP, D. (1953): Hatching the contents of cysts of *Heterodera rostochiensis* with alternating temperature conditions. Nature **172**, S. 1108.

BISHOP, D. (1955): The emergence of larvae of *Heterodera rostochiensis* under conditions of constant and of alternating temperature Ann. appl. Biol. **43**, 525–532.

BLACK, W., MASTENBROEK, C., MILLS, W. R. and PETERSON, L. C. (1953): A proposal for an international nomenclature of races of *Phytophthora infestans* and of genes controlling immunity in *Solanum demissum* derivatives. Euphytica **2**, 173–179.

BLENKINSOP, A. (1935): Observations on potato-sick soils in Devon and Cornwall. J. of the Min. of Agric. **41**, 1187–1189.

BOROVKOVA, A. M. (1967): Karantinnye nematody SSSR i metody bor'by c nimi. Nematodnye bolezni sel'skoch. rastenij Moskva 1967, 26–33.

BOROSDINA, K. I. (1958): Opyt primenija preparatov „Vapam“ i „D-D“ dlja bor'by s kartofel'noj nematodoj. XI. planovo-metodičeskoe soveščanie po naučno-issledovatel'skoj rabote po zaščite rastenij v severo-zapadnoj zone SSSR Riga, 73–74.

BOROZDINA, K. I. (1959 a): Kratkie itogi ispytanija novych preparatov dlja bor'by s kartofel'noj nematodoj. XII. planovo- metodičeskoe soveščanie po naučno-issledovatel'skoj rabote po zaščite rastenij v severo-zapadnoj zone SSSR Riga, S. 104.

BOROZDINA, K. I. (1959 b): Nekotorye dannye po ekologii kartofel'noj nematody (*Heterodera rostochiensis* Woll.). XII. planovo-metodičeskoe soveščanie po naučno issledovatel'skoj rabote po zaščite rastenij v severozapadnoj zone SSSR, Riga, S. 105.

Borozdina, K. I. (1960 a): Bioekologičeskoe obosnovanie chimičeskogo metoda bor'by s kartofel'noj nematodoj. Materialy pjatogo vsesojuznogo soveščanija po izučeniju nematoda, Univ. Samarkand, 3.–8. Okt. 1960, 19–20.

Borozdina, K. I. (1960 b): Ob effektivnosti preparatov 23 i D-D dlja bor'by s kartofel'noj nematodoj (*Heterodera rostochiensis* W.). Trudy vsesojuznogo Inst. zaščity rastenij **14**, 79–92.

Bovien, P. and Thomsen, M. (1945): Haverplanternes skadedyr og deres bekaempelse København, 12–19.

Bovien, P. and Lindhardp, K. (1952): Kartoffelålens forekomst i Danmark Undersøgelser 1950/51. Tidsskr. Planteavl **56**, 592–600.

Boyd, A. E. W. (1941): Determination of death in the larvae of the potato root eelworm. Nature **148**, 782–783.

Boyd, A. E. W. (1943 a): Observations on the biology of the potato-root eelworm, *Heterodera schachtii* Schmidt. Ann. appl. Biol **30**, 157–161.

Boyd, A. E. W. (1943 b): Stimulation of larval emergence in *Heterodera schachtii* Schmidt, by certain concentrations of silver compounds. Ann. appl. Biol. **30**, 161–163.

Böhm, O. (1956): Beobachtungen an österreichischem Kartoffelälchenmaterial. Der Pflanzenarzt **9**, 76–77.

Brande, J. v. d. (1949): Note sur la decouverte en Belgique, du nematode de la pomme de terre, *Heterodera rostochiensis* Wollenweber. Ann. de la Soc. Roy. Zool. de Belgique **80**, 21–24.

Brande, J. v. d. (1954): Aspecten van het onderzoek ter bestrijding van het aardappelcystenaaltje. Parasitica **10**, 1–5.

Brande J. v. d. and D'Herde, J. (o. J.): Bestrijding van planten-parasiteren-aaltjes in land-en tuinbouw. Rijksst. voor Insektenkd. Gent 18 S.

Brande J. v. d., Kips, R. H., Beheyt, C. and D'Herde, J. (1951): Chemische bestrijding van het aardappelaaltje *Heterodera rostochiensis* Woll. Meded. Landbouwhogesch. Opzoekingsst. Gent **16**, 247–259.

Brande, J. v. d., Kips, R. H., D'Herde, J. Mol. L. v. (1952): Onderzoek van aardappelvarieteiten en van amerikaanse Solanum-soorten in verband met het aardappelcystenaaltje *Heterodera rostochiensis* Wollenweber. Meded. Landbouwhogesch. Opzoekingsst. Gent **17**, 51–60.

Brande, J. v. d., Kips, R. H. and D'Herde, J. (1953): Scheikundige bestrijding van het aardappelcystenaaltje *Heterodera rostochiensis*, Woll. Meded. Landbouwhogesch. Opzoekingsst. Gent **18**, 350–366.

Brandė, J. v. d., Kips, R. H. and D'Herde, J. (1954 a): Invloed van de vochtigheid bij de scheinkundige bestrijding van het aardappelcystenaaltje *Heterodera rostochiensis* Woll. Meded. Landbouwhogesch. Opzoekingsst. Gent **19**, 353–372.

Brande, J. v. d., Kips, R. H. and D'Herde, J. (1954 b): Veldproeven in verband met de invloed van het watergehalte van de bodem en van de bodemtemperatuur bij de scheikundige bestrijding van het aardappelcystenaaltje *Heterodera rostochiensis* Woll. Meded. Landbouwhogesch. Opzoekingsst. Gent **19**, 765–776.

Brande, J. v. d., Kips, R. H. and D'Herde, J. (1955): Doding van *Heterodera rostochiensis*-cysten op Begonia- en Gloxinia-Knollen. Meded. Landbouwhogesch. Opzoekingsst. Gent **20**, 271–278.

Brande, J. v. d., Kips, R. H. and D'Herde, J. (1956 a): Survey of the results of four years experiments on the chemical control of the potato root eelworm. Nematologica **1**, 81–87.

Brande, J. v. d., Kips, R. H. and D'Herde, J. (1956 b): Bestrijding van het aardappelcystenaaltje (*Heterodera rostochiensis* Woll.) met dimethylcarbaminezuuresters. Meded. Landbouwhogesch. Opzoekingsst. Gent **21**, 361–369.

Brande, J. v. d., D'Herde, J. and Kips, R. H. (1957): Verspreiding van dichloorpropandichloorpropen in verschillende grondsoorten. Meded. Landbouwhogesch. Opzoekingsst. Gent **22**, 377–386.

Brande, J. v. d., Kips, R. H. and D'Herde, J. (1959): Control of golden nematode cysts adhering to Begonia and Gloxinia tubers. Verh. IV. Int. Pflanzenschutzkongr. Hamburg, 1957, Braunschweig **1**, 615–618.

Brande, J. v. d. and D'Herde, J. (1964): Phenological control of the potato root eelworm (*Heterodera rostochiensis* Woll.). Nematologica **10**, 25–28.

Brown, W. L. (1954): Collembola feeding upon nematodes. Ecology 35, S. 421.

Brown, E. B. (1961 a): A rotational experiment on land infested with potato root eelworm, *Heterodera rostochiensis* Woll. Nematologica **6**, 201–206.

Brown, E. B. (1961 b): Assessing the damage caused by *Heterodera rostochiensis* Woll. Nature **191**, 937–938.

Brown, E. B. (1968): Relationship between potato yield and numbers of *H. rostochiensis*. First Int. Congr. Plant Pathol. London 1968, Abstr. S. 22.

Brown, E. B. (1969): Assessment of the damage caused to potatoes by potato cyst eelworm, *Heterodera rostochiensis* Woll. Ann. appl. Biol. **63**, 493–502.

Brown, E. B. and Coppock, L. J. (1968): Losses caused by potato cyst eelworm in the isle of Ely. N. A. A. S. Quart. Rev. London Nr. **80**, 146–149.

Brown, K. F. (1963): The location and preliminary investigation of attacks by plant parasitic nematodes. Shell agric. chem. Bull. Nematicides Nr. ADB: 869/Na, 15, 11 S.

Bruel, E. v. d. (1950): Het aardappelaatlje *Heterodera rostochiensis* Wollenweber. Landbouwtijdschrift **3**, 123–136.

Bruin, H. J. de (1968): Achtergronden van nieuwe maatregelen ter bestrijding van het aardappelcystenaaltje. Neth. J. Pl. Path. **74**, 57–58.

Brücher, H. (1960): Über das Wildvorkommen des Nematoden *Heterodera rostochiensis* in Nord-Argentinien. Naturwissenschaften **47**, S. 21.

Brücher, H. (1960/61): Primer hallazgo de *Heterodera rostochiensis* Woll. sobre papas silvestres (*Solanum* sect. *Tuberarium*) en la República Argentina y su significación como plaga de las especies cultivadas Revta Fac. Cienc. agrar. Univ. Nac. Cuyo 8, H. 1, 7–18.

Brzeski, M. W. Narkiewicz-Jodko, J. (1968): Possibility of control of plant parasitic nematodes with Disyston-sulfoxyd and Solvirex. Compt. rend. 8. Int. Symp. Nematologie Antibes 1965 (Leiden 1968) S. 121.

Buckhurst, A. S. and Fryer, J. C. F. (1931): The problem of „potato sickness" A report upon certain experiments. Ann. appl. Biol. **18**, 584–601.

Budzier, H. H. (1954 a): Über das fluoreszenzoptische Verhalten vitaler und letaler Larven des Kartoffelnematoden (*Heterodera rostochiensis* Wollenw.) nach Akridinorange-Fluorochromierung. Nachr'bl. f. d. dtsch. Pfl'schutzd. (Berlin) N. F. Jg. **8**, 172–175/189–191.

Budzier, H. H. (1954 b): Untersuchungen über die Primär- und Sekundärfluoreszenz der Larven des Kartoffelnematoden *Heterodera rostochiensis* Wollenweber unter Verwendung von Acridinorange. Wiss. Ztschr. Univ. Rostock **3**, 221–229.

Buhr, H. (1954): Untersuchungen über den Kartoffelnematoden. I. die „Papierstreifenmethode", ein vereinfachtes Verfahren zur Untersuchung von Bodenproben auf ihren Besatz mit Nematodenzysten. Nachr'bl. f. d. dtsch. Pfl'schutzd. (Berlin) N. F. Jg. **8**, 45–48.

BUHR, H. (1961 a): Krankheiten und Schädlinge an *Solanum aviculare* Forst. und *Solanum auriculatum* Ait. in Deutschland. Tagungsber. d. DAL Nr. **27**, 249–254.

BUHR, H. (1961 b): Pflanzensonderstoffe und Parasitenbefall. Tagungsber. d. DAL Nr. **27**, 309–336.

CALAM, C. T., RAISTRICK, H. and TODD, A. R. (1949 a): The potato eelworm hatching factor I. The preparation of concentrates of the hatching factor and a method for bioassay. Biochem. J. **45**, 513–519.

CALAM, C. T., TODD, A. R. and WARING, W. S. (1949 b): The potato hatching factor II. Purification of the factor by alkaloid salt fractification. Anhydrotetronic acid as an artificial hatching agent. Biochem. J. **45**, 520–524.

CALVERT, E. L. (1963): Experimental work on the washing and disinfection of seed potatoes. Ber. d. zweit. Dreijahrestag. d. Europ. Ges. f. Kart'forschung, Pisa, 1963, S. 196, Abstr.

CANNON, S. (1941): *Heterodera schachtii* found in a Long Island potato field. Plant Dis. Rep. **25**, S. 408.

CARDEN, P. W. (1965): The relationships between cyst and egg contents in advisory sampling of potato root eelworm. Plant. Pathol. **14**, 129–137.

CARLSTRÖM, L. (1966): Potatisnematoden förekomst, spridning, och bekämpning. Aktuellt från Lantbrukshögskolan **87**, 24 S.

CARROLL, J. (1933): A study of the potato eelworm (*Heterodera schachtii*) in the Irish Free State. J. Helminth. **11**, 137–156.

CARROLL, J. and MCMAHON, E. (1934): Hatching experiments on the potato eelworm (*Heterodera schachtii*). Nature **134**, S. 66.

CARROLL, J. and MCMAHON, E. (1935): Potota eelworm (*Heterodera schachtii*) investigations J. Helminth. **13**, 77–90.

CARROLL, J. and MCMAHON, E. (1937): Potato eelworm (*Heterodera schachtii*) further investigations. J. Helminth. **15**, 21–34.

CARROLL, J. and MCMAHON, E. (1939): Experiments on trap cropping with potatoes as a control measure against potato eelworm (*Heterodera schachtii*). J. Helminth. **17**, 101–112.

CARROLL, J. and MCMAHON, E. (1944): A summary of research work carried out in Ireland on the potato root eelworm. J. Dept. Agric. Irish Free State **41**, 220–228.

CARROLL, K. K., HEYES, J. K., JOHNSON, A. W. and TODD, A. R. (1958): The potato eelworm hatching factor 7. Further methods for concentration of the factor. Nematologica **3**, 154–167.

CARTER, W. (1943): A promising new soil amendment and disenfectant. Sci. **97**, 383–384.

CHAMBERLAIN, R. (1952/54): Potato root eelworm prevention in Northern Ireland. Sci. Horticult. **11**, 118–123.

CHAMBERLAIN, R. (1961): Potato root eelworm in the Canary Islands. Nature **189**, S. 773.

CHAMBERLAIN, R. (1964): The role of soil-sampling and regulatory measures in potato root eelworm control. Nematologica **10**, 21–24.

CHITWOOD, B. G. (1951): The golden nematode of potatoes. U. S. Dep. of Agric., Circular Nr. **875**, 48 S.

CHITWOOD, B. G. and BUHRER, E. M. (1945): Summary of soil fumigant tests against the golden nematode of potatoes (*Heterodera rostochiensis* Wollenweber), 1942–1944. Proc. Helminth. Soc. Wash. **12**, 39–41.

CHITWOOD, B. G. and BUHRER, E. M. (1946 a): Further studies on the life history of the golden nematodes of potatoes (*Heterodera rostochiensis* Wollenweber), season 1945. Proc. Helminth. Soc. Wash. **13**, 54–56.

CHITWOOD, B. G. and BUHRER, E. M. (1946 b): The life history of the golden nematode of potatoes, *Heterodera rostochiensis* Wollenweber, under Long Island, New York, conditions. Phytopathol. **36**, 180–189.

CHITWOOD, B. G. and FELDMESSER, J. (1948): Golden nematode population studies. Proc. Helminth. Soc. Wash. **15**, 43–55.

CHLEBNIKOVA Z. I. (1958): Chimičeskie sredstva protiv kartofel'noj nematody. Zaščita rastenij ot vreditelej i boleznej Moskva **3**, H. 5, 43–45.

CHURCH, B. M., GOUGH, H. C. and SOUTHEY, J. F. (1959): Soil sampling procedures for potato root eelworm cysts. Plant Pathol. **8**, 146–151.

CLARKE, A. J. (1968): The chemical composition of the cyst wall of the potato cyst-nematode, *Heterodera rostochiensis*. Biochem. J. **108**, 221–224.

CLARKE, A. J., COX, P. M. and SHEPHERD, A. M. (1967): The chemical composition of the egg shell of the potato cyst-nematode, *Heterodera rostochiensis* Woll. Biochem. J. **104**, 1056–1060.

CLARKE, A. J. and SHEPHERD, A. M. (1966 a): Pricolonic acid as a hatching agent for the potato cyst nematode, *Heterodera rostochiensis* Woll. Nature **211**, S. 546.

CLARKE, A. J. and SHEPHERD, A. M. (1966 b): Inorganic ions and the hatching of *Heterodera* spp. Ann. appl. Biol. **58**, 497–508.

CLARKE, A. J. and SHEPHERD, A. M. (1967): Flavianic acid as a hatching agent for *Heterodera cruciferae* Franklin and other cyst nematodes. Nature **213**, 419–420.

CLARKE, A. J. and SHEPHERD, A. M. (1968): Hatching agents for the potato cyst-nematode, *Heterodera rostochiensis* Woll. Ann. appl. Biol. **61**, 139–149.

CLARKE, A. J. and WIDDOWSON, E. (1966): The hatching factor of the potato-root eelworm. Biochem. J. **98**, 862–868.

COBB, N. A. (1918): Estimating the nema population of soil. U. S. Dep. Agric. Bur. Plant Industry. Agric. Techn. Circ. Nr. **1**, 48 S.

COBB, C. S. and TAYLER, A. L. (1953): *Heterodera leptonepia* n. sp., A crystforming nematode found in soil with stored potatoes. Proc. Helminth. Soc. Wash. **20**, 13–15.

COLE, S. C. and HOWARD, H. W. (1957): The genetics of resistance to potato root eelworm of *Solanum tuberosum* subsp. *andigenum*, Clone C. P. C. 1690. Euphytica **6**, 242–246.

COLE, C. S. and HOWARD, H. W. (1958): Observations on giant cells in potato roots infected with *Heterodera rostochiensis*. J. Helminth. **32**, 135–144.

COLE, C. S. and HOWARD, H. W. (1959): The effect of growing resistant potatoes on a potato root eelworm (*Heterodera rostochiensis* Woll.) population. Nematologica **4**, 307–316.

COLE, C. S. and HOWARD, H. W. (1962 a): Further results from a field experiment on the effect of growing resistant potatoes on a potato root eelworm (*Heterodera rostochiensis*) population. Nematologica **7**, 57–61.

COLE, C. S. and HOWARD, H. W. (1962 b): The effect of growing resistant potatoes on a potato-root eelworm population — a microplot experiment. Ann. appl. Biol **50**, 121–127.

COMPTON, C. C. and BENEDICT, S. H. (1956): Nemagon, a soil fumigant. Agric. Chemicals **11**, Nr. 3, 46–47 und 125–126.

COOKE, R. C. (1962): The ecology of nematode-trapping fungi in the soil. Ann. appl. Biol. **50**, 507–513.

COOKE, R. C. (1963): The predaceous activity of nematode — trapping fungi added to soil. Ann. appl. Biol. **51**, 295–299.

COOPER, B. A. (1954): Eelworm problems in North Fenland with special reference to crop rotation. Rep. hort. Education Ass. for 1953, 106–115.

COOPER, B. A. (1955 a): A preliminary key to british species of *Heterodera* for use in soil examination. Soil Zool., Proc. Unic. of Nottingham, 269–280.

COOPER, B. A. (1955 b): A mechanical devise for concentrating *Heterodera* cysts (Nematoda). Soil Zool., Proc. Univ. of Nottingham, 385–389.

CUNNINGHAM, P. C. (1960): An investigation of winter dormancy in *Heterodera rostochiensis*. Sci. Proc. Royal Dublin Soc., Serie B, **1**, 1–4.

DAVIES, T. G. (1964): Chemical control of potato root eelworm in glasshouse soils of North Wales. Plant Pathol. **13**, 164–168.

DAVIES, T. G. (1965): Chemical control of potato root eelworm in glasshouse soils using Dazomet. Plant Pathol. **14**, 101–104.

DECKER, H. (1962 a): Über den Einsatz hochtouriger Laborgeräte bei der Untersuchung des Boden auf zystenbildende Nematoden. Abh. u. Ber. Naturkundemuseum Görlitz **37**, 163–170.

DECKER, H. (1962 b): Möglichkeiten und Probleme der Nematodenbekämpfung. Wiss. Ztschr. Univ. Rostock Jg. **11**, 289–297.

DECKER, H. (1963): Neue Forschungsergebnisse über den Kartoffelnematoden und andere gefährliche Nematodenarten unter besonderer Berücksichtigung der in der DDR üblichen Bekämpfungsmaßnahmen. Int. Ztschr. Landw., Heft 2, 1–3.

DE GROTE, G. (1960): De werking van Ca-cyanamide als nematicide. Meded. Landbouwhogesch. Opzoekingsst. Gent **25**, 1097–1106.

DERN, R. (1964): Vorkommen und Verbreitung der wirtschaftlich wichtigsten Nematoden in Hessen-Nassau. Mitt. Biol. Bundesanst. Land- u. Forstwirtsch., Nr. **111**, 113–118.

DERN, R. (1960): Nematodenbekämpfung mit chemischen Präparaten (Nachtrag). Gesunde Pflanzen **12**, 280–282.

DERN, R. (1968): Erfahrungen bei der Nematodenbekämpfung mit Terracur P. Compt. rend. 8. Int. Symp. Nematologie Antibes 1965 (Leiden 1968), 123–124.

DERN, R. (1969): Erfahrungen mit granulierten Nematiziden. Gesunde Pflanzen **21**, 109–120.

D'HERDE, J., KIPS, R. H. et BRANDE, J. V. D. (1956): Apercu des techniques employées dans les recherches sur le nématode doré de la pomme de terre. Nematologica **1**, 14–19.

DIEDWARDO, A. A. and PERRY, V. G. (1963): An underscribed species of *Heterodera* pathogenic to St. Augustine grass in Florida. Phytopathology **53**, S. 874, Abstr.

DIEDWARDO, A. A. and PERRY, V. G. (1964): *Heterodera leuceilyma* n. sp. (*Nemata*: *Heteroderidae*) A severe pathogen of St. Augustinegrass in Florida. Univ. of Fla., Agric. Exp. Stat. Bull. Nr. 687, 35 S.

DIETER, A. (1955): Vergleichende experimentelle Untersuchungen an zoophagen und phytophagen Nematoden. Wiss. Ztschr. Univ. Halle-Wittenberg **5**, 157–186.

DIETER, A. (1961): Beobachtungen über Standorteinflüsse auf den Effekt von Nematiziden zur Bekämpfung des Kartoffelnematoden (*Heterodera rostochiensis* Woll.) unter Verwendung von Modellpräparaten. Ztschr. Pfl. krankh. **68**, 80–91.

DITTMANN, A. L. (1962): Die Verbreitung von *Heterodera rostochiensis* in einem Kreis mit starkem Kartoffelbau. Diss. Landw. Fakult. Univ. Göttingen, 1962, 67 S.

DIXON, G. M., HOLLIDAY, J. M., JONES, G. M., BARBER, D. D., DOVER, P. A. and RICHARDSON, B. P. (1968): Potato cyst eelworm and the advent of eelworm-resistant potatoes in SW. Lancashire. N. A. A. S. Quart. Rev. Nr. **81**, 27–34.

DOLIWA, U. (1955/56): Experimentelle Untersuchungen an Kartoffelnematoden (*Heterodera rostochiensis* Wollenweber). Wiss. Ztschr. Univ. Rostock **5**, 133–149.

DONCASTER, C. C. (1953): A study of host-parasite relationships. The potato-root eelworm (*Heterodera rostochiensis*) in black night-shade (*Solanum nigrum*) and tomato. J. Helminth **27**, 1–8.

DONCASTER, C. C. (1957): Growth, invasion and root diffusate production in tomato and black nightshade inoculated with potato-root eelworm. Nematologica **2**, 7–15.

DONCASTER, C. C. (1962): A counting dish for nematodes. Nematologica 7, 334–336.

DONCASTER, C. C. (1964): The effects of D-D treatment applied during a five-course rotation on the soil population of *Heterodera rostochiensis* Woll. Ann. appl. Biol. **54**, 391–396.

DONCASTER, C. C. and SHEPHERD, A. M. (1967a): Hatching of the potato cyst-nematode, *Heterodera rostochiensis* Woll. IX. Int. Nematology Symposium Warschau, 1967, Zusammenfassung, 9–10.

DONCASTER, C. C. and SHEPHERD, A. M. (1967b): The behaviour of second-stage *Heterodera rostochiensis* larvae leading to their emergence from the egg. Nematologica **13**, 476–478.

DONCASTER, C. C., EDWARDS, B. S. and SHEPHERD, A. M. (1966): A labour-saving method of making Fenwick multi-chamber counting slides for nematodes. Nematologica **12**, 644.

DOWE, A. (1964): Probleme der Nematodenbekämpfung mit Raubpilzen. Wiss. Ztschr. Univ. Rostock **13**, 379–386.

DREES, H. und WIRTZ, W. (1958): Über die Entwicklung von *Heterodera rostochiensis* Wollenweber und ihre Abhängigkeit von Umweltfaktoren. Pflanzenschutzber. **20**, 161–178.

DROSIHN, U. G. (1968): Untersuchungen über die Diffusion von Methylbromid bei der Bodenbegasung. Ztschr. Pfl'krankh. Pfl'schutz **75**, 665–673.

DUDDINGTON, C. L. (1954): Nematode-destroying fungi in agricultural soils. Nature **173**, 500–501.

DUDDINGTON, C. L. (1955): Inter-relations between soil microflora and soil nematodes. Soil Zool., Proc. Univ. of Nottingham, 284–299.

DUDDINGTON, C. L. (1958): Fungi help to rid the soil eelworm. Int. Sugar J. **60**, 31–32.

DUDDINGTON, C. L. (1963): Predacious fungi and soil nematodes. In „Soil organisms" Amsterdam, 298–304.

DUDDINGTON, C. L., JONES, F. G. W and WILLIAMS, T. D. (1956): An experiment on the effect of a predacious fungus upon the soil pupolation of potato root eelworm, *Heterodera rostochiensis* Woll. Nematologica **1**, 341–343.

DUDDINGTON, C. L., JONES, F. G. W. and MORIARTY, F. (1956): The effect of predacious fungus and organic matter upon the soil population of beet eelworm, *Heterodera schachtii* Schm. Nematologica **1**, 344–348.

DUDDINGTON, C. L. and DUTHOIT, C. M. G. (1960): Green manuring and cereal root eelworm. Plant Pathol. **9**, 7–9.

DUDDINGTON, C. L., EVERARD, C. O. R. and DUTHOIT, C. M. G. (1961): Effect of green manuring and a predacious fungus on cereal root eelworm in oats. Plant Pathol. **10**, 108–109.

DUGGAN, J. J. (1961): Eelworm can wipe out potato crop. Farm Res. News **1**, Nr. 6, 5–8.

DUGGAN, J. J. and BRENNAN, P. A. (1966): *Heterodera rosii* (*Heteroderidae*) a new species of cyst-forming nematodes from curled dock (*Rumex crispus*). J. Agric. Res. **5**, 113–120.

DUMOND, C. C. (1949): State of N. Y. Dep. Agric. and Markets, Golden Nematode. Quarantine Nr. **5** official order.

DUNN, E. (1954): Factors influencing the emergence of *Heterodera rostochiensis* larvae. Nature **173**, S. 780.

DUNN, E. (1962 a): Pre-conditioning of the cyst contents of potato root eelworm, *Heterodera rostochiensis* Woll., by temperature and its effect on the subsequent emergence of the larvae in water and root diffusate. Nematologica **7**, 177–185.

DUNN, E. (1962 b): Pre-conditioning effect of temperature on the subsequent hatch of potato root eelworm, *Heterodera rostochiensis*. Eur. Potato J. **5**, S. 185, Abstr.

DUNN, E. (1967): The eelworm problem in glashouse tomatoes. Scott. Agric. **46**, 87—89.

DUNN, E. and HUGHES, W. A. (1964): Interrelationships of the potato root eelworm, *Heterodera rostochiensis* Woll., *Rhizoctonia solani* Kühn and *Colletotrichum atramentarium* (B. and Br.) Taub., on the growth of the tomato plant. Nature **201**, 413—414.

DUNN, E. and HUGHES, W. A. (1967): Interactions of *Oospora pustulans*, *Rhizoctonia solani* and *Heterodera rostochiensis* on the potato. Eur. Potato J. **10**, 327—328.

DUNNETT, J. M. (1957 a): "Embedded cysts" in relation to the utilisation of potato root eelworm resistance. Scot. Soc. for Res. in Plant Breeding Ann. Rep. 1957, 50—56.

DUNNETT, J. M. (1957 b): Variation in pathogenicity of the potato root eelworm (*Heterodera rostochiensis* Woll.) and its significance in potato breeding. Euphytica **6**, 77—89.

DUNNETT, J. M. (1959): Variation in pathogenicity of the potato root eelworm (*Heterodera rostochiensis* Woll.): Technique and results of testing wild potatoes for resistance. Tagungsber. d. DAL Nr. **20**, 107—120.

DUNNETT, J. M. (1960 a): The role of *Solanum vernei* Bitt. et Wittm. in breeding for resistance to potato root eelworm (*Heterodera rostochiensis* Woll.). Scot. Plant Breeding Stat., Rep. 1960, 39—44.

DUNNETT, J. M. (1960 b): Potato breeders strains of root eelworm (*Heterodera rostochiensis* Woll.). Nematologica (Suppl. II) 84—94.

DUNNETT, J. M. (1961): Inheritance of resistance to potato root eelworm in a breeding line stemming from *Solanum multidissectum* Hawkes. Scot. Plant Breeding Stat., Rep. 1961, 39—46.

DUNNETT, J. M. (1962): Strains of potato-root eelworm. Eur. Potato J. **5**, 185—186, Abstr.

DUNNETT, J. M. (1964): Inheritance of resistance to potato root eelworm (*Heterodera rostochiensis* Woll.) in a breeding line stemming from *Solanum sanctae-rosae* Hawkes. Scot. Plant Breeding Stat. Rec. 1964, 41—47.

EBERT, F. (1967): Zusammenhänge zwischen Infektionsdruck und Endverseuchung bei *Heterodera rostochiensis* Woll. Mitt. biol. Bundesanst. Land-Forstwirtsch., Heft **121**, 33—38.

EDWARDS, E. E. (1929): The control of a serious potato trouble. J. of the Min. of Agric. **36**, 234—242.

EDWARDS, E. E. (1937): Field experiments on control of the "Potato-sickness" associated with the nematode *Heterodera schachtii*. J. Helminth. **15**, 77—96.

EDWARDS, E. E. (1939): Field tests on the value of calcium chloro-acetate for controlling the potato-sickness associated with the root eelworm, *Heterodera schachtii*. J. Helminth. **17**, 51—60.

EFREMENKO, V. P. (1957): Primenenie Chlorpikrina pri obezzaraživanii izolirovannych očagov kartofel'noj nematodoj. Izdatelstvo polit. i naučnoj lit., Litovskoj SSR, Vilnjus, 20 S.

EFREMENKO, V. P. (1958): Ispytanie novych preparatov dlja bor'by s kartofel'noj nematodoj. XI. planovo-metodičeskoe soveščanie po naučno-issledovatel'skoj rabote po zaščite rastenij v ceverozapadnoj zone SSSR, Riga, 77—78.

EFREMENKO, V. P. (1959 a): K voprosy razrabotki sistemy meroprijatii po bor'be s kartofel'noj nematodoj. Acta Parasitologica Lithuanica, Vilnjus, **2**, 101—105.

EFREMENKO, V. P. (1959 b): Povyšenie effektivnosti agrotechničeskich i chemičeskich mer bor'by s kartofel'noj nematodoj putem kompleksnogo ich primenija. Dokladov naučno konferenzii zaščite rastenij, 173—177.

EFREMENKO, V. P. (1961): Agrotechničeskie i chimičeskie metody bor'by s kartofel'noj nematodoj. Trudy Vsesojuznogo Inst. zaščity rastenij, Leningrad, **16**, 93—115.

EFREMENKO, V. P. (1967): Bor'ba s kartofel'noj nematodoj v SSSR i za rybežom. Nematodnye bolezni sel'skoch. rastenij Moskva 1967, 112—119.

EFREMENKO, V. P. and BURSTEIN, CH. S. (1963): K voprosu vyjavlenija agressivnych ras kartofel'noj nematody v Litovskoj SSR. Kratkie itogi naučnych issledovanij po zaščite rastenij v pribaltiskoj zone SSSR Riga, 1962, 71—72.

EGLITIS, V. and KAKTINA, DZ. (1950): Petijumi par kartupelu nematodi (*Heterodera rostochiensis* Woll.). Latvijas PSR Zinātnu Akademijas Vēstis Nr. 4, (33), 92—102.

EGLITIS, V. and KAKTINA, DZ. (1953): Augu nematodes un to apkarośana. Latvijas PSR Zinatnu Akademijas Izdevnieciba 155 S.

EGLITIS, V. K. and KAKTYNJA, D. K. (1967): Značenie čislennosti osobej fitonematod v različnych agrotechničeskich uslovijach. Nematodnye bolezni sel'skoch. rastenij Moskva 1967, 34—42.

EIS, B. (1964): Matwik ziemniaczany w Bydgoskiem. Ochrana Róslin 8, 22—23.

EHRENFELDE, E. (1968): Ispytanie Tiazona dlja bor'by s kartofel'noj nematodoj v Latvijskoj SSR. Dokladov VI. naučnoj konferenzii pribaltijskich respublik po zaščite rastenij Tallin 1968, 41—42.

EKHOLM, S. (1949): Perunaankeroinen. Pellervo **50**, S. 190.

ELLENBY, C. (1943): A modification of the Gemmell single cyst technique for the potato strain of the eelworm *Heterodera schachtii* Schmidt. Nature **152**, S. 133.

ELLENBY, C. (1944 a): Standardization of root excretions for immunity trials on the potato root eelworm. Nature **154**, 363—364.

ELLENBY, C. (1944 b): Influence of earthworms on larval emergence in the potato-root eelworm, *Heterodera rostochiensis* Wollenweber. Ann. appl. Biol. **31**, 332—339.

ELLENBY, C. (1945 a): The influence of crucifers and mustard oil on the emergence of larvae of the potato-root eelworm, *Heterodera rostochiensis* Wollenweber. Ann. appl. Biol. **32**, 67 bis 70.

ELLENBY, C. (1945b): Susceptibility of south american tuberforming species of Solanum to the potato-root eelworm *Heterodera rostochiensis* Wollenweber. The Empire J. of Exp. Agric. **13**, 158—168.

ELLENBY, C. (1945c): Control of the potato-root eelworm, *Heterodera rostochiensis* Wollenweber, by allyl isothiocyanate, the mustard oil of *Brassica nigra*. Ann. appl. Biol. **32**, 237—239.

ELLENBY, C. (1946a): Nature of the cyst wall of the potato-root eelworm *Heterodera rostochiensis* Wollenweber, and its permeability to water. Nature **157**, 302—303.

ELLENBY, C. (1946b): Ecology of the eelworm cyst. Nature **157**, 451—452.

ELLENBY, C. (1946c): The influence of potato variety on the cyst of the potato-root eelworm, *Heterodera rostochiensis* Wollenweber. Ann. appl. Biol. **33**, 433—446.

ELLENBY, C. (1946/47): Potato root eelworm and mustard oil. Agriculture **53**, 219—223.

ELLENBY, C. (1948): Resistance to the potato-root eelworm. Nature **162**, S. 704.

ELLENBY, C. (1951): Mustard oils and control of the potato-root eelworm, *Heterodera rostochiensis* Wollenweber: further field and laboratory experiments. Ann. appl. Biol, **38**, 859—875.

ELLENBY, C. (1952): Resistance to the potato-root eelworm, *Heterodera rostochiensis* Wollenweber. Nature **170**, S. 1016.

ELLENBY, C. (1954a): Tuber forming species and varieties of the genus Solanum tested for resistance to the potato root eelworm *Heterodera rostochiensis* Wollenweber. Euphytica **3**, 195—202.

ELLENBY, C. (1954b): Environmental determination of the sex ratio of a plant parasitic nematode. Nature **174**, 1016—1017.

ELLENBY, C. (1955a): The seasonal response of the potato-root eelworm, *Heterodera rostochiensis* Wollenweber: emergence of larvae throughout the year from cysts exposed to different temperature cycles. Ann. appl. Biol. **43**, 1—11.

ELLENBY, C. (1955b): The permeability to the hatching factor of the cyst wall of the potato-root eelworm, *Heterodera rostochiensis* Wollenweber. Ann. appl. Bio. **43**, 12—18.

ELLENBY, C. (1955c): On a technique for infecting plants with the potato root-eelworm, *Heterodera rostochiensis* Wollenweber, J. Helminth. **29**, 77—80.

ELLENBY, C. (1956): The cyst of the potato-root eelworm (*Heterodera rostochiensis* Wollenweber) as a hatching unit. Ann. appl. Biol. **44**, 1—15.

ELLENBY, C. (1957a): Some physiological aspects of the hatching mechanism of the potato-root eelworm, *Heterodera rostochiensis* Wollenweber. Proc. Symposium Insect and Food-plant, Wageningen, 95—102.

ELLENBY, C. (1957b): An investigation into the possibility of parthenogenesis in the potato-root eelworm, *Heterodera rostochiensis* Wollenweber. Nematologica **2**, 250—254.

ELLENBY, C. (1958a): Day length and cyst formation on the potato root eelworm, *Heterodera rostochiensis* Wollenweber. Nematologica **3**, 81—90.

ELLENBY, C. (1958b): Root diffusates of *Solanum tuberosum* and *Digitalis purpurea*. Nature **181**, 920—921.

ELLENBY, C. (1963a): The gold of the golden nematode of potatoes. Proc. 16. Int. Congr. Zool. **1**, S. 139.

ELLENBY, C. (1963b): Masked polyphenols in the cuticle of a cyst forming nematode. Experientia **19**, S. 256.

ELLENBY, C. (1963c): Stimulation of hatching of the potato root eelworm by soil leachings. Nature **198**, S. 1110.

ELLENBY, C. (1964): The hydrogen ion concentration inside the cyst of the potato-root eelworm during hatching with some observations on the rate of movement of solutions into and out the cyst. Nematologica **10**, S. 72, Abstr.

ELLENBY, C. (1965): The hydrogen ion concentration inside the cyst of the potato-root eelworm during hatching with some observations on the rate of movement of solutions into and out of the cyst. Nematologica **11**, 297—300.

ELLENBY, C. (1968a): Desiccation survival on the plant parasitic nematodes, *Heterodera rostochiensis* Wollenweber and *Ditylenchus dipsaci* (Kühn) Filipjev. Proc. Roy. Soc. B. **169**, 203—213.

ELLENBY, C. (1968b): Determination of the water content of nematode worms by interference microscopy. Experientia **24**, 84—85.

ELLENBY, C. (1968c): The survival of desiccated larvae of *Heterodera rostochiensis* and *H. schachtii*. Nematologica **14**, 544—548.

ELLENBY, C. and GILBERT, A. B. (1957): Cardiotonic activity of the potato-root eelworm hatching factor. Nature **180**, 1105—1106.

ELLENBY, C. and GILBERT, A. B. (1958a): Solutions of potato-root diffusate of low ion content. Experientia **14**, S. 109.

ELLENBY, C. and GILBERT, A. B. (1958b): Influence of certain inorganic ions on the hatching of the potato-root eelworm, *Heterodera rostochiensis* Wollenweber. Nature **182**, 925 bis 926.

ELLENBY, C. and GILBERT, A. B. (1960a): A convenient modification of the dilution hatching trial for the potato-root eelworm, *Heterodera rostochiensis* Wollenweber. J. Helminth. **34**, 99—102.

Ellenby, C. and Gilbert, A. B. (1960b): Progress in the study of the physiology of the hatching factor of the potato root eelworm, *Heterodera rostochiensis* Wollenweber. Nematologica (Suppl. II), 106–111.

Ellenby, C. and Smith, L. (1966): Influence of temperature on polyphenol oxidase activity in three species of *Heterodera*. Parasitology **56**, S. 2p, Abstr.

Ellenby, C. and Smith, L. (1967a): Soil leachings and the hatching of larvae of the potato-root eelworm, *Heterodera rostochiensis* Wollenweber. Ann. appl. Biol. **59**, 283–288.

Ellenby, C. and Smith, L. (1967b): Emergence of larvae from new cysts of the potato-root eelworm, *Heterodera rostochiensis*. Nematologica **13**, 273–278.

Ellenby, C. and Smith, L. (1967c): Influence of temperature on polyphenol oxidase activity in three species of *Heterodera*. Comp. Biochem. Physiol. **21**, 51–57.

Ellenby, C. and Smith, L. (1967d): Stimulation of hatching of the potato-root eelworm *Heterodera rostochiensis* by ion exchance resins. Nature **215**, S. 666.

Ellenby, C. and Smith, L. (1968a): Water hatching in *Heterodera rostochiensis* Wollenweber. Compt. rend. 8. Int. Symp. Nematologie Antibes 1965 (Leiden 1968) S. 50.

Ellenby, C. and Smith, L. (1968b): South american origin of european pathotypes of the potato-root eelworm, *Heterodera rostochiensis* Wollenweber. Nematologica **14**, 597–599.

Ellis, P. R. (1966): The effects of different soil drying times on extraction from soil and hatching of potato root eelworm. Plant Pathol. **15**, 175–180.

Ellis, P. R. (1968): Resistance to the potato cyst-nematode, *Heterodera rostochiensis*, in the plant genus *Lycopersicon*. Ann. appl. Biol. **61**, 151–160.

Empson, D. W. and James, P. J. (1966): An economic approach to the potato root eelworm problem. N. A. A. S. Quart. Rev. Nr. **173**, 22–29.

Evans (1968): Mating behaviour. In: Jones, F. G. W., Rep. Rothamst. Exp. Stat. for 1967, S. 147.

Evans, K. (1969): Changes in a *Heterodera rostochiensis* population through the growing season. Ann. appl. Biol. **64**, 31–41.

Ext, W. und Goffart, H. (1937): Erfahrungen und Maßnahmen bei der Bekämpfung des Kartoffelnematoden (*Heterodera rostochiensis* Wollenweber). Ztschr. Pfl.krankh. **47**, 560–572.

Ext, W. und Goffart, H. (1942): 10 Jahre Kampf gegen den Kartoffelnematoden in der Provinz Schleswig-Holstein. Angew. Botanik **24**, 1–16.

Fassuliotis, G. (1957): Role of the male in reproduction of the golden mematode. Phytopathol. **47**, S. 11, Abstr.

Fassuliotis, G. (1958): Effects of ionizing radiations on the golden nematode, *Heterodera rostochiensis*. Radiation Res. **9**, Nr. 1.

Fassuliotis, G. and Feldmesser, J. (1952): An attempt to concentrate golden nematode-stimulatory elements from potato-root leachings. Phytopathol. **42**, S. 466, Abstr.

Fassuliotis, G. and Feldmesser, J. (1954): Infection of eggplant, *Solanum melongena*, by the golden nematode of potatoes, *Heterodera rostochiensis*. Plant Dis. Rep. **38**, 791–792.

Fassuliotis, G. and Sparrow, A. H. (1955): Preliminary report of X-ray studies on the golden nematode. Plant Dis. Rep. **39**, S. 572.

Faulkner, I. R. and Bolander, W. J. (1967): Occurence of large nematode populations in irregation canals of South Central Washington. Nematologica **12**, (1966), 591–600.

Feldmesser, J. (1952): Root galls of tomato induced by *Heterodera rostochiensis* Wollenweber, the golden nematode. Phytopathol. **42**, S. 466, Abstr.

Feldmesser, J. (1953): A cytological study of the effects of the golden nematode, *Heterodera rostochiensis*, on tomato. Phytopathol. **43**, S. 471, Abstr.

FELDMESSER, J. and FASSULIOTIS, G. (1950): Reactions of the golden nematode of potatoes, *Heterodera rostochiensis* Wollenweber, to controlled temperatures and to attemted control measures. J. Wash. Acad. Sci. **40**, 355—361.

FELDMESSER, J.; FASSULIOTIS, G. and SPRUYT, F. G. (1951): Investigations on control of the golden nematode of potatoes. Plant. Dis. Rep. **35**, 515—518.

FELDMESSER, J. and FEDER, W. A. (1954): Maintaining and determining viability of nematodes in vitro. Soil Sci. Soc. Florida Proc. **14**, 154—156.

FELDMESSER, J. and SHAFER, T. (1955): Tests with two organic mercurialis against the golden nematode of potatoes. Plant Dis. Rep. **39**, S. 13.

FENWICK, D. W. (1940): Methods for the recovery and counting of cysts of *Heterodera schachtii* from soil. J. Helminth. **18**, 155—172.

FENWICK, D. W. (1942): The degree of *Heterodera* infectivity of soil and its determination. J. Helminth **20**, 50—66.

FENWICK, D. W. (1943a): A refinement of Gemmell's single cyst technique. J. Helminth. **21**, 37—41.

FENWICK, D. W. (1943b): Note on the use of picric acid as a hatching agent. J. Helminth. **21**, 41—42.

FENWICK, D. W. (1949): Investigations on the emergence of larvae from cysts of the potato-root eelworm *Heterodera rostochiensis*. I. Technique and variability. J. Helminth. **23**, 157—170.

FENWICK, D. W. (1950a): Investigations on the emergence of larvae from cysts of the potato-root eelworm, *Heterodera rostochiensis*. II. The form of the hatching curve. J. Helminth. **24**, 75—86.

FENWICK, D. W. (1950b): Investigations on the emergence of larvae from cysts of the potato-root eelworm, *Heterodera rostochiensis*. III. Larval emergence in soil under the influence of potato-root diffusate. J. Heminth. **24**, 86—90.

FENWICK, D. W. (1950c): "Buried-Bag" technique for testing 'D—D' as a soil fumigant against the potato-root eelworm. Nature **165**, 694.

FENWICK, D. W. (1951a): Investigations on the emergence of larvae from the cysts of the potato-root eelworm, *Heterodera rostochiensis*. IV. Physical conditions and their influence on larval emergence in the laboratory. J. Helminth. **25**, 37—48.

FENWICK, D. W. (1951b): Investigations on the emergence of larvae from the cysts of the potato-root eelworm, *Heterodera rostochiensis*. V. A shortened method for the conduct of hatching tests. J. Helminth. **25**, 49—56.

FENWICK, D. W. (1951c): A new modification of the McMaster slide for use in potato-root elworm investigation. J. Helminth. **25**, 173—176.

FENWICK, D. W. (1951d): The effect of temperature on the development of the potato-root eelworm, *Heterodera rostochiensis*. Ann. appl. Biol. **38**, 615—617.

FENWICK, D. W. (1952a): *Heterodera rostochiensis*: Sampling technique and the limits of their applicability. Proc. Int. Nematol. Symposium and Training Course, Harpenden 1951, 8—12.

FENWICK, D. W. (1952b): The estimation of the cyst contents of the potato-root eelworm, *H. rostochiensis*. J. Helminth. **26**, 55—67.

FENWICK, D. W. (1952c): The bio-assay of potato-root diffusate. Ann. appl. Biol. **39**, 457 bis 467.

FENWICK, D. W. (1956): The breakdown of potato-root diffusate in soil. Nematologica **1**, 290—302.

FENWICK, D. W. (1957a): Preliminary studies on the effect of ethylene dibromide fumigation on the hatchability of *Heterodera rostochiensis* (Woll.). Nematologica **2**, 242—249.

FENWICK, D. W. (1957b): Some experiments on the vacuum destillation of potato root diffusate. Nematologica **2**, 277—284.

FENWICK, D. W. (1959a): The genus *Heterodera*. Plant Nematol., Min. of Agric., Techn. Bull. Nr. **7**, 61—64.

FENWICK, D. W. (1959b): Estimation of eelworm populations: Principles and techniques. Plant Nematol., Min. of Agric., Techn. Bull. Nr. **7**, 115—118.

FENWICK, D. W. (1961): Estimation of field populations of cyst forming nematodes of the genus Heterodera. J. Helminth. (Suppl.) 63—76.

FENWICK, D. W. and FRANKLIN, M. T. (1942): Identification of *Heterodera* species by larval length, technique for estimating the constants determining the length variations within a given species. J. Heminth. **20**, 67—114.

FENWICK, D. W., PETERS, B. G. and LIBBEY, R. P. (1953): Effects of repreated field injections of D—D mixture against potato-root eelworm. Ann. appl. Biol. **40**, 208—214.

FENWICK, D. W. and REID, E. (1951): A rapid method for estimating the density of white cysts of *Heterodera rostochiensis* on potato roots. Nature **167**, S. 534.

FENWICK, D. W. and REID, E. (1953a): Seasonal fluctuations in the degree of hatching from cysts of the potato root eelworm. Nature **171**, S. 47.

FENWICK, D. W. and REID, E. (1953b): Population studies on the potato root eelworm (*Heterodera rostochiensis* Woll.) J. Helminth. **27**, 119—128.

FENWICK, D. W. and WIDDOWSON, E. (1958): The conduct of hatching tests on cysts of the potato-root eelworm *Heterodera rostochiensis* (Woll.). J. Heminth. **32**, 125—134.

FENWICK, D. W. and WIDDOWSON, E. (1959): The emergence of larvae from free eggs of the potato-root eelworm, *Heterodera rostochiensis* (Woll.). Ann. appl. Biol. **47**, 140—149.

FERRIS, J. M. (1956a): The effect of soil temperature on the life cycle of the golden nematode. Phytopathol. **46**, 11—12, Abstr.

FERRIS, J. M. (1956b): A study of factors influencing the susceptibility of *Solanum* species to the golden nematode, *Heterodera rostochiensis* Wollenweber. Diss. Abstr. **16**, 2290—2291.

FERRIS, J. M. (1957): Effect of soil temperature on the life cycle of the golden nematode in host and nonhost species. Phytopathol. **47**, 221—230.

FERRIS, J. M. and MAI, W. F. (1955): The stimulation of larval emigration by root diffusates of severeal host and nonhost plants of the golden nematode, *Heterodera rostochiensis* Wollenweber. Phytopathol. **45**, S. 184, Abstr.

FERRIS, J. M. and Mai, W. F. (1956): Viability of encysted golden nematode larvae following seasonal temperature changes and drought. Plant Dis. Rep. **40**, 966—970.

FERRIS, V. R. (1956): Electron microscopy of golden nematode cyst wall. Phytopathol. **46**, S. 12, Abstr.

FERRIS, V. R., Mai, W. F. and LYON, H. H. (1956): A new method for counting golden nematode cysts. Plant. Dis. Rep. **40**, 182—183.

FERRIS, V. R. and SIEGEL, B. M. (1957): Electron microscopy of golden nematode cyst wall. Nematologica **2**, 16—18.

FEUCHT, W. (1930): Der Kartoffelnematode auch in Thüringen. Thür. Landw. Wochenschr. **2**, Nr. 21, 2—3.

FIDLER, J. H. (1963): Some new equipment for routine assessment of levels of soil infestation by the potato-root eelworm, *Heterodera rostochiensis* Wollenweber. Ann. appl. Biol. **51**, 269 bis 275.

16*

FILIPJEV, I. N. (1934): (Nematodes harmful and beneficial to agriculture). Moskau u. Leningrad, **440** S. (in russisch).

FILIPJEV, I. N. and SCHUURMANS STEKHOVEN, J. H. (1941): A manual of agricultural helminthology. Leiden, 878 S.

FINKENBRINK (1933): Kartoffelschwindsucht. Anz. f. Schädlingskd. **9**, S. 148.

FISCHER, H. (1966): Möglichkeiten der Verwendung von Plastfolien und plastbeschichteten Geweben bei Begasungen zur Bekämpfung von Quarantäne- und Vorratsschädlingen. Nachr.'bl. f. d. dtsch. Pfl'schutzd. (Berlin) N. F. Jg. **20**, 29–35.

FLOR, H. H. (1956): The complementary genic system in flax and flax rust. Adv. Genetics 8, 29–52.

FOCKE, R. (1959): Ein Versuch zur Klärung der Vererbung der Nematodenresistenz (*Heterodera rostochiensis* Woll.) bei *Solanum vernei*. Tagungsber. d. DAL, Nr. **20**, 159–162.

FORSTER, A. R. (1956): The development of *Heterodera rostochiensis* and *Meloidogyne incognita* in crossgraftet solanaceous plants with different susceptibilities. Nematologica **1**, 283–289.

FRANKLIN, M. T. (1937a): The effect on the cyst contents of *Heterodera schachtii* of the cultivation of maize on potato sick land. J. Helminth. **15**, 61–68.

FRANKLIN, M. T. (1937b): The survival of free larvae of *Heterodera schachtii* in soil. J. Helminth. **15**, 69–74.

FRANKLIN, M. T. (1938a): On the occurence of Heterodera cysts in various soils and on the roots of *Agrostis stolonifera* L. J. Helminth. **16**, 5–16.

FRANKLIN, M. T. (1938b): Experiments with cysts of the potato eelworm (*Heterodera schachtii*) of different ages. J. Helminth. **16**, 67–76.

FRANKLIN, M. T. (1939a): The treatment of seed potatoes for the destruction of adherent *Heterodera schachtii* cysts. J. Helminth. **17**, 113–126.

FRANKLIN, M. T. (1939b): On the structure of the cysts wall of *Heterodera schachtii* (Schmidt). J. Helminth. **17**, 127–134.

FRANKLIN, M. T. (1940a): On the identification of strains of *Heterodera schachtii*. J. Helminth. **18**, 63–84.

FRANKLIN, M. T. (1940b): The effect on seed potatoes of formalin treatment for the destruction of adherent eelworm cysts. J. Helminth. **18**, 85–88.

FRANKLIN, M. T. (1945): On *Heterodera cruciferae* n. sp. of brassicas, and on a *Heterodera* strain infecting clover and dock. J. Helminth. **21**, 71–84.

FRANKLIN, M. T. (1959): Root-knot nematodes, *Meloidogyne* spp. Plant Nematol., Min. of Agric., Techn. Bull. Nr. **7**, 49–60.

FREZAL, M. P. (1954): Importance et répercussions de la contamination del'Algériae par le nématode doré. Acad. d'Agric. der France R C, 20. Jan. 1954.

FULDNER, D. (1955): Reaktion von Nematoden auf Bestrahlung mit langwelligem UV. Naturwiss. Berlin **42**, S. 518.

GEMMELL, A. R. (1940): Studies in the biology and control of *Heterodera schachtii* (Schmidt) Part. I. A comparison of the *Heterodera schachtii* cyst population of two potato growing districts. West of Scotland Agric. Coll., Bull. **139**, 15 S.

GEMMELL, A. R. (1943): The resistance of potato varieties to *Heterodera schachtii* Schmidt, the potato-root eelworm. Ann. appl. Biol. **30**, 67–70.

GERSDORF, E. (1963): Kombinierte Nematodenbekämpfung. Hann. Land-Forstwirtschaftl. Ztg. **116**, Nr. 38, 2226.

GERSDORF, E. und LÜCKE, E. (1965): Ein systematisches Nematizid? Nachr'bl. d. dtsch. Pfl'-schutzd. (Braunschweig) **17**, 68–70.

GESKINA, V. N. and ŠILOVA, M. JU. (1959): Razrabotka metodiki obsledovanija i analiza počvy na zaražennost kartofelnoj nematodoj. XII. planovo-metodičeskoe soveščanie po naučno-issledovatel'skoj rabote po zaščite rastenij v severo-zapadnoj zone SSSR, Riga S. 108.

GIEBEL, J. (1960): Wpływ metabolitow *Penicillium brevicompactum* i *Penicillium terrestre* na wyleg larw z cyst matwika ziemniaczanego (*Heterodera rostochiensis* Woll.). Biul. IOR **9**, 215—229.

GIEBEL, J. (1963): Wpływ niektorych grzybow glebowych na wychodzenie larw z cyst matwika ziemniaczanego. Biul. IOR **21**, 157—160.

GIEBEL, J. (1967a): Azydek sodu jako środek nicieniobójczy. Prace Naukowe IOR **9**, H. 1, 117—126.

GIEBEL, J. (1967b): Badania nad wpływem grzybów glebowych na wychodzenie larw matwika ziemniaczanego (*Heterodera rostochiensis* Wollenweber) z. cyst. Prace Naukowe IOR **9**, H. 2, 67—116.

GIEBEL, J. and RADZIWINOWICZ, J. (1963): Wpływ niektórych roślin zawierajacych zwiazki kumarynowe i antocyjaniny na rozwoj matwika ziemniaczanego. Biul. IOR **21**, 161—164.

GIEBEL, J., PIEGAT, M. and WILSKI, A. (1966): Wpływ niektórych enzymów egzogennych na tkanki korzeni ziemniaków podatnych i odpornych na matwika ziemniaczanego (*Heterodera rostochiensis* Woll.). Prace Naukowe IOR **8**, H. 2, 205—211.

GILLARD, A., D'HERDE, J. and BRANDE, J. v. D. (1958): Invloed van koolzuur op het uitkomen der larven van *Heterodera rostochiensis* Woll. Meded. Landbouwhogesch. Opzoekingsst. Gent **23**, 689—694.

GOFFART, H. (1926): Verwandtschaftliche Beziehungen zwischen dem Rüben- und Kartoffelstamm von *Heterodera schachtii* Schm. Zool. Anz. (2. Suppl.), 238—243.

GOFFART, H. (1931): Rassenstudien an *Heterodera schachtii* Sch. Arb. Biol. Reichsanst. Land-Forstwirtsch. **18**, 83—100.

GOFFART, H. (1932): Untersuchungen am Hafernematoden *Heterodera schachtii* Schm. unter besonderer Berücksichtigung der schleswig-holsteinischen Verhältnisse. I. 3. Beitrag zu: Rassenstudien an *Heterodera schachtii* Schm. Arb. Biol. Reichsanst. Land-Forstwirtsch. **20**, 1—26.

GOFFART, H. (1933): Über die Biologie und Bekämpfung des Kartoffelnematoden (*Heterodera schachtii* Schmidt). Arb. Biol. Reichsanst. Land-Forstwirtsch. **21**, 73—108.

GOFFART, H. (1934): Die Bestimmung von Rüben-, Hafer- und Kartoffelnematoden auf Grund von Bodenuntersuchungen. Ztschr. Pfl.krankh. u. Pfl'schutz **44**, 36—41.

GOFFART, H. (1936a): Fortschritte in der Bekämpfung des Kartoffelnematoden (*Heterodera schachtii* Schmidt). Nachr'bl. d. dtsch. Pfl'schutzd. **16**, 38—40 und 51—52.

GOFFART, H. (1936b): *Heterodera schachtii* Schmidt an gemeiner Hanfnessel (*Galeopsis tetrahit* L.) und an Kakteen. Ztschr. Parasitenkd. **8**, 528—532.

GOFFART H. (1939a): Resistenzprüfung von Kartoffelsorten gegenüber *Heterodera schachtii* Schmidt. Der Züchter **11**, 123—130.

GOFFART, H. (1939b): Das Problem der Nematodenkrankheit bei der Kartoffel. Arb. Biol. Reichsanst. Land-Forstwirtsch. **22**, 321—337.

GOFFART, H. (1939 c): Die Verwendung von Chlorpikrin bei der Nematodenbekämpfung. Anz. Schädlingsk. **15**, 121—125.

GOFFART, H. (1941): Ein neues Mittel zur Bekämpfung von Nematoden. Mitt. Biol. Reichsanst. Land-Forstwirtsch. H. Nr. **64**, 62—67.

GOFFART, H. (1942): Die laboratoriumsmäßige Auswertung von Nematoden-Freilandversuchen. Nachr'bl. d. dtsch. Pfl'schutzd. **22**, 79—80.

GOFFART, H. (1947): Die Abwehr des Kartoffelnematoden. — Mit der Zunahme der Kartoffelanbaufläche wächst die Gefahr seiner Verbreitung. Neue Mitt. f. d. Landwirtsch. **2**, 25—26.

GOFFART, H. (1951a): Methoden zur Untersuchung von Böden auf Kartoffelälchen. Nachr'bl. d. dtsch. Pfl'schutzd. (Braunschweig) **3**, 25—27.

GOFFART, H. (1951b): Wege zur Feststellung des Auftretens von Kartoffelälchen im Boden. Der Kartoffelbau **2**, 94—95.

GOFFART, H. (1952a): Die Heimat des Kartoffelälchens. Der Kartoffelbau **3**, S. 86.

GOFFART, H. (1952b): Zur Frage der Bekämpfung von Nematoden mit Methylbromid. Anz. Schädlingsknd. **25**, 104—106.

GOFFART, H. (1952c): Vierzig Jahre Kartoffelnematodenbekämpfung in Deutschland. Gesunde Pflanzen **4**, 261—264.

GOFFART, H. (1953): Alte und neue Erfahrungen zur Bekämpfung der Kartoffelnematode. Der Kartoffelbau **4**, 74—75.

GOFFART, H. (1954a): Bodengesundheitsdienst und Nematodenforschung. Mitt. d. DLG **69**, 34—35.

GOFFART, H. (1954b): Erfahrungen mit D—D und P 4 bei der Bekämpfung von Kartoffelnematoden (*Heterodera rostochiensis* Wr.). Nachr'bl. d. dtsch. Pfl'schutzd. (Braunschweig) **6**, 161—166.

GOFFART, H. (1955): Zum Anbau von Topinambur auf nematodenverseuchtem Boden. Der Kartoffelbau **6**, S. 262.

GOFFART, H. (1956): Nematodenforschung und Pflanzenquarantäne. Nematologica **1**, 5—12.

GOFFART, H. (1957a): Fortschritte auf dem Gebiete der Züchtung nematodenresistenter Kartoffelsorten. Der Kartoffelbau **8**, 194—195.

GOFFART, H. (1957b): Der gegenwärtige Stand der Nematodenbekämpfung mit chemischen Mitteln. Nachr'bl. d. dtsch. Pfl'schutzd. (Braunschweig) **9**, 75—78.

GOFFART, H. (1958): Methoden zur Untersuchung auf zystenbildende Nematoden. Nachr'bl. d. dtsch. Pfl'schutzd. (Braunschweig) **10**, 49—53.

GOFFART, H. (1959a): Stand der Nematodenforschung. Landw. Wochenbl. Westf. Lippe Jg. **116**, 1609—1610.

GOFFART, H. (1959b): Einige Bemerkungen zum Problem der Züchtung nematodenresistender Kartoffeln. Tagungsber. d. DAL Nr. **20**, 131—134.

GOFFART, H. (1959c): Reaktionserscheinungen von Boden und Pflanzen nach Anwendung von Shell D—D. Mitt. Biol. Bundesanst. Land-Forstwirtsch. Nr. **97**, 121—124.

GOFFART, H. (1960a): Populationsveränderungen des Kartoffelnematoden (*Heterodera rostochiensis* Woll.) beim Anbau nematodenresistenter und nematodenanfälliger Kartoffelsorten unter Berücksichtigung des Auftretens aggressiver Biotypen. Nematologica (Suppl. 2) 76—83.

GOFFART, H. (1960b): Phytonematologie in Deutschland. Mitt. Biol. Bundesanst. Land-Forstwirtsch. Heft **99**, 14—24.

GOFFART, H. (1961a): Der Anbauwert nematodenresistenter Kartoffelsorten. Gesunde Pflanzen **13**, 1—4.

GOFFART, H. (1961b): Stand der Kartoffelnematodenbekämpfung. Der Kartoffelbau **12**, 105—106/107.

GOFFART, H. (1962a): Kartoffelnematoden-Bekämpfung — Rückblick und Ausblick. Der Kartoffelbau **13**, 70—71.

GOFFART, H. (1962b): Über das Auftreten aggressiver Biotypen des Kartoffelnematoden *Heterodera rostochiensis* Woll. Nachr'bl. d. dtsch. Pfl'schutzd. (Braunschweig) **14**, 101—103.

GOFFART, H. (1963): Verhalten einiger holländischer Kartoffelzüchtungen gegenüber dem Kartoffelnematoden. Der Kartoffelbau **14**, 110—112.

GOFFART, H. (1964a): Über den Einfluß von Reihenabstand und Fremdbesatz beim Anbau einer nematodenresistenten Kartoffelsorte. Nachr'bl. d. dtsch. Pfl'schutzd. (Braunschweig) **16**, 41—45.

GOFFART, H. (1964b): Erste Beobachtungen über die kombinierte Wirkung chemischer und biologischer Verfahren zur Bekämpfung des Kartoffelnematoden (*Heterodera rostochiensis* Woll.). Meded. Landbouwhogesch. Opzoekingsst. Gent **29**, 762—769.

GOFFART, H. (1964c): Probleme der Anwendung moderner Nematizide. Wiss. Ztschr. Univ. Rostock **13**, 369—374.

GOFFART, H. (1964d): Deutsche Erfahrungen über den Wirkungsgrad einiger Nematizide bei unterschiedlichen Bedingungen. Nematologica **10**, 29—34.

GOFFART, H. (1965): Vergleichende Versuche über die Färbung mit Meldola-Blau und Neublau R als Vitalitätstest für pflanzenparasitäre Nematoden. Nematologica **11**, S. 155.

GOFFART, H. und HEILING, A. (1958): Nebenwirkungen bei der Nematodenbekämpfung mit Shell D—D und verwandten Mitteln. Nematologica **3**, 213—228.

GOFFART, H. und ROSS, H. (1954): Untersuchungen zur Frage der Resistenz von Wildarten der Kartoffel gegen den Kartoffelnematoden (*Heterodera rostochiensis* Wr.). Der Züchter **24**, 193—201.

GOLDEN, A. M., RAU, C. J. and COBB, G. S. (1962): *Heterodera cyperi* (*Heteroderidae*) a new species of cyst-forming nematode. Proc. Helminth. Soc. Wash. **29**, 168—173.

GOLDEN, A. M. and COBB, G. S. (1963): *Heterodera lespedezae* (*Heteroderidae*) a new species of cyst-forming nematode. Proc. Helminth. Soc. Wash. **30**, 281—286.

GOLIGHTLY, W. H., GUILE, C. T. and GRAHAM, C. W. (1964): The use of metham-sodium and D—D against potato root eelworm in commercial glasshouses. Plant Pathol. **13**, 121—125.

GOODEY, T. (1937): Two methods for staining nematodes in plant tissues. J. Helminth. **15**, 1937, 137—144.

GOODEY, T. (1951): Laboratory methods for work with plant and soil nematodes. Min. of Agric. and Fisheries, Tech. Bull. Nr. **2**, London, 25 S.

GOODEY, T. (1957): Laboratory methods for work with plant and soil nematodes. Min. Agric., and Fisheries, Techn. Bull. Nr. **2**, London, 47 S.

GOORIS, J. and D'HERDE, J. (1962): Over het voorkomen van resistentiebrekende biotyps van *Heterodera rostochiensis* Woll. in Belgie. Meded. Landbouwhogesch. Opzoekingsst. Gent **27**, 738—753.

GOTTSCHLING, W. und KRADEL, J. (1959): Untersuchungen ungarischer Paprikasorten auf ihre Anfälligkeit gegen den Kartoffelnematoden (*Heterodera rostochiensis* Wr.). Nachr'bl. f. d. dtsch. Pfl'schutzd. (Berlin) N. F. Jg. **13**, S. 96.

GRAF, A. (1956): Sind wir im Begriffe, den Kartoffelnematoden (*Heterodera rostochiensis*) in die Schweiz einzuschleppen? Mitt. Schweiz. Landw. **4**, 60—63.

GRAF, A. (1966): Beziehungen zwischen Kartoffelbau und pflanzenschädigenden Nematoden unter schweizerischen Verhältnissen. Mitt. Schweiz. Landw. **14**, 183—188.

GRAF, A. (1969): Mit Marijke erstmals eine nematodenresistente Kartoffelsorte im schweizerichen Richtsortiment. Mitt. Schweiz. Landw. **17**, 81—85.

GRAHAM, D. C. (1963): Spread of the potato blackleg organism during mechanical washing and disinfection of tubers and possibilities for its control. Ber. d. 2. Dreijahrestag. d. Europ. Ges. f. Kartoffelforschung, Pisa 1963, 196—197, Abstr.

GRAHAM, C. W. (1966): Potato root eelworm and tomato root-stocks. Plant. Pathol. **15**, 76—85.

GRAINGER, J. (1951): The golden eelworm. The West of Scotland Agric. Coll., Res. Bull. **10**, 72 S.

GRAINGER, J. (1952a): The menace of potato root eelworm. British Agric. Bull. **5**, 131—137.

GRAINGER, J. (1925b): Recent work in Ayrshire on the control of potato-root eelworm. Ann. appl. Biol. **39**, 277—279.

GRAINGER, J. (1954): Control of the potato root eelworm. World Crops **6**, 17—22.

GRAINGER, J. (1955): Climate, host and parasite in crop disease. Quart. J. Royal Metereol. Soc. **81**, 80—88.

GRAINGER, J. (1958): A new soil disease control unit. West of Scotland Agric. Coll., Res. Bull. Nr. **25**, 46 S.

GRAINGER, J. (1959): Population studies and successful control of the potato root eelworm. Eur. Potato J. **2**, 184—198.

GRAINGER, J. (1962a): Potato physiology and escape from root-eelworm damage. Eur. Potato J. **5**, S. 187, Abstr.

GRAINGER, J. (1962b): Potato physiology and varietal efficiency in disease behaviour. Eur. Potato J. **5**, 267—279.

GRAINGER, J. (1962c): Host parasite and man in crop disease. Meded. Landbouwhogesch. Opzoekingsst. Gent **27**, 671—702.

GRAINGER, J. (1964): Factors affecting the control of eelworm diseases. Nematologica **10**, 5 bis 20.

GRAINGER, J. and CLARK, M. R. M. (1963): Interaction of *Rhizoctonia* and potato root eelworm. Eur. Potato J. **6**, 131—132.

GRAINGER, J. and CLARK, M. R. M. (1965): Interactions of the fungus *Rhizoctonia* and the potato root eelworm. Eur. Potato J. **8**, S. 190, Abstr.

GRAM, E. (1955): Enquête sur l'anguillule des racines de la pomme de terre au Danemark. Plant Protect. Bull. **3**, 179—182.

GREEN, C. D. (1966a): Sexual behaviour. In: Jones, F. G. W., Rep. Rothamst. Exp. Stat. for 1965, 145—146.

GREEN, C. D. (1966b): Orientation of male *Heterodera rostochiensis* Woll. and *H. schachtii* Schm. to their females. Ann. appl. Biol. **58**, 327—339.

GREEN, C. D. (1967): The attraction of male cyst-nematodes by their females. Nematologica **13**, 172—173.

GREEN, C. D. (1968): Sexual stimulation between the sexes of nematodes. First Int. Congr. Plant Pathol., London, S. 70, Abstr.

GREEN, C. D., GREET, D. N. and EVANS (1968): Mating behaviour. In: Jones, F. G. W., Rep. Rothamst. Exp. Stat. for 1967, 146—147.

GREEN, C. D. and PAROTT, D. M. (1967): A re-appraisal of the extraction of *Heterodera* cysts from large volumes of soil. Nematologica **12** (1966), 601—609.

GREEN, C. D. and PLUMB, ST. (1967): The effect of ultra-violett radiation on the invasion, survival and fertility of larvae of *Heterodera rostochiensis*. Nematologica **13**, 186—190.

GREET, D. N., GREEN, C. D. and POULTON, M. E. (1968): Extraction, standardization and assessment of the volatility of the sex attractants of *Heterodera rostochiensis* Woll. and *H. schachtii* Schm. Annn. appl. Biol. **61**, 511—519.

GUILE, C. T. (1964): Control of potato root eelworm in a Lincolnshire fen soil. Plant Pathol. **13**, 178—181.

GUILE, C. T. (1965): The use of Dazomet for the control of potato root eelworm in a Lincolnshire fen soil. Plant Pathol. **14**, 179—183.

GUILE, C. T. (1966): Cyst chromogenesis in potato cyst eelworm pathotypes. Plant Pathol. **15**, 125–128.

GUILE, C. T. (1967): On cyst colour changes, bionomics and distribution of potato cyst-eelworm (*Heterodera rostochiensis* Woll.) pathotypes in the East Midlands. Ann. appl. Biol. **60**, 411–419.

GÜNTHER, B. (1968): Einfache Laborverfahren zur Gewinnung von Heterodera-Zysten und Larven sowie die Herstellung und Anwendung von Lösungskulturen. Nachr'bl. f. d. dtsch. Pfl'schutzd. (Berlin) N. F. Jg. **22**, 212–213.

GÜNTHER, B. und KÄMPFE, L. (1966): Bau und Veränderung des Integumentes im Entwicklungszyklus cystenbildender Nematoden. Verh. d. dtsch. zool. Ges. Suppl. **30**, 152–166.

GUSKOVA, L. A. (1959): Izyskanie veščestv, stimuliryjuščich vychod ličinok iz cist kartofel'noj nematody. XII. planovo-metodičeskogo soveščanija po naučno issledovatel'skoj rabote po zaščite rastenij v severo-zapadnoj zone SSSR, Riga, S. 109.

HAGEMEYER, J. W. (1951): A new stage in the life cycle of the golden nematode *Heterodera rostochiensis* Wollenweber. Proc. Helminth. Soc. Wash. **18**, 112–114.

HAHN, S. (1954): Untersuchungsmethoden zum Nachweis des Kartoffelnematoden. Nachr'bl. f. d. dtsch. Pfl'schutzd. (Berlin) N. F. Jg. **8**, 183–189.

HAGUE, N. G. (1954): Concentration of potato root diffusate by vacuum distillation. Nature **174**, S. 1018.

HAGUE, N. G. (1958): The concentration of potato root diffusate under reduced pressure. Nematologica **3**, 149–153.

HAGUE, N. G. M. (1959a): Effect of methyl bromide fumigation on the potato root eelworm. Plant Pathol. **8**, 68–70.

HAGUE, N. G. M. (1959b): Control of plant parasitic nematodes. I. Susceptibility of potato root eelworm and seed potato tubers to the vapour of sulphur dioxide. Nematologica **4**, 110–114.

HAGUE, N. G. M. (1959c): Control of plant parasitio nematodes. II. Some aspects of the fumigation of the potato root eelworm, *Heterodera rostochiensis* Woll. with methyl bromide. Nematologica **4**, 115–121.

HAGUE, N. G. M. (1960): Control of plant parasitic nematodes. III. The final eelworm density in soil as a means of assessing the efficacy of a fumigant. Nematologica (Suppl. II), 13–21.

HAGUE, N. G. M. (1964): Water-dispersed nematicides as dips to control the potato root-eelworm, *Heterodera rostochiensis* (Wollenweber). J. Sci. Fd. Agricol. **15**, 531–532.

HAGUE, N. G. and HESLING, J. J. (1958): Populationsstudies on cyst-forming nematodes of the genus *Heterodera*. Proc. of the Linn. Soc. 169 Session, 1956/57, 86–92.

HAGUE, N. G. M., LUBATTI, O. F. and PAGE, A. B. P. (1964): Methyl bromide fumigation of nematodes in soil under gas-proof sheets. Horticult. Res. **3**, 84–101.

HAGUE, N. G. M. and OMIDVAR, A. M. (1962): Techniques for determining the efficacy of fumigants against the potato root eelworm, *Heterodera rostochiensis* Woll. Nematologica **7**, 219–230.

HAGUE, N. G. M. and PURNELL, R. E. (1964): Role of water dispersed nematicides in the control of soil nematodes. Nematologica **10**, 63–64, Abstr.

HAGUE, N. G. and SOOD, U. (1963): Soil sterilization with methyl bromide to control soil nematodes. Plant Pathol. **12**, 88–90.

HAMS, A. F. and WILKIN, G. D. (1961): Observations on the use of predacious fungi for the control of *Heterodera* spp. Ann. appl. Biol. **49**, 515–523.

HARRISON, M. B. (1960): The reaction of tree golden nematode populations to resistant and susceptible potato selections. Phytopathol. **50**, S. 638, Abstr.

HARRISON, M. B. (1968 a): The response of a population of *Heterodera rostochiensis* to cropping rotations that include resistant potatoes. Nematologica **14**, S. 8, Abstr.

HARRISON, M. B. (1968 b): Control of golden nematode with resistant potato varieties. Proc. North Western Nematol. Workshop, Vancouver 1968, S. 39, (Herausg.: Simon Fraser Univ.)

HARTWELL, W. V., DAHLSTROM, R. V. and NEAL, A. L. (1960): A chrystalline hatching stimulant for the golden nematode. Phytopathol. **50**, 612–615.

HAWKES, J. G. (1959): Birmingham University plant collecting expedition to Mexico and Central America Univ. Birmingham Gaz. **2**, Nr. 5.

HELLINGA, J. J. A. (1942): De invloed van het bietenaaltje op de opbrengst en de samenstelling van suikerbieten. I. Statistische veldwaarnemingen in 1939 Meded. Inst. Suikerbietenteelt **12**, 164–172.

HEROLD, M. (1964): Nematodenprobleme. Das Saat- und Pflanzgut **11**, 204–206.

HESLING, J. J. (1952): An improved method of separating eelworm cysts from debris. J. Helminth. **26**, 69–70.

HESLING, J. J. (1959): The emergence of larvae of *Heterodera rostochiensis* Woll. from single cysts. Nematologica **4**, 126–131.

HESLING, J. J. (1961): *Heterodera rostochiensis* (Woll., 1923) on *Solanum demissum* – a population study. Ann. appl. Biol. **49**, 350–359.

HESLING, J. J. (1965): *Heterodera*: Morphology and Identification. In Plant Nematol., Min. of Agric., Techn. Bull. Nr. **7**, edit. by J. F. Southey, 103–130.

HESLING, J. J. and ELLIS, P. R. (1968): The potato-root eelworm problem in tomato growing and the possible use of eelworm-resistant cultivars. Rep. Glasshouse Crops Res. Inst. 1967, 142–149.

HESLING, J. J., PAWELSKA, K. and SHEPHERD, A. M. (1961): The response of potato root eelworm, *Heterodera rostochiensis* Wollenweber and beet eelworm, *Heterodera schachtii* Schmidt to root diffusates of some grasses, cereals and *Tagetes minuta*. Nematologica **6**, 207–213.

HEY, A. (1954): Der Kartoffelnematode. Biol. Zentralanst. Land-Forstwirtsch., Flugbl. Nr. **6**, 8 S.

HEY, A. (1955): Standorteinflüsse auf Biologie und Bekämpfung des Kartoffelnematoden. Mitt. Biol. Reichsanst. Land-Forstwirtsch. Nr. **83**, 130–132.

HEY, A. (1956): Die phytosanitäre Lage der Landwirtschaft in der Deutschen Demokratischen Republik. Ber. Pflanzschutzkongr. Berlin 1955, 11–26.

HIETBRINK, H. (1967): Resultaten van een grondontsmettingsproef ter bestrijding van het aardappelcystenaaltje. Neth. J. Plant Pathol. **73**, 63–64, Abstr.

HIGLEY, J. C. (1952): Shell D–D for eelworm control. World Crops **4**, 103–104.

HIJINK, M. J. (1967): Fruchtwechseleffekte und Nematoden. Mitt. Biol. Bundesanst. Land-Forstwirtsch. Nr. **121**, 21–28.

HIJING, M. J. and LUGT, CH. B. (1969): Enkele waarnemingen over de invloed van temperatuur en vochtoestand van de bodem op het effect van grondontsmetting met dichloorpropandichloorpropeenmengsel (DD)- Neth. J. Pl. Path. **75**, S. 4, Abstr.

HOLLNAGEL, J. (1964): Die Grunduntersuchung der Ackerfläche auf den Befall durch den Kartoffelnematoden im Rahmen der Standortaufnahme bei der Flurneuordnung. Wiss. Ztschr. Univ. Rostock **13**, 433–438.

HOLLNAGEL, J. (1966): Zur Verschleppung der Zysten des Kartoffelnematoden (*Heterodera rostochiensis* Wollenweber) durch die Bodenbearbeitung. Wiss. Ztschr. Univ. Rostock **15**, 265–273.

HOLLRUNG, M. (1890): Zweiter Jahresbericht der Versuchsstation für Nematodenvertilgung Halle, 3–17.

HOLMQUIST, A. H. (1968): Försök med formalin, ånga och ångtvättning mot potatiscystnematoden. Statens Växtskyddsanst. Medd. **14: 122**, 139–162.

HOMEYER, B. (1953 a): Die Unterscheidung lebender und toter Stockälchen (*Ditylenchus dipsaci* Kühn) durch Fluorochromierung mit Acridinorange. Nachr'bl. d. dtsch. Pfl'schutzd. (Braunschweig) **5**, 8–11.

HOMEYER, B. (1953 b): Die fluoreszenzoptische Vitalanalyse inaktiver Nematoden. Anz. Schädlingsknd. **26**, 137–140.

HOMEYER, B. (1953 c): Die Prüfung von Nematodenmitteln auf fluoreszenzoptischem Wege. Mitt. Biol Zentralanst. Land-Forstwirtsch. Heft **75**, 232–235.

HOMEYER, B. (1964): Erfahrungen bei der Prüfung von Nematiziden. Mitt. Biol. Bundesanst. Land-Forstwirtsch. Nr. **111**, 43–49.

HORI, S. (1915): (Phytopathological notes. — V. Sick soil of soy bean caused by a nematode). J. Plant Protect. **2**, 927–930 (in japanisch).

HORNE, C. W. (1966): The taxonomic status, morphology and biology of a cyst nematode (Nematoda: Heteroderidae) found attacking *Poa annua* L. Diss. Abstr. **26**, 1966, S. 3573.

HOWARD, H. W. (1955): Breeding potatoes for resistance to root eelworm (*Heterodera rostochiensis*). Heredity **9**, S. 150.

HOWARD, H. W. (1959): Biotypes of potato root eelworm in Great Britain. Tagungsber. d. DAL Nr. **20**, 95–106.

HOWARD, H. W. (1962): The resistance of *Solanum juzepczukii* clones to *Heterodera rostochiensis*. Eur. Potato J. **5**, S. 186, Abstr.

HOWARD, H. W. (1965): Ann. Rep. 1963/64, Plant Breeding Inst. Cambridge.

HOWARD, H. W. (1968): The effect of inbreeding on potato cyst-nematode, *Heterodera rostochiensis*. Ann. appl. Biol. **62**, 485–491.

HRABE, S. (1953): Přispěvek k metodice kvantitativniho stanoveni cyst hádátka řepného (*Heterodera schachtii*) v pude. Prace Moravskoslezské Akad. VED Přirodních **25**, 449–459.

HUBERT, K. (1959): Zur Verbreitung des Kartoffelnematoden in den Bezirken Halle und Magdeburg nach den Befunden der systematischen Bodenuntersuchung und des Pflanzenschutzdienstes. Nachr'bl. f. d. dtsch. Pfl'schutzd. (Berlin) N. F. Jg. **13**, 181–191.

HUBERT, K. (1963): Zur Verbreitung des Kartoffelnematoden in den Bezirken Halle und Magdeburg nach den Befunden der systematischen Bodenuntersuchung und des Pflanzenschutzdienstes. Nachr'bl. f. d. dtsch. Pfl'schutzd. (Berlin) N. F. Jg. **17**, 37–41.

HUIJSMAN, C. A. (1955): Breeding for resistance to the potato root eelworm — II. Data on the inheritance of resistance in *andigenum-tuberosum* crosses obtained in 1954 Euphytica **4**, 133–140.

HUIJSMAN, C. A. (1956): Breeding for resistance to the potato root eelworm in the Netherlands. Nematologica **1**, 94–99.

HUIJSMAN, C. A. (1957): Veredeling van de aardappel op resistentie tegen *Heterodera rostochiensis* Wollenweber. Stichting Plantenveredeling Wageningen, Meded. **14**, 85 S.

HUIJSMAN, C. A. (1958): Resistance to the potato root eelworm in *S. tuberosum* subsp. *andigena* and its importance for potato breeding. Netherl. J. Agric. Sci. **6**, 39–46.

HUIJSMAN, C. A. (1959 a): Prüfungsmethoden zur Ermittlung der Populationsdynamik des Kartoffelälchens und der Nematodenresistenz, ihre Fehlerquellen und ihre Begrenzung. Tagungsber. d. DAL Nr. **20**, 5–13.

HUIJSMAN, C. A. (1959 b): Nature and inheritance of the resistance to the potato root-eelworm, *Heterodera rostochiensis* W. in *Solanum kurtzianum*. Meded. Landbouwhogesch. Opzoekingsst. Gent **24**, 611–613.

Huijsman, C. A. (1960): Some data on the resistance against the potato root-eelworm (*Heterodera rostochiensis* W.) in *Solanum kurtzianum*. Euphytica **9**, 185—190.

Huijsman, C. A. (1961): The influence of resistant potato varieties on the soil population of *Heterodera rostochiensis* Woll. Nematologica **6**, 177—180.

Huijsman, C. A. (1962): Physiological races in the potato-root eelworm, *Heterodera rostochiensis* Woll. Eur. Potato J. **5**, S. 186, Abstr.

Huijsman, C. A. (1963): The influence of resistant potato varieties on the soil population of *Heterodera rostochiensis* Woll. II. Nematologica **9**, 354—356.

Huijsman, C. A. (1964 a): Resistentie tegen het aardappelcystenaaltje, *Heterodera rostochiensis*. Netherl. J. Plant Pathol. **70**, S. 93, Abstr.

Huijsman, C. A. (1964 b): The prospects of controlling potato sickness by growing resistant varieties. Euphytica **13**, 223—228.

Huijsman, C. A. (o. J.): Onderzoek over de resistentie van aardappelen tegen het aardappelcystenaaltje. T. N. O. Werkgroep Onderzoek Bestrijding Aardappelcystenaaltje, 1950—1960, Resultaten van tien Jaar Onderzoek, 16—21.

Huijsman, C. A., Klinkenberg, C. H. and Ouden, H. den (1969): Tolerance to *Heterodera rostochiensis* Woll. among potato varieties and its relation to certain characteristics of root anatomy. Eur. Potato J. **12**, 134—147.

Hurst, R. H. (1935): in Agric. Res. Counc. Rep. 1933—1935, London, S. 50.

Hurst, R. H. (1937): in Agric. Res. Counc. Rep. 1935—1937, London, S. 176.

Hurst, R. H. (1938): Pot experiments on the chemical treatment of soil infected with the potato and oat strains of *Heterodera schachtii*. J. Helminth. **16**, 61—66.

Hurst, H. and Franklin, M. T. (1937): Field experiments in Lincolnshire on the chemical treatment of soil infected with *Heterodera schachtii*. J. Helminth. **15**, 9—20.

Hurst, R. H. and Franklin, M. T. (1938): Field experiments in Bedfordshire on the chemical treatment of soil infected with the potato eelworm *Heterodera schachtii*, during 1936/37. J. Helminth. **16**, 33—46.

Hurst, R. H. and Triffitt, M. J. (1935): Experiments on the control of „Potato sickness" by the addition of certain chemicals to soil infected with *Heterodera schachtii*. J. Helminth. **13**, 191—200.

Hurst, R. H. and Triffitt, M. J. (1937): Further experiments on the chemical treatment of soil infected with *Heterodera schachtii*. J. Helminth. **15**, 1—8.

Hutchinson, S. A. and Mai, W. F. (1954): A study of the efficiency of the catching organs of *Dactylaria eudermata* (Drechs.) in relation to *Heterodera rostochiensis* (Wr.) in soil. Plant Dis. Rep. **38**, 185—186.

Ichinohe, M. (1952): On the soy bean nematode, Heterodera glycines n. sp. from Japan. Mag. appl. Zool., Tokio **17**, 1—4.

Ihlemann, W. (1962): Kombinierte Nematodenbekämpfung chemisch und biologisch. Der Kartoffelbau **13**, S. 25.

Ihlemann, W. (1966): Zur Nematodenbekämpfung. Der Kartoffelbau **17**, S. 190.

Ihlemann, W. und Lücke, E. (1964): Kombiniertes Verfahren zur Bekämpfung des Kartoffelnematoden. Mitt. DLG **9**, 282—286.

James, G. L. (1966): Effect of the causal fungus of brown root rot of tomatoes on the hatch of the potato root eelwrom, *Heterodera rostochiensis* Woll. Nature **212**, S. 1466.

James, G. L. (1968): The interrelationships of the causal fungus of brown root rot of tomatoes and potato root eelworm, *Heterodera rostochiensis* Woll. Ann. appl. Biol. **61**, 503—510.

JAMES, G. L. and HAGUE, N. G. M. (1967): Methyl bromide fumigation fo soil infested by the fungus causing brown root rot complex of tomatoes and by the potato cyst nematode. Plant Pathol. **16**, 148–152.

JANZEN, G. J. (1968): Flavianic acid as a hatching and stimulating agent for *Heterodera rostochiensis* cysts. Nematologica **14**, 601–602.

JANZEN, G. J. and TUIN, F. v. D. (1956): The unknown hatching agent for the potato root-eelworm. Nematologica **1**, 126–137.

JASIŃSKA, A. i SZULC, P. (1961): Wpływ nawozenia na wystepowanie matwika ziemniaczanego (*Heterodera rostochiensis*). Prace Naukowe IOR **3**, 145–160.

JASIŃSKA, A. i SZULC, P. (1962): Zachowanie sie populacji matwika ziemniaczanego (*Heterodera rostochiensis* Woll.) w zaleznośći od rodzaju gleby. Biul. IOR **17**, 39–47.

JÁVOR, I. (1963): A Burgonyafonálféreg. Budapest, 115 S.

JEGEN, G. (1920 a): Die Bedeutung der Enchytraeiden für die Humusbildung. Landw. Jahrb. Schweiz. Jg. **34**.

JEGEN, G. (1920 b): Zur Biologie und Anatomie einiger Enchytraeiden. Vierteljahresschr. nat.-forsch. Ges. Jg. **65**.

JENKINS, J. R. W. (1934): Potato eelworm disease. Welsh J. of Agric. **10**, 301–308.

JOHNSON, L. R. and THOMPSON, H. W. (1936): Tomato sickness in Yorkshire. J. Min. Agric. **43**, 48–54.

JOHNSON, L. R. and THOMPSON, H. W. (1945): Potato eelworm in Yorkshire. Agriculture (J. Min. Agric.) **52**, 266–270.

JOHNSON, L. R. and TOWNSEND, W. N. (1949): The inhibition of hatching of potato root eelworm (*Heterodera rostochiensis* Woll.) in partially sterilized soil. Ann. appl. Biol. **36**, 504–512.

JOHNSON, A. W. (1952): The eelworm problem: biological aspects. The potato eelworm hatching factor. Chemistry and Industry 998–999.

JONES, F. G. W. (1945): Soil populations of beet eelworm (*Heterodera schachtii* Schm.) in relation to cropping. Ann. appl. Biol. **32**, 351–380.

JONES, F. G. W. (1950 a): A new species of root eelworm attacking carrots. Nature **165**, S. 81.

JONES, F. G. W. (1950 b): Observations on the beet eelworm and other cyst-forming species of *Heterodera*. Ann. appl. Biol. **37**, 407–440.

JONES, F. G. W. (1952): Proc. Int. Nematol. Symposium and Training Course, Harpenden 1951, S. 21.

JONES, F. G. W. (1954): First steps in breeding for resistance to potato-root eelworm. Ann. appl. Biol. **41**, 348–353.

JONES, F. G. W. (1955 a): Quantitative methods in nematology. Ann. appl. Biol. **42**, 372–381.

JONES, F. G. W. (1955 b): Quantitative methods for the estimation of cyst-forming nematodes (*Heterodera* sp.) in soil. Soil Zool., Proc. Univ. of Nottingham, 394–401.

JONES, F. G. W. (1957): Resistance-breaking biotypes of the potato root eelworm (*Heterodera rostochiensis* Woll.). Nematologica **2**, 185–192.

JONES, F. G. W. (1958 a): Aspects of plant nematology in Great Britain. Agric. Rev. London **3**, 8–19.

JONES, F. G. W. (1958 b): Resistance-breaking populations of potato root eelworm. Plant Pathol. **7**, 24–25.

JONES, F. G. W. (1959 a): Resistance-breaking biotypes of potato root eelworm. Verh. IV. Int. Pflanzenschutz. Kongr. Hamburg, 1957, **1**, 591–594.

JONES, F. G. W. (1959 b): Ecological relationships of nematodes. Plant Pathology-Problems and Progress 1908–1958, Univ. of Wisconsin Press, Madison, 395–411.

JONES, F. G. W. (1960): Some observations and reflections on host finding by plant nematodes. Meded. Landbouwhogesch. Opzoekingsst. Gent **25**, 1009—1024.

JONES, F. G. W. (1961): The potato root eelworm *Heterodera rostochiensis* Woll. in India. Current Sci. **30**, S. 187.

JONES, F. G. W. (1966): The population dynamics and population genetics of the potato cyst-nematode *Heterodera rostochiensis* Woll. on susceptible and resistant potatoes. Rep. Rothamsted Exp. Stat. for 1965, 301—316.

JONES, F. G. W. (1968): Some theoretical reflections on control measures. First Int. Congr. of Plant Pathol. London, 1968, Abstr. S. 100.

JONES, F. G. W. and PAWELSKA, K. (1963): The behaviour of populations of potato-root eelworm (*Heterodera rostochiensis* Woll.) towards some resistant tuberous and other *Solanum* species. Ann. appl. Biol **51**, 277—294.

JONES, F. G. W. and PARROTT, D. M. (1965): The genetic relationships of pathotypes of *Heterodera rostochiensis* Woll. which reproduce on hybrid potatoes with genes for resistance. Ann. appl. Biol. **56**, 27—36.

JONES, F. G. W., PARROTT, D. M. and ROSS, G. J. S. (1967): The population genetics of the potato cyst-nematode, Heterodera rostochiensis: mathimatical models to simulate the effect of growing eelworm-resistant potatoes bred from *Solanum tuberosum* ssp. *andigena*. Ann. appl. Biol. **60**, 151—171.

JONES, F. G. W., PARROTT, D. M. and WHITEHEAD, A. G. (1968): Effects of soil structure and moisture on nematodes, In: Jones, F. G. W., Rep. Rothamst. Exp. Stat. for 1967, S. 142.

JUSTESEN, S. H. and TAMMES, P. M. L. (1960): Studies of yield losses. I. The selflimiting effect of injurious or competitive organism on orop-yield. T. Pl. ziekten **66**, 281—287.

KAAI, C. and OUDEN, H. DEN (1966): De invloed van enige systemische nematiciden op de aanstasting door en de vermeerdering van *Ditylenchus dipsaci* in uien en op de vermeerdering van *Heterodera rostochiensis* in aardappelen. Meded. Landbouwhogesch. Opzoekingsst. Gent **31**, 650—665.

KAAI, C. and OUDEN, H. DEN (1967): De werking van Temik 10 G tegen *Ditylenchus dipsaci* en *Heterodera rostochiensis*. Neth. J. Plant Pathol. **73**, S. 63, Abstr.

KAAI, C. and PRONK, C. P. (1965): Invloed van de hoeveelheid water, waarmee 0,0-diethyl 0-2 pyrazinylfosforothioaat wordt toegediend op zijn werking tegen stengelaaltjes in plantuinen. Meded. Landbouwhogesch. Opzoekingsst. Gent **30**, 1475—1487.

KABIERSCH, W. und OBERTHÜR, K. (1955): Bodenuntersuchung zur Feststellung von Kartoffelnematoden. Gesunde Pflanzen **7**, 245—251.

KAKTYNJA, Dz. K. (1957): Nematodes, In: Latvijas PSR dzivnieku noteicejs. I. Bezugurkaulnieki Riga, 84—137.

KALINA, J. (1955): Wie verhalten sich naß aufbereitete Kartoffeln? Deutsche Agrartechnik **16**, 133—135.

KALNOZOLS, A. (1968): Meževidovye sorta kartofelja dlja bor'by s kartofel'noj nematodoj v Latvijskoj SSR. Dokladov VI. naučnoj Konferenzii pribaltijskich respublik po zaščite rastenij Tallin, 1968, 30—31.

KAMINSKI, E. (1962): Analiza obrazu wystepowania matwika ziemniaczanego (*Heterodera rostochiensis* Woll.) w Polsce. Biul. IOR **17**, 29—36.

KAMERAZ, A. J. (1963): (Die Hauptaufgaben der Kartoffelzüchtung in den Mitgliedsländern des RGW (Russ.). Vortrag RGW-Konf. in Poznan (Maschinenschr.).

KARG, W. (1960): Synökologische Freilanduntersuchungen über die Mesofauna des Bodens im Zusammenhang mit Insektizidbehandlungen und Nematodenverseuchung. Wiss. Pflanzenschutzkonf. Budapest, 247—259.

KARG, W. (1962 a): Untersuchungen über die Veränderungen und Wechselbeziehungen der Mikroarthropoden in kartoffelnematodenverseuchten Flächen. Nachr'bl. f. d. dtsch. Pfl'-schutzd. (Berlin) N. F. Jg. **16**, 187—195.

KARG, W. (1962 b): Über die Beziehungen von edaphischen Raubmilben zur Arthropoden- und Nematodenfauna des Bodens. Tagungsber. d. DAL Nr. **45**, 311—327.

KAUL, R. (1962): Untersuchungen über einen aus Zysten des Kartoffelnematoden (*Heterodera rostochiensis* Woll). isolierten phenolischen Komplex. Nematologica 8, 288—292.

KÄMPFE, L. (1952/53): Untersuchungen zur Zystenbildung bei *Heterodera schachtii* Schmidt (Nematodes). Wiss. Ztschr. Univ. Halle **2**, 867—902.

KÄMPFE, L. (1954): Ein einfaches Labor-Prüfverfahren für Nematozide. Nachr'bl. f. d. dtsch. Pfl'schutzd. (Berlin) N. F. Jg. **7**, 1—4.

KÄMPFE, L. (1955): Die Aktivität von Kartoffel- und Rübennematoden bei verschiedenen Temperaturen und ihre Bedeutung für die Mittelprüfung. Mitt. Biol. Bundesanst. Land-Forstwirtsch. Heft **83**, 139—142.

KÄMPFE, L. (1956): Zur Verwendbarkeit von Chrysoidin als Vitalkriterium für Larven des Rüben- und Kartoffelnematoden. Wiss. Ztschr. Univ. Halle **5**, 465—478.

KÄMPFE, L. (1959 a): Physiologische Befunde zur Arttrennung und zum Herkunftsnachweis in der Gattung *Heterodera* Schmidt (Nematodes). Zool. Anz. Suppl. Bd. **22**, 383—391.

KÄMPFE, L. (1959 b): Moderne Bekämpfungsmöglichkeiten von pflanzenparasitischen Fadenwürmern. Umschau **59**, 623—626.

KÄMPFE, L. (1959 c): Über Möglichkeiten der „physiologisch-ökologischen" Arbeitweise in der Nematodenforschung. Verh. dtsch. Zool. Ges., Münster, 1959, 378—386.

KÄMPFE, L. (1962): Vergleichende Untersuchungen zur Autökologie von *Heterodera rostochiensis* Wollenweber und *Heterodera schachtii* Schmidt. Parasitol. Schriftenr. Heft **14**, 205 S.

KÄMPFE, L. (1963): Möglichkeiten zur Schnellprüfung von Nematiziden. Nachr'bl. f. d. dtsch. Pfl'schutzd. (Berlin) N. F. Jg. **17**, 1—9.

KÄMPFE, L. (1966): Ökologische und histologische Bemerkungen zur Cystenbildung bei Nematoden. Mitt. Biol. Bundesanst. Land-Forstwirtsch. Heft **118**, 54—70.

KÄMPFE, L. und KERSTAN, U. (1964): Die Beeinflussung des Geschlechtsverhältnisses in der Gattung *Heterodera* Schmidt. Nematologica **10**, 388—398.

KEMNER, N. A. (1929 a): Potatisnematoden eller potatisålen (*Heterodera schachtii* subsp. *rostochiensis* Woll.) och dess framträdande i Sverige. Centralanst. för Försöksväsendet på Jordbruksområdet, Meded. Nr. **355**, 76 S.

KEMNER, N. A. (1929 b): Kvantitativa undersökningar av nematodhalten i svenska akerjordar. Centralanst. för Försöksväsendet på Jordbruksområdet, Meded. Nr, **357**, 27 S.

KEMPER, A. (1958): Kann eine weitere Ausbreitung des Kartoffelnematoden verhindert werden? Anz. Schädlingsknd. **31**, 165—170.

KEMPER, A. (1963): Erfahrungen mit der „Antinema". Landw. Wochenbl. Westf. u. Lippe Folge **41**, Ausg. A, 2842/2844.

KERSTAN, U. (1968): Die Ausbildung und Beeinflussung des Geschlechts in der Familie *Heteroderidae*. Nachr'bl. f. d. dtsch. Pfl'schutzd. (Berlin) N. F. Jg. **22**, 53—54.

KERSTAN, U. (1969): Die Beeinflussung des Geschlechtsverhältnisses in der Gattung *Heterodera*. II. Minimallebensraum — selektive Absterberate der Geschlechter — Geschlechtsverhältnis (*Heterodera schachtii*). Nematologica **15**, 210—228.

KHAN, A. M. and HUSAIN, S. I. (1965): *Heterodera mothi* n. sp. (Tylenchida: Heteroderidae) parasiting *Cyperus rotundus* L. at Aligarh, U. P., India. Nematologica **11**, 167—172.

KIRCHNER, H. A. (1954): Eine Schnellmethode zur Untersuchung von Bodenproben auf den Besatz mit Kartoffelnematodenzysten. Nachr'bl. f. d. dtsch. Pfl'schutzd. (Berlin) N. F. Jg. 8, 81–86.

KIRCHNER, H. A. (1955): Ein Arbeitstisch zur serienmäßigen Untersuchung von Bodenproben auf den Besatz mit Kartoffelnematodenzysten. Ztschr. landw. Versuchs-Untersuchungsw. 1, 95–100.

KIRJANOVA, E. S. (1954): Itogi i perspectivy rasvitija fitonematologii v SSR. Trudy problemnych i tematičeskich soveščanij akad. nauk SSR 3, 9–47.

KIRJANOVA, E. S. (1959): Materialy po sistematike nematod roda *Heterodera* Schmidt, 1871. Zool. Žurnal, Moskva, 38, 1620–1626.

KIRJANOVA, E. S. (1962): Amudar'inskaja nematoda-*Heterodera oxiana* Kirjanova sp. nov. (Nematodes: *Heteroderidae*) iz Kara-Kalpakii. Nematody vrednye v selskom chosjaistve Samarkand, 122–131.

KIRJANOVA, E. S. (1963): Sbor u diagnoz kornevych nematod esmejstva *Heteroderidae* (Skarbilovich, 1947) Thorne, 1949. Metody issledovanija nematod rastenij, počvy u nasekomych Moskva, Leningrad, 6–32.

KIRJANOVA, E. S. (1969): O strukture subkristalličeskogo sloja u nematod roda *Heterodera* (Nematoda: *Heteroderidae*) s poisaniem dvuch novych vidov. Parasitologija, Leningrad, 3, 81–91.

KIRJANOVA, E. S. i KRALL, E. (1963): *Heterodera estonica* n. sp. (Nematodes: *Heteroderidae*) — estonskaja zistoobrazujuscaja nematoda. Izvestija akademii nauk Estonskoj SSR, Serija biologičeskaja, Tallin 12, 219–223.

KIRJANOVA, E. S. i KRALL, E. (1965): Tysjačelistnikovaja cistoobrazujuščaja nematoda — *Heterodera millefolii* n. sp. (Nematodes: *Heteroderidae*). Izvestija akademii nauk Estonskoj SSR, Serija biologičeskaja, Tallin 14, 325–328.

KIRJANOVA, E. S. i SCHAGALINA, L. M. (1965): Turkmenskaja zystoobrazujuščaja nematoda-*Heterodera turkomenica* Kirjanova et Schagalina, sp. nov. (Nematodes: *Heteroderidae*). Izvestija akademii nauk Turkmenskoj SSR, Serija biologičeskich nauk Nr. 6, 73–75.

KIRJANOVA, E. S. i IVANOVA, T. S. (1966): Pervye nachodki kornevych nematod iz podov *Heterodera* i *Meloidodera* (Nematodes: *Heteroderidae*) v Tadžikistane. Fauna i Zoogeografia nasekomych. Srednei Azii, Dušanbe, 253–260.

KLEIJBURG, P. (1958): Aaltjesonderzoek ten behoeve van de voorlichting in de landbouw. Landbouwvoorlichting 633–640.

KLUMPAR, J. (1967): Skodlivost a hubeni hádátek v polnich plodinách. Za vysokou Urodu 15, Nr. 1, 26–28.

KORAB, J. zit. nach Goffart, 1932.

KORT, J. (1960): A technique for the extraction of Heterodera cysts from wet soil and for the estimation of their egg and larval content. Multilith. P. D. Wageningen, Nr. 233, 6 S.

KORT, J. (1962 a): Biologisch onderzoek betreffende het aardappelen havercystenaaltje. Versl. Meded. Pl. ziektenkundige Dienst Wageningen, Nr. 136, (Jaarboek 1961) 73–74.

KORT, J. (1962 b): De invloed van de populatiedichtheid op de vermeerdering van *Heterodera rostochiensis*. T. Pl. ziekten 68, S. 155.

KORT, J. (1962 c): Effect of population density on cyst production in *Heterodera rostochiensis* Woll. Nematologica 7, 305–308.

KORT, J. (1962 d): De vermeerdering van biotypen van het aardappel-cystenaaltje, *Heterodera rostochiensis* Woll., op verschillende *Solanum* species. Meded. Landbouwhogesch. Opzoekingsst. Gent 27, 754–759.

KORT, J. (1963): The estimation of the proportion of resistance-breaking biotypes in a potato cyst eelworm (*Heterodera rostochiensis* Woll.) population. Versl. Meded. Pl. ziektenkundige Dienst Wageningen Nr. **138** (Jaarboek 1962), 190–192.

KORT, J. (1966 a): The occurence of mixtures of pathotypes in *Heterodera rostochiensis* Woll. Meded. Rijksfac. Landbouwwetenschappen Gent **31**, 610–608.

KORT, J. (1968): In: Versl. en Meded. Pl. ziektenkundige Dienst Wageningen Nr. 143, Jaarboek 1965/66-Inspectie Landbouw, I Aardappelcystenaaltje, *Heterodera rostochiensis* Woll. S. 32.

KÖHLER, H. und KAMPE, W. (1969): Wirkungen und Nebenwirkungen des Carbamoyloxims bei der Bekämpfung von *Heterodera rostochiensis*. Anz. Schädlingskd. u. Pflanzenschutz **42**, 113–118.

KRADEL, J. (1958): Der Einfluß des Pflanztermins auf die Befallsintensität des Kartoffelnematoden (*Heterodera rostochiensis* Wr.) unter Berücksichtigung verschiedener Standorte. Nachr'bl. f. d. dtsch. Pfl'schutzd. (Berlin) N. F. Jg. **12**, 221–231.

KRADEL, J. (1959 a): Die Schlüpfbereitschaft des Kartoffelnematoden (*Heterodera rostochiensis* Wr.) in Abhängigkeit von der Jahreszeit. Nachr'bl. f. d. dtsch. Pfl'schutzd. (Berlin) N. F. Jg. **13**, 29–37.

KRADEL, J. (1959 b): Langjährige Versuche mit Zystogon F (Dimethyldithiocarbaminsäuremethylester, 20%iges Streumittel) zur Bekämpfung des Kartoffelnematoden (*Heterodera rostochiensis* Wr.). Nachr'bl. f. d. dtsch. Pfl'schutzd. (Berlin) N. F. Jg. **13**, 201–205.

KRADEL, J. (1959 c): Langjährige Versuche mit Selinon (Dinitro-o-kresol [DNC] – Verbindung mit 50% Wirkstoffgehalt) zur Bekämpfung des Kartoffelnematoden (*Heterodera rostochiensis* Wr.). Nachr'bl. f. d. dtsch. Pfl'schutzd. (Berlin) N. F. Jg. **13**, 223–226.

KRADEL, J. (1963): Erfahrungen bei der Anwendung von BSAMID-Pulver (Wirkstoff Dazomet) zur Bodenentseuchung. BASF Mitt. f. d. Landbau, Juli 1963, 6 S.

KRADEL, J. (1964): Erfahrungen bei der Anwendung von SHELL D–D zur Bekämpfung pflanzenparasitärer Nematoden. BASF Mitt. f. d. Landbau, Mai 1964, 11 S.

KRADEL, J. und FEYERABEND, G. (1960): Zur nematiziden und herbiziden Wirkung von Na–N–methyldithiocarbamat. Nachr'bl. f. d. dtsch. Pfl'schutzd. (Berlin) N. F. Jg. **14**, 54–59.

KRADEL, J., LUSH, G. B. und NÖLLE, H.-H. (1969): Bisherige Erfahrungen mit niedrigen Aufwandmengen von Bodenentseuchungsmitteln. Mitt. Biol. Bundesanst. Land.-Forstwirtsch. H. **132**, 79–83.

KRALL, E. (1958): Kartuli fütonematoodidest eestis mugulate talvise säilitamise perioodil. Eesti NSV Teaduste Akad. Toimetised **7**, Nr. 3, 187–193, biol. Ser.

KÜHN, J. (1874 a): Über das Vorkommen von Rübennematoden an den Wurzeln der Halmfrüchte. Ztschr. wiss. Landw. Arch. Kgl. Preuß. Landes-Ökon. Kolleg **3**, 47–50.

KÜHN, J. (1874 b): Über das Vorkommen von Rübennematoden an den Wurzeln der Halmfrüchte. Ztschr. Verein f. d. Rübenzucker-Ind. **24**, 149–153.

KÜHN, J. (1877): Vorläufiger Bericht über die Versuche zur Ermittlung der Ursache der Rübenmüdigkeit des Bodens und zur Erforschung der Natur der Nematoden. Ztschr. Ver. d. dtsch. Zuckerind. **27**, 452–457.

KÜHN, J. (1881): Die Ergebnisse der Versuche zur Ermittlung der Ursache der Rübenmüdigkeit und zur Erforschung der Natur der Nematoden. Ber. physiol. Labor. Univ. Halle **3**, 1 bis 153.

KÜHN, H. (1958 a): Über den Parasitismus des Kartoffelnematoden (*Heterodera rostochiensis* Woll.) und die Abwehrnekrose der Wirtspflanze (*Solanum tuberosum* subsp. *andigena* (Juz. et Buk.) Hawkes x *Solanum tuberosum* L.). Diss. Univ. Jena 89 S.

KÜHN, H. (1958 b): Über die Abwehrnekrose eines Kartoffelbastardes gegen den Kartoffelnematoden (*Heterodera rostochiensis* Wr. in *Solanum tuberosum* subsp. *andigena* [Juz. et Buk.] Hwk. x *Solanum tuberosum* L.). Ztschr. Pfl.krankh. u. Pfl.schutz **65**, 465–472.

KÜHN, H. (1959): Zum Problem der Wirtsfindung phytopathogener Nematoden. Nematologica **4**, 165–171.

KÜHN, H. (1967): Der Kartoffelnematode und seine Bekämpfung. Konf. o škůdcich okopanin III, Prag, April, 1967, 25–28.

LAAN, P. A. v. D. (1953 a): Een schimmel als parasiet van de cyste-inhoud van het aardappelcystenaaltje (*Heterodera rostochiensis* Wollenw.). T. Pl. ziekten **59**, 101–103.

LAAN, P. A. v. D. (1953 b): De oorsprong van het aardappelcystenaaltje (*Heterodera rostochiensis* Wollenw.). T. Pl. ziekten **59**, S. 103.

LAAN, P. A. v. D. (1954): Nader onderzoek over het aaltjesvangende amoeboide organisme *Theratromyxa weberi* Zwillenberg. T. Pl. ziekten **60**, 139–145.

LAAN, P. A. v. D. (1956): Onderzoekingen over schimmels, die parasiteren op de cyste-inhoud van het aardappelcystenaaltje (*Heterodera rostochiensis* Wollenw.). T. Pl. ziekten **62**, 305 bis 321.

LAAN, P. A. v. D. (1959): Biologische Bekämpfung des Kartoffelnematoden mit Pilzen, die den Zysteninhalt zerstören. Verh. IV. Int. Pfl'schutz-Kongr. Hamburg 1957, **1**, 875–878.

LAAN, P. A. v. D. (o. J.): Onderzoek over de biologische bestrijding en invloed van organische bemesting. T. N. O. Werkgroep Onderzoek Bestrijding Aardappelcystenaaltje, 1950–1960, Resultaten van tien Jaar Onderzoek, 27–33.

LAAN, P. A. v. D. und BIJLOO, J. D. (1955): Bepaling van de vitaliteit van de cysteinhoud van het aardappelcystenaaltje (*Heterodera rostochiensis* Woll.). T. Pl. ziekten **61**, 69–75.

LAAN, P. A. v. D. and HUIJSMAN, C. A. (1957): Een waarneming over het voorkomen van fysiologische rassen van het aardappelcystenaaltje, welke zich sterk kunnen vermeerderen in resistente nakomelingen van *Solanum tuberosum* subsp. *andigenum*. T. Pl. ziekten **63**, 365–368.

LANGE, B. (1953): Kartoffelnematoden — ein schwieriges Problem. Praxis u. Forschung **5**, 255–257.

LANGE, B. (1954): Nematoden an Kartoffeln, Rüben und Hafer. Landwirtschaftsbl. Weser-Ems **101**, 48–50.

LEAR, B. (1953): Prevent the spread of golden nematode of potatoes. N. Y. State Coll. Agric. Extension Bull. **866**, 4 S.

LEAR, B. and MAI, W. F. (1950): Use of methyl bromide for killing golden nematode cysts on used bags and in soil samples. Phytopathol. **40**, S. 17, Abstr.

LEAR, B. and MAI, W. F. (1952): Methyl bromide for disinfecting burlap bags and machinery to help prevent spread of golden nematode of potatoes. Phytopathol. **42**, 489–492.

LEAR, B., MAI, W. F., FELDMESSER, J. and STRUYT, F. J. (1952): Soil fumigation experiments on Long Island, New York, to control golden nematode of potatoes. Phytopathol. **42**, 193–196.

LEENDERTZ, A. C. (1962): Wettelijke maatregelen in de landbouw. Bestrijding van de aardappelmoeheid *Heterodera rostochiensis* Woll. Versl. Meded. Pl. ziektenkundige Dienst Wageningen, Nr. **136**, (Jaarboek 1961), 156–158.

LEFKOWITZ, S. S. (1961): Plant growth substances in root galls induced by *Meloidogyne incognita acrita* Chit. Diss. Abstr. **22**, S. 1788.

LEWIS, S. and STONE, L. E. W. (1964): The use of Trapex for control of potato root eelworm out-of-doors. Plant Pathol. **13**, 110–111.

LIEBSCHER, C. (1890): Ein Nematode als Ursache der Erbsenmüdigkeit des Bodens. Dtsch. Landw. Presse **17**, Nr. 56, 436–437.

LIEBSCHER, C. (1892): Beobachtungen über das Auftreten eines Nematoden an Erbsen. J. Landw. **40**, 357–368.

LINDEMUTH, K. (1935): Der Topinambur. Schlesw.-Holst. Ztschr. Obst-Gartenbau Nr. 3.

LINDHARDT, K. (1954): Kartoffelålens forekomst i Danmark. Fortsatte undersøgelser i 1952. Tidsskr. Planteavl **57**, 701–705.

LINDHARDT, K. (1967): Kartoffelnematoden (*Heterodera rostochiensis*) på faerøerne. Statens plantepatol. Forsøg, Nr. **428**, April 1967, 11–12.

LINFORD, M. B., YAP, F. and OLIVEIRA, J. M. (1938): Reduction of soil populations of the root-knot nematode during decomposition of organic matter. Soil Sci. **45**, 127–140.

LOBANOVA, N. A. (1962): Kartofel'naja nematode. Leningrad 17 S.

LOHDE, G. (1874): Über einige neue parasitische Pilze. Tagebl. 47. Vers. dtsch. Naturf. u. Ärzte, 203–206.

LOWNSBERY, B. F. (1950 a): Stimulation of golden nematode larvae by root leachings. Phytopathol. **40**, S. 18, Abstr.

LOWNSBERY, B. F. (1950 b): Larval migration from cysts of the golden nematode of potatoes, *Heterodera rostochiensis* Wollenweber. Thesis, Cornell Univ. Ithaca, N. Y., 107 S.

LOWNSBERY, B. F. (1951): Larval migration from cysts of the golden nematode of potatoes, *Heterodera rostochiensis* Wollenweber. Phytopathol. **41**, 889–896.

LOWNSBERY, B. F. and LOWNSBERY, J. W. (1954): *Heterodera tabacum* new species, a parasite of solanaceous plants in Connecticut. Proc. Helminth. Soc. Wash. **21**, 42–47.

LUBATTI, O. F. and BLACKITH, R. E. (1950): Fumigation of agricultural products II. Susceptibility of seed potatoes to the vapour of methyl bromide. J. Sci. Agric. **1**, 240–244.

LUC, M. (1961): Némátodes du genre – *Heterodera* – parasites de cultures tropicales en Afrique. C.-R. Acad. Agric. France **47**, 941–942.

LUC, M. et BERDON-BRIZUELA, R. (1961): *Heterodera oryzae* n. sp. (*Nematoda-Tylenchoidea*) parasite du riz en Côte D'Ivoire. Nematologica **6**, 272–279.

LUC, M. et MERNY, G. (1963): *Heterodera sacchari* n. sp. (*Nematoda: Tylenchoidea*) parasite de la canne á sucre au Congo-Brazzaville. Nematologica **9**, 31–37.

LUSH, G. B., HAMS, A. F., HITCHMANN, D. and LEWIS, D. K. (1967): The biological efficiency of a prill formulation of Dazomet with particular reference to outdoor soil sterilization. Proc. Brit. Insecticide Fungicide Conf. 363–379.

LÜCKE, E. (1964): Kombinierte Bekämpfung des Kartoffelnematoden. Gesunde Pflanzen **16**, 174–178.

LÜCKE, E. (1965): Untersuchungen über die Verschleppung zystenbildender Nematodenarten durch landwirtschaftliche Abwasserverwertung. Gesunde Pflanzen **17**, 83–87.

MABBOTT, T. W. (1956): Potato root eelworm. A report on an experiment to free seed potatoes from adhering soil and cysts. Scot. Agric. **36**, 73–74.

MABBOTT, T. W. (1960): Observations on the development of potato root eelworm, *Heterodera rostochiensis* Woll., on the potato tuber and the importance of such development in the spread of this nematode on washed tubers. Eur. Potato J. **3**, 236–244.

MABBOTT, T. W. (1968): Serological techniques as an aid to potato root eelworm strain identification. Compt. rend. 8. Int. Symp. Nematologie Antibes 1965 (Leiden, 1968), S. 46.

MACARA, A. M. (1963 a): Contribuicão para o estudo morfológico e biológico dos nemátodes – *Heterodera göttingiana* Liebscher, 1892 e *H. rostochiensis* Wollenweber, 1923 – encontrades em Portugal. Broteria **32**, (41) Nr. 1–2, 25–115.

MACARA, A. M. (1963 b): Contribution to the study of *Heterodera rostochiensis* Wollenweber, 1923, in Portugal. Ber. d. 2. Dreijahrestag. d. Europ. Ges. f. Kartoffelforsch., Pisa 1963, S. 189, Abstr.

MACARA, A. M. (1963 c): Aspectos sobre a importância dos nemátodos de interesse agrícole em Portugal e no ultramar portugês. Agros **46**, 367–384.

MACHMER, J. H. (1946): Golden nematode on commercial potatoes. Phytopathol. **36**, S. 686, Abstr.

MAI, W. F. (1950): Effect of high soil populations of the golden nematode, *Heterodera rostochiensis* Wollenweber, on the yields of Irish Cobbler and Green Mountain potatoes. Phytopathol. **40**, S. 19, Abstr.

MAI, W. F. (1951): *Solanum xanthi* Gray and *Solanum integrifolium* Poir., new hosts of the golden nematode, *Heterodera rostochiensis* Wollenweber. Amer. Potato J. **28**, 578–579.

MAI, W. F. (1952 a): Susceptibility of *Lycopersicon* species to the golden nematode. Phytopathol. **42**, 461–462.

MAI, W. F. (1952 b): Susceptibility of *Nicotiana* spp. to the golden nematode, *Heterodera rostochiensis*. Plant Dis. Rep. **36**, 485–486.

MAI, W. F. (1954): Toxicity of fungal and bacterial filtrates to encysted golden nematode larvae. Plant Dis. Rep. **38**, 545–546.

MAI, W. F. and LEAR, B. (1952): Yearly D–D treatments and continous potato production in relation to the golden nematode population of the soil. Phytopathol. **42**, S. 481, Abstr.

MAI, W. F. and LEAR, B. (1953): The golden nematode. N. Y. State Coll. agric. Extension Bull. **870**, 32. S

MAI, W. F. and LOWNSBERY, B. F. (1948): Studies on the host range of the golden nematode of potatoes, *Heterodera rostochiensis* Wollenweber. Amer. Potato J. **25**, 290–294.

MAI, W. F. and LOWNSBERY, B. F. (1952): Crop rotation in relation to the golden nematode population of the soil. Phytopathol. **42**, 345–347.

MAI, W. F. and HARRISON, M. B. (1959): The golden nematode. N. Y. State Coll. agric. Extension Bull. **870**, 32 S.

MAI, W. F. and PETERSEN, L. C. (1952): Resistance of *Solanum balsii* and *Solanum sucrense* to the golden nematode, *Heterodera rostochiensis*, Wollenweber. Sci. **116**, 224–225.

MAI, W. F., SPRUYT, F. J., LEAR, B. and FELDMESSER, J. (1951): Yields of Green Mountain and Cobbler potato varieties grown in golden nematode infested soil. Amer. Potato J. **28**, 617–625.

MARRIAN, D. H., RUSSELL, P. B., TODD, A. R. and WARING, W. S. (1949 a): The potato eelworm hatching factor. 3. Concentration of the factor by chromatography. Observations on the nature of eclepic acid. Biochem. J. **45**, 524–528.

MARRIAN, D. H., RUSSELL, P. B. and TODD, A. R. (1949 b): The potato eelworm hatching factor. 6. Attempts to prepare artificial hatching agents. Part II. Some active arylidine-. Δ^{β}:y -butenolides and related compounds. Biochem. J. **45**, 533–537.

MARTIN, G. C. (1947): 'DD' as a means of controlling *Heterodera rostochiensis* (Woll.). Nature **160**, S. 720.

MARTIN, G. C. (1955): Plant and soil nematodes of the Federation of Rhodesia and Nyasaland. Rhodesia Agric. J. **52**, 346–361.

MASSEE, G. (1913): Nematodes or eelworms. Royal Bot. Gardens, Kew Bull. Miscellaneous Information, 343–351.

MASSEY, L. M. and NEAL, A. L. (1951): Investigations in the golden nematode hatching factor. Fed. Proc. **10**, S. 222.

MASSEY, L. M. and NEAL, A. L. (1953): Investigations concerning the hatching factor of the golden nematode of potatoes, *Heterodera rostochiensis* Wollenweber. J. Wash. Acad. of Sci. **43**, 396–401.

MASSÈSE, C. S. LA (1961): Aperçu sur les problèmes posés par les nématodes phytoparasites en Algérie. Les Nématodes, J. d'études et d'information C. N. R. A., Versailles, 83–109.

MASURAT, G. und STEPHAN, S. (1960): Das Auftreten der wichtigsten Krankheiten und Schädlinge der landwirtschaftlichen und gärtnerischen Kulturpflanzen in den Jahren 1958 und 1959 im Bereich der Deutschen Demokratischen Republik. Nachr.bl' f. d. dtsch. Pfl'schutzd. (Berlin) N. F. Jg. **14**, 141–178.

McDONALD, K. H. (1956): A comparison of cysts of *Heterodera rostochiensis* Woll. from roots of resistant and susceptible plants. Phytopathol. **46**, S. 19, Abstr.

McKENNA, L. A. and WINSLOW, R. D. (1962): The effect of various infestation techniques on the development of the potato root eelworm with observations on the length of the life cycle in a heated glasshouse. Res. Exp. Rec., Min. Agric. Northern Ireland **12**, Part 2, 97 bis 101.

McKENNA, L. A., WILLIS, R. J. and WINSLOW, R. D. (1964): Glas tube culture method for assessment of resistance of potatoes to potato root eelworm. Rec. Agric. Res., Min. Agric. Northern Ireland **13**, Part 1, 29–32.

MEINL, G. und STELTER, H. (1963): Die Auswirkungen des Nematodenbefalls (*Heterodera rostochiensis* Woll.) auf Wachstum, Entwicklung und Produktivitat von anfälligen und resistenten Kartoffelsorten. Nematologica **9**, 553–556.

MEINL, G. und STELTER, H. (1967): Einfluß unterschiedlicher Wasserversorgung auf Strekkungswachstum und Stoffproduktion nematodenbefallener Kartoffelpflanzen sowie auf die Populationsdynamik des Parasiten. Biol. Zentralbl. **86**, 723–734.

MENDE, E. und LUTZE, B. (1968): Vergleich der gebräuchlichen Untersuchungsmethoden auf Nematodenzysten im Boden. Nachr'bl. f. d. dtsch. Pfl'schutzd. (Berlin) N. F. Jg. **22**, S. 213.

MERNY, G. (1968): Essai de comparaison morphologique entre *Heterodera humuli* Filipjev, 1934 et *H. fici* Kirjanova, 1954. Compt. rend. 8. Int. Symp. Nematologie Antibes 1965 (Leiden 1968) S. 28.

MEYER-BAHLBURG, W. (1965): Kombinierte Bekämpfung des Kartoffelnematoden. Gesunde Pflanzen **17**, 46–47.

MEYL, A. H. (1951): Die künstliche Infektion mit dem Kartoffel- und Rübennematoden und die Färbung der Parasiten in situ. Nachr'bl. d. dtsch. Pfl'schutzd. (Braunschweig) **3**, 134 bis 136.

MICHNOVA, E. S. (1958): Ob ustojčivosti nekotorych paslenovych kultur k kartofel'noj nematode. XI. planovo-metodičeskoe soveščanie po naučno-issledovatel'skoj rabote po zaščite rastenij v cevero-zapadnoj zone SSSR Riga, Seite 83.

MICHNOVA, E. S. (1959): Ispytanie sortov i vydov kartofelja na ustojčivost k kartofel'noj nematode. XII. planovo-metodičeskoe soveščanie po naučno-issledovatel'skoj rabote po zaščite rastenij v. severo zapadnoj Zone SSSR, S. 118.

MILDENBERGER, G. und WARTENBERG, H. (1958): Histologische Untersuchungen der Nematodengallen in den Wurzeln der Kartoffelpflanze (*Heterodera rostochiensis* Woll. und *Meloidogyne* spec. in *Solanum tuberosum* L.). Ztschr. Pfl.krankh. u. Pfl.schutz **65**, 449–464.

MILES, H. W. (1930): Field studies on *Heterodera schachtii* Schmidt in relation to the pathological condition known as „potato sickness". J. Helminth. **8**, 103–122.

MILES, H. W. and MILES, M. (1942): Investigations on potato root eelworm, *Heterodera rostochiensis* Wollenweber on the cyst population of a field over a series of years. Ann. appl. Biol. **29**, 109–114.

MILES, H. W. and MILES, M. (1945): Eelworm pests and commercial vegetable production. Ann. Rep., Agric. and Hortic. Res. Stat. Long Ashton, 157–165.

MILES, H. W., HENDERSON, V. E. and MILES, M. (1943): Field studies of potato root eelworm, *Heterodera rostochiensis* Wollenweber. Ann. appl. Biol. **30**, 151–157.

MILLER, L. I. and GRAY, B. J. (1968): Horsenettle cyst nematode, *Heterodera virginiae* n. sp., a parasite of solanaceous plants. Nematologica **14**, 535–543.

MILLER, L. I., HARRISON, M. B. and SCHINDLER, A. F. (1962): Horsenettle and Osborne's cyst nematodes — two undescribed nematodes occuring in Virginia. Phytopathol. **52**, S. 743, Abstr.

MINZ, G. (1956 a): How the potato root nematode was discovered in Israel. Plant Dis.Rep. **40**, 688–689.

MOLZ, E. (1930): Über die Bekämpfung des Rübennematoden (*Heterodera schachtii*) mit reizphysiologisch wirkenden Stoffen. Zentralbl. Bakteriol. Parasitenknd. II. Abt. **81**, 92–103.

MOLZ, E. (1932): Die Bekämpfung des Rübennematoden mittels des Chlorkalk-Aktivierungsverfahrens. Dtsch. Landw.Presse **59**, 371–372.

MORGAN, D. O. (1925): Investigation on eelworm in potatoes in South Lincolnshire. J. Helminth. **3**, 185–192.

MORGAN, D. O. (1926): Some remarks on the ethiology of potato disease in Lincolnshire. J. Helminth. **4**, 49–52.

MORGAN, D. O. and PETERS, B. G. (1929): The potato-root eelworm in Lincolnshire. J. Helminth. **7**, 63–80.

MORGAN, G. T. (1968): A informal resumé of the *Heterodera rostochiensis* problem in Newfoundland, and research approaches. Proc. North Western Nematol. Workshop, Vancouver 1968, S. 25, (Herausg.: Simon Fraser Univ.).

MORIARTY, F. (1960): Laboratory errors associated with the estimation of the population density of *Heterodera* species in soil. Ann. appl. Biol. **48**, 665–680.

MORIARTY, F. (1963): An nylon sieve for hatching *Heterodera* larvae. Nematologica **9**, 157–158.

MORIARTY, F. (1964): The efficacy of Chrysoidin, New Blue R and Phloxine B for determining the viability of beet eelworm, *Heterodera schachtii* Schm. Nematologica **10**, 644–646.

MÖLLER, K.-H., ROTHACKER, D. und STELTER, H. (1949): Stand und Methodik der Nematodenresistenzzüchtung auf der Grundlage von *Solanum tuberosum* subsp. *andigenum* in der Deutschen Demokratischen Republik. Tagungsber. d. DAL Nr. **20**, 65–81.

MÖLLER, K.-H. und STELTER, H. (1965): Erfolge und Aussichten der Züchtung nematodenresistenter Kartoffeln. Int. Ztschr. Landw. Heft **1**, 40–43.

MURPHY, P. W. and DONCASTER, C. C. (1957): A culture method for soil meiofauna and its application to the study of nematode predators. Nematologica 2, 202–214.

MÜLLER-KÖGLER, E. und STEIN, W. (1967): Versuche zur Infektion von Zysten des Kartoffelnematoden (*Heterodera rostochiensis* Wollenweber) durch drei insektenpathogene Pilze. Ztschr. Pfl.krankh. u. Pfl.schutz **74**, 201–204.

MÜLLER, G. (1956): Der Befall durch den Kartoffelnematoden in den europäischen und mediterranen Ländern. Nachr'bl. f. d. dtsch. Pfl'schutzd. (Berlin) N. F. Jg. **10**, 105–108.

MYGIND, H. (1955 a): Kartoffelålens forekomst i Danmark. Fortsatte undersøgelser 1953. Tidsskr. Planteavl **58**, 722–728.

MYGIND, H. (1955 b): Kartoffelålens forekomst i Danmark. Fortsatte undersøgelser 1954. Tidsskr. Planteavl **59**, 548–552.

MYGIND, H. (1959): Kartoffelålens forekomst i Danmark. Årsoversigter for jordprøveundersøgelser i 1955, 1956, 1957 og 1958. Tidsskr. Planteavl **63**, 696–705.

MYGIND, H. (1964): Kartoffelålens forekomst i Danmark. Årsoversigter for jordprøveundersøgelser i 1959, 1960, 1961, 1962 og 1963. Tidsskr. Planteavl **68**, 145—152.

NEAL, A. L. (1959): The influence of vitamin B 6 on the emergence of golden nematode larvae. Phytopathol. **49**, S. 547, Abstr.

NEBEL, B. (1926 a): Zur Frage der Nematodenbekämpfung. Zuckerrübenbau **8**, 93—101.

NEBEL, B. (1926 b): Ein Beitrag zur Physiologie des Rübennematoden *Heterodera schachtii* vom Standpunkt der Bekämpfung. Kühn-Archiv **12**, 38—103.

NEYE, W., STELTER, H., HEROLD, H. und IHLE, W. (1964): Untersuchungen über die Veränderungen von Nematodenpopulationen (*Heterodera rostochiensis* Woll.) Typ A beim praktischen Feldanbau von nematodenresistenten Kartoffeln (*Sol. andigenum* × *Sol. tuberosum*). Nachr'bl. f. d. dtsch. Pfl'schutzd. (Berlin) N. F. Jg. **18**, 1—2.

NOLLEN, H. M. en MULDER, A. (1967): Praktijk onderzoek over chemische bestrijding van het aardappelcystenaaltje. Neth. J. Plant Pathol. **73**, S. 64 Abstr.

NÖLLE, H.-H. und SCHNEIDER, A. (1968): Wirkungsbreite und Wirkungsweise von Temik (Erfahrungen aus Deutschland). Pflanzenschutz-Berichte **38**, 33—45.

NOLTE, H. W. (1955): Reizphysiologische Untersuchungen bei *Heterodera rostochiensis*. Mitt. Biol. Bundesanst. Land-Forstwirtsch. Heft **83**, 133—136.

NOLTE, H. W. (1956): Beiträge zum Problem der Aktivierung der Heterodera-Zysten. Nematologica **1**, 72—78.

NOLTE, H. W. (1958): Die Aktivierung der Larven zystenbildender Nematoden. Sitzungsber. d. DAL **7**, Heft 10, 27 S.

NUSBAUM, C. J. (1958): The response of root-knot infested tobacco plants to foliar applications of maleic hydrazide. Phytopathol. **48**, S. 344, Abstr.

O'BRIEN, D. G. and PRENTICE, E. G. (1930): An eelworm disease of potatoes caused by *Heterodera schachtii*. Scot. J. Agric. **13**, 415—432.

O'BRIEN, D. G. and PRENTICE, E. G. (1931): A nematode disease of potatoes caused by *Heterodera schachtii* (Schmidt). West of Scotland Agric. Coll., Res. Bull. Nr. **2**, 63 S.

O'BRIEN, D. G., GEMMELL, A. R., PRENTICE, I. W. and WYLIE, S. M. (1939): Field experiments in Ayrshire on control of *Heterodera schachtii* by the use of chloroacetates. J. Helminth. **17**, 41—50.

OMIDVAR, A. M. (1961): On the effects of root diffusates from *Tagetes* spp. on *Heterodera rostochiensis* Woll. Nematologica **6**, 123—129.

OMIDVAR, A. M. (1962): The nematicidal effects of *Tagetes* spp. on the final population of *Heterodera rostochiensis* Woll. Nematologica **7**, 62—64.

ONIONS, T. G. (1955): The distribution of hatching within the cysts of the potato root eelworm, *Heterodera rostochiensis*. Quart. J. Microscopical Sci. **96**, 495—513.

ONIONS, T. G. (1957): Emergence of larvae from sealed cysts of the potato root eelworm, *Heterodera rostochiensis* Wollenweber. Nature **179**, 323—324.

OOSTENBRINK, M. (1950): Het aardappelaaltje (*Heterodera rostochiensis* Wollenweber), een gevaarlijke parasiet voor de eenzijdige aardappelcultuur. Versl. Meded. Pl. ziektenkundige Dienst Wageningen, Nr. **115**, 230 S.

OOSTENBRINK, M. (1952 a): Proc. Int. Nematol. Symposium and Training Course, Harpenden 1951, S. 22.

OOSTENBRINK, M. (1952 b): De monocyste-cultuur bij het waardplantenonderzoek van *Heterodera's*. T. Pl. ziekten **58**, 84—87.

OOSTENBRINK, M. (1954): Een doelmatige methode voor het toesten van aaltjesbestrijdingsmiddelen in grond met *Hoplolaimus uniformis* als proefdier. Meded. Landbouwhogesch. Opzoekingsst. Gent **19**, 377—408.

OOSTENBRINK, M. (1955): Jets over aaltjesonderzoek. T. N. O. Nieuws **109**, 151–154.

OOSTENBRINK, M. (1960 a): Estimating nematode populations by some selected methods. In: Nematology, edited by Sasser & Jenkins, Univ. of N. C. Press 85–102.

OOSTENBRINK, M. (1960b): *Tagetes patula* L. als voorfrucht van enkele land – en tuinbouwgewassen op zand – en dalgrond. Meded. Landbouwhogesch. Opzoekingsst. Gent **25**, 1065–1075.

OOSTENBRINK, M. (1960c): The Genus *Heterodera*. In: Nematology, edited by Sasser & Jenkins, Univ. of N. C.Press. 206–211.

Oostenbrink, M. (1966): Major characteristics of the realation between nematodes and plants. Meded. Landbouwhogesch. Wageningen **66**, 46 S.

OOSTENBRINK, M. (1967): Studies on the emergence of encysted Heterodera larvae. Meded. Rijksfac. Landbouwwetenschappen Gent **32**, 503–539.

OOSTENBRINK, M. (1968): Major characteristics of the relations between nematodes and plants. Compt. rend. 8. Int. Symp. Nematologie Antibes 1965 (Leiden 1968). 8–10.

OOSTENBRINK, M. en STOFMEEL, W. J. (1953): Ontsmetting van bloembollen tegen *Heterodera rostochiensis*. T. Pl. ziekten **59**, 1–8.

OOSTENBRINK, M., KUIPER, K. und s'JACOB, J. J. (1957): *Tagetes* als Feindpflanzen von *Pratylenchus*-Arten. Nematologica (Suppl. 2), 424–433.

OSBORNE, W. W. (1961): Tobacco attaced by a cyst-forming nematode in Virginia. Plant Dis. Rep. **45**, 812–813.

OUDEN, H. DEN (1954): Het bietenzystenaaltje en zijn bestrijding. I. Methoden te gebruiken bij het onderzoek naar kunstmatige en natuurlijke lokstoffen. Meded. Inst. voor rationele Suikerproduktie **24**, 101–121.

OUDEN, H. DEN (1960a): Periodicity in spontaneous hatching of *Heterodera rostochiensis* in the soil. Nematologica (Suppl. 2), 101–105.

OUDEN, H. DEN (1960b): A note on parthenogenesis and sex determination in *Heterodera rostochiensis* Woll. Nematologica **5**, 215–216.

OUDEN, H. DEN (1962): The rate of reproduction of potato-root eelworm population of different age. Eur. Potato J. **5**, S. 185, Abstr.

OUDEN, H. DEN (1963a): A comparison between the use of free and encysted eggs in hatching and pot experiments with *Heterodera rostochiensis*. Nematologica **9**, 225–230.

OUDEN, H. DEN (1963b): Hatching and rate of multiplication of *Heterodera rostochiensis* populations of different ages. Nematologica **9**, 231–236.

OUDEN, H. DEN (1965): De invloed van opslag van aardappelen in haver op de bevolkingsdichtheid van *Heterodera rostochiensis*. Netherlands J. Plant Pathol. **71**, S. 60.

OUDEN, H. DEN (1966): Vermeerdering van *Heterodera rostochiensis* bij zeer lage dichtheden. Jaarverslag I. P. O. Wageningen (1965), 103–104.

OUDEN, H. DEN (1967): The influence of volunteer potato plants in oats on the population density of *Heterodera rostochiensis*. Nematologica **13**, 325–335.

OUDEN, H. DEN (1968a): The influence of volunteer potato plants in oats on the population density of *Heterodera rostochiensis*. Compt. rend. 8. Int. Symp. Nematologie Antibes 1965 (Leiden 1968) S. 52.

OUDEN, H. DEN (1968b): Bestrijding van het aardappelcystenaaltje met de systemische nematiciden Temik (2-methyl-2-(methylthio) propionaldehyde O-(methylcarbamoyl) oxim) en Lannate (methyl O-(methylcarbamoyl thioacetohydroxamaat). Meded. Rijksfac. Landbouwwetenschappen Gent **33**, 719–728.

OUDEN, H. DEN en KAAI, C. (1963): Bestrijding van *Heterodera rostochiensis* en *Ditylenchus dipsaci* met 0,0 diethyl 0-2 pyrazinylfosforothioaat en VB 744. Meded. Landbouwhogesch. Opzoekingsst. Gent **28**, 638–648.

OUDEN, H. DEN en SEINHORST, J. W. (1964): De invloed van enkele systemische nematiciden op de vermeerdering van *Heterodera rostochiensis* op aardappel en van *Tylenchorhynchus dubius* op stoppelknollen. Meded. Landbouwhogesch. en Opzoekingsst. te Gent **29**, 810 bis 817.

OWENS, R. G. and SPECHT, H. N. (1966): Biochemical alterations induced in host tissues by root-knot nematodes. Contr. Boyce Thompson Inst. **23**, 181–198.

OWENS, R. G. and RUBINSTEIN, J. H. (1966): Metabolic changes induced by root-knot nematodes in host tissues. Contr. Boyce Thompson Inst. **23**, 199–213.

PALO, A. V. (1968): Multiplication of the potato cyst-nematode (*Heterodera rostochiensis*) in *Lycopersicon* spp. Nematologica **14**, 314–315.

PAPE, H. (1952): Erfahrungen mit der Heißwasserbeizung von Maiblumenkeimen. Mitt. Biol. Zentralanst. Land-Forstwirtsch. Heft **74**, 45–49.

PARROTT, D. M. (1968): Results of single male-female matings in *Heterodera rostochiensis*. First. Int. Congr. Plant Pathol. London, 1968, Abstr. S. 145.

PASCHKALI-KOURTZI, N. and TRIANTAPHYLLOU, A. C. (1964): Reactions of resistant potato lines to *Heterodera rostochiensis* in field tests in Greece. Ann. l'Inst. Phytopathol. Benaki N. S. **7**, Nr. 1, 46–54.

PATTERSON, W. (1948): Tackling the potato eelworm. Farmer and Stockbreeder **62**, S. 2022.

PÄÄSUKE, M. (1962): Vorläufige Mitteilungen zur Bekämpfung von *Pratylenchus penetrans* durch Raubpilze. Acta Agric. Scandinavica 135–147.

PEACHEY, J. E. (1961): Investigations on nematicidal activity and crop responses to chemical soil sterilants. Proc. British Insecticides and Fungicides Conference **2**, 349–351.

PEACHEY, J. E. (1962): The chemical control of plant-parasitic nematodes by soil fumigation. N. A. A. S. Quart. Rev. Nr. **57**, 36–45.

PEACHEY, J. E. (1963): Progress in chemical soil sterilisation. Proc. 2. Brit. Insecticide and Fungicide Conf., Brighton, Ref. Nr. VII–2.

PEACHEY, J. E. and CHAPMAN, M. R. (1966): Chemical control of plant mematodes. Tech. Comm. Nr. **36**, Commonwealth Bureau of Helminth. St. Albans 119 S.

PEACHEY, J. E. and GREET, D. N. (1965): Control of potato cyst nematode with Dazomt. Plant Pathol. **14**, S. 18.

PEACHEY, J. E., COLLINGWOOD, C. A. and RAO, G. N. (1963 a): Control of potato root eelworm in a glasshouse soil with a formulation of methyl isothiocyanate. Plant Pathol. **12**, 84–87.

PEACHEY, J. E., RAO, G. N. and CHAPMAN, M. R. (1963 b): Field tests of experimental and commercial soil sterilants against the potato-root eelworm, *Heterodera rostochiensis* Woll. Ann. appl. Biol. **52**, 19–31.

PEACHEY, J. E., GREET, D. N., HOOPER, D. J. and CHAPMAN, M. R. (1965): The effects of two soil types on diffusion of soil sterilants. Plant. Pathol. **14**, 36–38.

PEACHEY, J. E., GANDER, M. C., ATKINSON, K. M., COLLINGWOOD, C. A., DAVIES, T. G., GOLIGHTLY, W. G., GRAHAM, C. W., GUILE, C. T., STONE, L. E. W. and OSBORNE, P. (1963): Chemical control of potato-root eelworm in glasshouses: Experiments in 1961. Exper. Horticult. Nr. **9**, 9–15.

PEACOCK, F. C. (1960): Inhibition of root-knot development on tomato by systemic compounds. Nematologica **5**, 219–227.

PEACOCK, F. C. (1963): Systemic inhibition of root-knot eelworm (*Meloidogyne incognita*) on tomato. Nematologica **9**, 581–583.

Peacock, F. C. and Peachey, J. E. (1965): Systemic control of plant meuatodes. Advances in Chemotherapy **2**, 1–22.

Pepper, E. H. (1963): Nematodes in North Dakota. Plant Dis. Rep. **47**, 102–106.

Percival, J. (1895): An eelworm disease of hops. Nat. Sci. **6**, 187–197.

Peters, B. G. (1926): *Heterodera schachtii* (Schmidt) and soil acidity. J. Helminth. **4**, 87–114.

Peters, B. G. (1941): Dilution egg-counts and the Poisson series. J. Helminth. **19**, 59–62.

Peters, B. G. (1948): Potato root eelworm, D–D, and soil sterilization. II. Results for 1946. J. Helminth. **22**, 128–138.

Peters, B. G. (1948/49): The potato root eelworm problem. Agriculture **55**, 493–498.

Peters, B. G. (1949a): Potato root eelworm, D–D, and soil sterilization, III. Results for 1947. J. Helminth. **23**, 73–88.

Peters, B. G. (1949b): Potato root eelworm. A serious and easily-spread pest. Ann. J. R. Lancash. Agric. Soc. 23–27.

Peters, B. G. (1950a): Potato root eelworm. Farminc **4**, 338–341.

Peters, B. G. (1950b): Controlling potato root eelworm. The British Farmer 1950, **Nr. 28** S. 11.

Peters, B. G. (1951): The term "eelworm free soil" in plant quarantine regulations. Nature **167**, S. 368.

Peters, B. G. (1952): Pot tests of nematicides against potato root eelworm. I. pilot test and methods. Ann. appl. Biol. **39**, 347–356.

Peters, B. G. (1953a): Vertical migration of potato root eelworm. J. Helminth, **27**, 107 bis 112.

Peters, B. G. (1953b): Changes in potato root eelworm population with time and depth. J. Helminth. **27**, 113–118.

Peters, B. G. (1953c): Trial of ammoniacal gas liquor against potato root eelworm. Plant Pathol. **2**, 65–67.

Peters, B. G. (1955): A note on handling and processing nematodes. Soil Zool., Proc. Univ. of Nottingham, 417–418.

Peters, B. G. (1961): *Heterodera rostochiensis* population density in relation to potato growth. J. Helminth. (Suppl. 1961), 141–150.

Peters, B. G. and Fenwick, D. W. (1949): Field trials with D–D mixture against potato-root eelworm. Ann. appl. Biol. **36**, 364–382.

Piegat, M. (1963): Wyniki wstepnych badan anatomiczno – cytologicznych nad istota odpornosci na matwika ziemniaczanego (*Heterodera rostochiensis* Woll.). Biul. IOR **21**, 137–144.

Piegat, M. and Wilski, A. (1963): Changes observed in cell nuclei in roots of susceptible and resistant potato after their invasion by potato root eelworm (*Heterodera rostochiensis* Woll.) larvae. Nematologica **9**, 576–580.

Piegat, M. i Szczotka, Z. (1964): Porówanie zmian histologicznych abserwowanych w korzeniach ziemniaków pod wpływem zerowania larw matwika ziemniaczanego (*Heterodera rostochiensis* Woll.) oraz działania homogenatu larw i ich wydzielin. Biul. IOR **28**, 189 bis 203.

Piegat, M. and Wilski, A. (1965): Cytological differences in root cells of susceptible and resistant potato varieties invaded by potato root eelworm (*Heterodera rostochiensis* Woll.) larvae. Nematologica **11**, 109–115.

Piegat, M., Giebel, J. i Wilski, A. (1966): Pojemność buforowa oraz zmiany pH w tkankach korzeni ziemniaków podatnych i odpornych porazonych przez matwika ziemniaczanego (*Heterodera rostochiensis* Woll.). Prace Naukowe IOR **8**, 197–204.

PIERCH, A. E., WERRES, H. und RASCHKE, K. (1959): Trapex — ein neues Nematizid zur Bodenentseuchung. Anz. Schädlingskd. **32**, 183—189.

PLAISTED, R. L., HARRISON, M. B. and PETERSON, L. C. (1962): A genetic model to describe the inheritance of resistance to the golden nematode, *Heterodera rostochiensis* (Wollenweber) in *Solanum vernei*. Amer. Potato J. **39**, 418—435.

POGOSJAN, E. E. (1961): Novyj vid nematody *Heterodera rumicis* sp. n. (*Nematoda, Heteroderidae*) iz Armjanskoj SSR. Doklady akademii nauk Armjanskoj SSR, Erevan **32**, 171—175.

PONIN, I. JA. (1967): Rezul'taty ocenki ustojčivosti dikich vidov i gibridov kartofelja k kartofel'noj nematode *Heterodera rostochiensis* Woll., 1923. Nematodnye bolezni sel'skoch. rastenij Moskva 1967, 120—123.

PRUMMEL, W. (1958): *Solanum nigrum* L. als waardplant voor het aardappelcystenaaltje, *Heterodera rostochiensis* Wollenw. T. Pl. ziekten **64**, 142—143.

QUEVEDO, A., SIMON, J. E. y TOXOPEUS, H. J. (1956): Estudios de resistencia a la „Anguilula dorada“ de la papa. Inf. Estac. Agric. La Molina **347**, 10—15.

RADDATZ, E. (1961): Nematodenbekämpfung durch resistente Kartoffelsorten. Der Kartoffelbau **12**, 113—114.

RADEMACHER, B. und SCHMIDT, O. (1933): Die bisherigen Erfahrungen in der Bekämpfung des Rübennematoden (*Heterodera schachtii* Schm.) auf dem Wege der Reizbeeinflussung. Arch. Pflanzenb. Abt. A, **10**, 237—296.

RAEUBER, A. und STELTER, H. (1963a): Über die Sicherheit in der Bestimmung und über die Verteilung der Zysten des Kartoffelnematoden (*Heterodera rostochiensis*) im Feld. Pedobiologica **2**, S. 241, Abstr.

RAEUBER, A. und STELTER, H. (1963b): Die Sicherheit bei der Bestimmung der Verseuchung eines Feldes mit dem Kartoffelnematoden (*Heterodera rostochiensis* Woll.). Biol. Zentralbl. **82**, 455—464.

RAEUBER, A. und STELTER, H. (1970): Die Endverseuchung in Abhängigkeit von der Anfangspopulation bei *Heterodera rostochiensis* Woll. Biol. Zentralbl. **89**, 87—91.

RAO, G. N. and PEACHEY J. E. (1964): Estimating kill of potato-root eelworm. Exper. Horticult. **12**, H. 11, 7—10.

RAO, G. N. and PEACHEY, J. E. (1965): The effects of adding larvae of potato cyst nematode to potatoes grown in pots. Plant. Pathol. **14**, 15—18.

RASCHKE, K. (1962): Über die Wirkung des Nematizides Trapex auf den Inhalt von Kartoffelnematodenzysten. Nematologica **7**, S. 13.

RASCHKE, K. und PIEROH, E. A. (1962): Ergebnisse von Freilandversuchen zur Bekämpfung des Kartoffelnematoden (*Heterodera rostochiensis*) mit Methylisothiocyanat. Ztschr. Pfl.-krankh. u. Pfl.schutz **69**, 667—680.

RASINJA, B. (1960): Resul'taty issledovanij preparata Vapam dlja bor'by s kartofel'noj nematodoj v 1960 gody. Sbornik materialov planovo-metodičeskogo soveščanija po zaščite rastenij v Pribaltijskoj zone SSSR Riga, S. 108.

RASINJA, B. P. (1961): Nabljudenija nad kartofel'noj nematodoj *Heterodera rostochiensis* Woll. v Latvijskoj SSR. Trudy vsesojuznogo Inst. zaščity rastenij Moskva, **16**, 116—139.

RASINJA, B. P. (1967a): Materialy po issledovaniju rasovogo sostava kartofel'noj v Latvijskoj SSR. Kratkie itogi naučnych issledovanij po zaščite rastenij v Pribaltijskoj zone SSSR, VII (1964) 1967 Riga, S. 21.

RASINJA, B. P. (1967b): Metody kartirovanija i opredelenija stepeni zarazennosti počvy kartofel'noj nematodoj *Heterodera rostochiensis* Woll., 1923. Nematodnye bolezni sel'skoch. rastenij Moskva 1967, 124—130.

REID, E. (1952): An improved method of cyst dissection. J. Helminth. **26**, 67—68.

REID, E. (1955): A rolling method for opening cysts of potato root eelworm. Plant Pathol. **4**, 28–29.

REINMUTH, E. (1929): „Kartoffelnematode" Beiträge zur Biologie und Bekämpfung. Ztschr. Pfl.krankh. u. Pfl.schutz **39**, 241–276.

REINMUTH, E. (1955): Zur Biologie und Ökologie des Kartoffelnematoden sowie Grundsätzliches zu seiner Bekämpfung. Dtsch. Landwirtschaft **6**, 336–341.

REINMUTH, E. (1964): Pflanzenschutz und Bodenhygiene. Merkbl. prakt. Pfl.schutz Nr. **12**, 2 S.

REINMUTH, E. und ENGELMANN, C. (1941a): Versuche über die Kartoffelnematodenanfälligkeit verschiedener Tomatensorten. Forschungsd. **11**, 385–387.

REINMUTH, E. und ENGELMANN, C. (1941b): Der Einfluß der Pflanzzeit auf Zystenbesatz, Wachstum und Ertrag zweier, in nematodenverseuchtem Boden angebauten Kartoffelsorten. Landw. Jahrb. **90**, 519–534.

REINMUTH, E. und DOWE, A. (1966): Pilzliche Nematodenfeinde und die Möglichkeit ihrer Verwendung zur biologischen Nematodenbekämpfung. Mitt. Biol. Bundesanst. Land-Forstwirtsch. Heft **118**, 117–131.

REINMUTH, E. und SCHMIDT, J. (1959): Fragen der Populationsdynamik von *Heterodera rostochiensis* sowie der ökologischen Beeinflussung des Kartoffelnematoden-Befalls. Tagungsber. d. DAL Nr. **20**, 33–48.

REINMUTH, E. und SPRINGENSGUTH, W. (1936): Versuche über den Wirtspflanzenkreis des Kartoffelnematoden [*Heterodera schachtii* (Schmidt) f. *solani*]. Ztschr. Pfl.krankh. u. Pfl.-schutz **46**, 8 bis 13.

RENIUS, W. (1959): Nematodenbekämpfung durch Fruchtfolge. Der Kartoffelbau **10**, 170 bis 171.

RENSCH, B. (1924): Eine Methode zur Bekämpfung der Rübennematoden. Mitt. dtsch. Landw. Ges. Jg. **39**, 412–414.

RENSCH, B. (1925): Zwei quantitative reizphysiologische Untersuchungsmethoden für Rübennematoden. Ztschr. wiss. Zool. **123**, 488–497.

RICHARDSON, H. H. and SPRUYT, F. J. (1951): Quantitative treatments to control golden nematode cysts adhering to lily-of-the-valley pips; progress report with special reference to plant tolerance. Plant Dis. Rep. **35**, 519–521.

RIGGS, R. D. and HAMBLEN, M. L. (1967): A cyst nematode from birch in Arkansas. Phytopathol. **57**, 827, Abstr.

RIJSPERE, U., RIJSPERE, A. i KRALL, E. (1968): K izučeniju biotipov kartofel'noj nematody v Estonskoj SSR. Dokladov VI. naučnoj konferenzii pribaltijskich respublik po zaščite rastenij **2**, Tallin 1968, S. 39.

RITTER, M. M. (1949): Sur la présence en france de deux petits foyers de nématode doré (*Heterodera rostochiensis* Wollenweber) espéce attaquant les pommes de terre. Comptes l'Acad. d'Agric. France **35**, 473–475.

ROBINSON, T. (1956): Factors influencing emergence of larvae of the golden nematode (*Heterodera rostochiensis* Wollenweber). Diss. Abstr. **16**, 1335–1336.

ROBINSON, T. and NEAL, A. L. (1956a): Influence of mineral elements and pH upon the hatching of golden nematode (*Heterodera rostochiensis* Wollenweber) larvae. Fed. Proc. **15**, S. 338.

ROBINSON, T. and NEAL, A. L. (1956b): The influence of hydrogen ion concentration on the emergence of golden nematode larvae. Phytopathol. **46**, 665–667.

ROBINSON, T. and NEAL, A. L. (1959): The influence of certain mineral elements on emergence of golden nematode larvae. Proc. Helminth. Soc. Wash. **26**, 60–64.

ROBERTSON, D. (1937): Observations on the potato eelworm. Scot. J. of Agric. **20**, 264–272.

RODE, H. (1962): Untersuchungen über das Wandervermögen von Larven des Kartoffelnematoden (*Heterodera rostochiensis* Woll.) in Modellversuchen mit verschiedenen Bodenarten. Nematologica **7**, 74–82.

RODE, H. (1965): Über einige Methoden zur Verhaltensforschung bei Nematoden. Pedobiologia **5**, 1–16.

RODE, H. (1968): Zur Fortbewegung und zum Verhalten von Larven des Kartoffelnematoden (*Heterodera rostochiensis* Woll.) unter dem Einfluß gerichteter exogener Reize. Nachr'bl. f. d. dtsch. Pfl'schutzd. (Berlin) N. F. Jg. **22**, 52–53.

RODE, H. und STAAR, G. (1961): Die photographische Darstellung der Kriechspuren (Ichnogramme) von Nematoden und ihre Deutung. Nematologica **6**, 266–271.

ROHRINGER, R. and SAMBORSKI, D. J. (1967): Aromatic compounds in the host-parasite interaction. Ann. Rev. Phytopathol. Palo Alto, Calif. **5**, 77–86.

ROSS, H. (1962): Über die Vererbung der Resistenz gegen den Kartoffelnematoden (*Heterodera rostochiensis* Woll.) in Kreuzungen von *Solanum famatinae* Bitt. et Wittm. mit *Solanum tuberosum L.* und mit *S. chacoense* Bitt. Der Züchter **32**, 74–80.

ROSS, H. und HUIJSMAN, C. A. (1969): Über die Resistenz von *Solanum* (*Tuberarium*)-Arten gegen europäische Rassen des Kartoffelnematoden (*Heterodera rostochiensis* Woll.). Theoret. appl. Genetics **39**, 113–122.

ROZSYPAL, J. (1934): Pilze in Zysten von *Heterodera schachtii* Schmidt aus mährischen Rübenböden. Bull. Acad. Tschechosl. Agric. **10**, 413–422.

ROTHACKER, D. (1957): Beiträge zur Resistenzzüchtung gegen den Kartoffelnematoden. I. Prüfung von Primitiv- und Wildkartoffeln auf das Verhalten gegenüber dem Kartoffelnematoden. Der Züchter **27**, 124–132.

ROTHACKER, D. (1958): Beiträge zur Resistenzzüchtung gegen den Kartoffelnematoden (*Heterodera rostochiensis* Wollenweber). III. Untersuchungen über den Einfluß unterschiedlicher Kreuzungspartner auf die Ausbildung verschiedener Knolleneigenschaften bei Kartoffelkreuzungen, zugleich ein Beitrag zur Züchtungsmethodik. Der Züchter **28**, 133–143.

ROTHACKER, D. (1959): Nematodenresistenzzüchtung auf der Basis von *Solanum vernei* Bitt. et Wittm. Tagungsber. d. DAL Nr. **20**, 135–157.

ROTHACKER, D. (1960): Arbeiten und Ergebnisse über die züchterische Lösung phytopathologischer Fragen bei der Kartoffel. Meded. Landbouwhogesch. Opzoekingsst. Gent **25**, 1076–1086.

ROTHACKER, D. (1962): Betrachtungen zum Problem der Züchtung nematodenresistenter Kartoffelsorten. Hodowli Roślin Aklimatyzacja i Nasiennictwo **6**, 469–477.

ROTHACKER, D. und STELTER, H. (1957): Beiträge zur Resistenzzüchtung gegen den Kartoffelnematoden (*Heterodera rostochiensis* Wollenweber). II. Untersuchungen über die Vererbung der Nematodenresistenz bei den Arten *S. vernei* Bitt. et Wittm. und *S. tuberosum.* L. subsp. *andigena* (Buk.) Hawkes. Der Züchter **27**, 341–350.

ROTHACKER, D. und STELTER, H. (1959): Beiträge zur Resistenzzüchtung gegen den Kartoffelnematoden (*Heterodera rostochiensis* Wollenweber). IV. Das Verhalten von resistenten Bastardklonen aus der Kreuzung zwischen *S. tuberosum* subsp. *tuberosum* mit *S. tuberosum* subsp. *andigenum* auf nematodenverseuchten und nematodenfreien Flächen. Der Züchter **29**, 241–251.

ROTHACKER, D. und STELTER, H. (1961): *Solanum tarijense* Hawk. — eine weitere gegen den Kartoffelnematoden *Heterodera rostochiensis* (Wollenweber) resistente Species. Die Naturwissensch. **48**, 742–743.

ROTHACKER, D., STELTER, H. und JUNGES, W. (1966): Untersuchungen am Sortiment wilder und kultivierter Kartoffelspecies des Institutes für Pflanzenzüchtung Groß-Lüsewitz (G-LKS). V. Über das Vorkommen von Resistenz gegen den Kartoffelnematoden (*Heterodera rostochiensis* Woll.). Zusammenfassung der in den Jahren 1954–1964 durchgeführten Resistenzprüfungen gegen Rasse A. Ztschr. Pfl.zücht. **56**, 101–131.

ROY, A. K. (1968): The formation of giant cells in tomato roots infected by the potato cyst nematode, *Heterodera rostochiensis* and the grey sterile fungus, G. S. F. Nematologica **14**, 313.

RUSSELL, P. B., TODD, A. R. and WARING, W. S. (1949a): The potato eelworm hatching factor 4. *Solanum nigrum* as a soucre of the potato eelworm hatching factor. Biochem. J. **45**, 528–530.

RUSSELL, P. B., TODD, A. R. and WARING, W. S. (1949b): The potato eelworm hatching factor 5. Attempts to prepare artifical hatching agents. Part I Some furan derivates. Biochem. J. **45**, 530–532.

SANDNER, H. (1967): The conditions for occurence of potato root eelworm (*Heterodera rostochiensis* Woll.) in Poland. Ekol. Polska Ser. A **15**, Nr. 29, 7 S.

SANDER, H. (1958): Die Verbreitung von *Heterodera rostochiensis* Woll. in Polen. Compt. rend. 8. Int. Symp. Nematologie Antibes 1965 (Leiden 1968) 47–48.

SANDSTEDT, R. and SCHUSTER, M. L. (1965): Host-parasite interaction in root-knot nematode-infected carrot tissue. Phytopathol. **55**, 393–395.

SANDSTEDT, R. and SCHUSTER, M. L. (1966a): Excised tobacco pith bioassays for root-knot nematode-produced plant growth substances. Physiol. Plant. **19**, 99–104.

SANDSTEDT, R. and SCHUSTER, M. L. (1966b): The role of auxins in root-knot nematode-induced growth in excised tobacco stem segments. Physiol. Plant. **19**, 960–967.

SASSER, J. N., FELDMESSER, J. and FASSULIOTIS, G. (1951a): Control of golden nematode of potatoes with an organic phosphate insecticide. Phytopathol. **41**, 31–32, Abstr.

SASSER, J. N., FELDMESSER, J. and FASSULIOTIS, G. (1951b): Studies on the control of golden nematode of potatoes, with Systox spray (E-1059), an organic phosphate insecticide. Plant Dis. Rep. **35**, 152–155.

SCHACHT, H. (1859): Über einige Feinde der Rübenfelder. Ztschr. Ver. Rübenzuckerindustrie **9**, 175–179.

SCHAERFFENBERG, B. (1950): Untersuchungen über die Bedeutung der Enchytraeiden als Humusbildner und Nematodenfeinde. Ztschr. Pfl.krankh. u. Pfl.schutz **57**, 183–191.

SCHAERFFENBERG, B. (1951): Untersuchungen über die Bedeutung der Enchytraeiden als Nematodenfeinde. Mitt. Biol. Zentralanst. Land-Forstwirtsch. Heft **70**, 55–58.

SCHAERFFENBERG, B. und TENDL, H. (1951): Untersuchungen über das Verhalten der Enchytraeiden gegenüber dem Zuckerrübennematoden *Heterodera schachtii* (Schm.). Ztschr. angew. Entomol. **32**, 476–488.

SCHAPER, P. (1958): Nematoden bedrohen die Kartoffelbestände. Übersicht **9**, 86–89.

SCHEIBE, K. (1956): Zur Nematodengefahr im Kartoffelbau. Mitt. dtsch. Landw. Ges. **71**, 4–6.

SCHEIBE, K. (1958): Pflanzenschutzliche Sorgen im Kartoffelbau. Gesunde Pflanzen **10**, 25–29.

SCHERNEY, F. (1957): Morphologische und histologische Untersuchungen an *Heterodera*-Arten. Ztschr. Pfl.krankh. u. Pflschutz. **64**, 131–139.

SCHICK, R. und STELTER, H. (1959): Das Auftreten aggressiver Formen des Kartoffelnematoden in der Deutschen Demokratischen Republik. Tagungsber. d. DAL Nr. **20**, 121–129.

SCHICK, R. und STELTER, H. (1963): Wert und Bedeutung der nematodenresistenten Kartoffeln sowie einige Bemerkungen zu deren Anbau. Nachr'bl. f. d. dtsch. Pfl'schutzd. (Berlin) N. F. Jg. **17**, 75–79.

SCHMIDT, A. (1871): Über den Rübennematoden (*Heterodera schachtii* A. S.). Ztschr. Ver. Rübenzuckerindustrie **21**, 1–19.

SCHMIDT, H. A. (1959): Methoden zur Vereinfachung der Untersuchung ungesiebten Bodens auf den Besatz mit Kartoffelnematodenzysten. Nachr'bl. f. d. dtsch. Pfl'schutzd. (Berlin) N. F. Jg. **13**, 191–194.

SCHMIDT, J. (1952): Untersuchungen über den Kartoffelnematoden. Pfl'schutztagung Berlin 1952, 49–53.

SCHMIDT, J. (1953/54): Der gegenwärtige Stand der Kartoffelnematodenforschung. Wiss. Ztschr. Univ. Rostock **3**, 371–377.

SCHMIDT, J. (1954/55): Zur Populationsdynamik des Kartoffelnematoden. Wiss. Ztschr. Univ. Rostock **4**, 187–190.

SCHMIDT, J. (1955): Zur Populationsdynamik des Kartoffelnematoden (*Heterodera rostocheinsis* Woll.). Mitt. Biol. Bundesanst. Land-Forstwirtsch. Heft **83**, 137–139.

SCHMIDT, J. (1959): Beiträge zur Biologie und Ökologie des Kartoffelnematoden, *Heterodera rostochiensis* Woll., unter besonderer Berücksichtigung der Populationsdynamik. Diss. Landw. Fak. Univ. Rostock 142 S.

SCHMIDT, O. (1961): Möglichkeiten der Kartoffelnematodenbekämpfung mit Hilfe von Trapex. Der Kartoffelbau **12**, 110–112.

SCHNEIDER, W. (1961): Methoden zum Nachweis von Trapex in Erden. Ges. Pflanzen **13**, 14–17.

SCHÖNBECK, H. (1965): Bericht über die bisherigen Ergebnisse der Bearbeitung des Untersuchungsprojektes „Kartoffelälchen". Land-Forstwirtsch. Forschung in Österreich **1**, 27–31.

SCHREIBER, K. und SEMBDNER, G. (1959): Über „Antischlüpfstoffe" für den Kartoffelnematoden in Wurzeldiffusaten. Die Naturwissensch. **46**, 434–435.

SCHREIBER, K. und SEMBDNER, G. (1960): Über die spezifische Wirkung einiger *Solanaceen*-Alkaloide auf den Kartoffelnematoden, *Heterodera rostochiensis* Woll. Planta Medica **8**, 107–113.

SCHREIBER, K., OSSKE, G. und SEMBDNER, G. (1961): Über die spectrophotometrische Bestimmung von Schlüpfstoffen für *Heterodera rostochiensis* Woll. nach Ellenby. 4. Mitteilung über *Heterodera*-Arten. Nematologica **6**, 17–24.

SCOGNAMIGLIO, A. (1963): Un triennio di esperimenti di lotta biologica contro specie diverse di nematodi con l'impiego di funghi. Ann. Sperim. agr. Roma n. ser. **17**, 527–559.

SCHREVEN, D. A., VAN (1953): Een apparaat voor het onderzoek van aardappelknollen op de aanwezigheid van cysten van aaltjes. T. Pl. ziekten **59**, 251–253.

ŠEDIVÝ, J. (1965a): Vliv rezistentních odrůd brambor na zamořenípůdy háď'átkem bramborovým (*Heterodera rostochiensis* Woll.). Ochrana Rostlin **4**, 23–28.

ŠEDIVÝ, J. (1965b): Biotypy háď'átka bramborového (*Heterodera rostochiensis* Woll.) v. Československu. Vědecké Práce Výzkumných Ústavů Zemědělských **8**, 105–117.

ŠEDIVÝ, J. (1966): Die Zysten des Kartoffelnematoden (*Heterodera rostochiensis* Wollenweber) in den Klärteichen der Stärkefabriken. Nachr'bl. f. d. dtsch. Pfl'schutzd. (Berlin) N. F. Jg. **20**, 11–13.

SEGURA, C. B., DE (1953): More about the golden nematode in Peru. Plant Dis. Rep. **37**, S. 326.

SEINHORST, J. W. (1963): Enkele Aspecten van het onderzoek over plantenparasitaire aaltjes. Meded. Dir. Tuinb. 349–358.

SEINHORST, J. W. (1964): Methods for the extraction of *Heterodera* cysts from not previously dried soil samples. Nematologica **10**, 87–94.

SEINHORST, J. W. (1965a): The relation between nematodes density and damage to plants. Nematologica **11**, 137–154.

SEINHORST, J. W. (1965b): Quantitative investigations on plant parasitic nematodes. Nordisk Jordbrugsforskning **47**, 135–137.

SEINHORST, J. W. (1966): The relationships between population increase and population density in plant parasitic nematodes. I. Introduction and migratory nematodes. Nematologica **12**, 157–169.

SEINHORST, J. W. (1967a): The relationships between population increase and population density in plant parasitic nematodes. II. Sedentary nematodes. Nematologica **13**, 157–171.

SEINHORST, J. W. (1967b): The relationships between population increase and population density in plant parasitic nematodes. V. Influence of damage to the host on multiplication. Nematologica **13**, 481–492.

SEINHORST, J. W. (1968a): Population dynamics, its relation to ecology and its importance for research on the economic importance and control of plant parasitic nematodes. Compt. rend. 8. Int. Symp. Nematologie Antibes 1965 (Leiden 1968) 58–63.

SEINHORST, J. W. (1968b): A model for the relation between nematode density and yield of attacked plants including growth stimulation at low densities. Compt. rend. 8. Int. Symp. Nematologie Antibes 1965 (Leiden 1968) S. 83.

SEINHORST, J. W. and OUDEN, H., DEN (1966): An improvement of Bijloo's method for determining the egg content of *Heterodera* cysts. Nematologica **12**, 170–171.

SEMBDNER, G. (1959): Über das Eindringen der Kartoffelnematodenlarven und ihre Weiterentwicklung in pflanzlichen Geweben. Tagungsber. d. DAL Nr. **20**, 53–55.

SEMBDNER, G. (1961): Anatomische Untersuchungen über die Reaktion von Pflanzen auf den Befall durch den Kartoffelnematoden, *Heterodera rostochiensis* Woll. Diss. Dresden, Techn. Univ., 127 S.

SEMBDNER, G. (1962): Anatomische Untersuchungen über die Reaktion von Organen der Kartoffelpflanze auf Befall durch den Nematoden *Heterodera rostochiensis* Woll. 7. Mitteilung über *Heterodera*-Arten. Die Kulturpflanze **10**, 383–411.

SEMBDNER, G. (1963a): Anatomie der *Heterodera-rostochiensis*-Gallen an Tomaten. Nematologica **9**, 55–64.

SEMBDNER, G. (1963b): Anatomische Untersuchungen über die Reaktion von *Solanum demissum* Lindl., *Solanum vernei* Bitt. et Wittm. und *Solanum andigenum*-Bastarden auf Befall durch den Kartoffelnematoden, *Heterodera rostochiensis* Woll. Der Züchter **33**, 97–109.

SEMBDNER, G. (1964): Anatomische Veränderungen in den Wurzeln einiger Solanaceen nach Befall durch den Kartoffelnematoden, *Heterodera rostochiensis* Woll. 10. Mitteilung über *Heterodera*-Arten. Die Kulturpflanze **12**, 489–517.

SEMBDNER, G. (1968a): Biochemische Probleme bei Wirt-Parasit-Beziehungen zwischen Pflanzengeweben und endoparasitischen Nematoden (*Heterodera, Meloidogyne*). Nachr'bl. f. d. dtsch. Pfl'schutzd. (Berlin) N. F. Jg. **22**, 53.

SEMBDNER, G. (1968b): Biochemische Aspekte der parasitären Wechselbeziehungen zwischen Nematoden (*Heterodera* A. Schmidt, 1871 und *Meloidogyne* Goeldi, 1887) und Pflanzengeweben. Die Kulturpflanze **16**, 173–187.

SEMBDNER, G., BUHR, H., OSSKE, G. und SCHREIBER, K. (1960): Untersuchungen über Wirt-Parasit-Beziehungen beim Kartoffelnematoden, *Heterodera rostochiensis* Woll. Wiss. Pfl'-schutz.-Konf. Budapest, 339–343.

SEMBDNER, G., OSSKE, G. und SCHREIBER, K. (1961): Über die mögliche Bedeutung von „Gibberellinen" für die Wirt-Parasit-Beziehungen beim Kartoffelnematoden. Ber. dtsch. Bot. Ges. **74**, 370–374.

SEMBDNER, G. und SCHREIBER, K. (1960): Über die schlüpfaktive bzw. schlüpfhemmende Wirkung der Wurzeldiffusate verschiedener Pflanzen auf den Kartoffelnematoden, *Heterodera rostochiensis* Woll. 2. Mitteilung über *Heterodera*-Arten. Nematologica (Suppl. 2), 127–140.

SETTY, K. G. H. and WHEELER, A. W. (1968): Growth substances in roots of tomato (*Lycopersicon esculentum* Mill.) infested with root-knot nematodes (*Meloidogyne* spp.). Ann. appl. Biol. **61**, 495–501.

SHEPHERD, A. M. (1959): The invasion and development of some species of *Heterodera* in plants of different host status. Nematologica **4**, 253–267.

SHEPHERD, A. M. (1962a): Larval emergence in peat root eelworm, *Heterodera göttingiana* Liebscher. Nematologica **7**, S. **14**, Abstr.

SHEPHERD, A. M. (1962b): The emergence of larvae from cysts in the genus *Heterodera*. Techn. Comm. Nr. **32**, Commonwealth Bureau Helminth. 90 S.

SHEPHERD, M. A. (1962c): New blue R, a stain that differentiates between living and dead nematodes. Nematologica **8**, 201–208.

SHEPHERD, A. M. (1962d): Hatching and hatching factors. In: Jones, F. G. W., Rep Rothamst. Exp. Stat. for 1961, 127–128.

SHEPHERD, A. M. (1963): The emergence of larvae of *Heterodera göttingiana* Liebs. in vitro and a comparison between field populations of *H. göttingiana* and *H. rostochiensis* Woll. Nematologica **9**, 143–151.

SHEPHERD, A. M. and CLARKE, A. J. (1968): Hatching agents. In: Jones, F. G. W., Rep. Rothamst. Exp. Stat. for 1967, 153–154.

SHEPHERD, A. M. and COX, P. M. (1967): Observations on periodicity of hatching of eggs of the potato cyst nematode, *Heterodera rostochiensis* Woll. Ann. appl. Biol. **60**, 143–150.

ŠILOVA, M. JU. (1958): Razrabotka metodiki obsledovanija i analiza počvy na zaražennost kartofelnoj nematodoj. XI. planovo-metodičeskoe soveščanie po naučno-issledovatel'skoj rabote po zaščite rastenij v severo-zapadnoj zone SSSR Riga, 86–87.

SIMON, L. (1956): Die Beleuchtung der Probeschalen bei der Untersuchung auf zystenbildende Nematoden. Nematologica **1**, S. 274.

SKVORTZOW, B. W. (1927): Über einige Phycomycetes aus China. Arch. f. Protistenkd. **57**, 204–206.

SLOOTWEG, A. F. G. (1956): Rootrot of bulbs caused by *Pratylenchus* and *Hoplolaimus* spp. Nematologica **1**, 192–201.

SMALL, T. (1939): On the first outbreaks of the potato eelworm (*Heterodera schachtii*, Schmidt) in Jersey. J. Helminth. **17**, 39–40.

SMEDLEY, E. M. (1936): The action of certain halogen compounds on the potato eelworm, *Heterodera schachtii*. J. Helminth. **14**, 11–20.

SMEDLEY, E. M. (1938): Experiments to determine the relative toxicity of ammonium chloroacetate and related chemicals to the potato eelworm (*Heterodera schachtii*). J. Helminth. **16**, 177–180.

SMEDLEY, E. M. (1939): Experiments on the use of isothiocyanates on the control of the potato strain of *Heterodera schachtii* (Schmidt). J. Helminth. **17**, 31–38.

SMITH, A. M. (1929): Investigations on *Heterodera schachtii* in Lancashire and Cheshire — Part II. The relationships between degree of infestation and hygroscopic moisture, loss on ignition and pH value of the soil. Ann. appl. Biol. **16**, 340–346.

SMITH, A. M. and MILES, H. W. (1929): Investigations on *Heterodera schachtii* Schmidt in Lancashire and Cheshire — Part III. Certain correlations between crop yields and degree of infestation. Ann. appl. Biol. **16**, 596–601.

SMITH, A. M. and PRENTICE, E. G. (1929): Investigation on *Heterodera schachtii* in Lancashire and Cheshire — Part I. The infestation in certain areas as revealed by cyst counts an estimation of the errors involved in the technique and a correlation with intensity of disease. Ann. appl. Biol. **16**, 324—339.

SMITH, L. and ELLENBY, C. (1967): Some biochemical changes in the contents of the cyst of *Heterodera rostochiensis* during its maturation. Nematologica **13**, 395—405.

SOPRRUNOV, F. F. (1964): Chiščnye počvennye griby protiv patogennych nematod. Zaščita rastenij ot vreditelej i boleznej Heft **2**, 21—22.

SOUTHEY, J. F. and GLENDINNING, K. R. (1966): The effect of mesophilic anaerobic digestion of sludge on potato root eelworm cysts. J. Proc. Inst. Sew. Purif. **1966**, 186—189.

SPEARS, F. J. (1953a): Chemical control of golden nematode. Agric. Chemicals **8**, 52—54 und **111**—**113**.

SPEARS, J. F. (1953b): The nematode problem. Agric. Chemicals **14**, Nr. 1, 39—41, Nr. 2, 36—38.

SPEARS, J. F. (1956): Occurence of the grass cyst nematode, *Heterodera punctata*, and *Heterodera cacti* group cysts in North Dakota and Minnesota. Plant Dis. Rep. **40**, 583—584.

SPEARS, J. F. (1959): The nematode problem. Agric. Chemicals 1959, o. Seitenangabe.

SPEARS, J. F. (1962): Golden nematode in New Foundland. Nematology News Letter 8, Nr. 4, S. 3.

SPEARS, J. F. (1968a): The golden nematode, *Heterodera rostochiensis*, found in Western New York. Plant Dis. Rep. 52, S. 184.

SPEARS, J. F. (1968b): The golden nematode invades Western New York State. American Potato J. **45**, 264—265.

SPEARS, J. F. (1969): Golden nematode found in Delaware. Plant Dis. Rep. **53**, S. 243.

SPEARS, J. F., MAI, W. F. and BETZ, D. O. (1956): A case history of the persistence of *Heterodera rostochiensis* Wollenweber in a treated field. Plant Dis. Rep. **40**, 632—634.

SPICKERMANN, A. und KOTTHOFF, P. (1924): Die Prüfung der Kartoffelsorten auf Krebsanfälligkeit. Dtsch. Landw.Pr. **51**, 114—115.

SPRAU, F. (1957): Nematode bedroht den Kartoffelbau. Der Kartoffelbau 8, 154—156.

SPRAU, F. (1959): Der Kartoffelnematode, Schaden, Lebensweise, Nachweis und Bekämpfung. Prakt. Blätter Pflanzenbau Pfl'schutz **54**, 11—48.

SPRAU, F. (1961): Über Versuche mit nematodenresistenten Kartoffelstämmen und Versuche zur Bekämpfung des Kartoffelnematoden (*Heterodera rostochiensis* Woll.) mit chemischen Mitteln in extremen Moorböden. Eur. Potato J. **4**, 260—272.

SPRAU, F. (1964a): Erfahrungen mit der chemischen Bekämpfung des Kartoffelnematoden (*Heterodera rostochiensis* Woll.) in Bayern. Mitt. Biol. Bundesanst. Land-Forstwirtsch. Heft **111**, 55—61.

SPRAU, F. (1964b): Versuche zur Bekämpfung des Kartoffelnematoden mit organischen Phosphorverbindungen und anderen chemischen Verbindungen. I. Versuche mit Disulfoton und dem Kartoffelnematoden (*Heterodera rostochiensis*). Nachr'bl. d. dtsch. Pfl'schutzd. (Braunschweig) **16**, 88—92.

SPAU, F. (1964c): Vorkommen und Bekämpfung wirtschaftlich wichtiger Nematoden in Bayern. Bayer. Landw. Jahrb. **41**, Sonderh., 244—252.

SPRAU, F. (1966): Vergleich verschiedener Methoden zur Feststellung des Kartoffelnematoden (*Heterodera rostochiensis* Wollw.) im Boden. Meded. Rijksfac. Landbouwwetenschappen Gent **31**, 572—600.

SPRAU, F. (1967 a): Das Verhalten von Zysten des Kartoffelnematoden in Kläranlagen. Mitt. Biol. Bundesanst. Land-Forstwirtsch. Heft **121**, 39—44.

SPRAU, F. (1967 b): Untersuchungen über Methoden zur Prüfung auf Nematodenresistenz von Kartoffelneuzüchtungen. Meded. Rijksfac. Landbouwwetenschappen Gent **32**, 476—488.

SPRAU, F. (1968): Der Einfluß verschiedener Bodenarten auf das Schlüpfen der Larven von *Heterodera rostochiensis*. Compt. rend. 8. Int. Symp. Nematologie Antibes 1965 (Leiden 1968) 51.

STAAR, G. (1959): Über einige Ergebnisse aus reizphysiologischen Versuchen an *Heterodera rostochiensis*. Tagungsber. d. DAL Nr. **20**, 49—52.

STAAR, G. (1963): Beiträge zur Methodik der Verhaltensforschung bei Nematoden. Wiss. Ztschr. Univ. Halle **12**, 567—568.

STANILAND, L. N. (1946): Potato root eelworm (*Heterodera rostochiensis*) in the South-West. Agriculture, J. Min. of Agric. London **52**, 538—540.

STANILAND, L. N. (1959): Contact nematicides. Plant Nematology, Min. of Agric. Fish. and Food, Techn. Bull. Nr. **7**, 141—147.

STACHERSKA, B. i SZCZEPAŃSKA, K. (1960): Próby zastosowania preparatów D—D i Vapam do zwalczania matwika ziemniaczanego (*Heterodera rostochiensis* Woll.) Biul. IOR **8**, 191—203.

STEINBACH, P. (1968): Untersuchungen zum Eindringen von Larven des Kartoffelzystenälchens (*Heterodera rostochiensis* Wollenweber, 1923) in Tomatenwurzeln. Nachr'bl. f. d. dtsch. Pfl'schutzd. (Berlin) N. F. Jg. **22**, S. 212.

STEINER, G. (1949): Plant nematodes the grower should know. Soil Sci. Fla. Proc. **4** B (1942), 72—117.

STEINER, G., TAYLOR, A. L. and COBB, G. S. (1951): Cyst-forming plant parasitic nematodes and their spread in commerse. Proc. Helminth. Soc. Wash. **18**, 13—18.

STELTER, H. (1955): Untersuchungen über den Kartoffelnematoden. II. Methoden zur Prüfung von Wild- und Kulturkartoffeln auf Befall durch den Kartoffelnematoden. Nachr'bl. f. d. dtsch. Pfl'schutzd. (Berlin) N. F. Jg. **8**, 133—137.

STELTER, H. (1957): Untersuchungen über den Kartoffelnematoden *Heterodera rostochiensis* Wollenweber. III. Neue Wirtspflanzen des Kartoffelnematoden. Parasitica **13**, 87—93.

STELTER, H. (1958): Untersuchungen über den Kartoffelnematoden, *Heterodera rostochiensis* Wollenweber. IV. Der Einfluß von Mais (Zea mays) auf den Kartoffelnematoden. Nachr'bl. f. d. dtsch. Pfl'schutzd. (Berlin) N. F. Jg. **12**, 133—135.

STELTER, H. (1959 a): Labormethoden zur Resistenzprüfung. Tagungsber. d. DAL Nr. **20**, 15—22.

STELTER, H. (1959 b): Einige Beobachtungen an nicht-knollentragenden Solanaceen in bezug auf den Kartoffelnematoden (*Heterodera rostochiensis* Wr.). Nachr'bl. f. d. dtsch. Pfl'schutzd. (Berlin) N. F. Jg. **13**, S. 135.

STELTER, H. (1961): Zur biologischen Spezialisierung des Kartoffelnematoden in Ostdeutschland. Eur. Potato J. **4**, 253—259.

STELTER, H. (1963 a): Weitere Beobachtungen über den Befall der Bastarde von C. P. C. 1673 und C. P. C. 1685 durch eine Herkunft vom Typ B des Kartoffelnematoden, *Heterodera rostochiensis* Woll. Nematologica **9**, 97—100.

STELTER, H. (1963 b): Die Vermehrung der Rasse B des Kartoffelnematoden *Heterodera rostochiensis* Woll. an der A-anfälligen Sorte Aquila und der A-resistenten Sorte Spekula. Nematologica **9**, 237—240.

STELTER, H. (1964): Der Einfluß resistenter Kartoffeln in unterschiedlicher Fruchtfolgestellung auf eine Bodenverseuchung des Kartoffelnematoden, *Heterodera rostochiensis* Woll. vom Typ A. Nachr'bl. f. d. dtsch. Pfl'schutzd. (Berlin) N. F. Jg. **18**, 1—3.

STELTER, H. (1965): Verbreitung und Bekämpfung des Kartoffelnematoden. WTF Feldwirtsch. **6**, 329—332.

STELTER, H. (1967): Biologische Grenzen der Konzentration im Kartoffelanbau unter besonderer Berücksichtigung des Einsatzes nematodenresistenter Sorten. „Informationen" Sonderbeilage 6/1967 (Schwerin), 40–46.

STELTER, H. (1968): Ein vereinfachtes Verfahren zur Bodenuntersuchung auf zystenbildende Nematoden. Nachr'bl. f. d. dtsch. Pfl'schutzd. (Berlin) N. F. Jg. **22**, S. 213.

STELTER, H. (1970 a): Nachweis der Rasse B des Kartoffelnematoden (*Heterodera rostochiensis* Wollenweber). Nachr'bl. f. d. dtsch. Pfl'schutzd. (Berlin) N. F. Jg. **24**, 14–15.

STELTER, H. (1970 b): Eine populationsdynamische Studie über Typ A des Kartoffelnematoden (*Heterodera rostochiensis* Wollenweber). Nachr'bl. f. d. dtsch. Pfl'schutzd. (Berlin) N. F. **24**, 27 bis 32

STELTER, H. (1970 c): Populationsveränderungen bei *Heterodera rostochiensis* in unterschiedlicher Entfernung (Standraum) von Kartoffelpflanzen. Proc. IX. Int. Nematol. Symp. Warschau (1967) 1970, 383–389.

STELTER, H. und GAUR, P. C. (1969): Beziehung zwischen Zystenvolumen und Zysteninhalt bei *Heterodera rostochiensis* Wollenweber. Biol. Zentralbl. **88**, 85–90.

STELTER, H. und MEINL. G. (1962 a): Die Vermehrung des Kartoffelnematoden *Heterodera rostochiensis* Wollenweber bei Verwendung von Zysten verschiedenen Alters und unterschiedlicher Vorbehandlung. Nematologica **8**, 59–65.

STELTER, H. und MEINL, G. (1962 b): Wachstum und Entwicklung zweier Kartoffelsorten in Gefäßen mit nematodenverseuchtem Boden. Ztschr. Pfl.krankh. u. Pfl.schutz **69**, 81–89.

STELTER, H. und MEINL, G. (1967): Die Auswirkungen des Befalls mit *Heterodera rostochiensis* und *Rhizoctonia solani* auf Entwicklung und Knollenertrag von Kartoffelpflanzen in Gefäßen. Ztschr. Pfl.krankh. u. Pfl.schutz **74**, 671–675.

STELTER, H. und MEINL, G. (1969): Die Beeinflussung des Rohaschegehaltes von Kartoffelpflanzen durch den Befall mit *Heterodera rostochiensis*. Biol. Zentralbl. **88**, 575–582

STELTER, H. und MÖLLER, G. (1961): Untersuchungen über den Kartoffelnematoden *Heterodera rostochiensis* Wollenweber. VIII. Die Temperaturverträglichkeit enzystierter Larven. Biol. Zentralbl. **80**, 621–625.

STELTER, H. und RAEUBER, A. (1959): Untersuchungen über den Kartoffelnematoden (*Heterodera rostochiensis* Wollenweber). V. Die Veränderung einer Nematodenpopulation unter dem Einfluß widerstandsfähiger und anfälliger Kartoffel-Varietäten in einjährigen Topfversuchen. Ztschr. Pfl.krankh. u. Pfl.schutz **66**, 572–582.

STELTER, H. und RAEUBER, A. (1960): Untersuchungen über den Kartoffelnematoden (*Heterodera rostochiensis* Wollenweber). VII. Weitere Untersuchungen über die Veränderung einer Nematodenpopulation unter dem Einfluß widerstandsfähiger und anfälliger Kartoffel-Varietäten in Topfversuchen. Biol. Zentralbl. **79**, 455–463.

STELTER, H. und RAEUBER, A. (1962): Untersuchungen über Methoden der Bodenprobeentnahme zur Feststellung der Verseuchung mit dem Kartoffelnematoden *Heterodera rostochiensis* Wollenweber. Ztschr. Pfl.krankh. u. Pfl.schutz **69**, 577–586.

STELTER, H. und RAEUBER, A. (1968): Ein Beitrag über die Schadwirkung des Kartoffelnematoden *Heterodera rostochiensis* Woll. Biol. Zentralbl. **87**, 91–96.

STELTER, H. und ROTHACKER, D. (1965): Einige Bemerkungen zu der Nematodenresistenz der Arten *S. multidissectum* Hawk., *S. kurtzianum* Bitt. et Wittm. und *S. juzepczukii* Buk. Der Züchter **35**, 180–186.

STELTER, H. und SEMMLER, W. (1967): Die Bekämpfung des Kartoffelnematoden in geschlossenen Sanierungsgebieten. Nachr'bl. f. d. dtsch. Pfl'schutzd. (Berlin) N. F. Jg. **21**, 234 bis 237.

STELTER, H. und VOGEL, J. (1961): Untersuchungen über den Kartoffelnematoden. VI. Die Beeinflussung der Bodenverseuchung und des Knollenertrages durch Sorten verschiedener Reifezeit. Ztschr. Landw. Versuchs-Untersuchungsw. **7**, 5–10.

STELTER, H., WESSELY, E. und ROTHACKER, D. (1969): Beobachtungen an Folgegenerationen des Kartoffelnematoden nach Mischinfektionen mit den Rassen A und B an A-resistenten und A anfälligen Wirten. Arch. Pflanzenschutz **5**, 411–421.

STEUDEL, W. und THIELEMANN, R. (1967): Zur Frage der Wirkung eines Carbamoyloximgranulates auf die Vermehrung des Rübennematoden (*Heterodera schachtii* Schmidt) und den Ertrag von Zuckerrüben. Nachr'bl. d. dtsch. Pfl'schutzd. (Braunschweig) **19**, 129–135.

STOJANOV, D. (1967): Rezultati ot izsledovanija za ustanovjavane na cystoobrazuvašite nematodi v B'lgarija. Rasteniev'dni Nauki **4**, 111–118.

STRACHAN, J. and TAYLOR, T. H. (1926): Potato eelworm. J. Min. Agric. **32**, 941–947.

STRACHAN, J. and TAYLOR, T. H. (1929): The potato eelworm. Univ. of Leeds Bull. Nr. **159**, 14 S.

STUKE, H. (1964): Zur Frage der Nematodenresistenz von Kartoffeln. Kali-Briefe, Fachgebiet 12, 1. Folge, 1–8.

STURHAN, D. (1966): Rassen bei phytosanitären Nematoden. Mitt. Biol. Bundesanst. Land-Forstwirtsch. Nr. **118**, 40–53.

SVESHNIKOVA, N. M. (1951): Kizučeniju kartofel'noj nematody *Heterodera rostochiensis* Woll. v SSSR. Trudy Zool. Inst. akademija nauk SSSR **9**, S. 553.

SVESHNIKOVA, N. M. (1956): A review of the study of nematodes in the families *Heteroderae* and *Tylenchidae* causing crop diseases on the U.S.S.R. Nematologica **1**, 151–158.

SZULC, P. (1959): Der Stand der Forschungsarbeiten über den Kartoffelnematoden und dessen Verbreitung in der Volksrepublik Polen. Tagungsber. d. DAL Nr. **20**, 163–169.

SZULC, P. i JASIŃSKA, A. (1963): Nowe mozliwości populacji matwika ziemniaczanego w glebie. Ochrana Roslin **7**, 27–30.

TARTÉ, R. (1968): First record of the occurrence of *Heterodera rostochiensis* in Panama. Plant Dis. Rep. **52**, S. 587.

THOMAS, G. E. (1961): Report of the Department of Entomology. Rep. States of Jersey, S. 38.

THOMAS, (1952): Proc. Int. Nematol. Symposium and Training Course, Harpenden 1951, S. 23.

THOMPSON, H. W. (1949): The potato root eelworm (*Heterodera rostochiensis* Woll.) in the United Kingdom. Empire J. Exp. Agric. **17**, 60–71.

THOMPSON, H. W. (1959): Potato root eelworm. Plant Nematol., Min. of Agric., Techn. Bull. Nr. **7**, 89–95.

THOMPSON, H. W., ROEBUCK, A. and COOPER, B. A. (1949): Floods and the spread of potato root eelworm. Agriculture, J. Min. of Agric. **56**, 109–114.

THORNE, G. (1928 a): Nematodes inhabiting the cysts of the sugarbeet nematode (*Heterodera schachtii* Schmidt). J. of Agric. Res. **37**, 571–575.

THORNE, G. (1928 b): *Heterodera punctata* n. sp. A nematode parasitic on wheat roots from Saskatchewan. Sci. Agric. **8**, 707–710.

TOBAR, J. A. y MARTINEZ, S. (1965): Comportamiento de las Heteroderas durante su extraccion del suelo mediante las tecnicas de Fenwick y su modificacion de la acetona. Rev. Iber. Parasitol. **25**, 269–273.

TOXOPEUS, H. J. (1956): Some remarks on the development of new biotypes in *Heterodera rostochiensis* that might attack resistant potato clones. Nematologica **1**, 100–101.

TOXOPEUS, H. J. (1959): Probleme der Resistenzzüchtung gegen *Heterodera rostochiensis* auf der Basis von *Solanum tuberosum* subsp. *andigenum*. Tagungsber. d. DAL Nr. **20**, 57–64.

TOXOPEUS, H. J. and HUIJSMAN, C. A. (1952): Genotypical background of resistance to *Heterodera rostochiensis* in *Solanum tuberosum*, var. *andigenum*. Nature **170**, S. 1016.

TOXOPEUS, H. J. and HUIJSMAN, C. A. (1953): Breeding resistance to potato root eelworm Euphytica **2**, 180—186.

TRACEY, M. V. (1958): Cellulase and chitinase in plant nematodes. Nematologica **3**, 179—183.

TRIFFITT, J. M. (1929 a): Preliminary researches on mustard as a factor inhibiting cyst-formation in *Heterodera schachtii*. J. Helminth. **7**, 81—92.

TRIFFITT, J. M. (1929 b): On the occurence and significance of *Heterodera schachtii* infesting certain weeds. J. Helminth. **7**, 215—222.

TRIFFITT, J. M. (1930 a): On the bionomics of *Heterodera schachtii* on potatoes, with special reference to the influence of mustard on the escape of the larvae from the cysts. J. Helminth. **8**, 19—48.

TRIFFITT, J. M. (1930 b): Observations on the life-cycle of *Heterodera schachtii*. J. Helminth. **8**, 185—196.

TRIFFITT, J. M. (1931 a): On the pathogenicity of *Heterodera schachtii* to potatoes and mangolds. J. Helminth. **9**, 1—16.

TRIFFITT, J. M. (1931 b): Note on a fungus parasite associated with *Heterodera schachtii* infection on potatoes. J. Helminth. **8**, 47—48.

TRIFFITT, J. M. (1934): Experiments with the root excretion of grasses as a possible means of eliminating *Heterodera schachtii* from infected soil. J. Helminth. **12**, 1—12.

TRIFFITT, J. M. and HURST, R. H. (1935): On the thermal death-point of *Heterodera schachtii*. J. Helminth. **13**, 219—222.

TRUDGILL, D. L. (1967): The effect of environment on sex determination in *Heterodera rostochiensis*). Nematologica **13**, 263—272.

TRUDGILL, D. L. (1968): The effect of environment on sex determination in *H. rostochiensis*. First Int. Congr. Plant Pathol., London, S. 205, Abstr.

TRUDGILL, D. L., WEBSTER, J. M. and PARROTT, D. M. (1967): The effect of resistant solanaceous plants on the sex ratio of *Heterodera rostochiensis* and the use of the sex ratio to assess the frequency and genetic constitution of pathotypes. Ann. appl. Biol. **60**, 421—428.

TRUKLICKAS, V. (1968): Kartofel'naja nematoda i mery bor'by s nej v Litovskoj SSR. Dokladov VI. naučnoj konferenzii pribaltijskich respublik po zaščite rastenij 1968, 40—41.

TYKTIN, N. V. (1959): Sposob vyjavlenija zaražennosti počvy kartofel'noj nematodoj. Zaščita rastenij ot vreditelej i boleznej **4**, Nr. 5, S. 43.

TYKTIN, N. V. (1961): Izučenie ustojčivosti kartofelja protiv nematody *Heterodera rostochiensis* Woll. Trudy vsesojusnogo instituta zaščity rastenij **16**, 153—162.

UHLENBROEK, J. H. and BIJLOO, J. D. (1959): Isolation and structure of a nematodical principle occuring in *Tagetes* roots. Verh. IV. Int. Pfl'schutz.-Kongr. Hamburg 1957, **1**, 579 bis 581.

UMAERUS, V. and VIDEGÅRD, G. (1967): A simplified method for testing infestivity of *Heterodera rostochiensis*. Nematologica **13**, 473—474.

VERNEAU, R. (1965): Prove di lotta contro *Heterodera rostochiensis*. 2. Congr. Int. degli Antiparrasitari Napoli 1965, 1—13.

VIDEGÅRD, G. (1965): Resistanta potatissorter och rätt växtföljd kan stoppa nematoden. Lantmannen Svensktland **76**, Nr. 6, 36—38.

VIDEGÅRD, G. (1966): Potatosnematoden — rasinventering och användning av resistenta sorter. Potatis, Sveriges Potatisodlares Riksförebund, 41—45.

VIDEGÅRD, G. (1967): Nematodangreppens inverkan på potatisskörden. Potatis, Sveriges Potatisodlares Riksförebund, 51—53.

VIDEGÅRD, G. and ANDREASSON, B. (1968): Elektrophoretic studies of pathotypes and local populations of potato cyst-nematode. First Int. Congr. Plant Pathol. London 1968, Abstr. S. 210.

VIDNER, J. (1967): Problematika šlechtění brambor na vzdornost proti hád'átku bramborovému (*Heterodera rostochiensis* Woll.). Konf. o. škůdcich okopanin III, Prag April, 1967, 17–23.

VIDNER, J. (1968 a): Příspěvek k problematice skoušek vzdornosti brambor proti hád'átku bramborovému (*Heterodera rostochiensis* Woll.). Genetika a šlechtěni **4** (41), 49–58.

VIDNER, J. (1968 b): Genetické založení a štěpné poměry někrerých odrúd brambor vzdorných hád'átku bramborovému (*Heterodera rostochiensis* Woll.). Genetica a šlechtění **4** (41), 125–132.

VIDNER, J. (1968 c): Vlivnáchylných odrúd brambor a reciprokéno kříženi na rezistenci potomstev proti hád'átku bramborovému (*Heterodera rostochiensis* Woll.). Genetica a šlechtění **4** (41), 207–214.

VIGLIERCHIO, D. R. and YU, P. K. (1965): Plant parasitic nematodes: A new mechanism for injuri to hosts. Sci. **147**, 1301–1303.

VINICKAS, Z. i RIMKUTE, M. (1959): Nekotory issledovanija kartofel'noj nematody i mer bor'by s neju. Acta Parasitologica Lithuanica, Vilnjus, **2**, 107–114.

WALLACE, H. R. (1954): Hydrostatic pressure deficiency and the emergence of larvae from cysts of the beet eelworm. Nature **173**, 502.

WALLACE, H. R. (1955 a): Factors influencing the emergence of larvae from cysts of the beet eelworm, *Heterodera schachtii* Schm. J. Helminth. **29**, 3–16.

WALLACE, H. R. (1955 b): The influence of soil moisture on the emergence of larvae from cysts of the beet eelworm, *Heterodera schachtii* Schmidt. Ann. appl. Biol. **43**, 477–484.

WALLACE, H. R. (1956 a): soil aeration and the emergence of larvae from cysts of the beet-eelworm *Heterodera schachtii* Schm. Ann. appl. Biol. **44**, 57–66.

WALLACE, H. R. (1956 b): The effect of soil structure on the emergence of larvae from cysts of the beet eelworm. Nematologica **1**, 145–146.

WALLACE, H. R. (1956 c): The seasonal emergence of larvae from cysts of the beet eelworm, *Heterodera schachtii* Schmidt. Nematologica **1**, 227–238.

WALLACE, H. R. (1958): Observations on the emergence from cysts and the orientation of larvae of three species of the genus *Heterodera* in the presence of host plant roots. Nematologica **3**, 236–243.

WALLACE, H. R. (1959): Movement of eelworms. IV. The influence of water percolation. Ann. appl. Biol. **47**, 131–139.

WALLACE, H. R. (1960): Movement of eelworm. VI. The influence of soil type, moisture gradients and host plant roots on the migration of the potato-root eelworm *Heterodera rostochiensis* Wollenweber. Ann. appl. Biol. **48**, 107–120.

WALLACE, H. R. (1961): The bionomics of the free-living stages of zoo-parasitic and phytoparasitic nematodes — a critical survey. Helminth. Abstr. **30**, 1–22.

WASSERBURGER, H.-J. (1969): Kenne Deine Feinde: Der Kartoffelnematode. Mitt. d. DLG **84**, 269–272.

WEBER, A. PH., ZWILLENBERG, L. O. and LAAN, P. A. v. D. (1952): A predacious amoeboid organism destroing larvae of the potato root eelworm and other nematodes. Nature **169**, 834–835.

WEBER, H. (1962): Erfahrungen bei der Bekämpfung des Kartoffelnematoden. Gesunde Pflanzen **14**, 50–52.

WEBSTER, J. M. (1965): Controlled mating to produce hybrids between pathotypes of *Heterodera rostochiensis* Woll. Nematologica **11**, 299–300.

WEBSTER, J. M. and HOOPER, D. J. (1968): Serological and morphological studies on the inter- and intraspecific differences of the plant-parasitic nematodes *Heterodera* and *Ditylenchus*. Parasitology **58**, 879–891.

WEISCHER, B. (1957): Die Wirkung ionisierender Strahlen auf die Entwicklung von *Heterodera rostochiensis* und *H. schachtii*. Nematologica **2**, 300–305.

WEISCHER, B. (1959): Experimentelle Untersuchungen über die Wanderung von Nematoden. Nematologica **4**, 172–186.

WEISCHER, B. (1964): Über die Beziehungen zwischen Befallszahl und Schaden pflanzenparasitärer Nematoden. Mitt. Biol. Bundesanst. Land-Forstwirtsch. Heft **111**, 32–42.

WEISCHER, B. (1968): Schlüpfversuche mit Wildkartoffeln unterschiedlicher Resistenz. Meded. Rijksfac. Landbouwwetenschappen Gent **33**, 687–690.

WENZL, H. (1951): Zum Auftreten des Kartoffelwurzelälchens (*Heterodera rostochiensis* Woll.) in Österreich. Pflanzenschutzber. **7**, S. 161.

WESSELY, E. (1968): Beobachtungen an Folgegenerationen des Kartoffelnematoden nach Mischinfektion mit Typ A und B an A-resistenten Kartoffeln. Nachr'bl. f. d. dtsch. Pfl'schutzd. (Berlin) N. F. Jg. **22**, S. 211.

WHEELER, W. H. (1949): Interceptions of the genus *Heterodera* in foreign soil. Plant Dis. Rep. **33**, S. 446.

WHITE, J. H. (1953): Wind-borne dispersal of potato-root eelworm. Nature **172**, 686–687.

WHITEHEAD, S. B. (1948): Beware of potato eelworm. Popular Gardening **50**, S. 237.

WIDDOWSON, E. (1958 a): Potato root diffusate production. Nematologica **3**, 6–14.

WIDDOWSON, E. (1958 b): The production of root diffusate by potatoes grown in water culture. Nematologica **3**, 108–114.

WIDDOWSON, E. (1958 c): Observations on the collection and storage of potato root diffusate. Nematologica **3**, 173–178.

WIDDOWSON, E. and WILTSHIRE, G. H. (1958): The potato eelworm hatching factor. Ann. appl. Biol. **46**, 95–101.

WIDDOWSON, E., DONCASTER, C. C. and FENWICK, D. W. (1958): Observations on the development of *Heterodera rostochiensis* Woll. in sterile root cultures. Nematologica **3**, 308–314.

WIESER, W. (1953): On the structur of the cast wall in four species of *Heterodera* Schmidt. Stat. Växtskyddsanstalt Medd. Nr. **65**, 1–15.

WILLE, J. E. y SEGURA, C. B. DE (1952): La anguilula dorada, *Heterodera rostochiensis*, una plaga del cultivo de las papas, recien decubierta en el Peru. Min. Agric., Direccion General de Agric., Bull. Nr. **48**, 17 S.

WILLIAMS, T. D. (1956): The resistance of potato root eelworm. Nematologica **1**, 88–91.

WILLIAMS, T. D. (1957): Development of isolated female larvae of the potato-root eelworm (*Heterodera rostochiensis* Woll.). Nature **180**, S. 1000.

WILLIAMS, T. D. (1958 a): Potatoes resistant to root eelworm. Proc. Linn. Soc. of London 169 Session, 1956/57, 93–104.

WILLIAMS, T. D. (1958 b): The potato root eelworm (*Heterodera rostochiensis* Woll.); studies on some relationships between plant parasite in the family Solanaceae. Ph. D. Thesis, Univ. Cambridge, 152 S.

WILLIAMS, T. D. (1963): The development of females of the potato root eleworm (*Heterodera rostochiensis* Woll.) on 'tuberpieces' of susceptible and resistant potatoes. Euphytica **12**, 277–284.

WILLIAMS, T. D. and WINSLOW, R. D. (1955): A synopsis of some laboratory techniques used in the quantitative recovery of cyst-forming and other nematodes from soil. Soil Zool., Proc. Univ. of Nottingham, 375–384.

WILLIS, R. J. and WINSLOW, R. D. (1964): The effects of cropping with eelworm-resistant and eelworm-susceptible potatoes on the level of potato root eelworm in a Northern Ireland garden soil. Rec. Agric. Res., Min. Agric. Northern Ireland, **13**, Part 1, 67–74.

WILSKI, A. (1956 a): Matwik ziemniaczany w Polsce oraz mozliwości jego zwalczania. Post. Nauk Roln. **3**, 45–53.

WILSKI, A. (1956 b): Observacje nad biologia matwika ziemniaczanego (*Heterodera rostochiensis* Wr.) oraz próby jego zwalczania środkami chemicznymi. Rocz. Nauk. Rol. **73**-A, 245 bis 288.

WILSKI, A. (1963 a): Recherches effectuées en pologne sur la lutte contre le nématode doré de la pomme de terre (*Heterodera rostochiensis* Woll.). Ber. d. zweit. Dreijahrestag. d. Eur. Ges. für Kartoffelforschung Pisa 1963, S. 190, Abstr.

WILSKI, A. (1963 b): Wpływ aksamitki wysokiel (*Tagetes erecta* L.) na wychodzenie larw z cyst matwika ziemniaczanego (*Heterodera rostochiensis* Woll.) oraz na zakazenie gleby tym matwikiem. Biul. IOR **19**, 231–237.

WILSKI, A. (1967): Wstepne doświadczenie połetkowe nad przydatnościa dwóch nematocydów: WN-12 i Basamidu do zwalczania matwika ziemniaczanego (*Heterodera rostochiensis* Woll.) i nicieni swobodnie poruszajacych sie w glebie. Prace Nauk. IOR **9** (2), 249–255.

WILSKI, A. and GIEBEL, J. (1966): ß-glukosidase in *Heterodera rostochiensis* and its significance in resistance of potato to this nematode. Nematologica **12**, 219–224.

WILSKI, A., GIEBEL, J. and GŁOWINKOWSKA, A. (1968): Zwiazki fenolowe w korzeniach ziemniaków podatnych i odpornych na mitwika ziemniaczanego (*Heterodera rostochinesis* Woll.). Prace Naukowe IOR **10**, 203–214.

WILSKI, A., RADZIWINOWICZ, J. and SZCZOTKA, Z. (1964): Dóswiadczenie poletkowe nad przydatnościa trapexu i terracuru w zwalszaniu matwika ziemniaczanego (*Heterodera rostochiensis* Woll.). Biul. IOR **27**, 89–94.

WILSON, E. M. (1968): Vulval bodies in certain species of *Heterodera*. Nature **217**, 879.

WINFIELD, A. L. (1965): Potato root eelworm in Holland, Lincolnshire. N.A.A.S. Quart. Rev. Nr. **67**, 110–117.

WINSLOW, R. D. (1954): Provisional lists of host plants of some root eelworms (*Heterodera* spp.). Ann. appl. Biol. **41**, 491–605.

WINSLOW, R. D. (1955 a): The hatching responses of some root eelworms in the genus *Heterodera*. Ann. appl. Biol. **43**, 19–36.

WINSLOW, R. D. (1955 b): Experiments on the control of the potato root eelworm by trap cropping with black nightshade. Plant Pathol. **4**, 139–140.

WINSLOW, R. D. (1956): Seasonal variations in the hatching responses of the potato-root eelworm, *Heterodera rostochiensis* Wollenweber, and related species. J. Helminth. **30**, 157–164.

WINSLOW, R. D. (1959): A note on anhydrotetronic acid as a hatching agent of the beet eelworm, *Heterodera schachtii* Schm. Nematologica **4**, 237–238.

WINSLOW, R. D. and WILLIAMS, T. D. (1957): Amoeboid organism attacking larvae of the potato root eelworm (*Heterodera rostochiensis* Woll.) in England and the beet eelworm (*H. schachtii* Schm.) in Canada. T. Pl. ziekten **63**, 242–243.

WIRTZ, W. (1960): Experimentelle Untersuchungen zur Biologie des Kartoffelnematoden *Heterodera rostochiensis* W. Merk-Blätter **10**, Folge 3 (21), 36 S.

WOESTIJNE, N. v. d. en BRANDE, J. v. d. (1960): Gevoeligheid van plantenparasiterende aaltjes voor radioaktieve straling. Meded. Landbouwhogesch. en de Opzoekingsst. Gent **25**, 1057–1064.

WOLLENWEBER, H. W. (1923): Krankheiten und Beschädigungen der Kartoffel. Arb. Forschungsinst. f. Kartoffelbau Heft **7**, S. 52.

WOLLENWEBER, H. W. (1924): Zur Kenntnis der Kartoffel-Heteroderen. Illustr. Landw. Ztg. **44**, 100–101.

YU, P. K. and VIGLIERCHIO, D. R. (1964): Plant growth substances and parasitic nematodes. I. Root knot nematodes and tomato. Exp. Parasitol. **15**, 242–248.

ZADINA, J. (1959): Stand der Resistenzzüchtung bei Kartoffeln gegen den Nematoden (*Heterodera rostochiensis*) in der Tschechoslowakischen Republik. Tagungsber. d. DAL Nr. **20**, 83–85.

ZESEWITZ, E. (1960): Zur Frage des Maisanbaues auf mit Kartoffelnematoden (*Heterodera rostochiensis* Wollenweber) verseuchten Flächen. Nachr'bl. f. d. dtsch. Pfl'schutzd. (Berlin), N. F. Jg. **14**, 101–104.

ZIMMERMANN, H. (1914): Bericht der Hauptsammelstelle für Pflanzenschutz in Mecklenburg-Schwerin und Mecklenburg-Strelitz für das Jahr 1913. Stuttgart, 73–75.

ZIMMERMANN, H. (1915): Bericht der Hauptsammelstelle für Pflanzenschutz in Mecklenburg-Schwerin und Mecklenburg-Strelitz für das Jahr 1914. Stuttgart, 79–80.

ZIMMERMANN, H. (1916): Bericht der Hauptsammelstelle für Pflanzenschutz in Mecklenburg-Schwerin und Mecklenburg-Strelitz für das Jahr 1915. Stuttgart, S. 70.

ZIMMERMANN, H. (1920): Nematodenbefall (*Heterodera*) an Kartoffeln. Ztschr. Pfl.krankh. u. Pfl.schutz **30**, 139–145.

ZIMMERMANN, H. (1921 a): Nematodenbefall (*Heterodera*) an Kartoffeln. Die Kartoffel **1**, 50–53.

ZIMMERMANN, H. (1921 b): Nematodenbefall (*Heterodera*) an Kartoffeln. Illustr. landw. Ztg. **41**, 331–332.

ZIMMERMANN, H. (1927): Versuche über die Kartoffelnematode (*Heterodera schachtii* f. *solani*). Arb. Forschungsinst. f. Kartoffelbau Heft **8**, 151–154.

ZIMMERMANN, H. (1928): Versuche über die Kartoffelnematode (*Heterodera schachtii* f. *solani*). Mitt. Biol. Reichsanst. Land-Forstwirtsch. Heft **36**, 110–113.

ZWILLENBERG, L. O. (1953): *Theratromyxa weberi*, a new proteomyxean organism from soil. Anth. Leeuwenh. **19**, 101–116.

10. Nachtrag zum Literaturverzeichnis

Anonym (1968b): Ann. Rep. on Res. and Techn. Work, 1967, Min. of Agric. of Northern Ireland, Belfast, 13–15.

Anonym (1970): Phytosanitary position in regard to four quarantine pests and one disease in 1968. EPPO Publications. Series B Nr. **65**, 1–17.

BEHRINGER, P. (1969): Feststellung zystenbildender Nematoden mit dem Biotest im Vierkammergefäß. Mitt. a. d. Biol. Bundesanst. Land-Fortswirtschaft H. 136, 5–7.

BROWN, E. B. (1970): The behaviour of populations of potato cyst eelworm *Heterodera rostochiensis* Woll. towards resistant varieties derived from *Solanum tuberosum* ssp. *andigena* Juz. et Buk. Ann. appl. Biol. **65**, 377–383.

BRÜCHER, H. (1970): Tunisian nematode infestation. Smithsonian Institution, Event Notification, Rep. 6. Febr. 1970, Nr. **860**.

CARLSSON, B. (1970): Tolerans hos olika mottaglia potatissorter mot potatiscystnematod – En orienterande undersökning. Växtskyddsnotiser **34**, Nr. 2, 29–33.

CARLSSON, B., und VIDEGÅRD, G. (1970): Stärkelsehalt och stärkeseproduktion vid angrepp av potatiscystnematod. Potatis 1970, Sonderdruck, ohne Seitenzahl.

COHN, E., NEVO, D. and ORION, D. (1970): Status of the potato cyst nematode (*Heterodera rostochiensis*) in Israel. The Israel J. of agric. Res. **20**, 55–57.

EVANS, K. (1970): The effects of gamma radiation on *Heterodera rostochiensis*. Nematologica **16**, 284—294.

FRANKLIN, M. T. (1969): *Heterodera latipons* n. sp., a cereal cyst nematode from the mediterranean region. Nematologica **15**, 1969, 335—342.

GOFFART, H. (1962c): Sampling and extraction methods for cyst-forming nematodes of the genus *Heterodera*. Progr. in Soil Zool. Butterworth, London, 268—278.

HIRSCHMANN, H., und RIGGS, R. D. (1969): *Heterodera betulae* n. sp. (*Heteroderidae*), a cyst-forming nematode from river birch. J. of Nematology **1**, 169—179.

KETUDAT, U. (1969): The effects of some soil-borne fungi on the sex ratio of *Heterodera rostochiensis* on tomato. Nematologica **15**, 229—233.

KORT, J. (1966b): Problem kring nagra cystbildande nematoder och möjligheterna att bekämpa dem med hjälp av resistenta sorter. Växtskyddsnotiser **30**, 83—88.

MINZ, G. (1956b): Cyst-forming nematodes in Israel. Plant Dis. Rep. **40**, 971—973.

RASINJA, B. (1968): Nekotorye voprosy o rasovom sostave kartofel'noj nematody (*Heterodera rostochiensis*), v Latvijskoj SSR i opredelenie ras po indikatorym rastenijam. Dokladov VI. naučnoj konferenzii pribaltijskich respublik po zaščite rastenij 1968, 2, S. 38.

RODE, H. (1969a): Über das Thermopräferendum von Larven des Kartoffelnematoden (*Heterodera rostochiensis* Woll.) unter Berücksichtigung ihrer Wanderaktivität im Reizgefälle. Pedobiologia **9**, 405—425.

RODE, H. (1969b): Über Verhalten und Reaktionsempfindlichkeit von Larven des Kartoffelnematoden gegenüber thermischen Reizgefällen im überoptimalen Temperaturbereich. Nematologica **15**, 510—524.

RODE, H. (1970): Zur Orientierungsweise von Larven des Kartoffelnematoden in Temperaturgefällen. Nematologica **16**, 258—266.

ROSS, G. J. S. and TRUDGILL, D. L. (1969): The effect of population density on the sex ratio of *Heterodera rostochiensis*, a two dimensional model. Nematologica **15**, 1969, 601—607.

SCHMALFUSS, K. (1955): Pflanzenernährung und Bodenkunde. S. Hirzel-Verlag Leipzig, Bd. 1, 7. Aufl., 304 S.

SINGH, K., and MISRA, S. R. (1968): Occurence of a cyst nematode on sugarcane in India. Plant Dis. Rep. **52**, S. 626.

STURHAN, D. (1970): Bemerkungen zum Status der Pathotypen des Kartoffelnematoden (*Heterodera rostochiensis*). Ztschr. Pfl.krankh. u. Pfl.schutz **77**, 132—134.

TRUDGILL, D. L. (1970): Survival of different stages of *Heterodera rostochiensis* at high temperatures. Nematologica **16**, 1970, 94—98.

VIDEGÅRD, G. (1968): Rasinventering av potatiscystnematod. Växtskyddsnotiser **32**, 73—76.

WIDDOWSON, E. (1962): The estimation of soil populations of *Heterodera rostochiensis* Woll. Progr. in Soil Zool. Butterworth, London, 59—64.

11. Abkürzungen

bzw.	= beziehungsweise	u. a.	= unter anderem (n)
dergl.	= dergleichen	u.a.m.	= und andere mehr
C.P.C.	= Commonwealth Potato Collection	usw.	= und so weiter
evtl.	= eventuell	V.F.	= Vermehrungsfaktor
m.W.	= meines Wissens	z. B.	= zum Beispiel
o. a.	= oben angegeben(en)	zit.	= zitiert
rel.	= relativ	z.T.	= zum Teil
s.	= siehe	z. Zt.	= zur Zeit

12. Nachtrag

Seite 17 Die Verbreitung in Israel ist auf die Sharon-Region beschränkt. Einem Schadauftreten stehen in diesem Gebiet offenbar die klimatischen Bedingungen entgegen (Cohn et al., 1970).

Seite 43 Von im Prinzip gleichen Ergebnissen berichtet Evans (1970). Die Empfindlichkeit enzystierter Larven variiert offenbar in Abhängigkeit vom Wassergehalt der Zysten zur Zeit der Behandlung. Adulte waren widerstandsfähiger als Larven.

Seite 67 Im Bereich von 22,4 °C bis 41,7 °C eingesetzte Larven wanderten überwiegend in Richtung zu tieferen Temperaturen. Oberhalb von 31,8 °C war die Wanderaktivität nur noch gering. Im optimalen Bereich wurden Temperaturgefälle von 0,016 °C bis 0,02 °C noch deutlich wahrgenommen (Rode, 1969b). Es wird auf Grund des Wanderverhaltens im Temperaturwahlapparat eine klinokinetische Orientierung angenommen (Rode, 1970).

Seite 73 Trudgill (1970) brachte infizierte Pflanzen für 24 bzw. 96 Std. zu verschiedenen Terminen (vom 1. bis 20. Tag nach Zugabe der Larven) in Temperaturen von 26, 29, 32, 35 und 38 °C. Die Anzahl Adulter nahm mit steigender Temperatur und Behandlung zunehmend älterer Larven ab. Besonders deutlich wurde der Rückgang bei Temperaturen oberhalb 29 °C. Am empfindlichsten waren Larven im 4. Stadium. Das Geschlechtsverhältnis wurde durch Wärme nicht beeinflußt.

Seite 77 Ketudat (1969) fand einen höheren Männchenanteil, wenn Tomatenwurzeln zusätzlich von *Rhizoctonia solani*, *Verticillium albo-atrum* oder einem sterilen Grauschimmel befallen waren.

Seite 94 In Nordirland wurden im Freiland mit Anfangsverseuchungen von 1 bzw. 10 Zysten/m² nach dreijährigem Anbau von Kartoffeln 26000 bzw. 121000 Zysten/m² festgestellt (anonym, 1968b).

Seite 96 Carlsson (1970) fand unter 6 Sorten die höchste Vermehrung an ‚Up to Date' und die geringste an der Sorte ‚Parnassia'.

Seite 105 In Südostengland sind etwa 9%, in den East Midlands 96% aller Populationen betroffen (Brown, 1970).
In Nordirland wurde Rasse B in 18% der Populationen festgestellt (anonym, 1968b).

Behringer (1969) verwendet mit Erfolg die von ihm entwickelten Vierkammergefäße.

Seite 113 Diese wenigen Versuche zur Klärung des „Rassen“-Problems sind als erste tastende Schritte aufzufassen. Gesicherte Ergebnisse liegen bisher nicht vor. In der Auslegung mancher Versuchsergebnisse wird eine umfassendere Darstellung vermißt und einjährigen Ergebnissen, mit oft nicht gerade überzeugender Aussagefähigkeit, zu große Bedeutung beigemessen.

STELTER et al. (1969) ziehen aus ihren Versuchen die Schlußfolgerung, daß die beiden „Rassen“ (A und B) ohne weiteres als 2 Arten anzusehen sind. Neuere Untersuchungen mit Berücksichtigung morphologischer Details stützen diese Ansicht. STURHAN (1970) nimmt einen Komplex von Geschwisterarten an.

Seite 151 CARLSSON (1970) untersuchte den Toleranzgrad von 6 Sorten und fand die höchste Toleranz bei der Sorte ‚Parnassia‘ und die geringste bei den Sorten ‚Dianella‘ und ‚Grata‘.

13. Sachwortverzeichnis

Papier | Fördert gute Waldnutzung
FSC® C083411

Zeitfracht Medien GmbH
Ferdinand-Jühlke-Straße 7
99095 Erfurt, Deutschland
produktsicherheit@kolibri360.de